U0771837

高等学校教材

线性代数

第三版

邱玉文 王玉杰 吴天毅 编

中国教育出版传媒集团
高等教育出版社·北京

内容提要

　　本书依据高等学校线性代数课程教学基本要求，针对非数学类专业本科生的专业学习与发展需要，结合教学实际在第二版的基础上修订而成。本书注重阐明线性代数的基本理论、基本概念和基本方法，理论联系实际，由浅入深，突出重点。

　　全书共分七章，主要内容包括：行列式、矩阵、向量与线性方程组、矩阵的特征值与特征向量、二次型、线性空间与线性变换、线性代数在 Python 中的实现等，前六章每一章都有应用实例，并配有适量的习题，书末附有部分习题参考答案。本书还配有全书习题的解答电子版及部分习题的视频讲解，可扫描相应二维码获取。

　　本书可作为高等学校非数学类专业线性代数课程教材使用，也可供科技人员学习参考。

图书在版编目（CIP）数据

　　线性代数／邱玉文，王玉杰，吴天毅编 . -- 3 版 . --北京 : 高等教育出版社，2025.2 . -- ISBN 978-7-04-063590-4

　　Ⅰ. O151.2

中国国家版本馆 CIP 数据核字第 2024C3Q623 号

Xianxing Daishu

| 策划编辑　贾翠萍 | 责任编辑　贾翠萍 | 封面设计　王　琰 | 版式设计　童　丹 |
| 责任绘图　马天驰 | 责任校对　马鑫蕊 | 责任印制　刘弘远 | |

出版发行	高等教育出版社	网　　址	http://www.hep.edu.cn
社　　址	北京市西城区德外大街 4 号		http://www.hep.com.cn
邮政编码	100120	网上订购	http://www.hepmall.com.cn
印　　刷	北京宏伟双华印刷有限公司		http://www.hepmall.com
开　　本	787mm×1092mm　1/16		http://www.hepmall.cn
印　　张	15.5	版　　次	2011 年 2 月第 1 版
字　　数	370 千字		2025 年 2 月第 3 版
购书热线	010-58581118	印　　次	2025 年 2 月第 1 次印刷
咨询电话	400-810-0598	定　　价	33.20 元

本书如有缺页、倒页、脱页等质量问题，请到所购图书销售部门联系调换

版权所有　侵权必究

物 料 号　63590-00

第三版前言

本次修订,在内容上作了以下改动:

1. 修正了第二版的错误并改动了少部分内容。

2. 调整了部分习题,配置了全书习题的解答及部分习题的视频讲解,方便读者使用。

3. 前六章配置了 PPT 课件,方便教师教学。

4. 增加了第七章,阐述线性代数在 Python 中的实现。

本次修订,前六章由邱玉文、李君、胡亚萍、赵蕾负责,王玉杰、李君、吴天毅审阅,第七章由谢中华编写,胡亚萍参加了第七章编写大纲的讨论并撰写了部分初稿。全书由邱玉文负责统筹定稿。

在本书的修订过程中,天津科技大学理学院数学系同仁提出了一些中肯的改进意见,在此对数学系同仁致以衷心的感谢!

编　者

2024 年 8 月

第二版前言

线性代数是高等学校理工类和经管类专业的一门重要基础课，在自然科学、工程技术和管理科学等诸多领域有着广泛的应用。本书是依据高等学校线性代数课程教学基本要求，针对非数学类专业本科学生的专业学习与专业发展需要，结合教学实际在第一版的基础上修订而成，是天津科技大学线性代数课程教学改革的结晶，可作为高等学校非数学类专业线性代数课程教材使用，也可供科技人员学习参考。修订后的主要特点如下：

一、将最新的教学研究成果和教学改革经验融入教材的修订之中，使课程体系和教学内容得到进一步优化，更易于教与学。

二、突出线性代数的基本理论、基本概念和基本方法教学，目的是使学生理解基本理论，清楚基本概念，掌握基本方法。

三、采取由具体到抽象的方式构建知识，每一部分新内容的引入都由实际问题入手，以使学生更容易理解和接受。

四、注重现代科技发展与传统线性代数教学内容相结合，突出对学生应用能力的培养，每一章都有一节应用实例内容，前五章都有一节数学实验内容。

五、例题设计启发性强，习题配置利于学生学习和巩固知识。

在本次修订过程中，编者参考了许多线性代数教材，天津科技大学理学院数学系同仁也提出了一些中肯的改进意见，在此对相关作者及数学系同仁致以衷心的感谢！

全书由王玉杰教授主编并负责统筹定稿，其中第一章由吴天毅教授执笔，第二、三章由邱玉文副教授执笔，第四、五、六章由王玉杰教授执笔。

虽然本书的编者长期从事线性代数课程的教学工作，具有丰富的教学经验。但是由于水平所限，错误与不妥之处在所难免，恳请广大读者和同行批评指正。

编　者

2014 年 11 月

第一版前言

线性代数是普通高等学校理工类和经管类专业的一门重要基础课，在自然科学、工程技术和管理科学等诸多领域有着广泛的应用。本书是依据高等学校线性代数课程教学基本要求、结合教学实际编写而成的，可作为普通高等学校非数学类专业线性代数课程教材使用，也可供科技人员阅读和参考。本书的主要特点如下：

一、注重将现代数学思想与传统线性代数教学内容结合起来，特别注意线性代数内容与数学软件的结合，每章后面都配以数学实验题目。

二、突出线性代数的基本理论、基本概念和基本方法，目的是使学生理解基本理论，清楚基本概念，掌握基本方法。

三、采取由具体到抽象的方式，每个新内容的引入都由实际问题入手，由于有实际背景，学生易于接受和理解。

四、注重培养学生的实际应用能力，适当增加了实际应用方面的例题和习题，使学生学会用线性代数知识解决问题。

五、注重教学内容的改革，将编者的实际教学经验与体会融入教材之中，使其在内容的取舍和结构的编排上更合理，更易于教与学。

本书编者长期从事线性代数课程的教学工作，具有丰富的教学经验，特别是对新形势下如何改革线性代数的教学内容和教学方法、加强课程建设、提高教学质量等方面有着比较深入的研究。本书是编者多年教学经验和研究成果的结晶。全书由吴天毅教授主编并负责统筹定稿，其中第一章由吴天毅教授执笔，第二、三章由邱玉文副教授执笔，第四、五、六章由王玉杰教授执笔。

本书的编写得到天津科技大学理学院领导的大力支持，同时也得到数学系同仁的热情帮助，许多同仁对本书的编写提出了宝贵的意见和建议，使编者受益匪浅。在此，对给予我们支持和帮助的各位领导、同仁表示衷心的感谢！

编　者

2010 年 8 月

目　录

第一章　行　列　式

行列式在线性代数中是一个基本工具,我们研究许多问题时都需要用到它.本章在引进二阶、三阶行列式定义的基础上,介绍 n 阶行列式的定义、性质及行列式按行(列)展开,并给出利用行列式求解线性方程组的克拉默法则.

§1.1　行列式的定义

一、二阶和三阶行列式

行列式是由线性方程组的公式解引出来的,因此我们先讨论二元和三元线性方程组的公式解,并由此给出二阶和三阶行列式的定义.

设二元线性方程组

$$\begin{cases} a_{11}x_1+a_{12}x_2=b_1 \\ a_{21}x_1+a_{22}x_2=b_2 \end{cases} \tag{1}$$

其中 $a_{11}a_{22}-a_{12}a_{21}\neq 0$.

利用加减消元法容易求出方程组(1)的唯一解

$$\begin{cases} x_1=\dfrac{b_1a_{22}-b_2a_{12}}{a_{11}a_{22}-a_{12}a_{21}} \\ x_2=\dfrac{b_2a_{11}-b_1a_{21}}{a_{11}a_{22}-a_{12}a_{21}} \end{cases} \tag{2}$$

式(2)中的分子、分母都是 4 个数分两对相乘再相减而得到的.为了便于记忆,引入二阶行列式的概念.

将 4 个数排成 2 行 2 列,记

$$\begin{vmatrix} a_{11} & a_{12} \\ a_{21} & a_{22} \end{vmatrix}=a_{11}a_{22}-a_{12}a_{21} \tag{3}$$

称式(3)左边为**二阶行列式**(determinant),右边的式子为**二阶行列式的展开式**.数 $a_{ij}(i=1,2;j=1,2)$ 称为行列式的**元**,其中 a_{ij} 的第一个下标 i 表示该元位于第 i 行,第二个下标 j 表示该元位于第 j 列.

由式(3)可知,二阶行列式的计算满足**对角线法则**,即:主对角线(自左上至右下)上元之积减去副对角线(自右上至左下)上元之积.二阶行列式的计算结果是两个乘积的代数和.

若记

$$D=\begin{vmatrix} a_{11} & a_{12} \\ a_{21} & a_{22} \end{vmatrix}, \quad D_1=\begin{vmatrix} b_1 & a_{12} \\ b_2 & a_{22} \end{vmatrix}, \quad D_2=\begin{vmatrix} a_{11} & b_1 \\ a_{21} & b_2 \end{vmatrix}$$

则二元线性方程组(1)的解可写成

$$x_1=\frac{D_1}{D}=\frac{\begin{vmatrix} b_1 & a_{12} \\ b_2 & a_{22} \end{vmatrix}}{\begin{vmatrix} a_{11} & a_{12} \\ a_{21} & a_{22} \end{vmatrix}}, \quad x_2=\frac{D_2}{D}=\frac{\begin{vmatrix} a_{11} & b_1 \\ a_{21} & b_2 \end{vmatrix}}{\begin{vmatrix} a_{11} & a_{12} \\ a_{21} & a_{22} \end{vmatrix}} \tag{4}$$

注　D 是用方程组(1)的系数所确定的二阶行列式，称为方程组的系数行列式.D_1 是用方程组(1)的常数项 b_1,b_2 分别代替 D 中第 1 列元 a_{11},a_{21}所得的二阶行列式，D_2 是用方程组(1)的常数项 b_1,b_2 分别代替 D 中第 2 列元 a_{12},a_{22}所得的二阶行列式.

例 1　解二元线性方程组

$$\begin{cases} x_1-\ x_2=2 \\ 3x_1+2x_2=1 \end{cases}$$

解　因为

$$\begin{vmatrix} a_{11} & a_{12} \\ a_{21} & a_{22} \end{vmatrix}=\begin{vmatrix} 1 & -1 \\ 3 & 2 \end{vmatrix}=1\times2-(-1)\times3=5\neq0$$

$$\begin{vmatrix} b_1 & a_{12} \\ b_2 & a_{22} \end{vmatrix}=\begin{vmatrix} 2 & -1 \\ 1 & 2 \end{vmatrix}=2\times2-(-1)\times1=5$$

$$\begin{vmatrix} a_{11} & b_1 \\ a_{21} & b_2 \end{vmatrix}=\begin{vmatrix} 1 & 2 \\ 3 & 1 \end{vmatrix}=1\times1-2\times3=-5$$

所以

$$x_1=\frac{5}{5}=1, \quad x_2=\frac{-5}{5}=-1$$

类似地，考虑三元线性方程组

$$\begin{cases} a_{11}x_1+a_{12}x_2+a_{13}x_3=b_1 \\ a_{21}x_1+a_{22}x_2+a_{23}x_3=b_2 \\ a_{31}x_1+a_{32}x_2+a_{33}x_3=b_3 \end{cases} \tag{5}$$

其中 $a_{11}a_{22}a_{33}+a_{12}a_{23}a_{31}+a_{13}a_{21}a_{32}-a_{11}a_{23}a_{32}-a_{12}a_{21}a_{33}-a_{13}a_{22}a_{31}\neq0$.

利用加减消元法也可得到线性方程组(5)的求解公式：

$$\begin{cases} x_1=\dfrac{b_1a_{22}a_{33}+a_{12}a_{23}b_3+a_{13}b_2a_{32}-b_1a_{23}a_{32}-a_{12}b_2a_{33}-a_{13}a_{22}b_3}{a_{11}a_{22}a_{33}+a_{12}a_{23}a_{31}+a_{13}a_{21}a_{32}-a_{11}a_{23}a_{32}-a_{12}a_{21}a_{33}-a_{13}a_{22}a_{31}} \\ x_2=\dfrac{a_{11}b_2a_{33}+b_1a_{23}a_{31}+a_{13}a_{21}b_3-a_{11}a_{23}b_3-b_1a_{21}a_{33}-a_{13}b_2a_{31}}{a_{11}a_{22}a_{33}+a_{12}a_{23}a_{31}+a_{13}a_{21}a_{32}-a_{11}a_{23}a_{32}-a_{12}a_{21}a_{33}-a_{13}a_{22}a_{31}} \\ x_3=\dfrac{a_{11}a_{22}b_3+a_{12}b_2a_{31}+b_1a_{21}a_{32}-a_{11}b_2a_{32}-a_{12}a_{21}b_3-b_1a_{22}a_{31}}{a_{11}a_{22}a_{33}+a_{12}a_{23}a_{31}+a_{13}a_{21}a_{32}-a_{11}a_{23}a_{32}-a_{12}a_{21}a_{33}-a_{13}a_{22}a_{31}} \end{cases} \tag{6}$$

要记住这个求解公式是很困难的.为了便于对式(6)的记忆,引入三阶行列式的概念.

将 9 个数排成 3 行 3 列,记

$$\begin{vmatrix} a_{11} & a_{12} & a_{13} \\ a_{21} & a_{22} & a_{23} \\ a_{31} & a_{32} & a_{33} \end{vmatrix} = a_{11}a_{22}a_{33}+a_{12}a_{23}a_{31}+a_{13}a_{21}a_{32}-a_{11}a_{23}a_{32}-a_{12}a_{21}a_{33}-a_{13}a_{22}a_{31} \tag{7}$$

称式(7)左边为三阶行列式,右边的式子为三阶行列式的展开式.

由式(7)右边的式子可知,三阶行列式的展开式中共有 6 项,这 6 项的确定可按右图所示的对角线法则进行,即:三阶行列式的展开式为右图中实线上 3 个元的乘积(3 项)减去虚线上 3 个元的乘积(3 项).

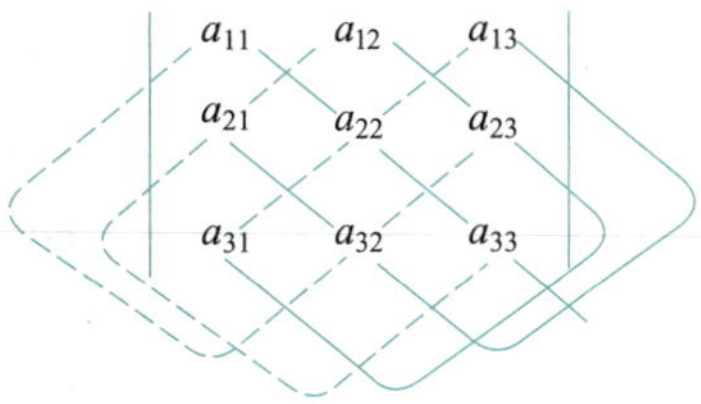

例 2 计算三阶行列式 $\begin{vmatrix} -1 & 6 & 7 \\ 4 & 0 & 9 \\ 2 & 1 & 5 \end{vmatrix}$.

解

$$\begin{aligned} &\begin{vmatrix} -1 & 6 & 7 \\ 4 & 0 & 9 \\ 2 & 1 & 5 \end{vmatrix} \\ &= (-1)\times 0\times 5+4\times 1\times 7+2\times 9\times 6-7\times 0\times 2-9\times 1\times(-1)-5\times 4\times 6 \\ &= 25 \end{aligned}$$

若记

$$D=\begin{vmatrix} a_{11} & a_{12} & a_{13} \\ a_{21} & a_{22} & a_{23} \\ a_{31} & a_{32} & a_{33} \end{vmatrix}, \quad D_1=\begin{vmatrix} b_1 & a_{12} & a_{13} \\ b_2 & a_{22} & a_{23} \\ b_3 & a_{32} & a_{33} \end{vmatrix}$$

$$D_2=\begin{vmatrix} a_{11} & b_1 & a_{13} \\ a_{21} & b_2 & a_{23} \\ a_{31} & b_3 & a_{33} \end{vmatrix}, \quad D_3=\begin{vmatrix} a_{11} & a_{12} & b_1 \\ a_{21} & a_{22} & b_2 \\ a_{31} & a_{32} & b_3 \end{vmatrix}$$

则当 $D\neq 0$ 时,三元线性方程组(5)有唯一解

$$x_1=\frac{D_1}{D}, \quad x_2=\frac{D_2}{D}, \quad x_3=\frac{D_3}{D} \tag{8}$$

注 D 是用方程组(5)的系数所确定的三阶行列式,称为方程组的系数行列式.$D_j(j=1,2,3)$是用方程组(5)的常数项 b_1,b_2,b_3 依次代替 D 中第 j 列元 a_{1j},a_{2j},a_{3j}所得到的三阶行列式.

例 3 解三元线性方程组

$$\begin{cases} 2x-4y+z=1 \\ x+y-z=0 \\ 3x+y+z=-1 \end{cases}$$

解 因为

$$\begin{vmatrix} a_{11} & a_{12} & a_{13} \\ a_{21} & a_{22} & a_{23} \\ a_{31} & a_{32} & a_{33} \end{vmatrix} = \begin{vmatrix} 2 & -4 & 1 \\ 1 & 1 & -1 \\ 3 & 1 & 1 \end{vmatrix} = 18 \neq 0$$

$$\begin{vmatrix} b_1 & a_{12} & a_{13} \\ b_2 & a_{22} & a_{23} \\ b_3 & a_{32} & a_{33} \end{vmatrix} = \begin{vmatrix} 1 & -4 & 1 \\ 0 & 1 & -1 \\ -1 & 1 & 1 \end{vmatrix} = -1$$

$$\begin{vmatrix} a_{11} & b_1 & a_{13} \\ a_{21} & b_2 & a_{23} \\ a_{31} & b_3 & a_{33} \end{vmatrix} = \begin{vmatrix} 2 & 1 & 1 \\ 1 & 0 & -1 \\ 3 & -1 & 1 \end{vmatrix} = -7$$

$$\begin{vmatrix} a_{11} & a_{12} & b_1 \\ a_{21} & a_{22} & b_2 \\ a_{31} & a_{32} & b_3 \end{vmatrix} = \begin{vmatrix} 2 & -4 & 1 \\ 1 & 1 & 0 \\ 3 & 1 & -1 \end{vmatrix} = -8$$

所以原方程组有唯一解 $x=-\dfrac{1}{18}, y=-\dfrac{7}{18}, z=-\dfrac{4}{9}$.

类似地,也可引入四阶及四阶以上的行列式,但这些行列式的展开不适合用对角线法则,需从其他方面给出其定义.为此介绍排列的概念与性质.

二、逆序数与对换

为了把二阶和三阶行列式的定义推广到一般的 n 阶行列式,需要用到逆序数和对换的概念.

定义 1 将 n 个数 $1,2,3,\cdots,n$ 按某种次序排成一排,称为这 n 个数的一个**全排列**,简称为一个 n 阶**排列**(permutation).n 个数按自然次序由小到大的排列称为**标准排列**.

显然,n 个数 $1,2,3,\cdots,n$ 的全排列共有 $n!$ 种.

定义 2 在 n 个数 $1,2,3,\cdots,n$ 的一个全排列中,若两个数的前后次序和标准次序不一致,则称这两个数构成一个**逆序**(inversion).一个排列 $j_1j_2\cdots j_n$(1 到 n 的一个排列)中逆序的总数称为这个排列的**逆序数**(number of inverse order),记为 $\tau(j_1j_2\cdots j_n)$.

例 4 求排列 32514 的逆序数.

解 在排列 32514 中,从左至右考察:

3 在首位,按定义有 0 个逆序;

2 在第二位,前面的数 3 大于 2,有 1 个逆序;

5 在第三位,前面的数都小于 5,有 0 个逆序;

1 在第四位,前面的数 3,2,5 都大于 1,有 3 个逆序;

4 在第五位,前面的数 5 大于 4,有 1 个逆序.

因此这个排列的逆序数 $\tau(32514)=0+1+0+3+1=5$.

定义 3 如果一个排列的逆序数是奇(偶)数,那么称这个排列为**奇(偶)排列**.

定义 4 在一个排列中,任意对调两个元素,其余元素不动,这一过程称为**对换**(transposition).相邻两个元素的对换称为**相邻对换**.

定理 1 **一个排列进行奇数次对换，排列改变奇偶性；进行偶数次对换，排列的奇偶性不变.**

证 设 a,b 是一个排列中的两个数.

(1) 若 a 与 b 是相邻的两个数，对换 a 与 b 后，只有 a 与 b 两数的逆序发生了变化，因此对换 a 与 b 后的排列的逆序数与原排列的逆序数相差 1，从而改变了排列的奇偶性. 由此可推知：一个排列进行奇数次相邻对换，排列改变奇偶性；进行偶数次相邻对换，排列不改变奇偶性.

(2) 若 a 在 b 之前 i 位，只要将 a 向后进行 i 次相邻对换，再将 b 向前进行 $i-1$ 次相邻对换，就能将 a 与 b 对换. 此过程共进行了 $2i-1$ 次相邻对换，由(1)可知对换 a 与 b 后该排列改变了奇偶性.

由(1)和(2)可知，对换一次则排列改变奇偶性，由此即可推知定理结论成立.

如果定义标准排列为偶排列，则可由定理 1 得到下面的推论.

推论 奇(偶)排列经过奇(偶)数次对换可成为标准排列.

三、n 阶行列式的定义

从二阶和三阶行列式的定义式(3)和(7)可以看出：

1. 它们的展开式的每一项都是位于不同行且不同列的元的乘积.

2. 每一项前面的正负号是这样来决定的：当该项各元的行标自左至右组成标准排列时，其列标自左至右组成的排列的逆序数是奇数则取“-”号，逆序数是偶数则取“+”号.

3. 二阶行列式展开后共 2! 项，三阶行列式展开后共 3! 项.

根据以上三点，二阶行列式的定义可写为

$$\begin{vmatrix} a_{11} & a_{12} \\ a_{21} & a_{22} \end{vmatrix} = \sum_{p_1p_2} (-1)^{\tau(p_1p_2)} a_{1p_1}a_{2p_2}$$

其中 p_1p_2 是 1,2 的一个排列，$\tau(p_1p_2)$ 是该排列的逆序数，$\sum\limits_{p_1p_2}$ 表示对所有二阶排列 p_1p_2 求和.

三阶行列式的定义可写为

$$\begin{vmatrix} a_{11} & a_{12} & a_{13} \\ a_{21} & a_{22} & a_{23} \\ a_{31} & a_{32} & a_{33} \end{vmatrix} = \sum_{p_1p_2p_3} (-1)^{\tau(p_1p_2p_3)} a_{1p_1}a_{2p_2}a_{3p_3}$$

其中 $p_1p_2p_3$ 是 1,2,3 的一个排列，$\tau(p_1p_2p_3)$ 是该排列的逆序数，$\sum\limits_{p_1p_2p_3}$ 表示对所有 3 阶排列 $p_1p_2p_3$ 求和.

类似二阶和三阶行列式的定义，可给出 n 阶行列式的定义.

定义 5 将 n^2 个数排成 n 行 n 列，记

$$\begin{vmatrix} a_{11} & a_{12} & \cdots & a_{1n} \\ a_{21} & a_{22} & \cdots & a_{2n} \\ \vdots & \vdots & & \vdots \\ a_{n1} & a_{n2} & \cdots & a_{nn} \end{vmatrix} = \sum_{p_1p_2\cdots p_n} (-1)^{\tau(p_1p_2\cdots p_n)} a_{1p_1}a_{2p_2}\cdots a_{np_n} \tag{9}$$

其中 $p_1p_2\cdots p_n$ 是 $1,2,\cdots,n$ 的排列，$\tau(p_1p_2\cdots p_n)$ 是该排列的逆序数，$\sum\limits_{p_1p_2\cdots p_n}$ 表示对所有 n 阶排列 $p_1p_2\cdots p_n$ 求和.称式(9)左边为 n **阶行列式**，式(9)右边为 n **阶行列式的展开式**，称 $a_{ij}(i=1,2,\cdots,n;j=1,2,\cdots,n)$ 为 n 阶行列式的**元**.

注 (1) n 阶行列式的展开式中共有 $n!$ 项，其中每一项都是位于不同行且不同列的 n 个元的乘积.n 阶行列式可简记为 $|a_{ij}|$ 或 $\det(a_{ij})$.

(2) 不要将一阶行列式 $|a|=a$ 与绝对值符号相混淆.

定理 2 **n 阶行列式也可定义为**

$$\begin{vmatrix} a_{11} & a_{12} & \cdots & a_{1n} \\ a_{21} & a_{22} & \cdots & a_{2n} \\ \vdots & \vdots & & \vdots \\ a_{n1} & a_{n2} & \cdots & a_{nn} \end{vmatrix} = \sum_{q_1q_2\cdots q_n}(-1)^{\tau(q_1q_2\cdots q_n)}a_{q_11}a_{q_22}\cdots a_{q_nn} \tag{10}$$

其中 $q_1q_2\cdots q_n$ 是 $1,2,\cdots,n$ 的排列，$\tau(q_1q_2\cdots q_n)$ 是该排列的逆序数，$\sum\limits_{q_1q_2\cdots q_n}$ 表示对所有 n 阶排列 $q_1q_2\cdots q_n$ 求和.

证 在式(9)中，将排列 $p_1p_2\cdots p_n$ 对换成标准排列，此时 $a_{1p_1}a_{2p_2}\cdots a_{np_n}$ 就对换成 $a_{q_11}a_{q_22}\cdots a_{q_nn}$.由定理 1 的推论可知排列 $p_1p_2\cdots p_n$ 与排列 $q_1q_2\cdots q_n$ 具有相同的奇偶性，从而有

$$(-1)^{\tau(p_1p_2\cdots p_n)}a_{1p_1}a_{2p_2}\cdots a_{np_n}=(-1)^{\tau(q_1q_2\cdots q_n)}a_{q_11}a_{q_22}\cdots a_{q_nn}$$

又由于排列 $p_1p_2\cdots p_n$ 与排列 $q_1q_2\cdots q_n$ 一一对应，所以得到

$$\sum_{q_1q_2\cdots q_n}(-1)^{\tau(q_1q_2\cdots q_n)}a_{q_11}a_{q_22}\cdots a_{q_nn}=\sum_{p_1p_2\cdots p_n}(-1)^{\tau(p_1p_2\cdots p_n)}a_{1p_1}a_{2p_2}\cdots a_{np_n} \tag{11}$$

式(11)即说明式(10)成立.

注 定义 5 中式(9)与定理 2 中式(10)的区别是：前者是以行为标准次序来确定每项中的 n 个元，后者以列为标准次序来确定每项中的 n 个元.

由定义可以看出，直接利用定义计算 n 阶行列式，首先其展开式的所有项共有 $n!$ 个，每一项来自不同行与不同列的 n 个元的乘积.然后确定每一项的符号，可以将 n 个元按行(列)指标的自然顺序排列好，列(行)指标形成的排列的奇偶性决定了该项的正负号.

例 5 计算行列式

$$D=\begin{vmatrix} 0 & 0 & 0 & 5 \\ 0 & 0 & 6 & 0 \\ 0 & 7 & 0 & 0 \\ 8 & 0 & 0 & 0 \end{vmatrix}$$

解 由行列式定义

$$D=\sum_{p_1p_2p_3p_4}(-1)^{\tau(p_1p_2p_3p_4)}a_{1p_1}a_{2p_2}a_{3p_3}a_{4p_4}$$

和式中只有当 $p_1=4,p_2=3,p_3=2,p_4=1$ 时，$a_{1p_1}a_{2p_2}a_{3p_3}a_{4p_4}\neq 0$，所以

$$D=(-1)^{\tau(4321)}a_{14}a_{23}a_{32}a_{41}=(-1)^{1+2+3}5\times6\times7\times8=1\ 680$$

例 6 计算 n 阶行列式

$$D=\begin{vmatrix}0 & \cdots & 0 & a_{1n}\\ 0 & \cdots & a_{2,n-1} & a_{2n}\\ \vdots & & \vdots & \vdots\\ a_{n1} & \cdots & a_{n,n-1} & a_{nn}\end{vmatrix}$$

解 由行列式定义

$$D=\sum_{p_1p_2\cdots p_n}(-1)^{\tau(p_1p_2\cdots p_n)}a_{1p_1}a_{2p_2}\cdots a_{np_n}$$

和式中只有当 $p_1=n,p_2=n-1,\cdots,p_n=1$ 时,$a_{1p_1}a_{2p_2}\cdots a_{np_n}\neq0$,所以

$$D=(-1)^{\tau(n(n-1)\cdots321)}a_{1n}a_{2,n-1}\cdots a_{n1}=(-1)^{\frac{n(n-1)}{2}}a_{1n}a_{2,n-1}\cdots a_{n1}$$

一般地,有如下结论:

(1)
$$\begin{vmatrix}a_{11} & 0 & \cdots & 0\\ a_{21} & a_{22} & \cdots & 0\\ \vdots & \vdots & & \vdots\\ a_{n1} & a_{n2} & \cdots & a_{nn}\end{vmatrix}=\begin{vmatrix}a_{11} & a_{12} & \cdots & a_{1n}\\ 0 & a_{22} & \cdots & a_{2n}\\ \vdots & \vdots & & \vdots\\ 0 & 0 & \cdots & a_{nn}\end{vmatrix}=\begin{vmatrix}a_{11} & 0 & \cdots & 0\\ 0 & a_{22} & \cdots & 0\\ \vdots & \vdots & & \vdots\\ 0 & 0 & \cdots & a_{nn}\end{vmatrix}=a_{11}a_{22}\cdots a_{nn}\qquad(12)$$

若行列式中对任何 $i<j$,都有 $a_{ij}=0$,称该行列式为**下三角形行列式**;若行列式中对任何 $i>j$,都有 $a_{ij}=0$,则称该行列式为**上三角形行列式**;上三角形、下三角形行列式统称为**三角形行列式**;若对于 $i\neq j$ 都有 $a_{ij}=0$,则称该行列式为**对角形行列式**.

(2)
$$\begin{vmatrix}0 & \cdots & 0 & a_{1n}\\ 0 & \cdots & a_{2,n-1} & a_{2n}\\ \vdots & & \vdots & \vdots\\ a_{n1} & \cdots & a_{n,n-1} & a_{nn}\end{vmatrix}=\begin{vmatrix}a_{11} & \cdots & a_{1,n-1} & a_{1n}\\ a_{21} & \cdots & a_{2,n-1} & 0\\ \vdots & & \vdots & \vdots\\ a_{n1} & \cdots & 0 & 0\end{vmatrix}=\begin{vmatrix}0 & \cdots & 0 & a_{1n}\\ 0 & \cdots & a_{2,n-1} & 0\\ \vdots & & \vdots & \vdots\\ a_{n1} & \cdots & 0 & 0\end{vmatrix}=(-1)^{\frac{n(n-1)}{2}}a_{1n}a_{2,n-1}\cdots a_{n1}\qquad(13)$$

注 除一些特殊行列式外,一般行列式用定义计算是非常繁杂困难的,因此实际计算四阶以上(包括四阶)行列式时,并不常用定义去计算.

§1.2 行列式的性质

为进一步讨论 n 阶行列式,简化 n 阶行列式的计算,下面介绍 n 阶行列式的一些基本性质.

记

$$D=\begin{vmatrix} a_{11} & a_{12} & \cdots & a_{1n} \\ a_{21} & a_{22} & \cdots & a_{2n} \\ \vdots & \vdots & & \vdots \\ a_{n1} & a_{n2} & \cdots & a_{nn} \end{vmatrix},\quad D^{\mathrm{T}}=\begin{vmatrix} a_{11} & a_{21} & \cdots & a_{n1} \\ a_{12} & a_{22} & \cdots & a_{n2} \\ \vdots & \vdots & & \vdots \\ a_{1n} & a_{2n} & \cdots & a_{nn} \end{vmatrix}$$

行列式 D^{T} 是将行列式 D 的行、列互换后得到的行列式,D^{T} 称为 D 的**转置行列式**(transposed determinant).

性质 1 行列式与它的转置行列式相等,即 $D=D^{\mathrm{T}}$.

证 记 $b_{ij}=a_{ji}(i,j=1,2,\cdots,n)$,按定义 5 有

$$D^{\mathrm{T}}=\begin{vmatrix} b_{11} & b_{12} & \cdots & b_{1n} \\ b_{21} & b_{22} & \cdots & b_{2n} \\ \vdots & \vdots & & \vdots \\ b_{n1} & b_{n2} & \cdots & b_{nn} \end{vmatrix}=\sum_{p_1p_2\cdots p_n}(-1)^{\tau(p_1p_2\cdots p_n)}b_{1p_1}b_{2p_2}\cdots b_{np_n}$$

$$=\sum_{p_1p_2\cdots p_n}(-1)^{\tau(p_1p_2\cdots p_n)}a_{p_11}a_{p_22}\cdots a_{p_nn}$$

又由定理 2 知

$$D=\sum_{q_1q_2\cdots q_n}(-1)^{\tau(q_1q_2\cdots q_n)}a_{q_11}a_{q_22}\cdots a_{q_nn}$$

故

$$D^{\mathrm{T}}=D$$

注 性质 1 表明,行列式中的行与列具有同等的地位,所以行列式的性质中凡是对行成立的结论,对列也成立,反之亦然.

性质 2 互换行列式的两行(列),行列式变号.

证 互换行列式 D 的第 i 行和第 j 行,所得行列式记为 D_1,即

$$D=\begin{vmatrix} \vdots & \vdots & & \vdots \\ a_{i1} & a_{i2} & \cdots & a_{in} \\ \vdots & \vdots & & \vdots \\ a_{j1} & a_{j2} & \cdots & a_{jn} \\ \vdots & \vdots & & \vdots \end{vmatrix},\quad D_1=\begin{vmatrix} \vdots & \vdots & & \vdots \\ a_{j1} & a_{j2} & \cdots & a_{jn} \\ \vdots & \vdots & & \vdots \\ a_{i1} & a_{i2} & \cdots & a_{in} \\ \vdots & \vdots & & \vdots \end{vmatrix}$$

由行列式定义

$$D=\sum_{p_1\cdots p_i\cdots p_j\cdots p_n}(-1)^{\tau(p_1p_2\cdots p_i\cdots p_j\cdots p_n)}a_{1p_1}a_{2p_2}\cdots a_{ip_i}\cdots a_{jp_j}\cdots a_{np_n}$$

如果将该排列的第 i 个元和第 j 个元对换，则排列 $p_1p_2\cdots p_j\cdots p_i\cdots p_n$ 的奇偶性与排列 $p_1p_2\cdots p_i\cdots p_j\cdots p_n$ 的奇偶性不同.所以 $(-1)^{\tau(p_1p_2\cdots p_i\cdots p_j\cdots p_n)}=-(-1)^{\tau(p_1p_2\cdots p_j\cdots p_i\cdots p_n)}$，故

$$D=-\sum_{p_1p_2\cdots p_j\cdots p_i\cdots p_n}(-1)^{\tau(p_1p_2\cdots p_j\cdots p_i\cdots p_n)}a_{1p_1}a_{2p_2}\cdots a_{jp_j}\cdots a_{ip_i}\cdots a_{np_n}=-D_1$$

性质 3　行列式中某一行(列)的公因子可以提到行列式的外面，即

$$\begin{vmatrix}\vdots & \vdots & & \vdots\\ ka_{i1} & ka_{i2} & \cdots & ka_{in}\\ \vdots & \vdots & & \vdots\end{vmatrix}=k\begin{vmatrix}\vdots & \vdots & & \vdots\\ a_{i1} & a_{i2} & \cdots & a_{in}\\ \vdots & \vdots & & \vdots\end{vmatrix} \tag{14}$$

证　由行列式的定义有

$$\begin{aligned}\begin{vmatrix}\vdots & \vdots & & \vdots\\ ka_{i1} & ka_{i2} & \cdots & ka_{in}\\ \vdots & \vdots & & \vdots\end{vmatrix}&=\sum_{p_1p_2\cdots p_i\cdots p_n}(-1)^{\tau(p_1p_2\cdots p_i\cdots p_n)}a_{1p_1}a_{2p_2}\cdots(ka_{ip_i})\cdots a_{np_n}\\ &=k\sum_{p_1p_2\cdots p_i\cdots p_n}(-1)^{\tau(p_1p_2\cdots p_i\cdots p_n)}a_{1p_1}a_{2p_2}\cdots a_{ip_i}\cdots a_{np_n}\\ &=k\begin{vmatrix}\vdots & \vdots & & \vdots\\ a_{i1} & a_{i2} & \cdots & a_{in}\\ \vdots & \vdots & & \vdots\end{vmatrix}\end{aligned}$$

注　性质 3 也可叙述为：用数 k 乘行列式等于用数 k 乘行列式中某一行(列)的所有元.

性质 4　行列式中有两行(列)元对应相等时，该行列式等于零.

证　将行列式中相同的两行(列)进行交换，则行列式还是原先的行列式.可由性质 2 知，$D=-D$，故 $D=0$.

由性质 3 和性质 4 可得到下面的推论.

推论 1　行列式中有两行(列)元对应成比例时，该行列式等于零.

性质 5　行列式具有分行(列)相加性，即

$$\begin{aligned}&\begin{vmatrix}a_{11} & a_{12} & \cdots & a_{1n}\\ \vdots & \vdots & & \vdots\\ b_{i1}+c_{i1} & b_{i2}+c_{i2} & \cdots & b_{in}+c_{in}\\ \vdots & \vdots & & \vdots\\ a_{n1} & a_{n2} & \cdots & a_{nn}\end{vmatrix}\\ =&\begin{vmatrix}a_{11} & a_{12} & \cdots & a_{1n}\\ \vdots & \vdots & & \vdots\\ b_{i1} & b_{i2} & \cdots & b_{in}\\ \vdots & \vdots & & \vdots\\ a_{n1} & a_{n2} & \cdots & a_{nn}\end{vmatrix}+\begin{vmatrix}a_{11} & a_{12} & \cdots & a_{1n}\\ \vdots & \vdots & & \vdots\\ c_{i1} & c_{i2} & \cdots & c_{in}\\ \vdots & \vdots & & \vdots\\ a_{n1} & a_{n2} & \cdots & a_{nn}\end{vmatrix}\end{aligned} \tag{15}$$

证 按行列式的定义,式(15)左边 $=\sum\limits_{p_1p_2\cdots p_i\cdots p_n}(-1)^{\tau(p_1p_2\cdots p_i\cdots p_n)}a_{1p_1}a_{2p_2}\cdots(b_{ip_i}+c_{ip_i})\cdots a_{np_n}=$ $\sum\limits_{p_1p_2\cdots p_i\cdots p_n}(-1)^{\tau(p_1p_2\cdots p_i\cdots p_n)}a_{1p_1}a_{2p_2}\cdots b_{ip_i}\cdots a_{np_n}+\sum\limits_{p_1p_2\cdots p_i\cdots p_n}(-1)^{\tau(p_1p_2\cdots p_i\cdots p_n)}a_{1p_1}a_{2p_2}\cdots c_{ip_i}\cdots a_{np_n}=$ 式(15)右边.

性质 6 行列式中某一行(列)各元乘同一个数再加到另一行(列)对应元上,行列式不变.即

$$\begin{vmatrix} \vdots & \vdots & & \vdots \\ a_{i1} & a_{i2} & \cdots & a_{in} \\ \vdots & \vdots & & \vdots \\ a_{j1} & a_{j2} & \cdots & a_{jn} \\ \vdots & \vdots & & \vdots \end{vmatrix}=\begin{vmatrix} \vdots & \vdots & & \vdots \\ a_{i1}+ka_{j1} & a_{i2}+ka_{j2} & \cdots & a_{in}+ka_{jn} \\ \vdots & \vdots & & \vdots \\ a_{j1} & a_{j2} & \cdots & a_{jn} \\ \vdots & \vdots & & \vdots \end{vmatrix} \tag{16}$$

证 根据行列式的性质 5 及性质 4 的推论有

$$\begin{vmatrix} \vdots & \vdots & & \vdots \\ a_{i1}+ka_{j1} & a_{i2}+ka_{j2} & \cdots & a_{in}+ka_{jn} \\ \vdots & \vdots & & \vdots \\ a_{j1} & a_{j2} & \cdots & a_{jn} \\ \vdots & \vdots & & \vdots \end{vmatrix}$$

$$=\begin{vmatrix} \vdots & \vdots & & \vdots \\ a_{i1} & a_{i2} & \cdots & a_{in} \\ \vdots & \vdots & & \vdots \\ a_{j1} & a_{j2} & \cdots & a_{jn} \\ \vdots & \vdots & & \vdots \end{vmatrix}+\begin{vmatrix} \vdots & \vdots & & \vdots \\ ka_{j1} & ka_{j2} & \cdots & ka_{jn} \\ \vdots & \vdots & & \vdots \\ a_{j1} & a_{j2} & \cdots & a_{jn} \\ \vdots & \vdots & & \vdots \end{vmatrix}$$

$$=\begin{vmatrix} \vdots & \vdots & & \vdots \\ a_{i1} & a_{i2} & \cdots & a_{in} \\ \vdots & \vdots & & \vdots \\ a_{j1} & a_{j2} & \cdots & a_{jn} \\ \vdots & \vdots & & \vdots \end{vmatrix}$$

用行列式的性质,将行列式化成三角形行列式再进行计算,可达到求高阶行列式的目的.

例 7 计算行列式

$$D=\begin{vmatrix} 2 & 1 & 4 & -1 \\ 3 & 1 & 2 & -3 \\ 1 & 2 & 3 & -2 \\ 5 & 0 & 6 & -2 \end{vmatrix}$$

解 将行列式 D 的第 1 列与第 2 列互换,有

$$D=-\begin{vmatrix} 1 & 2 & 4 & -1 \\ 1 & 3 & 2 & -3 \\ 2 & 1 & 3 & -2 \\ 0 & 5 & 6 & -2 \end{vmatrix}$$

把第 1 行乘-1,-2 分别加到第 2 行和第 3 行,可得

$$D=-\begin{vmatrix}1&2&4&-1\\0&1&-2&-2\\0&-3&-5&0\\0&5&6&-2\end{vmatrix}$$

再将第 2 行乘 3,-5 分别加到第 3 行和第 4 行,有

$$D=-\begin{vmatrix}1&2&4&-1\\0&1&-2&-2\\0&0&-11&-6\\0&0&16&8\end{vmatrix}$$

最后,将第 3 行乘$\frac{16}{11}$加到第 4 行得

$$D=-\begin{vmatrix}1&2&4&-1\\0&1&-2&-2\\0&0&-11&-6\\0&0&0&-\frac{8}{11}\end{vmatrix}=-\left[1\times1\times(-11)\times\left(-\frac{8}{11}\right)\right]=-8$$

注　为了更简洁地表示行列式的计算过程,特引进下面的记号:

(1) 用 r_i 表示第 i 行,用 c_j 表示第 j 列;

(2) $r_i\longleftrightarrow r_j(c_i\longleftrightarrow c_j)$表示互换第 i 行(列)与第 j 行(列);

(3) $kr_i(kc_i)$表示用数 k 乘第 i 行(列)的所有元;

(4) $r_i+kr_j(c_i+kc_j)$表示将第 j 行(列)元都乘数 k 再加到第 i 行(列)上去.

例 8　计算行列式

$$D=\begin{vmatrix}a_1+b_1&a_1+b_2&a_1+b_3\\a_2+b_1&a_2+b_2&a_2+b_3\\a_3+b_1&a_3+b_2&a_3+b_3\end{vmatrix}$$

解

$$D\xlongequal[c_2+(-1)c_3]{c_1+(-1)c_2}\begin{vmatrix}b_1-b_2&b_2-b_3&a_1+b_3\\b_1-b_2&b_2-b_3&a_2+b_3\\b_1-b_2&b_2-b_3&a_3+b_3\end{vmatrix}=0$$

注　此题还可利用性质 5 按列拆开,再利用性质 4 及其推论得到该行列式为零.

例 9　计算行列式

$$D_n=\begin{vmatrix}a_1&1&1&\cdots&1\\-a_1&a_2&0&\cdots&0\\\vdots&\vdots&\vdots&&\vdots\\-a_1&0&0&\cdots&a_n\end{vmatrix},\quad a_1a_2\cdots a_n\neq0$$

解

$$D_n \xlongequal[\substack{\vdots \\ c_n \times \frac{1}{a_n}}]{\substack{c_1 \times \frac{1}{a_1} \\ c_2 \times \frac{1}{a_2}}} a_1 a_2 \cdots a_n \begin{vmatrix} 1 & \frac{1}{a_2} & \frac{1}{a_3} & \cdots & \frac{1}{a_n} \\ -1 & 1 & 0 & \cdots & 0 \\ \vdots & \vdots & \vdots & & \vdots \\ -1 & 0 & 0 & \cdots & 1 \end{vmatrix}$$

$$\xlongequal[\substack{\vdots \\ c_1 + c_n}]{\substack{c_1 + c_2 \\ c_1 + c_3}} a_1 a_2 \cdots a_n \begin{vmatrix} 1+\sum\limits_{i=2}^{n} \frac{1}{a_i} & \frac{1}{a_2} & \frac{1}{a_3} & \cdots & \frac{1}{a_n} \\ 0 & 1 & 0 & \cdots & 0 \\ \vdots & \vdots & \vdots & & \vdots \\ 0 & 0 & 0 & \cdots & 1 \end{vmatrix}$$

$$= a_1 a_2 \cdots a_n \left(1 + \sum_{i=2}^{n} \frac{1}{a_i}\right)$$

§1.3 行列式的展开

一般来说,低阶行列式的计算比高阶行列式的计算要简单.在行列式计算中,设法降低行列式的阶数,用低阶行列式来表示高阶行列式,这就是行列式的展开问题.

一、行列式按行(列)展开

定义 6 在 n 阶行列式 $|a_{ij}|$ 中,把元 a_{ij} 所在的第 i 行和第 j 列划去,剩余的元位置不变所构成的 $n-1$ 阶行列式称为元 a_{ij} 的**余子式**(cofactor of a determinant),记为 M_{ij}.而 $A_{ij}=(-1)^{i+j}M_{ij}$ 称为元 a_{ij} 的**代数余子式**(algebraic cofactor).

例如,在行列式

$$\begin{vmatrix} 3 & 4 & 2 & -1 \\ 5 & 6 & 7 & 0 \\ 2 & 2 & 3 & 3 \\ 2 & -1 & 1 & -1 \end{vmatrix}$$

中,元 7 的余子式 M_{23} 和代数余子式 A_{23} 分别为

$$M_{23} = \begin{vmatrix} 3 & 4 & -1 \\ 2 & 2 & 3 \\ 2 & -1 & -1 \end{vmatrix}$$

$$A_{23} = (-1)^{2+3} M_{23} = -\begin{vmatrix} 3 & 4 & -1 \\ 2 & 2 & 3 \\ 2 & -1 & -1 \end{vmatrix}$$

引理 **设 n 阶行列式 D 中第 i 行除 a_{ij} 外所有元都为 0,则这个行列式等于 a_{ij} 与它的代数**

余子式 A_{ij} 的乘积，即

$$D=\begin{vmatrix} a_{11} & \cdots & a_{1j} & \cdots & a_{1n} \\ \vdots & & \vdots & & \vdots \\ 0 & \cdots & a_{ij} & \cdots & 0 \\ \vdots & & \vdots & & \vdots \\ a_{n1} & \cdots & a_{nj} & \cdots & a_{nn} \end{vmatrix}=a_{ij}A_{ij}$$

证　把行列式 D 的第 i 行向上经过 $i-1$ 次相邻对换调到第 1 行，再把第 j 列向左经过 $j-1$ 次相邻对换调到第 1 列. 这样经过了 $i+j-2$ 次对换，a_{ij} 被调到左上角，这时行列式应乘因子 $(-1)^{i+j-2}=(-1)^{i+j}$，得

$$D=(-1)^{i+j}\begin{vmatrix} a_{ij} & 0 & \cdots & 0 & 0 & \cdots & 0 \\ a_{1j} & a_{11} & \cdots & a_{1,j-1} & a_{1,j+1} & \cdots & a_{1n} \\ \vdots & \vdots & & \vdots & \vdots & & \vdots \\ a_{i-1,j} & a_{i-1,1} & \cdots & a_{i-1,j-1} & a_{i-1,j+1} & \cdots & a_{i-1,n} \\ a_{i+1,j} & a_{i+1,1} & \cdots & a_{i+1,j-1} & a_{i+1,j+1} & \cdots & a_{i+1,n} \\ \vdots & \vdots & & \vdots & \vdots & & \vdots \\ a_{nj} & a_{n1} & \cdots & a_{n,j-1} & a_{n,j+1} & \cdots & a_{nn} \end{vmatrix}$$

根据行列式的定义，

$$\begin{aligned} D &= (-1)^{i+j}\sum_{p_1\cdots p_{i-1}p_{i+1}\cdots p_n}(-1)^{\tau(p_1\cdots p_{i-1}p_{i+1}\cdots p_n)}a_{ij}a_{1p_1}\cdots a_{i-1,p_{i-1}}a_{i+1,p_{i+1}}\cdots a_{np_n} \\ &= (-1)^{i+j}a_{ij}\sum_{p_1\cdots p_{i-1}p_{i+1}\cdots p_n}(-1)^{\tau(p_1\cdots p_{i-1}p_{i+1}\cdots p_n)}a_{1p_1}\cdots a_{i-1,p_{i-1}}a_{i+1,p_{i+1}}\cdots a_{np_n} \\ &= (-1)^{i+j}a_{ij}M_{ij}=a_{ij}A_{ij} \end{aligned}$$

定理 3　**n 阶行列式 $D=|a_{ij}|$ 等于它的任意一行（列）的各元与其对应的代数余子式的乘积之和，即**

$$D=a_{i1}A_{i1}+a_{i2}A_{i2}+\cdots+a_{in}A_{in},\quad i=1,2,\cdots,n \tag{17}$$

或

$$D=a_{1j}A_{1j}+a_{2j}A_{2j}+\cdots+a_{nj}A_{nj},\quad j=1,2,\cdots,n$$

证

$$D=\begin{vmatrix} a_{11} & a_{12} & \cdots & a_{1n} \\ \vdots & \vdots & & \vdots \\ a_{i1} & a_{i2} & \cdots & a_{in} \\ \vdots & \vdots & & \vdots \\ a_{n1} & a_{n2} & \cdots & a_{nn} \end{vmatrix}$$

$$=\begin{vmatrix} a_{11} & a_{12} & \cdots & a_{1n} \\ \vdots & \vdots & & \vdots \\ a_{i1}+0+\cdots+0 & 0+a_{i2}+\cdots+0 & \cdots & 0+0+\cdots+a_{in} \\ \vdots & \vdots & & \vdots \\ a_{n1} & a_{n2} & \cdots & a_{nn} \end{vmatrix}$$

$$=\begin{vmatrix} a_{11} & a_{12} & \cdots & a_{1n} \\ \vdots & \vdots & & \vdots \\ a_{i1} & 0 & \cdots & 0 \\ \vdots & \vdots & & \vdots \\ a_{n1} & a_{n2} & \cdots & a_{nn} \end{vmatrix}+\begin{vmatrix} a_{11} & a_{12} & \cdots & a_{1n} \\ \vdots & \vdots & & \vdots \\ 0 & a_{i2} & \cdots & 0 \\ \vdots & \vdots & & \vdots \\ a_{n1} & a_{n2} & \cdots & a_{nn} \end{vmatrix}+\cdots+\begin{vmatrix} a_{11} & a_{12} & \cdots & a_{1n} \\ \vdots & \vdots & & \vdots \\ 0 & 0 & \cdots & a_{in} \\ \vdots & \vdots & & \vdots \\ a_{n1} & a_{n2} & \cdots & a_{nn} \end{vmatrix}$$

由引理得

$$D=a_{i1}A_{i1}+a_{i2}A_{i2}+\cdots+a_{in}A_{in},\quad i=1,2,\cdots,n$$

类似地,按列拆开行列式可得

$$D=a_{1j}A_{1j}+a_{2j}A_{2j}+\cdots+a_{nj}A_{nj},\quad j=1,2,\cdots,n$$

推论 2 n 阶行列式 $D=|a_{ij}|$ 的第 i 行(列)各元与第 j 行(列)($j\neq i$)的对应元的代数余子式的乘积之和等于 0,即

$$a_{i1}A_{j1}+a_{i2}A_{j2}+\cdots+a_{in}A_{jn}=0\quad (j\neq i) \tag{18}$$

$$a_{1i}A_{1j}+a_{2i}A_{2j}+\cdots+a_{ni}A_{nj}=0\quad (j\neq i)$$

证 设 n 阶行列式

$$\overline{D}=\begin{vmatrix} a_{11} & a_{12} & \cdots & a_{1n} \\ \vdots & \vdots & & \vdots \\ a_{i1} & a_{i2} & \cdots & a_{in} \\ \vdots & \vdots & & \vdots \\ a_{i1} & a_{i2} & \cdots & a_{in} \\ \vdots & \vdots & & \vdots \\ a_{n1} & a_{n2} & \cdots & a_{nn} \end{vmatrix}\begin{matrix} \\ \\ (\text{第 } i \text{ 行}) \\ \\ (\text{第 } j \text{ 行}) \\ \\ \\ \end{matrix}$$

$\overline{D}$ 的第 i 行与第 j 行相同($j\neq i$),而 $\overline{D}$ 与 D 仅第 j 行不同,从而 $\overline{D}$ 的第 j 行各元的代数余子式与 D 的第 j 行对应元的代数余子式相同.将 $\overline{D}$ 按第 j 行展开得

$$\overline{D}=a_{i1}A_{j1}+a_{i2}A_{j2}+\cdots+a_{in}A_{jn}$$

又由性质 4 知 $\overline{D}=0$,所以

$$a_{i1}A_{j1}+a_{i2}A_{j2}+\cdots+a_{in}A_{jn}=0\quad (j\neq i)$$

同理可证

$$a_{1i}A_{1j}+a_{2i}A_{2j}+\cdots+a_{ni}A_{nj}=0\quad (j\neq i)$$

综合定理 3 及其推论,可以得出代数余子式的重要性质:

$$a_{i1}A_{j1}+a_{i2}A_{j2}+\cdots+a_{in}A_{jn}=\begin{cases}D, & i=j\\0, & i\neq j\end{cases} \tag{19}$$

及

$$a_{1i}A_{1j}+a_{2i}A_{2j}+\cdots+a_{ni}A_{nj}=\begin{cases}D, & i=j\\0, & i\neq j\end{cases}$$

注　定理 3 称为**行列式按行(列)展开法则**,利用这一法则可将行列式降阶.

例 10　计算 4 阶行列式 $D=\begin{vmatrix}2&1&3&1\\0&0&2&0\\4&-1&3&5\\0&-7&6&8\end{vmatrix}$.

解　$D=0\cdot A_{21}+0\cdot A_{22}+2\cdot A_{23}+0\cdot A_{24}$

$$=2\cdot(-1)^{2+3}\begin{vmatrix}2&1&1\\4&-1&5\\0&-7&8\end{vmatrix}=-2\begin{vmatrix}2&1&1\\0&-3&3\\0&-7&8\end{vmatrix}=12$$

例 11　计算行列式

$$D_4=\begin{vmatrix}2&0&0&-4\\9&-1&0&1\\-2&6&1&0\\6&10&-2&-5\end{vmatrix}$$

解　为了简化,尽可能选择零元多的行(列)展开.此行列式可按第 1 行展开,得

$$\begin{aligned}D_4&=2\times(-1)^{1+1}\begin{vmatrix}-1&0&1\\6&1&0\\10&-2&-5\end{vmatrix}+(-4)\times(-1)^{1+4}\begin{vmatrix}9&-1&0\\-2&6&1\\6&10&-2\end{vmatrix}\\&=2\times\left((-1)(-1)^{1+1}\begin{vmatrix}1&0\\-2&-5\end{vmatrix}+1\times(-1)^{1+3}\begin{vmatrix}6&1\\10&-2\end{vmatrix}\right)+\\&\quad 4\times\left(9\times(-1)^{1+1}\begin{vmatrix}6&1\\10&-2\end{vmatrix}+(-1)\times(-1)^{1+2}\begin{vmatrix}-2&1\\6&-2\end{vmatrix}\right)\\&=2\times(5-22)+4\times[9\times(-22)-2]\\&=-834\end{aligned}$$

注　还可先利用行列式的性质,将行列式某一行(列)化出足够多的零,然后再对这样的行或列应用展开法则.

例 11 中的行列式 D 也可用下面方法计算:

$$\begin{aligned}D_4&\xlongequal{c_4+2c_1}\begin{vmatrix}2&0&0&0\\9&-1&0&19\\-2&6&1&-4\\6&10&-2&7\end{vmatrix}=2\begin{vmatrix}-1&0&19\\6&1&-4\\10&-2&7\end{vmatrix}\\&\xlongequal{r_3+2r_2}2\begin{vmatrix}-1&0&19\\6&1&-4\\22&0&-1\end{vmatrix}=2\times1\times\begin{vmatrix}-1&19\\22&-1\end{vmatrix}\end{aligned}$$

$$=2\times(1-19\times22)$$
$$=-834$$

例 12 计算行列式

$$D_n=\begin{vmatrix} a_1 & -1 & 0 & \cdots & 0 & 0 \\ a_2 & x & -1 & \cdots & 0 & 0 \\ \vdots & \vdots & \vdots & & \vdots & \vdots \\ a_{n-1} & 0 & 0 & \cdots & x & -1 \\ a_n & 0 & 0 & \cdots & 0 & x \end{vmatrix}$$

解 按最后一行展开行列式得

$$D_n=a_n(-1)^{n+1}\begin{vmatrix} -1 & 0 & \cdots & 0 & 0 \\ x & -1 & \cdots & 0 & 0 \\ \vdots & \vdots & & \vdots & \vdots \\ 0 & 0 & \cdots & -1 & 0 \\ 0 & 0 & \cdots & x & -1 \end{vmatrix}+$$

$$x(-1)^{2n}\begin{vmatrix} a_1 & -1 & 0 & \cdots & 0 \\ a_2 & x & -1 & \cdots & 0 \\ \vdots & \vdots & \vdots & & \vdots \\ a_{n-2} & 0 & 0 & \cdots & -1 \\ a_{n-1} & 0 & 0 & \cdots & x \end{vmatrix}$$

$$=a_n(-1)^{n+1}(-1)^{n-1}+xD_{n-1}=xD_{n-1}+a_n$$

此为一递推公式,依次递推可得

$$D_n=x(xD_{n-2}+a_{n-1})+a_n=x^2D_{n-2}+a_{n-1}x+a_n$$
$$=\cdots=x^{n-2}D_2+a_3x^{n-3}+a_4x^{n-4}+\cdots+a_{n-1}x+a_n$$

而

$$D_2=\begin{vmatrix} a_1 & -1 \\ a_2 & x \end{vmatrix}=a_1x+a_2$$

故

$$D_n=a_1x^{n-1}+a_2x^{n-2}+a_3x^{n-3}+\cdots+a_{n-1}x+a_n$$

例 13 证明范德蒙德(Vandermonde)行列式

$$D_n=\begin{vmatrix} 1 & 1 & \cdots & 1 \\ x_1 & x_2 & \cdots & x_n \\ x_1^2 & x_2^2 & \cdots & x_n^2 \\ \vdots & \vdots & & \vdots \\ x_1^{n-1} & x_2^{n-1} & \cdots & x_n^{n-1} \end{vmatrix}=\prod_{n\geqslant i>j\geqslant 1}(x_i-x_j) \qquad (20)$$

其中符号“$\prod$”表示全体同类因子的乘积.

证　对行列式的阶数 n 使用数学归纳法.当 $n=2$ 时,

$$D_2=\begin{vmatrix}1 & 1\\ x_1 & x_2\end{vmatrix}=x_2-x_1=\prod_{2\geqslant i>j\geqslant 1}(x_i-x_j)$$

假设行列式为 $n-1$ 阶时式(20)成立,下面证行列式为 n 阶时式(20)也成立.

从 D_n 的第 n 行开始,后一行减去前一行的 x_1 倍,有

$$D_n\xlongequal[\substack{\vdots\\ r_2+(-x_1)r_1}]{\substack{r_n+(-x_1)r_{n-1}\\ r_{n-1}+(-x_1)r_{n-2}}}\begin{vmatrix}1 & 1 & 1 & \cdots & 1\\ 0 & x_2-x_1 & x_3-x_1 & \cdots & x_n-x_1\\ 0 & x_2(x_2-x_1) & x_3(x_3-x_1) & \cdots & x_n(x_n-x_1)\\ \vdots & \vdots & \vdots & & \vdots\\ 0 & x_2^{n-2}(x_2-x_1) & x_3^{n-2}(x_3-x_1) & \cdots & x_n^{n-2}(x_n-x_1)\end{vmatrix}$$

按第 1 列展开,并把每列的公因子 (x_i-x_1) 提出,有

$$D_n=(x_2-x_1)(x_3-x_1)\cdots(x_n-x_1)\begin{vmatrix}1 & 1 & \cdots & 1\\ x_2 & x_3 & \cdots & x_n\\ \vdots & \vdots & & \vdots\\ x_2^{n-2} & x_3^{n-2} & \cdots & x_n^{n-2}\end{vmatrix}$$

上式右端的行列式是 $n-1$ 阶范德蒙德行列式,按归纳法假设

$$\begin{vmatrix}1 & 1 & \cdots & 1\\ x_2 & x_3 & \cdots & x_n\\ \vdots & \vdots & & \vdots\\ x_2^{n-2} & x_3^{n-2} & \cdots & x_n^{n-2}\end{vmatrix}=\prod_{n\geqslant i>j\geqslant 2}(x_i-x_j)$$

从而

$$\begin{aligned}D_n&=(x_2-x_1)(x_3-x_1)\cdots(x_n-x_1)\prod_{n\geqslant i>j\geqslant 2}(x_i-x_j)\\ &=\prod_{n\geqslant i>j\geqslant 1}(x_i-x_j)\end{aligned}$$

例 14　已知四阶行列式

$$D=\begin{vmatrix}1 & 0 & 2 & 0\\ -1 & 4 & 3 & 6\\ 0 & -2 & 5 & -3\\ \frac{1}{2} & 3 & \frac{1}{3} & 2\end{vmatrix}$$

求 $3A_{41}+A_{42}+A_{43}$的值,其中 A_{ij}为 a_{ij}的代数余子式.

解　**方法 1**　直接计算 A_{ij},代入计算(略).

方法 2　依据行列式按行(列)展开定理,将 D 的第 4 行换成 3,1,1,0.得

$$3A_{41}+A_{42}+A_{43}=\begin{vmatrix}1&0&2&0\\-1&4&3&6\\0&-2&5&-3\\3&1&1&0\end{vmatrix}$$

$$\xlongequal[r_4+(-3)r_1]{r_2+r_1}\begin{vmatrix}1&0&2&0\\0&4&5&6\\0&-2&5&-3\\0&1&-5&0\end{vmatrix}$$

$$\xlongequal[r_2+(-4)r_4]{r_3+2r_4}\begin{vmatrix}1&0&2&0\\0&0&25&6\\0&0&-5&-3\\0&1&-5&0\end{vmatrix}=\begin{vmatrix}0&25&6\\0&-5&-3\\1&-5&0\end{vmatrix}=-45$$

二、拉普拉斯(Laplace)定理

行列式按一行(列)展开的性质可以推广到按若干行(列)展开,为此引入下面的定义和定理.

定义 7　在 n 阶行列式 D 中,任取 k 行 k 列,这些行列相交处的元按原来相对位置组成的 k 阶行列式 N 称为 D 的一个 k **阶子式**.把 N 所在的行与列划去,留下的元按原来相对位置组成的 $n-k$ 阶行列式 M 称为子式 N 的**余子式**.若子式 N 所在的行号与列号分别为 $i_1,i_2,\cdots,i_k$ 与 $j_1,j_2,\cdots,j_k$,则

$$A=(-1)^{i_1+i_2+\cdots+i_k+j_1+j_2+\cdots+j_k}M$$

称为 N 的**代数余子式**.

例如,在四阶行列式 $D=\begin{vmatrix}2&0&3&4\\1&2&-1&2\\-2&1&4&0\\3&1&5&6\end{vmatrix}$ 中,如果选定第 1 行、第 3 行,第 1 列、第 4 列,就确定了一个 D 的二阶子式 $N=\begin{vmatrix}2&4\\-2&0\end{vmatrix}$,二阶子式 N 的余子式为 $M=\begin{vmatrix}2&-1\\1&5\end{vmatrix}$,二阶子式 N 的代数余子式为 $(-1)^{(1+3)+(1+4)}M=-M=-\begin{vmatrix}2&-1\\1&5\end{vmatrix}$.

定理 4(拉普拉斯定理)　**在 n 阶行列式中任取 k 行(列),则由这 k 行(列)元所组成的所有 k 阶子式与它们的代数余子式的乘积之和等于该行列式.**

证明略.

显然,当 $k=1$ 时,拉普拉斯定理就是行列式按行(列)展开的定理 3.

利用拉普拉斯定理计算一些稀疏的高阶行列式很方便.

例 15 利用拉普拉斯定理计算行列式 $D=\begin{vmatrix}2&3&0&0\\1&2&3&0\\0&1&2&3\\0&0&1&2\end{vmatrix}$.

解 选定第 1,2 行,可得 6 个二阶子式:

$$N_1=\begin{vmatrix}2&3\\1&2\end{vmatrix}=1,N_2=\begin{vmatrix}2&0\\1&3\end{vmatrix}=6,N_3=\begin{vmatrix}2&0\\1&0\end{vmatrix}=0,$$

$$N_4=\begin{vmatrix}3&0\\2&3\end{vmatrix}=9,N_5=\begin{vmatrix}3&0\\2&0\end{vmatrix}=0,N_6=\begin{vmatrix}0&0\\3&0\end{vmatrix}=0$$

对应的 6 个代数余子式分别为

$$A_1=(-1)^{(1+2)+(1+2)}M_1=\begin{vmatrix}2&3\\1&2\end{vmatrix}=1,A_2=(-1)^{(1+2)+(1+3)}M_2=-\begin{vmatrix}1&3\\0&2\end{vmatrix}=-2,$$

$$A_3=(-1)^{(1+2)+(1+4)}M_3=\begin{vmatrix}1&2\\0&1\end{vmatrix}=1,A_4=(-1)^{(1+2)+(2+3)}M_4=\begin{vmatrix}0&3\\0&2\end{vmatrix}=0,$$

$$A_5=(-1)^{(1+2)+(2+4)}M_5=-\begin{vmatrix}0&2\\0&1\end{vmatrix}=0,A_6=(-1)^{(1+2)+(3+4)}M_6=\begin{vmatrix}0&1\\0&0\end{vmatrix}=0$$

所以

$$\begin{aligned}D&\xlongequal{\text{按 1,2 行展开}}N_1A_1+N_2A_2+N_3A_3+N_4A_4+N_5A_5+N_6A_6\\&=1\times1+6\times(-2)+0\times1+9\times0+0\times0+0\times0=-11\end{aligned}$$

例 16 计算 $2n$ 阶行列式

$$D_{2n}=\underbrace{\begin{vmatrix}a&&&&&b\\&\ddots&&&\iddots&\\&&a&b&&\\&&c&d&&\\&\iddots&&&\ddots&\\c&&&&&d\end{vmatrix}}_{2n}\quad\text{(其中未写出的元为 0)}$$

解 按第 1 行和第 $2n$ 行展开,得

$$D_{2n}=\begin{vmatrix}a&b\\c&d\end{vmatrix}D_{2(n-1)}=(ad-bc)D_{2(n-1)}$$

以此作为递推公式,得

$$D_{2n}=(ad-bc)D_{2(n-1)}=\cdots=(ad-bc)^{n-1}D_2=(ad-bc)^n$$

例 17 证明

(1) $$\begin{vmatrix} a_{11} & \cdots & a_{1k} & 0 & \cdots & 0 \\ \vdots & & \vdots & \vdots & & \vdots \\ a_{k1} & \cdots & a_{kk} & 0 & \cdots & 0 \\ c_{11} & \cdots & c_{1k} & b_{11} & \cdots & b_{1n} \\ \vdots & & \vdots & \vdots & & \vdots \\ c_{n1} & \cdots & c_{nk} & b_{n1} & \cdots & b_{nn} \end{vmatrix}=\begin{vmatrix} a_{11} & \cdots & a_{1k} \\ \vdots & & \vdots \\ a_{k1} & \cdots & a_{kk} \end{vmatrix}\cdot\begin{vmatrix} b_{11} & \cdots & b_{1n} \\ \vdots & & \vdots \\ b_{n1} & \cdots & b_{nn} \end{vmatrix};$$

(2) $$\begin{vmatrix} 0 & \cdots & 0 & a_{11} & \cdots & a_{1k} \\ \vdots & & \vdots & \vdots & & \vdots \\ 0 & \cdots & 0 & a_{k1} & \cdots & a_{kk} \\ b_{11} & \cdots & b_{1n} & c_{11} & \cdots & c_{1k} \\ \vdots & & \vdots & \vdots & & \vdots \\ b_{n1} & \cdots & b_{nn} & c_{n1} & \cdots & c_{nk} \end{vmatrix}=(-1)^{kn}\begin{vmatrix} a_{11} & \cdots & a_{1k} \\ \vdots & & \vdots \\ a_{k1} & \cdots & a_{kk} \end{vmatrix}\cdot\begin{vmatrix} b_{11} & \cdots & b_{1n} \\ \vdots & & \vdots \\ b_{n1} & \cdots & b_{nn} \end{vmatrix}.$$

证 对于题(1),左边行列式按前 k 行展开,在前 k 行的 k 阶子式中除最左边的一个 k 阶子式外,其余 k 阶子式因为至少有一列元全为 0 而等于 0,所以展开后得

$$左=(-1)^{1+2+\cdots+k+1+2+\cdots+k}\begin{vmatrix} a_{11} & \cdots & a_{1k} \\ \vdots & & \vdots \\ a_{k1} & \cdots & a_{kk} \end{vmatrix}\cdot\begin{vmatrix} b_{11} & \cdots & b_{1n} \\ \vdots & & \vdots \\ b_{n1} & \cdots & b_{nn} \end{vmatrix}=右$$

题(2)也类似,左边行列式按前 k 行展开,注意到其中最右的一个 k 阶子式所在的行列之和 $t=1+2+\cdots+k+(n+1)+(n+2)+\cdots+(n+k)=2(1+2+\cdots+k)+kn$,所以 $(-1)^t=(-1)^{kn}$.故

$$左=(-1)^t\begin{vmatrix} a_{11} & \cdots & a_{1k} \\ \vdots & & \vdots \\ a_{k1} & \cdots & a_{kk} \end{vmatrix}\cdot\begin{vmatrix} b_{11} & \cdots & b_{1n} \\ \vdots & & \vdots \\ b_{n1} & \cdots & b_{nn} \end{vmatrix}=右.$$

例 18 计算 $n+k$ 阶行列式$(n>k)$

$$\begin{vmatrix} a_{11} & \cdots & a_{1k} & b_{11} & \cdots & b_{1n} \\ \vdots & & \vdots & \vdots & & \vdots \\ a_{k1} & \cdots & a_{kk} & b_{k1} & \cdots & b_{kn} \\ c_{11} & \cdots & c_{1k} & 0 & \cdots & 0 \\ \vdots & & \vdots & \vdots & & \vdots \\ c_{n1} & \cdots & c_{nk} & 0 & \cdots & 0 \end{vmatrix}$$

解 因为 $n>k$，行列式按后 n 行展开时，每个 n 阶子式至少有一列元全为 0，由此，该 n 阶子式为 0. 由于所有 n 阶子式全为 0，因此该 $n+k$ 阶行列式为 0.

§1.4 克拉默法则

在 §1.1 中讨论了二元及三元线性方程组的公式解法，此方法可以推广到 n 元线性方程组.

定理 5（克拉默（Cramer）法则） **设 n 个未知量 $x_1, x_2, \cdots, x_n$ 的线性方程组为**

$$\begin{cases} a_{11}x_1+a_{12}x_2+\cdots+a_{1n}x_n=b_1 \\ a_{21}x_1+a_{22}x_2+\cdots+a_{2n}x_n=b_2 \\ \cdots\cdots\cdots\cdots \\ a_{n1}x_1+a_{n2}x_2+\cdots+a_{nn}x_n=b_n \end{cases} \tag{21}$$

记

$$D=\begin{vmatrix} a_{11} & a_{12} & \cdots & a_{1n} \\ a_{21} & a_{22} & \cdots & a_{2n} \\ \vdots & \vdots & & \vdots \\ a_{n1} & a_{n2} & \cdots & a_{nn} \end{vmatrix}, \quad D_j=\begin{vmatrix} a_{11} & \cdots & b_1 & \cdots & a_{1n} \\ a_{21} & \cdots & b_2 & \cdots & a_{2n} \\ \vdots & & \vdots & & \vdots \\ a_{n1} & \cdots & b_n & \cdots & a_{nn} \end{vmatrix} \tag{22}$$

其中 D 是由方程组(21)的系数所确定的，称为方程组的系数行列式，D_j 是用 $b_1, b_2, \cdots, b_n$ 代替 D 中第 j 列元所得到的行列式（$j=1,2,\cdots,n$）. 若方程组(21)的系数行列式 $D\neq 0$，则它有唯一解，其解为

$$x_1=\frac{D_1}{D}, x_2=\frac{D_2}{D}, \cdots, x_n=\frac{D_n}{D} \tag{23}$$

证 首先证明方程组(21)有解. 事实上，将 $x_j=\dfrac{D_j}{D}$（$j=1,2,\cdots,n$）代入第 i 个方程的左端，再利用行列式按行（列）展开定理，将 D_j 按第 j 列展开

$$D_j=b_1A_{1j}+b_2A_{2j}+\cdots+b_nA_{nj} \quad (j=1,2,\cdots,n)$$

得

$$a_{i1}\frac{D_1}{D}+a_{i2}\frac{D_2}{D}+\cdots+a_{in}\frac{D_n}{D}$$

$$=\frac{1}{D}[a_{i1}(b_1A_{11}+b_2A_{21}+\cdots+b_nA_{n1})+a_{i2}(b_1A_{12}+b_2A_{22}+\cdots+b_nA_{n2})+\cdots+$$

$$a_{in}(b_1A_{1n}+b_2A_{2n}+\cdots+b_nA_{nn})]$$

$$=\frac{1}{D}[b_1(a_{i1}A_{11}+a_{i2}A_{12}+\cdots+a_{in}A_{1n})+b_2(a_{i1}A_{21}+a_{i2}A_{22}+\cdots+a_{in}A_{2n})+\cdots+$$

$$b_i(a_{i1}A_{i1}+a_{i2}A_{i2}+\cdots+a_{in}A_{in})+\cdots+b_n(a_{i1}A_{n1}+a_{i2}A_{n2}+\cdots+a_{in}A_{nn})]$$

$$=\frac{1}{D}b_iD=b_i$$

即式(23)给出的 $x_1,x_2,\cdots x_n$ 是方程组(21)的解.

下面证明解唯一.设 $x_j=c_j(j=1,2,\cdots,n)$ 为方程组(21)的任意一个解,则

$$\begin{cases}a_{11}c_1+a_{12}c_2+\cdots+a_{1n}c_n=b_1\\ a_{21}c_1+a_{22}c_2+\cdots+a_{2n}c_n=b_2\\ \cdots\cdots\cdots\cdots\\ a_{n1}c_1+a_{n2}c_2+\cdots+a_{nn}c_n=b_n\end{cases}$$

以 D 的第 j 列元的代数余子式 $A_{1j},A_{2j},\cdots,A_{nj}$ 依次乘上式各等式,相加得

$$\left(\sum_{k=1}^{n}a_{k1}A_{kj}\right)c_1+\cdots+\left(\sum_{k=1}^{n}a_{kj}A_{kj}\right)c_j+\cdots+\left(\sum_{k=1}^{n}a_{kn}A_{kj}\right)c_n=\sum_{k=1}^{n}b_kA_{kj}$$

从而

$$D\cdot c_j=D_j$$

由于 $D\neq0$,因此

$$c_j=\frac{D_j}{D}(j=1,2,\cdots,n)$$

这就说明,若 $x_j=c_j(j=1,2,\cdots,n)$ 为方程组(21)的解,则必有 $c_j=\dfrac{D_j}{D}(j=1,2,\cdots,n)$,即方程组的解是唯一的.

定理 5 的结论有两层含义:(1) 方程组(21)有解;(2) 解唯一且由式(23)给出.

注 克拉默法则只适用于含 n 个未知量 n 个方程,并且系数行列式不为零的线性方程组.

例 19 用克拉默法则解方程组

$$\begin{cases}3x_1+2x_2-x_3+x_4=8\\ x_1-x_2-x_3+2x_4=5\\ 2x_1+3x_2-x_3-3x_4=2\\ x_1+2x_2+3x_3+4x_4=3\end{cases}$$

解 由于

$$D=\begin{vmatrix}3&2&-1&1\\1&-1&-1&2\\2&3&-1&-3\\1&2&3&4\end{vmatrix}=-3\neq0$$

所以方程组有唯一解.

因为

$$D_1=\begin{vmatrix}8&2&-1&1\\5&-1&-1&2\\2&3&-1&-3\\3&2&3&4\end{vmatrix}=-6,\quad D_2=\begin{vmatrix}3&8&-1&1\\1&5&-1&2\\2&2&-1&-3\\1&3&3&4\end{vmatrix}=0$$

$$D_3=\begin{vmatrix}3&2&8&1\\1&-1&5&2\\2&3&2&-3\\1&2&3&4\end{vmatrix}=3,\quad D_4=\begin{vmatrix}3&2&-1&8\\1&-1&-1&5\\2&3&-1&2\\1&2&3&3\end{vmatrix}=-3$$

所以

$$x_1=\frac{-6}{-3}=2,\quad x_2=\frac{0}{-3}=0,\quad x_3=\frac{3}{-3}=-1,\quad x_4=\frac{-3}{-3}=1$$

由克拉默法则可得到下面的推论(逆否定理).

推论 3 如果线性方程组(21)无解或解不唯一,则它的系数行列式必为零.

如果方程组(21)的右端项 $b_i=0(i=1,2,\cdots,n)$,即

$$\begin{cases}a_{11}x_1+a_{12}x_2+\cdots+a_{1n}x_n=0\\a_{21}x_1+a_{22}x_2+\cdots+a_{2n}x_n=0\\\quad\cdots\cdots\cdots\cdots\\a_{n1}x_1+a_{n2}x_2+\cdots+a_{nn}x_n=0\end{cases}\tag{24}$$

则称方程组(24)为 n 个方程的 n 元**齐次线性方程组**.

利用定理 5 及其推论易知,齐次线性方程组(24)有下面的结论.

定理 6 (1) **齐次线性方程组一定有零解,即** $x_i=0(i=1,2,\cdots,n)$;(2) n **个方程的** n **元齐次线性方程组(24)有非零解的充分必要条件是它的系数行列式为零.**

注 定理 6 中(2)的结论的充分性将在后面证明.

例 20 λ 为何值时,齐次线性方程组

$$\begin{cases}(1-\lambda)x_1-2x_2+4x_3=0\\2x_1+(3-\lambda)x_2+x_3=0\\x_1+x_2+(1-\lambda)x_3=0\end{cases}$$

有非零解?

解 由定理 6 可知,若所给齐次线性方程组有非零解,则其系数行列式 $D=0$.而

$$D=\begin{vmatrix}1-\lambda&-2&4\\2&3-\lambda&1\\1&1&1-\lambda\end{vmatrix}\xlongequal{r_1+2r_3}\begin{vmatrix}3-\lambda&0&6-2\lambda\\2&3-\lambda&1\\1&1&1-\lambda\end{vmatrix}$$

$$\xlongequal{c_3+(-2)c_1}\begin{vmatrix}3-\lambda & 0 & 0\\ 2 & 3-\lambda & -3\\ 1 & 1 & -1-\lambda\end{vmatrix}=\lambda(\lambda-2)(3-\lambda)$$

因此，当 $D=0$ 时，即 $\lambda=0$ 或 $\lambda=2$ 或 $\lambda=3$ 时，此齐次线性方程组有非零解.

§1.5 应用实例

本节将介绍行列式在应用方面的几个例子.

例 21 解分式方程 $\dfrac{x^2+2x+3}{x^2+3x+4}=\dfrac{x^2-x+2}{x^2+1}$.

解 上述方程等价于

$$\begin{vmatrix}x^2+2x+3 & x^2-x+2\\ x^2+3x+4 & x^2+1\end{vmatrix}=0$$

利用行列式性质可得

$$\begin{vmatrix}x^2+2x+3 & x^2-x+2\\ x+1 & x-1\end{vmatrix}=0$$

即

$$\begin{vmatrix}3x+1 & x^2-x+2\\ 2 & x-1\end{vmatrix}=0$$

由

$$(3x+1)(x-1)-2(x^2-x+2)=0$$

解得 $x_1=\sqrt{5}, x_2=-\sqrt{5}$.

例 22 求通过空间三点 $(1,1,1),(2,3,-1),(3,-1,-1)$ 的平面方程.

解 设平面方程为

$$Ax+By+Cz+D=0$$

代入三点 $(1,1,1),(2,3,-1),(3,-1,-1)$ 与平面上任意一点 (x,y,z)，得

$$\begin{cases}A+B+C+D=0\\ 2A+3B-C+D=0\\ 3A-B-C+D=0\\ xA+yB+zC+D=0\end{cases}$$

上述齐次方程组有非零解，所以其系数行列式

$$\begin{vmatrix} 1 & 1 & 1 & 1 \\ 2 & 3 & -1 & 1 \\ 3 & -1 & -1 & 1 \\ x & y & z & 1 \end{vmatrix}=0$$

根据行列式性质与展开定理,得

$$\begin{vmatrix} 1 & 1 & 1 & 1 \\ 2 & 3 & -1 & 1 \\ 3 & -1 & -1 & 1 \\ x & y & z & 1 \end{vmatrix}=\begin{vmatrix} 0 & 0 & 0 & 1 \\ 1 & 2 & -2 & 1 \\ 2 & -2 & -2 & 1 \\ x-1 & y-1 & z-1 & 1 \end{vmatrix}$$

$$=(-1)^{1+4}\begin{vmatrix} 1 & 2 & -2 \\ 2 & -2 & -2 \\ x-1 & y-1 & z-1 \end{vmatrix}=2\begin{vmatrix} 0 & 0 & -1 \\ -1 & 4 & 1 \\ x-1 & y+3z-4 & z-1 \end{vmatrix}=0$$

即

$$(-1)(-1)^{1+3}\cdot\begin{vmatrix} -1 & 4 \\ x-1 & y+3z-4 \end{vmatrix}=0$$

故所求平面方程为

$$4x+y+3z-8=0$$

习 题 一

1. 求下列各排列的逆序数:

(1) 32154; (2) 54123; (3) $13\cdots(2n-1)24\cdots(2n)$.

2. 利用对角线法则计算下列三阶行列式.

(1) $\begin{vmatrix} 1 & 3 & 5 \\ 0 & 4 & -1 \\ 2 & 2 & 1 \end{vmatrix}$; (2) $\begin{vmatrix} 1 & 1 & 1 \\ a & b & c \\ a^2 & b^2 & c^2 \end{vmatrix}$; (3) $\begin{vmatrix} x & 0 & x \\ 0 & x & x \\ x & x & x \end{vmatrix}$.

3. 利用行列式的性质计算三阶行列式:$D=\begin{vmatrix} 103 & 100 & 204 \\ 199 & 200 & 395 \\ 301 & 300 & 600 \end{vmatrix}$.

4. 利用行列式的性质计算下列各行列式:

(1) $\begin{vmatrix} 4 & 1 & 2 & 4 \\ 1 & 2 & 0 & 2 \\ 10 & 5 & 2 & 0 \\ 0 & 1 & 1 & 7 \end{vmatrix}$; (2) $\begin{vmatrix} 1 & -3 & 4 & 2 \\ 3 & 0 & 8 & 9 \\ -4 & 7 & -8 & -5 \\ 2 & -4 & 7 & 7 \end{vmatrix}$; (3) $\begin{vmatrix} 2 & 0 & 0 & -1 & 0 \\ 0 & 1 & 0 & 1 & -1 \\ 1 & 3 & 1 & -1 & 0 \\ 2 & 1 & 0 & 0 & 0 \\ 0 & 0 & 1 & 2 & 1 \end{vmatrix}$;

(4) $\begin{vmatrix} 3 & 1 & 0 & 0 & 0 \\ 1 & 3 & 1 & 0 & 0 \\ 0 & 1 & 3 & 1 & 0 \\ 0 & 0 & 1 & 3 & 1 \\ 0 & 0 & 0 & 1 & 3 \end{vmatrix}$；（5）$\begin{vmatrix} a & x & x & x & x \\ x & a & x & x & x \\ x & x & a & x & x \\ x & x & x & a & x \\ x & x & x & x & a \end{vmatrix}$.

5. 填空：已知行列式 $D=\begin{vmatrix} -1 & 0 & x & 1 \\ 1 & 1 & -1 & -1 \\ 1 & -1 & 1 & -1 \\ 1 & -1 & -1 & 1 \end{vmatrix}$，则 D 的展开式中 x 的系数是________.

6. 利用行列式的性质及按行（列）展开法则计算四阶行列式：

(1) $D=\begin{vmatrix} 5 & 2 & -6 & -3 \\ -4 & 7 & -2 & 4 \\ -2 & 3 & 4 & 1 \\ 7 & -8 & -10 & -5 \end{vmatrix}$；（2）$D=\begin{vmatrix} a & b & c & d \\ b & a & d & c \\ c & d & a & b \\ d & c & b & a \end{vmatrix}$.

7. 设四阶行列式 $\begin{vmatrix} 3 & 1 & 1 & 1 \\ 1 & 3 & 1 & 1 \\ 1 & 1 & 3 & 1 \\ 1 & 1 & 1 & 3 \end{vmatrix}$，试求 $M_{11}+M_{12}+M_{13}+M_{14}$，其中 M_{ij} 是原行列式中第 i 行第 j 列元素的余子式.

8. 证明下列各式：

(1) $\begin{vmatrix} ax+by & ay+bz & az+bx \\ ay+bz & az+bx & ax+by \\ az+bx & ax+by & ay+bz \end{vmatrix}=(a^3+b^3)\begin{vmatrix} x & y & z \\ y & z & x \\ z & x & y \end{vmatrix}$；

(2) $\begin{vmatrix} a_n & & & & & b_n \\ & \ddots & & & \iddots & \\ & & a_1 & b_1 & & \\ & & c_1 & d_1 & & \\ & \iddots & & & \ddots & \\ c_n & & & & & d_n \end{vmatrix}=\prod_{i=1}^{n}(a_id_i-b_ic_i)$.

9. 计算下列各行列式：

(1) $D_n=\begin{vmatrix} a & 0 & \cdots & 0 & 1 \\ 0 & a & \cdots & 0 & 0 \\ \vdots & \vdots & & \vdots & \vdots \\ 0 & 0 & \cdots & a & 0 \\ 1 & 0 & \cdots & 0 & a \end{vmatrix}$；

(2) $D_{n+1}=\begin{vmatrix} a_1 & -a_1 & 0 & \cdots & 0 & 0 \\ 0 & a_2 & -a_2 & \cdots & 0 & 0 \\ \vdots & \vdots & \vdots & & \vdots & \vdots \\ 0 & 0 & 0 & \cdots & a_n & -a_n \\ 1 & 1 & 1 & \cdots & 1 & 1 \end{vmatrix}$；

(3) $D_{n+1}=\begin{vmatrix} a^n & (a-1)^n & \cdots & (a-n)^n \\ a^{n-1} & (a-1)^{n-1} & \cdots & (a-n)^{n-1} \\ \vdots & \vdots & & \vdots \\ a & a-1 & \cdots & a-n \\ 1 & 1 & \cdots & 1 \end{vmatrix}$(提示:利用范德蒙德行列式);

(4) $D_n=\begin{vmatrix} 1+a_1 & 1 & \cdots & 1 \\ 1 & 1+a_2 & \cdots & 1 \\ \vdots & \vdots & & \vdots \\ 1 & 1 & \cdots & 1+a_n \end{vmatrix}$,其中 $a_1a_2\cdots a_n\neq 0$.

10. 利用克拉默法则解下列方程组:

(1) $\begin{cases} x+2y+2z=3 \\ -x-4y+z=7 \\ 3x+7y+4z=3 \end{cases}$; (2) $\begin{cases} x_1-2x_2+3x_3-4x_4=4 \\ x_2-x_3+x_4=-3 \\ x_1+3x_2+2x_4=1 \\ -7x_2+3x_3+x_4=-3 \end{cases}$.

11. 当 a 与 b 为何值时下列齐次线性方程组有非零解?

(1) $\begin{cases} ax_1+x_2+x_3=0 \\ x_1+bx_2+x_3=0 \\ x_1+2bx_2+x_3=0 \end{cases}$; (2) $\begin{cases} x_1+x_2+x_3+ax_4=0 \\ x_1+2x_2+x_3+x_4=0 \\ x_1+x_2-3x_3+x_4=0 \\ x_1+x_2+ax_3+bx_4=0 \end{cases}$.

第一章部分习题讲解

第二章　矩　　阵

矩阵是一张长方形的数表,它将一组有序的数据视为"整体"进行表述,许多理论问题和实际问题都可以用矩阵来表示.在线性代数中,矩阵是解线性方程组、讨论向量组的线性相关性和线性变换的有力工具,具有重要地位.

本章将介绍矩阵的概念,矩阵的运算、变换和矩阵的秩.

§2.1　矩阵的概念

一、引例

例 1　四元线性方程组

$$\begin{cases} x_1+\quad\ 3x_3-\ x_4=2 \\ 2x_1+\ x_2-\quad\ 2x_4=-1 \\ 3x_1+2x_2-x_3+6x_4=4 \end{cases}$$

的系数和常数项按原来位置构成一个数表

$$\begin{pmatrix} 1 & 0 & 3 & -1 & 2 \\ 2 & 1 & 0 & -2 & -1 \\ 3 & 2 & -1 & 6 & 4 \end{pmatrix}$$

该数表决定了上述方程组是否有解,以及在方程组有解时,方程组的解是否唯一等问题.而弄清这些问题可以转化成对上面数表的研究.

例 2　某企业生产四种产品的季度产值如下所示:

单位:万元

产值		产品 A	产品 B	产品 C	产品 D
季度	1	80	75	75	78
	2	98	70	85	84
	3	90	75	90	90
	4	88	70	82	80

数表 $\begin{pmatrix} 80 & 75 & 75 & 78 \\ 98 & 70 & 85 & 84 \\ 90 & 75 & 90 & 90 \\ 88 & 70 & 82 & 80 \end{pmatrix}$ 具体描述了这家企业四种产品的季度产值,同时也揭示了产值随

季度变化的规律、季增长率和年产量等情况.

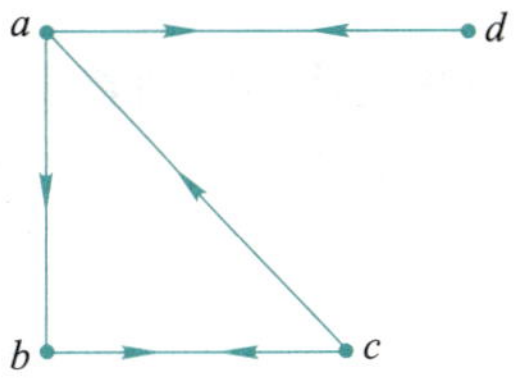

例 3　a,b,c,d 四个城市之间的航班到达情况如右图所示(单箭头代表有单向直达航班,双箭头表示有双向直达航班).

如果从城市 i 到 j 有航班直达,用数 1 表示,而从城市 i 到 j 没有航班直达,用数 0 表示,则 a,b,c,d 四个城市之间的航班直达情况可以用下面数表表示:

$$\begin{array}{c} \\ a\\ b\\ c\\ d \end{array}\begin{array}{c} \begin{matrix} a & b & c & d\end{matrix}\\ \begin{pmatrix} 0 & 1 & 0 & 1\\ 0 & 0 & 1 & 0\\ 1 & 1 & 0 & 0\\ 1 & 0 & 0 & 0 \end{pmatrix}\end{array}$$

对 a,b,c,d 四个城市彼此间航班到达的研究,可以通过对该数表的计算达到目的.

二、矩阵的定义

定义 1　由 $m\times n$ 个数 a_{ij} 排成的 m 行 n 列的数表(array)

$$\begin{pmatrix} a_{11} & a_{12} & \cdots & a_{1n}\\ a_{21} & a_{22} & \cdots & a_{2n}\\ \vdots & \vdots & & \vdots\\ a_{m1} & a_{m2} & \cdots & a_{mn} \end{pmatrix}$$

称为 m 行 n 列**矩阵**(matrix),简称 $m\times n$ 矩阵,记为 $\boldsymbol{A}$ 或者(a_{ij}),当需要说明矩阵的行数和列数时,可写为 $\boldsymbol{A}_{m\times n}$或$(a_{ij})_{m\times n}$.矩阵通常用大写黑斜体拉丁字母表示.

矩阵括号中的 $m\times n$ 个数称为矩阵的**元**(element of matrix),数 a_{ij}叫做矩阵的第 i 行第 j 列**元**.元是实数的矩阵称为**实矩阵**,元是复数的矩阵称为**复矩阵**.本书中的矩阵除了特别说明外,都是实矩阵.

例如:$\boldsymbol{A}=\begin{pmatrix} -1 & 2 & 3\\ 0 & 2 & -1 \end{pmatrix}_{2\times 3}$,$\boldsymbol{B}=\begin{pmatrix} 2 & 1\\ 1 & 4 \end{pmatrix}$,$\boldsymbol{C}=\begin{pmatrix} 1\\ 2 \end{pmatrix}$,$\boldsymbol{D}=(2\quad 4\quad 1)_{1\times 3}$都是矩阵.

所有元全是 0 的矩阵称为**零矩阵**(zero matrix),记作 $\boldsymbol{O}$.

当两个矩阵 $\boldsymbol{A}$ 和 $\boldsymbol{B}$ 的行数和列数分别相等时,称 $\boldsymbol{A}$ 和 $\boldsymbol{B}$ 是**同型矩阵**.

如果矩阵 $\boldsymbol{A}=(a_{ij})$,$\boldsymbol{B}=(b_{ij})$是同型矩阵,且各对应元相等,即

$$a_{ij}=b_{ij}\quad(i=1,2,\cdots,m;j=1,2,\cdots,n)$$

则称矩阵 $\boldsymbol{A}$ 与 $\boldsymbol{B}$ **相等**,记作 $\boldsymbol{A}=\boldsymbol{B}$.例如

$$\boldsymbol{A}=\begin{pmatrix} 3 & b & 1\\ -1 & 4 & -1 \end{pmatrix},\quad \boldsymbol{B}=\begin{pmatrix} a & 2 & 1\\ -1 & c & -1 \end{pmatrix}$$

是同型矩阵,当且仅当 $a=3,b=2,c=4$ 时,$\boldsymbol{A}=\boldsymbol{B}$ 成立.

注　只有同型矩阵才可以讨论相等,所以两个零矩阵不一定相等.

三、几种特殊的矩阵

下面介绍以后经常遇到的几种特殊矩阵.对于 $m\times n$ 矩阵:

（1）当 $m=1$ 时，得到**行矩阵**（row matrix）

$$(a_1 \quad a_2 \quad \cdots \quad a_n)$$

行矩阵也称为**行向量**（row vector）.规定$(a_1 \quad a_2 \quad \cdots \quad a_n)$与$(a_1,a_2,\cdots,a_n)$相同.

（2）当 $n=1$ 时，得到**列矩阵**（column matrix）

$$\begin{pmatrix} b_1 \\ b_2 \\ \vdots \\ b_m \end{pmatrix}$$

列矩阵也称为**列向量**（column vector）.

（3）当 $m=n$ 时，即矩阵的行数等于列数，矩阵称为 n 阶矩阵或 n 阶**方阵**（square matrix）.对于 n 阶方阵

$$\begin{pmatrix} a_{11} & a_{12} & \cdots & a_{1n} \\ a_{21} & a_{22} & \cdots & a_{2n} \\ \vdots & \vdots & & \vdots \\ a_{n1} & a_{n2} & \cdots & a_{nn} \end{pmatrix}$$

通过 $a_{11},a_{22},\cdots,a_{nn}$的连线称为**主对角线**，主对角线上的元 $a_{11},a_{22},\cdots,a_{nn}$称为**主对角元**.

（4）主对角元以外的元都是 0 的 n 阶方阵，即形如

$$\boldsymbol{\Lambda}=\begin{pmatrix} a_1 & & & \\ & a_2 & & \\ & & \ddots & \\ & & & a_n \end{pmatrix}$$

的矩阵称为**对角矩阵**（diagonal matrix），也可记为 $\boldsymbol{\Lambda}=\mathrm{diag}(a_1,a_2,\cdots,a_n)$.

例如：$\mathrm{diag}(1,-3,-2)=\begin{pmatrix} 1 & 0 & 0 \\ 0 & -3 & 0 \\ 0 & 0 & -2 \end{pmatrix}$是一个对角矩阵.

（5）主对角元全是 1 的 n 阶对角矩阵称为 n **阶单位矩阵**（identity matrix），记为 $\boldsymbol{E}$ 或 $\boldsymbol{E}_n$，即

$$\boldsymbol{E}=\begin{pmatrix} 1 & & & \\ & 1 & & \\ & & \ddots & \\ & & & 1 \end{pmatrix}$$

（6）主对角元全是 k 的 n 阶对角矩阵称为**数量矩阵**（scalar matrix），记作 $k\boldsymbol{E}$，即

$$k\boldsymbol{E}=\begin{pmatrix} k & & & \\ & k & & \\ & & \ddots & \\ & & & k \end{pmatrix}$$

此外,上(下)三角形矩阵的定义与上(下)三角形行列式的定义类似,不再赘述.

注　方阵和行列式的区别:n 阶方阵是一张数表,而 n 阶行列式当元全为数时其展开式是一个代数和.但一阶行列式和一阶矩阵都被看做是一个数.

§2.2　矩阵的运算

矩阵的意义不仅仅在于将一些数据排成数表,还在于对矩阵定义了一些有理论和应用意义的运算,从而使它成为理论研究和解决实际问题的有力工具.

一、矩阵的线性运算

定义 2　两个 $m\times n$ 矩阵 $\boldsymbol{A}=(a_{ij})$ 与 $\boldsymbol{B}=(b_{ij})$ 的**加法运算**定义为

$$\boldsymbol{A}+\boldsymbol{B}=(a_{ij}+b_{ij})=\begin{pmatrix} a_{11}+b_{11} & a_{12}+b_{12} & \cdots & a_{1n}+b_{1n} \\ a_{21}+b_{21} & a_{22}+b_{22} & \cdots & a_{2n}+b_{2n} \\ \vdots & \vdots & & \vdots \\ a_{m1}+b_{m1} & a_{m2}+b_{m2} & \cdots & a_{mn}+b_{mn} \end{pmatrix}$$

运算的结果称为 $\boldsymbol{A}$ 与 $\boldsymbol{B}$ 的**和**(sum).

由定义可知,只有同型矩阵才可以相加.

设 $\boldsymbol{A}=(a_{ij})$,规定 $-\boldsymbol{A}=(-a_{ij})$,称 $-\boldsymbol{A}$ 为矩阵 $\boldsymbol{A}$ 的**负矩阵**.显然,$\boldsymbol{A}+(-\boldsymbol{A})=\boldsymbol{O}$.

定义矩阵的**减法运算**为

$$\boldsymbol{A}-\boldsymbol{B}=\boldsymbol{A}+(-\boldsymbol{B})$$

运算的结果称为 $\boldsymbol{A}$ 与 $\boldsymbol{B}$ 的**差**(difference).

定义 3　对于 $\boldsymbol{A}=(a_{ij})_{m\times n}$,数 k 与矩阵 $\boldsymbol{A}$ 的**数量乘积**(scalar product)记作 $k\boldsymbol{A}$,规定

$$k\boldsymbol{A}=\begin{pmatrix} ka_{11} & ka_{12} & \cdots & ka_{1n} \\ ka_{21} & ka_{22} & \cdots & ka_{2n} \\ \vdots & \vdots & & \vdots \\ ka_{m1} & ka_{m2} & \cdots & ka_{mn} \end{pmatrix}_{m\times n}$$

矩阵的加法和数量乘积运算统称为矩阵的**线性运算**(linear operation).

容易验证,矩阵的线性运算满足以下运算规律:

(1) $\boldsymbol{A}+\boldsymbol{B}=\boldsymbol{B}+\boldsymbol{A}$;

(2) $(\boldsymbol{A}+\boldsymbol{B})+\boldsymbol{C}=\boldsymbol{A}+(\boldsymbol{B}+\boldsymbol{C})$;

(3) $\boldsymbol{A}+\boldsymbol{O}=\boldsymbol{A}$;

(4) $\boldsymbol{A}+(-\boldsymbol{A})=\boldsymbol{O}$;

(5) $1\boldsymbol{A}=\boldsymbol{A}$;

(6) $k(l\boldsymbol{A})=(kl)\boldsymbol{A}$;

(7) $(k+l)\boldsymbol{A}=k\boldsymbol{A}+l\boldsymbol{A}$;

(8) $k(\boldsymbol{A}+\boldsymbol{B})=k\boldsymbol{A}+k\boldsymbol{B}$.

例 4　已知 $\boldsymbol{A}=\begin{pmatrix} 1 & 3 & -5 \\ 6 & 0 & 8 \end{pmatrix}$,$\boldsymbol{B}=\begin{pmatrix} 2 & 4 & 3 \\ 5 & -1 & -8 \end{pmatrix}$,求 $3\boldsymbol{A}-2\boldsymbol{B}$.

解

$$3\boldsymbol{A}-2\boldsymbol{B}=3\begin{pmatrix}1 & 3 & -5\\ 6 & 0 & 8\end{pmatrix}-2\begin{pmatrix}2 & 4 & 3\\ 5 & -1 & -8\end{pmatrix}=\begin{pmatrix}-1 & 1 & -21\\ 8 & 2 & 40\end{pmatrix}$$

例 5 已知矩阵

$$\boldsymbol{A}=\begin{pmatrix}-2 & 4 & 6 & -2\\ -4 & 8 & 4 & 0\end{pmatrix},\quad \boldsymbol{B}=\begin{pmatrix}3 & 4 & -3 & 2\\ 5 & -3 & 2 & 4\end{pmatrix}$$

如果矩阵 $\boldsymbol{X}$ 满足关系式 $3\boldsymbol{X}-\boldsymbol{A}=\boldsymbol{X}+2\boldsymbol{B}$，求矩阵 $\boldsymbol{X}$.

解 由 $3\boldsymbol{X}-\boldsymbol{A}=\boldsymbol{X}+2\boldsymbol{B}$，可得 $2\boldsymbol{X}=\boldsymbol{A}+2\boldsymbol{B}$.所以

$$\begin{aligned}\boldsymbol{X}&=\frac{1}{2}\boldsymbol{A}+\boldsymbol{B}=\frac{1}{2}\begin{pmatrix}-2 & 4 & 6 & -2\\ -4 & 8 & 4 & 0\end{pmatrix}+\begin{pmatrix}3 & 4 & -3 & 2\\ 5 & -3 & 2 & 4\end{pmatrix}\\ &=\begin{pmatrix}-1 & 2 & 3 & -1\\ -2 & 4 & 2 & 0\end{pmatrix}+\begin{pmatrix}3 & 4 & -3 & 2\\ 5 & -3 & 2 & 4\end{pmatrix}=\begin{pmatrix}2 & 6 & 0 & 1\\ 3 & 1 & 4 & 4\end{pmatrix}\end{aligned}$$

二、矩阵的乘法运算

例 6 三家超市 M_1, M_2, M_3 中四种食品 F_1, F_2, F_3, F_4 的单位售价（单位：元/kg）用 3×4 矩阵表示为

$$\boldsymbol{A}=\begin{pmatrix}17 & 7 & 11 & 20\\ 15 & 9 & 13 & 18\\ 18 & 6 & 15 & 16\end{pmatrix}$$

这里用 a_{ij} 表示超市 M_i 中食品 F_j 的单价（$i=1,2,3;j=1,2,3,4$）.

考虑到交通成本，假设甲、乙两人都希望在某个超市一次性购齐四种食品，他俩需要四种食品的数量（单位：kg）分别为 2,3,2,1 和 2,1,2,3，那么他们应到哪家超市去采购最经济？

解 不难计算出甲在每家超市中购齐这四种食品所需的花费：

M_1：$17\times2+7\times3+11\times2+20\times1=97$

M_2：$15\times2+9\times3+13\times2+18\times1=101$

M_3：$18\times2+6\times3+15\times2+16\times1=100$

因此甲去超市 M_1 购买比较经济.

同理，计算出乙在每家超市中购齐这四种食品所需的花费：

M_1：$17\times2+7\times1+11\times2+20\times3=123$

M_2：$15\times2+9\times1+13\times2+18\times3=119$

M_3：$18\times2+6\times1+15\times2+16\times3=120$

因此乙去超市 M_2 购买比较经济.

由题设，甲、乙两人对四种食品的需求量也可用一个 4×2 矩阵来描述：

$$\boldsymbol{B}=\begin{pmatrix}2 & 2\\ 3 & 1\\ 2 & 2\\ 1 & 3\end{pmatrix}$$

根据上面的计算，甲和乙在每个超市中购齐四种食品所需的花费可表示为 3×2 矩阵

$$C=\begin{pmatrix}97&123\\101&119\\100&120\end{pmatrix}$$

这里，C 的元 C_{ij} 是 A 的第 i 行各元与 B 的第 j 列各元对应乘积之和（$i=1,2,3;j=1,2$）. 数学上，称矩阵 C 为矩阵 A 与 B 的乘积. 一般地，矩阵的乘积有下面的定义.

定义 4 设 $A=\begin{pmatrix}a_{11}&a_{12}&\cdots&a_{1s}\\a_{21}&a_{22}&\cdots&a_{2s}\\\vdots&\vdots&&\vdots\\a_{m1}&a_{m2}&\cdots&a_{ms}\end{pmatrix}_{m\times s}$，$B=\begin{pmatrix}b_{11}&b_{12}&\cdots&b_{1n}\\b_{21}&b_{22}&\cdots&b_{2n}\\\vdots&\vdots&&\vdots\\b_{s1}&b_{s2}&\cdots&b_{sn}\end{pmatrix}_{s\times n}$，$A$ 和 B 的**乘积**（product）记作 AB，规定：

$$AB=(c_{ij})_{m\times n}=\begin{pmatrix}c_{11}&c_{12}&\cdots&c_{1n}\\c_{21}&c_{22}&\cdots&c_{2n}\\\vdots&\vdots&&\vdots\\c_{m1}&c_{m2}&\cdots&c_{mn}\end{pmatrix}$$

其中

$$c_{ij}=a_{i1}b_{1j}+a_{i2}b_{2j}+\cdots+a_{is}b_{sj}=\sum_{k=1}^{s}a_{ik}b_{kj}\quad(i=1,2,\cdots,m;j=1,2,\cdots,n)$$

记号 AB 读作 A 乘 B，亦可读作 A 左乘 B 或者 B 右乘 A.

由定义 4 可知，只有当左边矩阵 A 的列数等于右边矩阵 B 的行数时，才能进行矩阵的乘法运算 AB.

若 $C=AB$，则 C 的元 c_{ij} 即为矩阵 A 的第 i 行与 B 的第 j 列对应元乘积之和：

$$c_{ij}=(a_{i1},a_{i2},\cdots,a_{is})\begin{pmatrix}b_{1j}\\b_{2j}\\\vdots\\b_{sj}\end{pmatrix}=a_{i1}b_{1j}+a_{i2}b_{2j}+\cdots+a_{is}b_{sj}$$

可以验证，单位矩阵 E 相当于数与数的乘法运算中的 1，即对于任意矩阵 $A_{m\times n}$，都有 $E_mA_{m\times n}=A_{m\times n}$，$A_{m\times n}E_n=A_{m\times n}$.

例如，$\begin{pmatrix}1&0\\0&1\end{pmatrix}\begin{pmatrix}2&4&3\\0&-3&2\end{pmatrix}=\begin{pmatrix}2&4&3\\0&-3&2\end{pmatrix}\begin{pmatrix}1&0&0\\0&1&0\\0&0&1\end{pmatrix}=\begin{pmatrix}2&4&3\\0&-3&2\end{pmatrix}$.

例 7 已知 $A=\begin{pmatrix}1&0&3&-1\\2&1&0&2\end{pmatrix}$，$B=\begin{pmatrix}4&1&0\\-1&1&3\\2&0&1\\1&3&4\end{pmatrix}$，求 AB.

解

$$AB=\begin{pmatrix}1&0&3&-1\\2&1&0&2\end{pmatrix}\begin{pmatrix}4&1&0\\-1&1&3\\2&0&1\\1&3&4\end{pmatrix}$$

$$=\begin{pmatrix}1\times4+0\times(-1)+3\times2+(-1)\times1 & 1\times1+0\times1+3\times0+(-1)\times3 & 1\times0+0\times3+3\times1+(-1)\times4\\ 2\times4+1\times(-1)+0\times2+2\times1 & 2\times1+1\times1+0\times0+2\times3 & 2\times0+1\times3+0\times1+2\times4\end{pmatrix}$$

$$=\begin{pmatrix}9&-2&-1\\9&9&11\end{pmatrix}$$

假定下面运算都是可以进行的，不难验证，矩阵的乘法满足以下运算律：

(1) 结合律 $(AB)C=A(BC)$；

(2) 左分配律 $(A+B)C=AC+BC$，

右分配律 $C(A+B)=CA+CB$；

(3) 数乘结合律 $k(AB)=(kA)B=A(kB)$（k 是常数）.

例 8 若 $A=\begin{pmatrix}a_1\\a_2\\\vdots\\a_n\end{pmatrix}$，$B=(b_1,b_2,\cdots,b_n)$，求 AB，BA.

解 $AB=\begin{pmatrix}a_1b_1&a_1b_2&\cdots&a_1b_n\\a_2b_1&a_2b_2&\cdots&a_2b_n\\\vdots&\vdots&&\vdots\\a_nb_1&a_nb_2&\cdots&a_nb_n\end{pmatrix}$

$$BA=\sum_{i=1}^{n}a_ib_i=a_1b_1+a_2b_2+\cdots+a_nb_n$$

AB 是一个 $n\times n$ 矩阵，而 BA 则是一个 1×1 矩阵，即为一个数.

例 9 若 $A=\begin{pmatrix}2&3\\1&-2\\3&1\end{pmatrix}$，$B=\begin{pmatrix}1&-2&-3\\2&-1&0\end{pmatrix}$，求 AB，BA.

解 $AB=\begin{pmatrix}2&3\\1&-2\\3&1\end{pmatrix}\begin{pmatrix}1&-2&-3\\2&-1&0\end{pmatrix}$.

$$=\begin{pmatrix}2\times1+3\times2 & 2\times(-2)+3\times(-1) & 2\times(-3)+3\times0\\ 1\times1+(-2)\times2 & 1\times(-2)+(-2)\times(-1) & 1\times(-3)+(-2)\times0\\ 3\times1+1\times2 & 3\times(-2)+1\times(-1) & 3\times(-3)+1\times0\end{pmatrix}$$

$$=\begin{pmatrix}8&-7&-6\\-3&0&-3\\5&-7&-9\end{pmatrix}$$

$$\boldsymbol{BA}=\begin{pmatrix}1&-2&-3\\2&-1&0\end{pmatrix}\begin{pmatrix}2&3\\1&-2\\3&1\end{pmatrix}$$

$$=\begin{pmatrix}1\times2+(-2)\times1+(-3)\times3 & 1\times3+(-2)\times(-2)+(-3)\times1\\ 2\times2+(-1)\times1+0\times3 & 2\times3+(-1)\times(-2)+0\times1\end{pmatrix}=\begin{pmatrix}-9&4\\3&8\end{pmatrix}$$

例 8、例 9 的结果都有 $\boldsymbol{AB}\neq\boldsymbol{BA}$，可见矩阵乘法一般不满足交换律.

例 10 设矩阵 $\boldsymbol{A}=\begin{pmatrix}-3&1\\9&-3\end{pmatrix}$，$\boldsymbol{B}=\begin{pmatrix}7&-2\\8&4\end{pmatrix}$，$\boldsymbol{C}=\begin{pmatrix}5&-3\\2&1\end{pmatrix}$，求 $\boldsymbol{AB}$，$\boldsymbol{AC}$.

解 按矩阵乘法公式，有

$$\boldsymbol{AB}=\begin{pmatrix}-3&1\\9&-3\end{pmatrix}\begin{pmatrix}7&-2\\8&4\end{pmatrix}=\begin{pmatrix}-13&10\\39&-30\end{pmatrix}$$

$$\boldsymbol{AC}=\begin{pmatrix}-3&1\\9&-3\end{pmatrix}\begin{pmatrix}5&-3\\2&1\end{pmatrix}=\begin{pmatrix}-13&10\\39&-30\end{pmatrix}$$

例 10 表明，由 $\boldsymbol{AB}=\boldsymbol{AC}$ 且 $\boldsymbol{A}\neq\boldsymbol{O}$ 不能得出 $\boldsymbol{B}=\boldsymbol{C}$ 必然成立. 且易于验证，若 $\boldsymbol{A}\neq\boldsymbol{O}$，$\boldsymbol{BA}=\boldsymbol{CA}$，也不能得出 $\boldsymbol{B}=\boldsymbol{C}$ 的结论. 此例表明，矩阵乘法一般不满足消去律.

例 11 设矩阵 $\boldsymbol{A}=\begin{pmatrix}4&2\\-6&-3\end{pmatrix}$，$\boldsymbol{B}=\begin{pmatrix}1&-3\\-2&6\end{pmatrix}$，求 $\boldsymbol{AB}$.

解 按矩阵乘法公式，有

$$\boldsymbol{AB}=\begin{pmatrix}4&2\\-6&-3\end{pmatrix}\begin{pmatrix}1&-3\\-2&6\end{pmatrix}=\begin{pmatrix}0&0\\0&0\end{pmatrix}$$

例 11 表明，在 $\boldsymbol{A}\neq\boldsymbol{O}$，$\boldsymbol{B}\neq\boldsymbol{O}$ 的情况下，却有 $\boldsymbol{AB}=\boldsymbol{O}$ 的可能. 这表明，由 $\boldsymbol{AB}=\boldsymbol{O}$ 且 $\boldsymbol{A}\neq\boldsymbol{O}$，不能推出 $\boldsymbol{B}=\boldsymbol{O}$ 一定成立.

对于线性方程组

$$\begin{cases}3x_1-2x_2-3x_3-x_4=1\\ x_1+x_2+x_3+2x_4=2\\ 2x_1-x_2+x_4=-1\end{cases}\tag{1}$$

设 $\boldsymbol{A}=\begin{pmatrix}3&-2&-3&-1\\1&1&1&2\\2&-1&0&1\end{pmatrix}$，$\boldsymbol{x}=\begin{pmatrix}x_1\\x_2\\x_3\\x_4\end{pmatrix}$，$\boldsymbol{b}=\begin{pmatrix}1\\2\\-1\end{pmatrix}$，则方程组(1)可表示为

$$\boldsymbol{Ax}=\boldsymbol{b}\tag{2}$$

的形式.

若记

$$\boldsymbol{\alpha}_1=\begin{pmatrix}3\\1\\2\end{pmatrix},\boldsymbol{\alpha}_2=\begin{pmatrix}-2\\1\\-1\end{pmatrix},\boldsymbol{\alpha}_3=\begin{pmatrix}-3\\1\\0\end{pmatrix},\boldsymbol{\alpha}_4=\begin{pmatrix}-1\\2\\1\end{pmatrix},\boldsymbol{b}=\begin{pmatrix}1\\2\\-1\end{pmatrix},$$

则方程组(1)可表示为

$$x_1\boldsymbol{\alpha}_1+x_2\boldsymbol{\alpha}_2+x_3\boldsymbol{\alpha}_3+x_4\boldsymbol{\alpha}_4=\boldsymbol{b} \tag{3}$$

的形式.

方程组的两种表示形式(2)与(3)在以后讨论方程组解的结构及向量的线性组合时很有用.

定义 n 阶方阵 $\boldsymbol{A}$ 的**幂** $\boldsymbol{A}^k$(k,l 是非负整数)如下:

$$\boldsymbol{A}^0=\boldsymbol{E},\quad \boldsymbol{A}^1=\boldsymbol{A},\quad \boldsymbol{A}^k=\boldsymbol{A}^{k-1}\boldsymbol{A}\quad (k>1)$$

容易验证

$$\boldsymbol{A}^k\boldsymbol{A}^l=\boldsymbol{A}^{k+l},\quad (\boldsymbol{A}^k)^l=\boldsymbol{A}^{kl}$$

例如,设 $\boldsymbol{A}$ 为对角矩阵$\begin{pmatrix}\lambda_1&&&\\&\lambda_2&&\\&&\ddots&\\&&&\lambda_n\end{pmatrix}$,则

$$\boldsymbol{A}^2=\begin{pmatrix}\lambda_1^2&&&\\&\lambda_2^2&&\\&&\ddots&\\&&&\lambda_n^2\end{pmatrix},\quad\cdots,\quad \boldsymbol{A}^k=\begin{pmatrix}\lambda_1^k&&&\\&\lambda_2^k&&\\&&\ddots&\\&&&\lambda_n^k\end{pmatrix}(k=1,2,\cdots)$$

三、方阵的多项式

设有 m 次多项式 $f(x)=a_mx^m+a_{m-1}x^{m-1}+\cdots+a_1x+a_0(a_m\neq 0)$,$\boldsymbol{A}$ 为 n 阶方阵,则

$$f(\boldsymbol{A})=a_m\boldsymbol{A}^m+a_{m-1}\boldsymbol{A}^{m-1}+\cdots+a_1\boldsymbol{A}+a_0\boldsymbol{E}$$

仍是 n 阶方阵,称为**方阵 $\boldsymbol{A}$ 的 m 次多项式**.注意上式最后一项是 $a_0\boldsymbol{E}(=a_0\boldsymbol{A}^0)$,不能写成 a_0.

容易验证:$g(\boldsymbol{A})h(\boldsymbol{A})=h(\boldsymbol{A})g(\boldsymbol{A})$.

矩阵乘法不满足交换律,因而一般来说,$g(\boldsymbol{A})h(\boldsymbol{B})\neq h(\boldsymbol{B})g(\boldsymbol{A})$.

例 12 设 $f(x)=2x^2-3x+1$,$\boldsymbol{A}=\begin{pmatrix}2&1\\3&-1\end{pmatrix}$,求 $f(\boldsymbol{A})$.

解 **方法 1**

$$\boldsymbol{A}^2=\begin{pmatrix}2&1\\3&-1\end{pmatrix}\begin{pmatrix}2&1\\3&-1\end{pmatrix}=\begin{pmatrix}7&1\\3&4\end{pmatrix}$$

$$f(\boldsymbol{A})=2\boldsymbol{A}^2-3\boldsymbol{A}+\boldsymbol{E}=2\begin{pmatrix}7&1\\3&4\end{pmatrix}-3\begin{pmatrix}2&1\\3&-1\end{pmatrix}+\begin{pmatrix}1&0\\0&1\end{pmatrix}=\begin{pmatrix}9&-1\\-3&12\end{pmatrix}$$

方法 2 因为 $f(x)=(x-1)(2x-1)$,所以

$$f(\boldsymbol{A})=(\boldsymbol{A}-\boldsymbol{E})(2\boldsymbol{A}-\boldsymbol{E})=\begin{pmatrix}1&1\\3&-2\end{pmatrix}\begin{pmatrix}3&2\\6&-3\end{pmatrix}=\begin{pmatrix}9&-1\\-3&12\end{pmatrix}$$

§2.3 矩阵的转置与方阵的行列式

一、矩阵的转置

定义 5 把矩阵 $\boldsymbol{A}$ 的行与列互换得到的新矩阵,称为 $\boldsymbol{A}$ 的**转置**(transpose),记作 $\boldsymbol{A}^{\mathrm{T}}$(或 $\boldsymbol{A}'$),即若

$$\boldsymbol{A}=\begin{pmatrix} a_{11} & a_{12} & \cdots & a_{1n} \\ a_{21} & a_{22} & \cdots & a_{2n} \\ \vdots & \vdots & & \vdots \\ a_{m1} & a_{m2} & \cdots & a_{mn} \end{pmatrix}$$

则

$$\boldsymbol{A}^{\mathrm{T}}=\begin{pmatrix} a_{11} & a_{21} & \cdots & a_{m1} \\ a_{12} & a_{22} & \cdots & a_{m2} \\ \vdots & \vdots & & \vdots \\ a_{1n} & a_{2n} & \cdots & a_{mn} \end{pmatrix}$$

例如:若 $\boldsymbol{A}=\begin{pmatrix} 1 & 2 & -3 \\ -7 & 5 & 0 \end{pmatrix}_{2\times 3}$,则 $\boldsymbol{A}^{\mathrm{T}}=\begin{pmatrix} 1 & -7 \\ 2 & 5 \\ -3 & 0 \end{pmatrix}_{3\times 2}$.

矩阵转置满足以下运算律(假设涉及的运算是可行的):

(1) $(\boldsymbol{A}^{\mathrm{T}})^{\mathrm{T}}=\boldsymbol{A}$;

(2) $(\boldsymbol{A}+\boldsymbol{B})^{\mathrm{T}}=\boldsymbol{A}^{\mathrm{T}}+\boldsymbol{B}^{\mathrm{T}}$;

(3) $(k\boldsymbol{A})^{\mathrm{T}}=k\boldsymbol{A}^{\mathrm{T}}$;

(4) $(\boldsymbol{AB})^{\mathrm{T}}=\boldsymbol{B}^{\mathrm{T}}\boldsymbol{A}^{\mathrm{T}}$.

证 前面三条运算律容易证明,下面证明运算律(4).

设 $\boldsymbol{A}$ 是 $m\times s$ 矩阵,$\boldsymbol{B}$ 是 $s\times n$ 矩阵,则 $(\boldsymbol{AB})^{\mathrm{T}}$ 和 $\boldsymbol{B}^{\mathrm{T}}\boldsymbol{A}^{\mathrm{T}}$ 都是 $n\times m$ 矩阵.设 $(\boldsymbol{AB})^{\mathrm{T}}=(d_{ij})_{n\times m}$,$\boldsymbol{B}^{\mathrm{T}}\boldsymbol{A}^{\mathrm{T}}=(e_{ij})_{n\times m}$,故 $(\boldsymbol{AB})^{\mathrm{T}}$ 的第 i 行第 j 列元 d_{ij} 是 $\boldsymbol{AB}$ 的第 j 行第 i 列元,即

$$d_{ij}=a_{j1}b_{1i}+a_{j2}b_{2i}+\cdots+a_{js}b_{si}$$

$\boldsymbol{B}^{\mathrm{T}}\boldsymbol{A}^{\mathrm{T}}$ 的第 i 行第 j 列元 e_{ij} 是 $\boldsymbol{B}^{\mathrm{T}}$ 的第 i 行元与 $\boldsymbol{A}^{\mathrm{T}}$ 的第 j 列元的对应乘积之和,也就是 $\boldsymbol{B}$ 的第 i 列元与 $\boldsymbol{A}$ 的第 j 行元的乘积之和,即

$$e_{ij}=b_{1i}a_{j1}+b_{2i}a_{j2}+\cdots+b_{si}a_{js}$$

显然 $d_{ij}=e_{ij}(i=1,2,\cdots,n;j=1,2,\cdots,m)$,所以 $(\boldsymbol{AB})^{\mathrm{T}}=\boldsymbol{B}^{\mathrm{T}}\boldsymbol{A}^{\mathrm{T}}$.

对于 s 个矩阵 $\boldsymbol{A}_1,\boldsymbol{A}_2,\cdots,\boldsymbol{A}_s$,有 $(\boldsymbol{A}_1\boldsymbol{A}_2\cdots\boldsymbol{A}_s)^{\mathrm{T}}=\boldsymbol{A}_s^{\mathrm{T}}\cdots\boldsymbol{A}_2^{\mathrm{T}}\boldsymbol{A}_1^{\mathrm{T}}$.

例 13 已知 $\boldsymbol{A}=(2\quad 1\quad 1)^{\mathrm{T}}$,$\boldsymbol{B}=(1\quad 0\quad -1)$,求 $(\boldsymbol{AB})^{100}$.

解 $(\boldsymbol{AB})^{100}=(\boldsymbol{AB})(\boldsymbol{AB})\cdots(\boldsymbol{AB})=\boldsymbol{A}(\boldsymbol{BA})(\boldsymbol{BA})\cdots(\boldsymbol{BA})\boldsymbol{B}=\boldsymbol{A}(\boldsymbol{BA})^{99}\boldsymbol{B}=\boldsymbol{AB}=\begin{pmatrix} 2 & 0 & -2 \\ 1 & 0 & -1 \\ 1 & 0 & -1 \end{pmatrix}$,其中 $\boldsymbol{BA}=(1\quad 0\quad -1)\begin{pmatrix} 2 \\ 1 \\ 1 \end{pmatrix}=1$.

例 14 设矩阵 $\boldsymbol{A}=\begin{pmatrix}1&-1&2\\3&0&4\end{pmatrix}$，$\boldsymbol{B}=\begin{pmatrix}2&-6\\3&5\\1&4\end{pmatrix}$，计算 $(\boldsymbol{AB})^{\mathrm{T}}$，$\boldsymbol{B}^{\mathrm{T}}\boldsymbol{A}^{\mathrm{T}}$ 和 $\boldsymbol{A}^{\mathrm{T}}\boldsymbol{B}^{\mathrm{T}}$.

解 $\boldsymbol{AB}=\begin{pmatrix}1&-1&2\\3&0&4\end{pmatrix}\begin{pmatrix}2&-6\\3&5\\1&4\end{pmatrix}=\begin{pmatrix}1&-3\\10&-2\end{pmatrix}$，故 $(\boldsymbol{AB})^{\mathrm{T}}=\begin{pmatrix}1&10\\-3&-2\end{pmatrix}$.

$$\boldsymbol{B}^{\mathrm{T}}\boldsymbol{A}^{\mathrm{T}}=\begin{pmatrix}2&-6\\3&5\\1&4\end{pmatrix}^{\mathrm{T}}\begin{pmatrix}1&-1&2\\3&0&4\end{pmatrix}^{\mathrm{T}}=\begin{pmatrix}2&3&1\\-6&5&4\end{pmatrix}\begin{pmatrix}1&3\\-1&0\\2&4\end{pmatrix}=\begin{pmatrix}1&10\\-3&-2\end{pmatrix}$$

$$\boldsymbol{A}^{\mathrm{T}}\boldsymbol{B}^{\mathrm{T}}=\begin{pmatrix}1&-1&2\\3&0&4\end{pmatrix}^{\mathrm{T}}\begin{pmatrix}2&-6\\3&5\\1&4\end{pmatrix}^{\mathrm{T}}=\begin{pmatrix}1&3\\-1&0\\2&4\end{pmatrix}\begin{pmatrix}2&3&1\\-6&5&4\end{pmatrix}=\begin{pmatrix}-16&18&13\\-2&-3&-1\\-20&26&18\end{pmatrix}$$

可见，$(\boldsymbol{AB})^{\mathrm{T}}=\boldsymbol{B}^{\mathrm{T}}\boldsymbol{A}^{\mathrm{T}}$，但 $(\boldsymbol{AB})^{\mathrm{T}}\neq\boldsymbol{A}^{\mathrm{T}}\boldsymbol{B}^{\mathrm{T}}$.

一般地，$(\boldsymbol{AB})^{\mathrm{T}}=\boldsymbol{A}^{\mathrm{T}}\boldsymbol{B}^{\mathrm{T}}$ 不成立.

二、对称矩阵和反称矩阵

定义 6 设 $\boldsymbol{A}$ 为 n 阶方阵，如果 $\boldsymbol{A}=\boldsymbol{A}^{\mathrm{T}}$，即

$$a_{ij}=a_{ji}\quad(i,j=1,2,\cdots,n)$$

则称矩阵 $\boldsymbol{A}$ 为**对称矩阵**(symmetric matrix).

若 $\boldsymbol{A}$ 满足 $\boldsymbol{A}=-\boldsymbol{A}^{\mathrm{T}}$，即

$$a_{ij}=-a_{ji}\quad(i,j=1,2,\cdots,n)$$

则称矩阵 $\boldsymbol{A}$ 为**反称矩阵**(anti-symmetric matrix).

从定义 6 可以看出，对称矩阵的元关于主对角线对称.反称矩阵的主对角线元全部为零，其他元以主对角线为对称轴，对应元互为相反数.

比如，$\boldsymbol{A}=\begin{pmatrix}2&-1&4\\-1&7&0\\4&0&-3\end{pmatrix}$ 是一个对称矩阵，$\boldsymbol{B}=\begin{pmatrix}0&4&-1&0\\-4&0&7&2\\1&-7&0&-3\\0&-2&3&0\end{pmatrix}$ 是一个反称矩阵.

设 $\boldsymbol{A}$，$\boldsymbol{B}$ 是 n 阶对称矩阵，k 是常数，容易证明：

(1) $\boldsymbol{A}+\boldsymbol{B}$，$k\boldsymbol{A}$ 和 $\boldsymbol{A}^{\mathrm{T}}$ 都是对称矩阵；

(2) 对称矩阵 $\boldsymbol{A}$，$\boldsymbol{B}$ 的乘积 $\boldsymbol{AB}$ 是对称矩阵的充分必要条件是 $\boldsymbol{AB}=\boldsymbol{BA}$.

其中(1)对反称矩阵也成立.

例 15 设 $\boldsymbol{X}$ 满足 $\boldsymbol{X}^{\mathrm{T}}\boldsymbol{X}=1$，$\boldsymbol{E}$ 为 n 阶单位矩阵，$\boldsymbol{H}=\boldsymbol{E}-2\boldsymbol{XX}^{\mathrm{T}}$，证明 $\boldsymbol{H}$ 是对称矩阵，且 $\boldsymbol{HH}^{\mathrm{T}}=\boldsymbol{E}$.

证 $\boldsymbol{H}^{\mathrm{T}}=(\boldsymbol{E}-2\boldsymbol{XX}^{\mathrm{T}})^{\mathrm{T}}=\boldsymbol{E}^{\mathrm{T}}-2(\boldsymbol{XX}^{\mathrm{T}})^{\mathrm{T}}=\boldsymbol{E}-2\boldsymbol{XX}^{\mathrm{T}}=\boldsymbol{H}$，所以 $\boldsymbol{H}$ 是对称矩阵.并且有

$$\begin{aligned}\boldsymbol{HH}^{\mathrm{T}}&=\boldsymbol{H}^2=(\boldsymbol{E}-2\boldsymbol{XX}^{\mathrm{T}})^2=\boldsymbol{E}-4\boldsymbol{XX}^{\mathrm{T}}+4(\boldsymbol{XX}^{\mathrm{T}})(\boldsymbol{XX}^{\mathrm{T}})\\&=\boldsymbol{E}-4\boldsymbol{XX}^{\mathrm{T}}+4\boldsymbol{X}(\boldsymbol{X}^{\mathrm{T}}\boldsymbol{X})\boldsymbol{X}^{\mathrm{T}}=\boldsymbol{E}\end{aligned}$$

例 16 设 $\boldsymbol{A}$，$\boldsymbol{B}$ 为 n 阶矩阵，$\boldsymbol{A}$ 为反称矩阵，$\boldsymbol{B}$ 为对称矩阵.证明 $\boldsymbol{AB}-\boldsymbol{BA}$ 为对称矩阵.

证 由对称矩阵和反称矩阵的定义知，$A^{\mathrm{T}}=-A$，$B^{\mathrm{T}}=B$.运用转置运算律，有

$$
\begin{aligned}
(AB-BA)^{\mathrm{T}} &= (AB)^{\mathrm{T}}-(BA)^{\mathrm{T}}=B^{\mathrm{T}}A^{\mathrm{T}}-A^{\mathrm{T}}B^{\mathrm{T}} \\
&= B(-A)-(-A)B=AB-BA
\end{aligned}
$$

即 $AB-BA$ 为对称矩阵.

三、方阵的行列式

定义 7 由 n 阶方阵 A 的元所构成的行列式（各元位置不变）称为**方阵 A 的行列式**，记作 $\det(A)$ 或 $|A|$.

方阵的行列式有下列性质（设 A，B 都是 n 阶方阵，k 是常数）：

（1）$|A|=|A^{\mathrm{T}}|$；

（2）$|kA|=k^n|A|$；

（3）$|AB|=|A||B|$.

证 性质（1）和（2）由行列式的性质容易证明，下面证明性质（3）.设 $A=(a_{ij})_{n\times n}$，$B=(b_{ij})_{n\times n}$，记 $2n$ 阶行列式

$$
D_{2n}=\begin{vmatrix}
a_{11} & \cdots & a_{1n} & & & \\
\vdots & & \vdots & & O & \\
a_{n1} & \cdots & a_{nn} & & & \\
-1 & & & b_{11} & \cdots & b_{1n} \\
& \ddots & & \vdots & & \vdots \\
& & -1 & b_{n1} & \cdots & b_{nn}
\end{vmatrix}=\begin{vmatrix} A & O \\ -E & B \end{vmatrix}
$$

用拉普拉斯定理，按前 n 行展开得

$$D_{2n}=|A||B|$$

另一方面，由行列式性质，在行列式 D_{2n} 中用 a_{i1} 乘第 $n+1$ 行，a_{i2} 乘第 $n+2$ 行，……，a_{in} 乘第 $2n$ 行，再都加到第 i 行上去（$i=1,2,\cdots,n$）得

$$
D_{2n}=\begin{vmatrix} O & C \\ -E & B \end{vmatrix}=(-1)^n\begin{vmatrix} C & O \\ B & -E \end{vmatrix}=(-1)^n|C||-E|=(-1)^n(-1)^n\cdot|C|=|C|
$$

其中 $C=(c_{ij})_{n\times n}$，$c_{ij}=a_{i1}b_{1j}+a_{i2}b_{2j}+\cdots+a_{in}b_{nj}$，故 $C=AB$，因此，$D_{2n}=|C|=|AB|=|A||B|$.

注 性质（3）表明：对于方阵 A 和 B，虽然 $AB=BA$ 一般不成立，但总有 $|AB|=|BA|=|A||B|$；此外，还有 $|A_1A_2\cdots A_k|=|A_1||A_2|\cdots|A_k|$，$|A^k|=|A|^k$.

例 17 设 A，B 均为 3 阶方阵且 $|A|=\dfrac{1}{3}$，$|B|=4$，求 $|-A|$ 及 $|2B^{\mathrm{T}}A^2|$.

解 $|-A|=(-1)^3|A|=(-1)\times\dfrac{1}{3}=-\dfrac{1}{3}$

$|2B^{\mathrm{T}}A^2|=2^3|B^{\mathrm{T}}||A|^2=8\times4\times\dfrac{1}{9}=\dfrac{32}{9}$

§2.4 逆矩阵

从矩阵的运算可以看到，矩阵的运算和数的运算类似，有加法、减法和乘法的运算，而数还有除法运算，它作为乘法运算的逆运算，那么矩阵的乘法有没有逆运算？对于方阵 $\boldsymbol{A}$，本节引入一个矩阵 $\boldsymbol{B}$，使得 $\boldsymbol{AB}=\boldsymbol{BA}=\boldsymbol{E}$，这样的方阵 $\boldsymbol{B}$ 相当于数与数相乘中的 $a^{-1}(a\neq 0)$，这就是本节要讨论的逆矩阵.

一、逆矩阵的概念

定义 8 对于 n 阶矩阵 $\boldsymbol{A}$，若存在 n 阶矩阵 $\boldsymbol{B}$，使得 $\boldsymbol{AB}=\boldsymbol{BA}=\boldsymbol{E}$，则称 $\boldsymbol{A}$ 为**可逆矩阵**(invertible matrix)，简称 $\boldsymbol{A}$ 可逆，称矩阵 $\boldsymbol{B}$ 为矩阵 $\boldsymbol{A}$ 的**逆矩阵**(inverse matrix).

定理 1 **如果矩阵 $\boldsymbol{A}$ 可逆，那么 $\boldsymbol{A}$ 的逆矩阵是唯一的.**

证 设 $\boldsymbol{A}$ 有两个逆矩阵 $\boldsymbol{B}$ 和 $\boldsymbol{C}$，根据可逆矩阵的定义有

$$\boldsymbol{AB}=\boldsymbol{BA}=\boldsymbol{E},\quad \boldsymbol{AC}=\boldsymbol{CA}=\boldsymbol{E}$$

$$\boldsymbol{B}=\boldsymbol{EB}=(\boldsymbol{CA})\boldsymbol{B}=\boldsymbol{C}(\boldsymbol{AB})=\boldsymbol{CE}=\boldsymbol{C}$$

所以，$\boldsymbol{A}$ 的逆矩阵若存在，则它是唯一的.

如果矩阵 $\boldsymbol{A}$ 可逆，记 $\boldsymbol{A}$ 的逆矩阵为 $\boldsymbol{A}^{-1}$.

特别地，单位矩阵 $\boldsymbol{E}$ 可逆，且 $\boldsymbol{E}^{-1}=\boldsymbol{E}$.若 $k\neq 0$，则数量矩阵 $k\boldsymbol{E}$ 可逆，且 $(k\boldsymbol{E})^{-1}=\dfrac{1}{k}\boldsymbol{E}$.

二、伴随矩阵及其与逆矩阵的关系

定义 9 对于 n 阶矩阵 $\boldsymbol{A}$，由 $|\boldsymbol{A}|$ 的各个元的代数余子式 A_{ij} 所构成的矩阵

$$\begin{pmatrix} A_{11} & A_{21} & \cdots & A_{n1} \\ A_{12} & A_{22} & \cdots & A_{n2} \\ \vdots & \vdots & & \vdots \\ A_{1n} & A_{2n} & \cdots & A_{nn} \end{pmatrix} \tag{4}$$

称为矩阵 $\boldsymbol{A}$ 的**伴随矩阵**(adjoint matrix)，记为 $\boldsymbol{A}^*$.

注 $|\boldsymbol{A}|$ 中第一行元 $a_{11},a_{12},\cdots,a_{1n}$ 的代数余子式 $A_{11},A_{12},\cdots,A_{1n}$ 是伴随矩阵 $\boldsymbol{A}^*$ 的第一列，而不是 $\boldsymbol{A}^*$ 的第一行.

例 18 设矩阵 $\boldsymbol{A}=\begin{pmatrix} 1 & 2 & 3 \\ 2 & 1 & 2 \\ 1 & 3 & 3 \end{pmatrix}$，求 $\boldsymbol{A}$ 的伴随矩阵 $\boldsymbol{A}^*$.

解 按定义 9，因为

$$A_{11}=-3,\quad A_{12}=-4,\quad A_{13}=5,\quad A_{21}=3,\quad A_{22}=0$$
$$A_{23}=-1,\quad A_{31}=1,\quad A_{32}=4,\quad A_{33}=-3$$

所以

$$\boldsymbol{A}^*=\begin{pmatrix} -3 & 3 & 1 \\ -4 & 0 & 4 \\ 5 & -1 & -3 \end{pmatrix}$$

利用行列式展开定理及其推论,可得以下重要结论:

定理 2　矩阵 A 可逆的充分必要条件是 $|A|\neq 0$,且当 A 可逆时,$A^{-1}=\frac{1}{|A|}A^{*}$.

证　必要性.若 A 可逆,即有 A^{-1},使得 $AA^{-1}=E$.故 $|A||A^{-1}|=|AA^{-1}|=|E|=1$,所以 $|A|\neq 0$.

充分性.设 $A=\begin{pmatrix} a_{11} & a_{12} & \cdots & a_{1n} \\ a_{21} & a_{22} & \cdots & a_{2n} \\ \vdots & \vdots & & \vdots \\ a_{n1} & a_{n2} & \cdots & a_{nn} \end{pmatrix}$,则

$$AA^{*}=\begin{pmatrix} a_{11} & a_{12} & \cdots & a_{1n} \\ a_{21} & a_{22} & \cdots & a_{2n} \\ \vdots & \vdots & & \vdots \\ a_{n1} & a_{n2} & \cdots & a_{nn} \end{pmatrix}\begin{pmatrix} A_{11} & A_{21} & \cdots & A_{n1} \\ A_{12} & A_{22} & \cdots & A_{n2} \\ \vdots & \vdots & & \vdots \\ A_{1n} & A_{2n} & \cdots & A_{nn} \end{pmatrix}=\begin{pmatrix} |A| & & & \\ & |A| & & \\ & & \ddots & \\ & & & |A| \end{pmatrix}$$
$$=|A|E$$

类似可得:$A^{*}A=|A|E$.因 $|A|\neq 0$,故有 $A\left(\frac{1}{|A|}A^{*}\right)=\left(\frac{1}{|A|}A^{*}\right)A=E$,按照逆矩阵的定义,$A$ 可逆且 $A^{-1}=\frac{1}{|A|}A^{*}$.

注　这个定理也给出了伴随矩阵的一个基本性质,即 $AA^{*}=A^{*}A=|A|E$.

若 n 阶方阵 A 的行列式 $|A|\neq 0$,则称 A 为**非奇异矩阵**(non-singular matrix),否则称 A 为**奇异矩阵**(singular matrix).根据定理 2 的结论可知:n 阶方阵 A 可逆的充分必要条件是 A 为非奇异矩阵.

定理 3　对 n 阶方阵 A,B,若 $AB=E$(或 $BA=E$),则 A 可逆,且 $B=A^{-1}$.

证　由 $AB=E$ 知,$|A||B|\neq 0$,可得 $|A|\neq 0$.由定理 2 知 A 可逆,其逆矩阵为 A^{-1},于是

$$B=EB=(A^{-1}A)B=A^{-1}(AB)=A^{-1}E=A^{-1}$$

即 $B=A^{-1}$.

定理 3 的意义还在于,要判断方阵 A 的逆矩阵是否等于 B,只要验证 $AB=E$ 或 $BA=E$ 之一成立就可以了.

例如,可以验证,当 $\lambda_1\lambda_2\cdots\lambda_n\neq 0$ 时,$\begin{pmatrix} \lambda_1 & & & \\ & \lambda_2 & & \\ & & \ddots & \\ & & & \lambda_n \end{pmatrix}\begin{pmatrix} \frac{1}{\lambda_1} & & & \\ & \frac{1}{\lambda_2} & & \\ & & \ddots & \\ & & & \frac{1}{\lambda_n} \end{pmatrix}=E_n$,因此当

$\lambda_1\lambda_2\cdots\lambda_n\neq 0$ 时,对角矩阵 $\boldsymbol{\Lambda}=\begin{pmatrix}\lambda_1 & & & \\ & \lambda_2 & & \\ & & \ddots & \\ & & & \lambda_n\end{pmatrix}$ 可逆,其逆矩阵为 $\boldsymbol{\Lambda}^{-1}=\begin{pmatrix}\frac{1}{\lambda_1} & & & \\ & \frac{1}{\lambda_2} & & \\ & & \ddots & \\ & & & \frac{1}{\lambda_n}\end{pmatrix}$.

例 19 下列矩阵 $\boldsymbol{A},\boldsymbol{B}$ 是否可逆,若可逆,求出其逆矩阵.

$$\boldsymbol{A}=\begin{pmatrix}1 & 2 & 3\\ 2 & 1 & 2\\ 1 & 3 & 3\end{pmatrix},\quad \boldsymbol{B}=\begin{pmatrix}2 & 3 & 1\\ -1 & -3 & -5\\ 1 & 5 & 11\end{pmatrix}$$

解 求得 $|\boldsymbol{A}|=4\neq 0$,故 $\boldsymbol{A}$ 可逆.

$$A_{11}=-3,\quad A_{12}=-4,\quad A_{13}=5$$
$$A_{21}=3,\quad A_{22}=0,\quad A_{23}=-1$$
$$A_{31}=1,\quad A_{32}=4,\quad A_{33}=-3$$

所以

$$\boldsymbol{A}^{-1}=\frac{1}{|\boldsymbol{A}|}\boldsymbol{A}^{*}=\frac{1}{4}\begin{pmatrix}-3 & 3 & 1\\ -4 & 0 & 4\\ 5 & -1 & -3\end{pmatrix}$$

由于 $|\boldsymbol{B}|=0$,所以矩阵 $\boldsymbol{B}$ 不可逆.

注 利用伴随矩阵法求逆矩阵时计算量比较大,很容易出错,可以通过计算 $\boldsymbol{AA}^{-1}$ 是否等于 $\boldsymbol{E}$ 来检验计算的正确性.

三、逆矩阵的性质

定理 4 设 $\boldsymbol{A},\boldsymbol{B}$ 都是 n 阶方阵,k 是常数,则

(1) 若 $\boldsymbol{A}$ 可逆,则 $\boldsymbol{A}^{-1}$ 也可逆,且 $(\boldsymbol{A}^{-1})^{-1}=\boldsymbol{A}$;

(2) 若 $\boldsymbol{A}$ 可逆,则 $|\boldsymbol{A}^{-1}|=\dfrac{1}{|\boldsymbol{A}|}$;

(3) 若 $\boldsymbol{A}$ 可逆,则 $\boldsymbol{A}^{\mathrm{T}}$ 也可逆,且 $(\boldsymbol{A}^{\mathrm{T}})^{-1}=(\boldsymbol{A}^{-1})^{\mathrm{T}}$;

(4) 若 $\boldsymbol{A}$ 可逆,$k\neq 0$,则 $k\boldsymbol{A}$ 可逆,且 $(k\boldsymbol{A})^{-1}=\dfrac{1}{k}\boldsymbol{A}^{-1}$;

(5) 若 $\boldsymbol{A},\boldsymbol{B}$ 都是 n 阶可逆矩阵,则 $\boldsymbol{AB}$ 也是 n 阶可逆矩阵,且 $(\boldsymbol{AB})^{-1}=\boldsymbol{B}^{-1}\boldsymbol{A}^{-1}$.

证 这里只证(5).

因为 $\boldsymbol{A},\boldsymbol{B}$ 都可逆,所以 $|\boldsymbol{A}|\neq 0$ 且 $|\boldsymbol{B}|\neq 0$,这样 $|\boldsymbol{AB}|=|\boldsymbol{A}||\boldsymbol{B}|\neq 0$,所以 $\boldsymbol{AB}$ 可逆,又

$$(\boldsymbol{AB})(\boldsymbol{B}^{-1}\boldsymbol{A}^{-1})=\boldsymbol{A}(\boldsymbol{BB}^{-1})\boldsymbol{A}^{-1}=\boldsymbol{AEA}^{-1}=\boldsymbol{AA}^{-1}=\boldsymbol{E}$$

故

$$(\boldsymbol{AB})^{-1}=\boldsymbol{B}^{-1}\boldsymbol{A}^{-1}$$

性质(5)可以推广到更为一般的情形.

推论 设 $\boldsymbol{A}_1,\boldsymbol{A}_2,\cdots,\boldsymbol{A}_s$ 为 n 阶可逆矩阵,则 $\boldsymbol{A}_1\boldsymbol{A}_2\cdots\boldsymbol{A}_s$ 可逆,且 $(\boldsymbol{A}_1\boldsymbol{A}_2\cdots\boldsymbol{A}_s)^{-1}=\boldsymbol{A}_s^{-1}\cdots\boldsymbol{A}_2^{-1}\boldsymbol{A}_1^{-1}$.

例 20 设 $\boldsymbol{A}$ 是 3 阶方阵,$|\boldsymbol{A}|=10$,计算 $\left|\left(\frac{1}{3}\boldsymbol{A}\right)^{-1}-\frac{1}{2}\boldsymbol{A}^*\right|$.

解 根据逆矩阵的性质,可得

$$\left|\left(\frac{1}{3}\boldsymbol{A}\right)^{-1}-\frac{1}{2}\boldsymbol{A}^*\right|=\left|3\boldsymbol{A}^{-1}-\frac{1}{2}|\boldsymbol{A}|\boldsymbol{A}^{-1}\right|=|-2\boldsymbol{A}^{-1}|=(-2)^3\frac{1}{|\boldsymbol{A}|}=-\frac{4}{5}$$

例 21 已知 $|\boldsymbol{A}|=3$,$\boldsymbol{A}$ 为 4 阶方阵,求 $|\boldsymbol{A}^*|$.

解 由

$$\boldsymbol{A}\boldsymbol{A}^*=|\boldsymbol{A}|\boldsymbol{E}=\begin{pmatrix}|\boldsymbol{A}| & & & \\ & |\boldsymbol{A}| & & \\ & & |\boldsymbol{A}| & \\ & & & |\boldsymbol{A}|\end{pmatrix}$$

可得

$$|\boldsymbol{A}||\boldsymbol{A}^*|=|\boldsymbol{A}|^4,\quad |\boldsymbol{A}^*|=|\boldsymbol{A}|^{4-1}$$

所以 $|\boldsymbol{A}^*|=3^3=27$.

四、矩阵方程

对于矩阵方程

$$\boldsymbol{AX}=\boldsymbol{C},\quad \boldsymbol{XA}=\boldsymbol{C},\quad \boldsymbol{AXB}=\boldsymbol{C}$$

利用矩阵乘法,当 $\boldsymbol{A},\boldsymbol{B}$ 可逆时,两边左乘或右乘相应矩阵的逆矩阵,可以求出其解 $\boldsymbol{X}$ 分别为

$$\boldsymbol{X}=\boldsymbol{A}^{-1}\boldsymbol{C},\quad \boldsymbol{X}=\boldsymbol{C}\boldsymbol{A}^{-1},\quad \boldsymbol{X}=\boldsymbol{A}^{-1}\boldsymbol{C}\boldsymbol{B}^{-1}$$

特别地,对于 $\boldsymbol{A}_{n\times n}$,若 $\boldsymbol{x}=(x_1,x_2,\cdots,x_n)^{\mathrm{T}}$,$\boldsymbol{b}=(b_1,b_2,\cdots,b_n)^{\mathrm{T}}$ 是列向量,则 $\boldsymbol{Ax}=\boldsymbol{b}$ 是一个线性方程组.当 $\boldsymbol{A}$ 可逆时,$\boldsymbol{x}=\boldsymbol{A}^{-1}\boldsymbol{b}$ 是方程组 $\boldsymbol{Ax}=\boldsymbol{b}$ 的唯一解.

例 22 求解矩阵方程 $\boldsymbol{AXB}=\boldsymbol{C}$,其中

$$\boldsymbol{A}=\begin{pmatrix}1&2&3\\2&2&1\\3&4&3\end{pmatrix},\quad \boldsymbol{B}=\begin{pmatrix}2&1\\5&3\end{pmatrix},\quad \boldsymbol{C}=\begin{pmatrix}1&3\\2&0\\3&1\end{pmatrix}$$

解 由 $\boldsymbol{AXB}=\boldsymbol{C}$,若 $\boldsymbol{A}^{-1},\boldsymbol{B}^{-1}$存在,用 $\boldsymbol{A}^{-1}$左乘、$\boldsymbol{B}^{-1}$右乘该式两边,有

$$\boldsymbol{A}^{-1}\boldsymbol{AXB}\boldsymbol{B}^{-1}=\boldsymbol{A}^{-1}\boldsymbol{C}\boldsymbol{B}^{-1}$$

即

$$\boldsymbol{X}=\boldsymbol{A}^{-1}\boldsymbol{C}\boldsymbol{B}^{-1}$$

计算可知 $|\boldsymbol{A}|\neq0$ 且 $|\boldsymbol{B}|\neq0$,故 $\boldsymbol{A},\boldsymbol{B}$ 都可逆,且有

$$\boldsymbol{A}^{-1}=\begin{pmatrix}1&3&-2\\-\frac{3}{2}&-3&\frac{5}{2}\\1&1&-1\end{pmatrix},\quad \boldsymbol{B}^{-1}=\begin{pmatrix}3&-1\\-5&2\end{pmatrix}$$

于是

$$X=A^{-1}CB^{-1}=\begin{pmatrix}1&3&-2\\-\dfrac{3}{2}&-3&\dfrac{5}{2}\\1&1&-1\end{pmatrix}\begin{pmatrix}1&3\\2&0\\3&1\end{pmatrix}\begin{pmatrix}3&-1\\-5&2\end{pmatrix}$$

$$=\begin{pmatrix}1&1\\0&-2\\0&2\end{pmatrix}\begin{pmatrix}3&-1\\-5&2\end{pmatrix}=\begin{pmatrix}-2&1\\10&-4\\-10&4\end{pmatrix}$$

例 23 设方阵 $\boldsymbol{A}$ 满足 $\boldsymbol{A}^2-3\boldsymbol{A}=\boldsymbol{E}$,证明 $\boldsymbol{A}-\boldsymbol{E}$ 可逆,并且求出其逆矩阵.

证 在等式 $\boldsymbol{A}^2-3\boldsymbol{A}=\boldsymbol{E}$ 两边同时加上 $2\boldsymbol{E}$,得

$$\boldsymbol{A}^2-3\boldsymbol{A}+2\boldsymbol{E}=3\boldsymbol{E}$$

利用因式分解方法得

$$(\boldsymbol{A}-\boldsymbol{E})(\boldsymbol{A}-2\boldsymbol{E})=3\boldsymbol{E}$$

或

$$(\boldsymbol{A}-\boldsymbol{E})\left[\frac{1}{3}(\boldsymbol{A}-2\boldsymbol{E})\right]=\boldsymbol{E}$$

这表明 $\boldsymbol{A}-\boldsymbol{E}$ 可逆,而且

$$(\boldsymbol{A}-\boldsymbol{E})^{-1}=\frac{1}{3}(\boldsymbol{A}-2\boldsymbol{E})$$

§2.5 分块矩阵

本节介绍矩阵的分块,这种方法在处理行数和列数比较大的矩阵时常常被用到.即使对于行数和列数不太大的矩阵,分块也可以使其运算简单而清晰.

一、分块矩阵的概念

一个 $m\times n$ 矩阵 $\boldsymbol{A}$ 被贯通 $\boldsymbol{A}$ 的若干条纵线和横线按需要分成若干小矩阵,每一个小矩阵称为 $\boldsymbol{A}$ 的**子块**(block).以所分成的子块为元的矩阵称为矩阵 $\boldsymbol{A}$ 的**分块矩阵**.

对于同一个矩阵,根据不同需要可以采用多种分块方式,使其构成形式不同的分块矩阵.在实际分块时往往要考虑矩阵元的分布特点和涉及的运算.例如下面的 5×6 矩阵 $\boldsymbol{A}$ 可采用如下分块:

$$\boldsymbol{A}=\left(\begin{array}{ccc:ccc}1&0&0&2&-1&3\\0&1&0&4&0&2\\0&0&1&2&1&5\\\hdashline 0&0&0&4&1&3\\0&0&0&2&-3&2\end{array}\right)=\begin{pmatrix}\boldsymbol{E}&\boldsymbol{A}_{12}\\\boldsymbol{O}&\boldsymbol{A}_{22}\end{pmatrix}$$

其中

$$A_{12}=\begin{pmatrix}2&-1&3\\4&0&2\\2&1&5\end{pmatrix},\quad A_{22}=\begin{pmatrix}4&1&3\\2&-3&2\end{pmatrix},\quad E=\begin{pmatrix}1&0&0\\0&1&0\\0&0&1\end{pmatrix},\quad O=\begin{pmatrix}0&0&0\\0&0&0\end{pmatrix}$$

于是原矩阵可视为以子块 A_{12},A_{22},E,O 为元的 2×2 矩阵，其结构特点明显.

常用的分块矩阵有下述几种形式：

设 $A=(a_{ij})_{m\times n}$，以它的 m 个行向量为元的分块矩阵记为

$$A=\begin{pmatrix}\alpha_1\\\alpha_2\\\vdots\\\alpha_m\end{pmatrix}$$

其中 $\alpha_i=(a_{i1},a_{i2},\cdots,a_{in})\quad(i=1,2,\cdots,m)$.

以 A 的 n 个列向量为元的分块矩阵，记为 $A=(\beta_1,\beta_2,\cdots,\beta_n)$，其中 $\beta_j=(a_{1j},a_{2j},\cdots,a_{mj})^{\mathrm T}$ $(j=1,2,\cdots,n)$.

若 n 阶矩阵 A 分块后非零子块位于主对角线上，而其余子块均为零矩阵，即

$$A=\begin{pmatrix}A_1&&&\\&A_2&&\\&&\ddots&\\&&&A_s\end{pmatrix}$$

其中 $A_i(i=1,2,\cdots,s)$ 分别为 $n_i\left(\sum\limits_{i=1}^{s}n_i=n\right)$ 阶方阵，则称其为**分块对角矩阵**或**准对角矩阵**(block diagonal matrix).

二、分块矩阵的运算

1. 分块矩阵的加法

设分块矩阵 $A=(A_{kl})_{s\times t}$，$B=(B_{kl})_{s\times t}$，如果 A 与 B 对应的子块 A_{kl} 与 B_{kl} 都是同型矩阵，则

$$A+B=(A_{kl}+B_{kl})_{s\times t}$$

2. 分块矩阵的数量乘法

设分块矩阵 $A=(A_{kl})_{s\times t}$，c 是常数，则

$$cA=(cA_{kl})_{s\times t}$$

3. 分块矩阵的乘法

设 $A=(a_{ij})_{m\times n}$，$B=(b_{ij})_{n\times p}$，如果矩阵 A 的列的分法与矩阵 B 的行的分法完全相同，

$$A=\begin{pmatrix}A_{11}&A_{12}&\cdots&A_{1s}\\A_{21}&A_{22}&\cdots&A_{2s}\\\vdots&\vdots&&\vdots\\A_{r1}&A_{r2}&\cdots&A_{rs}\end{pmatrix},\quad B=\begin{pmatrix}B_{11}&B_{12}&\cdots&B_{1t}\\B_{21}&B_{22}&\cdots&B_{2t}\\\vdots&\vdots&&\vdots\\B_{s1}&B_{s2}&\cdots&B_{st}\end{pmatrix}$$

其中 $A_{i1},A_{i2},\cdots,A_{is}$ 的列数分别等于 $B_{1j},B_{2j},\cdots,B_{sj}$ 的行数，那么

$$AB=\begin{pmatrix} C_{11} & C_{12} & \cdots & C_{1t} \\ C_{21} & C_{22} & \cdots & C_{2t} \\ \vdots & \vdots & & \vdots \\ C_{r1} & C_{r2} & \cdots & C_{rt} \end{pmatrix}$$

其中

$$C_{ij}=\sum_{k=1}^{s} A_{ik}B_{kj} \quad (i=1,2,\cdots,r;j=1,2,\cdots,t)$$

例 24 设

$$A=\begin{pmatrix} 1 & 0 & 0 & 0 \\ 0 & 1 & 0 & 0 \\ -1 & 2 & 1 & 0 \\ 1 & 1 & 0 & 1 \end{pmatrix}, \quad B=\begin{pmatrix} 1 & 0 & 1 & 0 \\ -1 & 2 & 0 & 1 \\ 1 & 0 & 4 & 1 \\ -1 & -1 & 2 & 0 \end{pmatrix}$$

求 AB.

解 把矩阵 A,B 分块成

$$A=\left(\begin{array}{cc:cc} 1 & 0 & 0 & 0 \\ 0 & 1 & 0 & 0 \\ \hdashline -1 & 2 & 1 & 0 \\ 1 & 1 & 0 & 1 \end{array}\right)=\begin{pmatrix} E & O \\ A_1 & E \end{pmatrix}$$

$$B=\left(\begin{array}{cc:cc} 1 & 0 & 1 & 0 \\ -1 & 2 & 0 & 1 \\ \hdashline 1 & 0 & 4 & 1 \\ -1 & -1 & 2 & 0 \end{array}\right)=\begin{pmatrix} B_{11} & E \\ B_{21} & B_{22} \end{pmatrix}$$

则

$$AB=\begin{pmatrix} E & O \\ A_1 & E \end{pmatrix}\begin{pmatrix} B_{11} & E \\ B_{21} & B_{22} \end{pmatrix}=\begin{pmatrix} B_{11} & E \\ A_1B_{11}+B_{21} & A_1+B_{22} \end{pmatrix}$$

而

$$\begin{aligned} A_1B_{11}+B_{21} &= \begin{pmatrix} -1 & 2 \\ 1 & 1 \end{pmatrix}\begin{pmatrix} 1 & 0 \\ -1 & 2 \end{pmatrix}+\begin{pmatrix} 1 & 0 \\ -1 & -1 \end{pmatrix} \\ &= \begin{pmatrix} -3 & 4 \\ 0 & 2 \end{pmatrix}+\begin{pmatrix} 1 & 0 \\ -1 & -1 \end{pmatrix}=\begin{pmatrix} -2 & 4 \\ -1 & 1 \end{pmatrix} \end{aligned}$$

$$A_1+B_{22}=\begin{pmatrix} -1 & 2 \\ 1 & 1 \end{pmatrix}+\begin{pmatrix} 4 & 1 \\ 2 & 0 \end{pmatrix}=\begin{pmatrix} 3 & 3 \\ 3 & 1 \end{pmatrix}$$

于是

$$AB=\left(\begin{array}{cc|cc} 1 & 0 & 1 & 0 \\ -1 & 2 & 0 & 1 \\ \hline -2 & 4 & 3 & 3 \\ -1 & 1 & 3 & 1 \end{array}\right)$$

4. 分块矩阵的转置

设矩阵 $\boldsymbol{A}$ 分块为

$$\boldsymbol{A}=\begin{pmatrix} \boldsymbol{A}_{11} & \boldsymbol{A}_{12} & \cdots & \boldsymbol{A}_{1s} \\ \boldsymbol{A}_{21} & \boldsymbol{A}_{22} & \cdots & \boldsymbol{A}_{2s} \\ \vdots & \vdots & & \vdots \\ \boldsymbol{A}_{r1} & \boldsymbol{A}_{r2} & \cdots & \boldsymbol{A}_{rs} \end{pmatrix}$$

则

$$\boldsymbol{A}^{\mathrm{T}}=\begin{pmatrix} \boldsymbol{A}_{11}^{\mathrm{T}} & \boldsymbol{A}_{21}^{\mathrm{T}} & \cdots & \boldsymbol{A}_{r1}^{\mathrm{T}} \\ \boldsymbol{A}_{12}^{\mathrm{T}} & \boldsymbol{A}_{22}^{\mathrm{T}} & \cdots & \boldsymbol{A}_{r2}^{\mathrm{T}} \\ \vdots & \vdots & & \vdots \\ \boldsymbol{A}_{1s}^{\mathrm{T}} & \boldsymbol{A}_{2s}^{\mathrm{T}} & \cdots & \boldsymbol{A}_{rs}^{\mathrm{T}} \end{pmatrix}$$

也就是说,转置时,不仅整个分块矩阵要转置,而且其中每一子块都要转置.

5. 分块对角矩阵

设分块对角矩阵 $\boldsymbol{A}=\begin{pmatrix} \boldsymbol{A}_1 & & & \\ & \boldsymbol{A}_2 & & \\ & & \ddots & \\ & & & \boldsymbol{A}_s \end{pmatrix}$,其中 $\boldsymbol{A}_i(i=1,2,\cdots,s)$ 为 n_i 阶方阵,则有以下结论:

(1) $\boldsymbol{A}$ 的行列式为 $|\boldsymbol{A}|=|\boldsymbol{A}_1||\boldsymbol{A}_2|\cdots|\boldsymbol{A}_s|$;

(2) $\boldsymbol{A}$ 可逆的充分必要条件是 $\boldsymbol{A}_i$ 均可逆$(i=1,2,\cdots,s)$,并且

$$\boldsymbol{A}^{-1}=\begin{pmatrix} \boldsymbol{A}_1^{-1} & & & \\ & \boldsymbol{A}_2^{-1} & & \\ & & \ddots & \\ & & & \boldsymbol{A}_s^{-1} \end{pmatrix}$$

证　结论(1)可用拉普拉斯定理证明.下面证明结论(2).由结论(1),$|\boldsymbol{A}|\neq 0$ 的充分必要条件是 $|\boldsymbol{A}_i|\neq 0(i=1,2,\cdots,s)$.因为

$$\begin{pmatrix} A_1 & & & \\ & A_2 & & \\ & & \ddots & \\ & & & A_s \end{pmatrix}\begin{pmatrix} A_1^{-1} & & & \\ & A_2^{-1} & & \\ & & \ddots & \\ & & & A_s^{-1} \end{pmatrix}$$

$$=\begin{pmatrix} A_1A_1^{-1} & & & \\ & A_2A_2^{-1} & & \\ & & \ddots & \\ & & & A_sA_s^{-1} \end{pmatrix}=\begin{pmatrix} E_{n_1} & & & \\ & E_{n_2} & & \\ & & \ddots & \\ & & & E_{n_s} \end{pmatrix}=E$$

所以结论(2)成立.

结论(2)为计算某些特殊形状的矩阵的逆矩阵提供了简便方法.例如要求矩阵

$$A=\begin{pmatrix} 2 & 0 & 0 & 0 \\ 0 & 5 & -2 & 0 \\ 0 & 3 & -1 & 0 \\ 0 & 0 & 0 & -3 \end{pmatrix}$$

的逆矩阵,可以将其分块为

$$\begin{pmatrix} A_1 & & \\ & A_2 & \\ & & A_3 \end{pmatrix}$$

其中 $A_1=(2)$,$A_2=\begin{pmatrix} 5 & -2 \\ 3 & -1 \end{pmatrix}$,$A_3=(-3)$,而 A_1 和 A_3 的逆矩阵分别是一个数,故只需计算出 A_2^{-1} 即可,于是

$$\left(\begin{array}{c:cc:c} 2 & 0 & 0 & 0 \\ \hdashline 0 & 5 & -2 & 0 \\ 0 & 3 & -1 & 0 \\ \hdashline 0 & 0 & 0 & -3 \end{array}\right)^{-1}=\left(\begin{array}{c:cc:c} \frac{1}{2} & 0 & 0 & 0 \\ \hdashline 0 & -1 & 2 & 0 \\ 0 & -3 & 5 & 0 \\ \hdashline 0 & 0 & 0 & -\frac{1}{3} \end{array}\right)$$

例 25 设 $A=\begin{pmatrix} B & D \\ O & C \end{pmatrix}$,其中 B,C 分别为 s 阶和 t 阶可逆方阵,证明 A 可逆,并求 A^{-1}.

证 由拉普拉斯定理知,$|A|=|B||C|$.因为 B,C 可逆,所以 $|A|\neq 0$,从而 A 是可逆方阵.

由分块矩阵的乘法,可设 $A^{-1}=\begin{pmatrix} P & R \\ S & Q \end{pmatrix}$,其中 P 为 s 阶矩阵,Q 为 t 阶矩阵,R 为 s 行 t 列矩阵,S 为 t 行 s 列矩阵,得

$$AA^{-1}=\begin{pmatrix} B & D \\ O & C \end{pmatrix}\begin{pmatrix} P & R \\ S & Q \end{pmatrix}=\begin{pmatrix} BP+DS & BR+DQ \\ CS & CQ \end{pmatrix}=\begin{pmatrix} E_s & O \\ O & E_t \end{pmatrix}$$

比较最后一个等式的两边得

$$\boldsymbol{BP}+\boldsymbol{DS}=\boldsymbol{E}_s,\quad \boldsymbol{BR}+\boldsymbol{DQ}=\boldsymbol{O}$$
$$\boldsymbol{CS}=\boldsymbol{O},\quad \boldsymbol{CQ}=\boldsymbol{E}_t$$

在 $\boldsymbol{CQ}=\boldsymbol{E}_t$ 两边左乘 $\boldsymbol{C}^{-1}$ 得 $\boldsymbol{Q}=\boldsymbol{C}^{-1}$;在 $\boldsymbol{CS}=\boldsymbol{O}$ 两边左乘 $\boldsymbol{C}^{-1}$ 得 $\boldsymbol{S}=\boldsymbol{O}$,从而

$$\boldsymbol{BP}+\boldsymbol{DS}=\boldsymbol{BP}=\boldsymbol{E}_s$$

在 $\boldsymbol{BP}=\boldsymbol{E}_s$ 两边左乘 $\boldsymbol{B}^{-1}$ 得 $\boldsymbol{P}=\boldsymbol{B}^{-1}$;最后,我们有

$$\boldsymbol{BR}+\boldsymbol{DQ}=\boldsymbol{BR}+\boldsymbol{DC}^{-1}=\boldsymbol{O},\quad 即\ \boldsymbol{BR}=-\boldsymbol{DC}^{-1}$$

在这个等式两边左乘 $\boldsymbol{B}^{-1}$ 得 $\boldsymbol{R}=-\boldsymbol{B}^{-1}\boldsymbol{DC}^{-1}$.因此

$$\boldsymbol{A}^{-1}=\begin{pmatrix}\boldsymbol{B}^{-1} & -\boldsymbol{B}^{-1}\boldsymbol{DC}^{-1}\\ \boldsymbol{O} & \boldsymbol{C}^{-1}\end{pmatrix}$$

§2.6 初等变换与初等矩阵

矩阵是解方程组的工具.矩阵的初等变换也是从解线性方程组的消元法受到启发而来的.矩阵的初等变换在求逆矩阵和求矩阵的秩、判断线性方程组是否有解等方面起着重要作用.

一、矩阵的初等变换

矩阵的初等变换起源于线性方程组的求解问题.在初等数学中我们已经学习了用消元法解二元和三元方程组,如下面例子.

例 26 解线性方程组

$$\begin{cases}2x_1-5x_2+4x_3=4\\ x_1+\ x_2-2x_3=-3\\ 5x_1-2x_2+7x_3=22\\ 3x_1-4x_2+2x_3=1\end{cases}\tag{5}$$

解 将方程组中的第一、第二个方程位置互换,得

$$\begin{cases}x_1+\ x_2-2x_3=-3\\ 2x_1-5x_2+4x_3=4\\ 5x_1-2x_2+7x_3=22\\ 3x_1-4x_2+2x_3=1\end{cases}$$

第一个方程分别乘-2、-5 和-3,加到第二、第三和第四个方程上,消去这三个方程中的 x_1 项,有

$$\begin{cases}x_1+x_2-\ 2x_3=-3\\ -7x_2+\ 8x_3=10\\ -7x_2+17x_3=37\\ -7x_2+\ 8x_3=10\end{cases}$$

将第二个方程乘-1 分别加到第三、第四个方程上，有

$$\begin{cases}x_1+x_2-2x_3=-3\\ \quad -7x_2+8x_3=10\\ \qquad\qquad 9x_3=27\end{cases} \tag{6}$$

第四个方程化成 $0=0$，表明这个方程是多余方程，方程组(6)的解与原方程组(5)的解完全相同，这一过程称为消元过程.方程组(6)中自上而下的各方程未知量个数依次减少.这样的方程组称为**阶梯形方程组**.

在方程组(6)中的第三个方程两边同时除以 9，得 $x_3=3$，将 $x_3=3$ 代入方程组(6)的第二个方程，可求得 $x_2=2$.最后，将 $x_2=2, x_3=3$ 代入方程组(6)的第一个方程，可得 $x_1=1$，所以原方程组(5)的解为

$$x_1=1,\quad x_2=2,\quad x_3=3$$

由阶梯形方程组依次求得各未知量的过程，称为回代过程，线性方程组的这种解法称为消元法.

在上述解线性方程组的过程中，我们对方程组反复施行了以下三种变换：

(1) 交换两个方程的位置；

(2) 以一个非零数 k 乘一个方程的两边；

(3) 将一个方程各项乘同一数 k 后加到另一个方程的对应各项上.

这三种变换称为**方程组的初等变换**.

在解方程组时，我们仅对方程组各未知数的系数和常数项进行运算，未知量并不参与运算.因此，例 26 的消元过程、回代过程都可以转换为对矩阵

$$(\boldsymbol{A} \mid \boldsymbol{b})=\left(\begin{array}{ccc|c}2 & -5 & 4 & 4\\ 1 & 1 & -2 & -3\\ 5 & -2 & 7 & 22\\ 3 & -4 & 2 & 1\end{array}\right)$$

施以同样的变换.这个矩阵称为该线性方程组的**增广矩阵**(augmented matrix).由此可引入矩阵初等变换的概念：

定义 10　下列三种变换称为矩阵的**初等行变换**：

(1) 交换矩阵的第 i 行和第 j 行，记作 $r_i \longleftrightarrow r_j$；

(2) 以数 $k(k\neq 0)$乘矩阵第 i 行的各元，记作 kr_i；

(3) 将矩阵的第 i 行各元乘数 k 加到第 j 行各对应元上，记作 r_j+kr_i.

通常称(1) 为**对调行变换**，(2) 为**倍乘行变换**，(3) 为**倍加行变换**.

把定义 10 中的行改为列，便得到矩阵的**初等列变换**，相应地记为 $c_i \longleftrightarrow c_j$，$kc_i$ 和 c_j+kc_i.

矩阵的初等行变换和初等列变换统称为矩阵的**初等变换**.显然，矩阵 $\boldsymbol{A}$ 经过初等变换化成矩阵 $\boldsymbol{B}$，则 $\boldsymbol{A}$ 与 $\boldsymbol{B}$ 仍然是同型矩阵.

定义 11　若矩阵 $\boldsymbol{A}$ 经过有限次初等变换化成矩阵 $\boldsymbol{B}$，则称矩阵 $\boldsymbol{A}$ 与矩阵 $\boldsymbol{B}$ **等价**，记作 $\boldsymbol{A}\rightarrow\boldsymbol{B}$.

矩阵的等价具有以下性质($\boldsymbol{A},\boldsymbol{B},\boldsymbol{C}$ 都是 $m\times n$ 矩阵)：

(1) 自反性：$\boldsymbol{A}\to\boldsymbol{A}$；

(2) 对称性：若 $\boldsymbol{A}\to\boldsymbol{B}$，则 $\boldsymbol{B}\to\boldsymbol{A}$；

(3) 传递性：若 $\boldsymbol{A}\to\boldsymbol{B}$，$\boldsymbol{B}\to\boldsymbol{C}$，则 $\boldsymbol{A}\to\boldsymbol{C}$.

注　在数学中，若两个对象所确定的某种关系具有这三个性质，则称之为**等价关系**.

利用矩阵的初等行变换，例 26 中线性方程组的消元过程可表示如下：

$$(\boldsymbol{A}\,\vdots\,\boldsymbol{b})=\begin{pmatrix}2&-5&4&4\\1&1&-2&-3\\5&-2&7&22\\3&-4&2&1\end{pmatrix}\xrightarrow{r_1\leftrightarrow r_2}\begin{pmatrix}1&1&-2&-3\\2&-5&4&4\\5&-2&7&22\\3&-4&2&1\end{pmatrix}$$

$$\xrightarrow[r_4+(-3)r_1]{\substack{r_2+(-2)r_1\\r_3+(-5)r_1}}\begin{pmatrix}1&1&-2&-3\\0&-7&8&10\\0&-7&17&37\\0&-7&8&10\end{pmatrix}\xrightarrow{\substack{r_3+(-1)r_2\\r_4+(-1)r_2}}\begin{pmatrix}1&1&-2&-3\\0&-7&8&10\\0&0&9&27\\0&0&0&0\end{pmatrix}\qquad(7)$$

在求解的消元过程中，阶梯形方程组(6)所对应的矩阵(7)称为**行阶梯形矩阵**.其特点是：

(1) 零行，即元全等于零的行(如果存在的话)，必在矩阵最下面；

(2) 各非零行最左边的非零元称为主元(pivot)，各主元左边和下边的元(若存在的话)都为零.

求解方程组的回代过程，也可用矩阵的初等行变换表示：(接上面的矩阵(7))

$$\begin{pmatrix}1&1&-2&-3\\0&-7&8&10\\0&0&9&27\\0&0&0&0\end{pmatrix}\xrightarrow{\frac{1}{9}r_3}\begin{pmatrix}1&1&-2&-3\\0&-7&8&10\\0&0&1&3\\0&0&0&0\end{pmatrix}$$

$$\xrightarrow[r_1+2r_3]{r_2+(-8)r_3}\begin{pmatrix}1&1&0&3\\0&-7&0&-14\\0&0&1&3\\0&0&0&0\end{pmatrix}\xrightarrow[r_1+(-1)r_2]{-\frac{1}{7}r_2}\begin{pmatrix}1&0&0&1\\0&1&0&2\\0&0&1&3\\0&0&0&0\end{pmatrix}\qquad(8)$$

由最后的矩阵(8)直接可得方程组的解为

$$x_1=1,\quad x_2=2,\quad x_3=3$$

在求解的回代过程中，最后一个矩阵称为**行最简形矩阵**.一般地，若一个行阶梯形矩阵满足下列条件：

(1) 主元都是 1；

(2) 各主元所在列的其他元都是零，

则称该行阶梯形矩阵为行最简形矩阵.

例如，矩阵 $\begin{pmatrix}1&0&0&1\\0&1&0&2\\0&0&1&3\end{pmatrix}$，$\begin{pmatrix}1&0&-2&1\\0&1&1&2\\0&0&0&0\end{pmatrix}$，$\begin{pmatrix}1&0&0&2\\0&0&1&1\\0&0&0&0\end{pmatrix}$ 都是行最简形矩阵；

$\begin{pmatrix}1&2&-1&2\\0&2&3&1\\0&0&1&3\end{pmatrix}$，$\begin{pmatrix}1&1&1&2\\0&2&0&0\\0&0&1&2\end{pmatrix}$，$\begin{pmatrix}1&0&0&2\\0&1&0&3\\0&0&2&1\end{pmatrix}$只是行阶梯形矩阵而不是行最简形矩阵.

不难证明：

定理 5 **任意矩阵 $A_{m\times n}$ 都可以**

（1）经过有限次的初等行变换化为行阶梯形矩阵；

（2）经过有限次的初等行变换继而化为行最简形矩阵.

例 27 利用初等行变换把下面矩阵 A 化成行阶梯形和行最简形矩阵

$$A=\begin{pmatrix}1&-3&2&-1&3\\2&-2&6&1&-2\\-1&1&-3&3&1\\3&-5&8&-4&1\end{pmatrix}$$

解 对矩阵 A 作初等行变换：

$$A=\begin{pmatrix}1&-3&2&-1&3\\2&-2&6&1&-2\\-1&1&-3&3&1\\3&-5&8&-4&1\end{pmatrix}\xrightarrow[r_4+(-3)r_1]{\substack{r_2+(-2)r_1\\r_3+r_1}}\begin{pmatrix}1&-3&2&-1&3\\0&4&2&3&-8\\0&-2&-1&2&4\\0&4&2&-1&-8\end{pmatrix}$$

$$\xrightarrow[r_4+2r_2]{\substack{r_2\leftrightarrow r_3\\r_3+2r_2}}\begin{pmatrix}1&-3&2&-1&3\\0&-2&-1&2&4\\0&0&0&7&0\\0&0&0&3&0\end{pmatrix}\xrightarrow{r_4+\left(-\frac{3}{7}\right)r_3}\begin{pmatrix}1&-3&2&-1&3\\0&-2&-1&2&4\\0&0&0&7&0\\0&0&0&0&0\end{pmatrix}=B$$

B 即为所求的行阶梯形矩阵.

$$B\xrightarrow[\substack{r_1+r_3\\r_2+(-2)r_3}]{\frac{1}{7}r_3}\begin{pmatrix}1&-3&2&0&3\\0&-2&-1&0&4\\0&0&0&1&0\\0&0&0&0&0\end{pmatrix}\xrightarrow[r_1+3r_2]{\left(-\frac{1}{2}\right)r_2}\begin{pmatrix}1&0&\frac{7}{2}&0&-3\\0&1&\frac{1}{2}&0&-2\\0&0&0&1&0\\0&0&0&0&0\end{pmatrix}=C$$

C 即为所求的行最简形矩阵.

二、初等矩阵

矩阵的初等变换是矩阵最基本的变换，有着广泛的应用.为了用矩阵乘法表示矩阵的初等变换，引入初等矩阵的概念.

定义 12 单位矩阵 E 经过一次初等变换所得到的矩阵称为**初等矩阵**.

以初等行变换为例，有如下三种初等矩阵（对于初等列变换也有类似结果）.

（1）对换矩阵：

$$
\boldsymbol{E}(i,j)=\begin{pmatrix}1&&&&&&\\&\ddots&&&&&\\&&0&\cdots&1&&\\&&\vdots&\ddots&\vdots&&\\&&1&\cdots&0&&\\&&&&&\ddots&\\&&&&&&1\end{pmatrix}\begin{matrix}\\\\i\\\\j\\\\\\\end{matrix}
$$

对换矩阵 $\boldsymbol{E}(i,j)$ 由单位矩阵 $\boldsymbol{E}$ 经交换第 i 行与第 j 行得到.

（2）倍乘矩阵：

$$
\boldsymbol{E}((k)i)=\begin{pmatrix}1&&&&\\&\ddots&&&\\&&k&&\\&&&\ddots&\\&&&&1\end{pmatrix}\begin{matrix}\\\\i\\\\\\\end{matrix}
$$

倍乘矩阵 $\boldsymbol{E}((k)i)$ 由单位矩阵 $\boldsymbol{E}$ 的第 i 行乘非零数 k 得到.

（3）倍加矩阵：

$$
\boldsymbol{E}(i+(k)j)=\begin{pmatrix}1&&&&&\\&\ddots&&&&\\&&1&\cdots&k&&\\&&&\ddots&\vdots&&\\&&&&1&&\\&&&&&\ddots&\\&&&&&&1\end{pmatrix}\begin{matrix}\\\\i\\\\j\\\\\\\end{matrix}
$$

倍加矩阵 $\boldsymbol{E}(i+(k)j)$ 由单位矩阵 $\boldsymbol{E}$ 的第 j 行乘非零数 k 再加到第 i 行得到.

以 3 阶矩阵为例,

$$
\boldsymbol{E}(2,3)=\begin{pmatrix}1&0&0\\0&0&1\\0&1&0\end{pmatrix},\boldsymbol{E}((-2)3)=\begin{pmatrix}1&0&0\\0&1&0\\0&0&-2\end{pmatrix}
$$

$$
\boldsymbol{E}(3+(-2)2)=\begin{pmatrix}1&0&0\\0&1&0\\0&-2&1\end{pmatrix}
$$

对于 $\boldsymbol{A}=\begin{pmatrix}a_{11}&a_{12}&a_{13}&a_{14}\\a_{21}&a_{22}&a_{23}&a_{24}\\a_{31}&a_{32}&a_{33}&a_{34}\end{pmatrix}$,有

$$
\boldsymbol{E}(2,3)\boldsymbol{A}=\begin{pmatrix}1&0&0\\0&0&1\\0&1&0\end{pmatrix}\begin{pmatrix}a_{11}&a_{12}&a_{13}&a_{14}\\a_{21}&a_{22}&a_{23}&a_{24}\\a_{31}&a_{32}&a_{33}&a_{34}\end{pmatrix}=\begin{pmatrix}a_{11}&a_{12}&a_{13}&a_{14}\\a_{31}&a_{32}&a_{33}&a_{34}\\a_{21}&a_{22}&a_{23}&a_{24}\end{pmatrix}
$$

$\boldsymbol{A}$ 的左边乘 $\boldsymbol{E}(2,3)$，相当于将 $\boldsymbol{A}$ 的第 2 行与第 3 行对调.

$$\boldsymbol{AE}((-3)2)=\begin{pmatrix} a_{11} & a_{12} & a_{13} & a_{14} \\ a_{21} & a_{22} & a_{23} & a_{24} \\ a_{31} & a_{32} & a_{33} & a_{34} \end{pmatrix}\begin{pmatrix} 1 & 0 & 0 & 0 \\ 0 & -3 & 0 & 0 \\ 0 & 0 & 1 & 0 \\ 0 & 0 & 0 & 1 \end{pmatrix}$$

$$=\begin{pmatrix} a_{11} & -3a_{12} & a_{13} & a_{14} \\ a_{21} & -3a_{22} & a_{23} & a_{24} \\ a_{31} & -3a_{32} & a_{33} & a_{34} \end{pmatrix}$$

$\boldsymbol{A}$ 的右边乘 $\boldsymbol{E}((-3)2)$，相当于将 $\boldsymbol{A}$ 的第 2 列乘 -3.

$$\boldsymbol{E}(2+(-5)3)\boldsymbol{A}=\begin{pmatrix} 1 & 0 & 0 \\ 0 & 1 & -5 \\ 0 & 0 & 1 \end{pmatrix}\begin{pmatrix} a_{11} & a_{12} & a_{13} & a_{14} \\ a_{21} & a_{22} & a_{23} & a_{24} \\ a_{31} & a_{32} & a_{33} & a_{34} \end{pmatrix}$$

$$=\begin{pmatrix} a_{11} & a_{12} & a_{13} & a_{14} \\ a_{21}-5a_{31} & a_{22}-5a_{32} & a_{23}-5a_{33} & a_{24}-5a_{34} \\ a_{31} & a_{32} & a_{33} & a_{34} \end{pmatrix}$$

$\boldsymbol{A}$ 的左边乘 $\boldsymbol{E}(2+(-5)3)$，相当于 $\boldsymbol{A}$ 的第 3 行乘 -5 加在第 2 行上.

不难推出一般性的结论，矩阵的初等变换与相应的初等矩阵有如下关系：

定理 6 (1) **对 $\boldsymbol{A}_{m\times n}$ 施行一次初等行变换，相当于 $\boldsymbol{A}$ 的左边乘相应的 m 阶初等矩阵；**

(2) 对 $\boldsymbol{A}_{m\times n}$ 施行一次初等列变换，相当于 $\boldsymbol{A}$ 的右边乘相应的 n 阶初等矩阵.

注 定理 6 表明，矩阵的初等变换可以用矩阵乘法来表示，从而能够用一个等式来描述初等变换前后两个矩阵的关系.

初等矩阵的行列式不等于零，因此它们都是可逆的，其逆矩阵分别是：

(1) $\boldsymbol{E}^{-1}(i,j)=\boldsymbol{E}(i,j)$；

(2) $\boldsymbol{E}^{-1}((k)i)=\boldsymbol{E}\left(\left(\dfrac{1}{k}\right)i\right)$；

(3) $\boldsymbol{E}^{-1}(i+(k)j)=\boldsymbol{E}(i+(-k)j)$.

可以看出，初等矩阵的逆矩阵仍然是同类型的初等矩阵.

容易验证：初等矩阵的转置仍然是同类型的初等矩阵，且

$\boldsymbol{E}(i,j)^{\mathrm{T}}=\boldsymbol{E}(i,j)$，$\boldsymbol{E}((k)i)^{\mathrm{T}}=\boldsymbol{E}((k)i)$，$\boldsymbol{E}(i+(k)j)^{\mathrm{T}}=\boldsymbol{E}(j+(k)i)$

三、矩阵的等价标准形

我们知道，任何 $\boldsymbol{A}_{m\times n}$ 经过初等行变换可化成行最简形矩阵，如果对行最简形矩阵施行初等列变换，可化成更为简单的形式.

例如对例 27 中的行最简形矩阵再施以初等列变换：

$$\begin{pmatrix}1&0&\frac{7}{2}&0&-3\\0&1&\frac{1}{2}&0&-2\\0&0&0&1&0\\0&0&0&0&0\end{pmatrix}\xrightarrow[c_3+\left(-\frac{1}{2}\right)c_2]{c_3+\left(-\frac{7}{2}\right)c_1}\begin{pmatrix}1&0&0&0&-3\\0&1&0&0&-2\\0&0&0&1&0\\0&0&0&0&0\end{pmatrix}$$

$$\xrightarrow[c_5+2c_2]{c_5+3c_1}\begin{pmatrix}1&0&0&0&0\\0&1&0&0&0\\0&0&0&1&0\\0&0&0&0&0\end{pmatrix}\xrightarrow{c_3\leftrightarrow c_4}\begin{pmatrix}1&0&0&0&0\\0&1&0&0&0\\0&0&1&0&0\\0&0&0&0&0\end{pmatrix}=\begin{pmatrix}\boldsymbol{E}_3&\boldsymbol{O}\\\boldsymbol{0}&\boldsymbol{0}\end{pmatrix}=\boldsymbol{F}$$

矩阵 $\boldsymbol{F}$ 称为例 27 中矩阵 $\boldsymbol{A}$ 的**等价标准形**.

一般地,记矩阵 $\boldsymbol{A}_{m\times n}$ 的等价标准形为 $\boldsymbol{F}=\begin{pmatrix}\boldsymbol{E}_r&\boldsymbol{O}\\\boldsymbol{O}&\boldsymbol{O}\end{pmatrix}_{m\times n}$.其特点是,$\boldsymbol{F}$ 的左上角(分块时的一个子块)是一个单位矩阵 $\boldsymbol{E}_r$,其余元都是零.

需要指出的是,$\begin{pmatrix}\boldsymbol{E}_r&\boldsymbol{O}\\\boldsymbol{O}&\boldsymbol{O}\end{pmatrix}_{m\times n}$ 仅仅是等价标准形的记号,以任意一个矩阵 $\boldsymbol{A}_{3\times 4}$ 为例,它的等价标准形为以下四个矩阵之一:

$$(1)\begin{pmatrix}0&0&0&0\\0&0&0&0\\0&0&0&0\end{pmatrix};(2)\begin{pmatrix}1&0&0&0\\0&0&0&0\\0&0&0&0\end{pmatrix};(3)\begin{pmatrix}1&0&0&0\\0&1&0&0\\0&0&0&0\end{pmatrix};(4)\begin{pmatrix}1&0&0&0\\0&1&0&0\\0&0&1&0\end{pmatrix}.$$

定理 7　任意一个矩阵 $\boldsymbol{A}_{m\times n}$ 总可以通过有限次初等变换化成等价标准形.

由于矩阵的等价关系满足传递性,所以有如下结论:

推论 1　两个矩阵 $\boldsymbol{A}$ 与 $\boldsymbol{B}$ 等价的充分必要条件是 $\boldsymbol{A}$ 与 $\boldsymbol{B}$ 有相同的等价标准形.

四、求逆矩阵的初等变换法

§2.4 介绍了求逆矩阵的伴随矩阵法,这个方法适用于低阶矩阵.下面介绍可逆矩阵的若干性质和求逆矩阵的初等变换法.

定理 8　设矩阵 $\boldsymbol{A}$ 与 $\boldsymbol{B}$ 等价,若 $\boldsymbol{A}$ 可逆,则 $\boldsymbol{B}$ 也可逆.

证　因为矩阵 $\boldsymbol{A}$ 与 $\boldsymbol{B}$ 等价,故存在同阶初等矩阵 $\boldsymbol{P}_1,\boldsymbol{P}_2,\cdots,\boldsymbol{P}_s$ 和 $\boldsymbol{Q}_1,\boldsymbol{Q}_2,\cdots,\boldsymbol{Q}_t$,使得

$$\boldsymbol{B}=\boldsymbol{P}_s\cdots\boldsymbol{P}_2\boldsymbol{P}_1\boldsymbol{A}\boldsymbol{Q}_1\boldsymbol{Q}_2\cdots\boldsymbol{Q}_t$$

所以 $|\boldsymbol{B}|=|\boldsymbol{P}_s\cdots\boldsymbol{P}_2\boldsymbol{P}_1\boldsymbol{A}\boldsymbol{Q}_1\boldsymbol{Q}_2\cdots\boldsymbol{Q}_t|=|\boldsymbol{P}_s|\cdots|\boldsymbol{P}_2||\boldsymbol{P}_1||\boldsymbol{A}||\boldsymbol{Q}_1||\boldsymbol{Q}_2|\cdots|\boldsymbol{Q}_t|$.

因 $\boldsymbol{A}$ 可逆,则 $|\boldsymbol{A}|\neq 0$,又由于 $|\boldsymbol{P}_i|\neq 0,i=1,2,\cdots,s$;$|\boldsymbol{Q}_j|\neq 0,j=1,2,\cdots,t$.可得 $|\boldsymbol{B}|\neq 0$,所以 $\boldsymbol{B}$ 也可逆.

定理 9　n 阶矩阵 $\boldsymbol{A}$ 可逆的充分必要条件是 $\boldsymbol{A}$ 的等价标准形为 $\boldsymbol{E}$.

证　充分性　设 $\boldsymbol{A}$ 的等价标准形为 $\boldsymbol{E}$,即 $\boldsymbol{A}$ 与 $\boldsymbol{E}$ 等价.由于 $\boldsymbol{E}$ 是可逆矩阵,由定理 8,$\boldsymbol{A}$ 一定为可逆矩阵.

必要性　设 $\boldsymbol{A}$ 为 n 阶可逆矩阵,$\boldsymbol{F}=\begin{pmatrix}\boldsymbol{E}_r&\boldsymbol{O}\\\boldsymbol{O}&\boldsymbol{O}\end{pmatrix}$ 为 $\boldsymbol{A}$ 的等价标准形.根据定理 8,$\boldsymbol{F}=$

$\begin{pmatrix} E_r & O \\ O & O \end{pmatrix}$也必为可逆矩阵.故 F 中没有零行.即 $F=E$.

定理 10 **设 n 阶矩阵 A 可逆,则对 A 施以有限次初等行变换必可将 A 化成单位矩阵 E,而单位矩阵 E 经过相同的初等行变换必可化成 A^{-1}.**

证 根据定理 9,若 A 可逆,则 A 与 E 等价,即存在初等矩阵 $P_1,P_2,\cdots,P_s$ 和 $Q_1,Q_2,\cdots,Q_t$,使得

$$P_s\cdots P_2P_1AQ_1Q_2\cdots Q_t=E$$

因为初等矩阵均可逆,上式两边依次右乘 $Q_t^{-1},\cdots Q_2^{-1},Q_1^{-1}$,得

$$P_s\cdots P_2P_1A=EQ_t^{-1}\cdots Q_2^{-1}Q_1^{-1}=Q_t^{-1}\cdots Q_2^{-1}Q_1^{-1}E$$

再在上式两边依次左乘 $Q_t,\cdots,Q_2,Q_1$,得

$$Q_1Q_2\cdots Q_tP_s\cdots P_2P_1A=E \tag{9}$$

上式表明,对 A 仅施以初等行变换可化成 E.

在(9)两边右乘 A^{-1},得

$$Q_1Q_2\cdots Q_tP_s\cdots P_2P_1E=A^{-1} \tag{10}$$

上式表明,对单位矩阵 E 施以同样的初等行变换可化成 A^{-1}.

由式(10),还可得到

$$A=P_1^{-1}P_2^{-1}\cdots P_s^{-1}Q_t^{-1}\cdots Q_2^{-1}Q_1^{-1}$$

而 $P_i^{-1}(i=1,2,\cdots,s)$ 和 $Q_j^{-1}(j=1,2,\cdots,t)$ 仍为初等矩阵,由此可得

推论 2 n 阶矩阵 A 可逆的充分必要条件是 A 可以表示成有限多个初等矩阵的乘积.

综上所述,可以按下述方法求 A 的逆矩阵:

将 A 与 E 并排放在一起,组成一个 $n\times 2n$ 的分块矩阵 $(A\,\vdots\,E)$,对矩阵 $(A\,\vdots\,E)$ 作一系列初等行变换,目标是把 A 化为单位矩阵,当矩阵 $(A\,\vdots\,E)$ 左边矩阵 A 化为单位矩阵 E 时,右边的单位矩阵 E 就同时化为 A^{-1},即

$$(A\,\vdots\,E)\xrightarrow{\text{初等行变换}}(E\,\vdots\,A^{-1})$$

例 28 设 $A=\begin{pmatrix} 1 & 2 & 3 \\ 2 & 2 & 1 \\ 3 & 4 & 3 \end{pmatrix}$,求 A^{-1}.

解

$$(A\,\vdots\,E)=\left(\begin{array}{ccc:ccc} 1 & 2 & 3 & 1 & 0 & 0 \\ 2 & 2 & 1 & 0 & 1 & 0 \\ 3 & 4 & 3 & 0 & 0 & 1 \end{array}\right)\to\left(\begin{array}{ccc:ccc} 1 & 2 & 3 & 1 & 0 & 0 \\ 0 & -2 & -5 & -2 & 1 & 0 \\ 0 & -2 & -6 & -3 & 0 & 1 \end{array}\right)$$

$$\to\left(\begin{array}{ccc:ccc} 1 & 0 & -2 & -1 & 1 & 0 \\ 0 & -2 & -5 & -2 & 1 & 0 \\ 0 & 0 & -1 & -1 & -1 & 1 \end{array}\right)\to\left(\begin{array}{ccc:ccc} 1 & 0 & 0 & 1 & 3 & -2 \\ 0 & -2 & 0 & 3 & 6 & -5 \\ 0 & 0 & -1 & -1 & -1 & 1 \end{array}\right)$$

$$\to\left(\begin{array}{ccc:ccc} 1 & 0 & 0 & 1 & 3 & -2 \\ 0 & 1 & 0 & -\frac{3}{2} & -3 & \frac{5}{2} \\ 0 & 0 & 1 & 1 & 1 & -1 \end{array}\right)$$

所以

$$A^{-1}=\begin{pmatrix}1 & 3 & -2\\ -\frac{3}{2} & -3 & \frac{5}{2}\\ 1 & 1 & -1\end{pmatrix}$$

初等行变换法是求逆矩阵的重要方法之一，它的优点在于当矩阵的阶数比较高时，其计算量比利用伴随矩阵求逆矩阵方法的计算量要小很多；另外，也不需要先通过计算行列式来判断矩阵是否可逆，因为当 $\boldsymbol{A}$ 不能化为单位矩阵 $\boldsymbol{E}$ 时就可推断出 $\boldsymbol{A}$ 不可逆.

五、解矩阵方程的初等变换法

对于矩阵方程 $\boldsymbol{AX}=\boldsymbol{B}$，若 $\boldsymbol{A}$ 可逆，则 $\boldsymbol{X}=\boldsymbol{A}^{-1}\boldsymbol{B}$.利用初等行变换求逆矩阵的方法，可以求出矩阵 $\boldsymbol{A}^{-1}\boldsymbol{B}$.由

$$\boldsymbol{A}^{-1}(\boldsymbol{A}\ \vdots\ \boldsymbol{B})=(\boldsymbol{E}\ \vdots\ \boldsymbol{A}^{-1}\boldsymbol{B})$$

可知，若对矩阵$(\boldsymbol{A}\mid\boldsymbol{B})$施行初等行变换，当把 $\boldsymbol{A}$ 变为 $\boldsymbol{E}$ 时，$\boldsymbol{B}$ 就变为 $\boldsymbol{A}^{-1}\boldsymbol{B}$.

例 29 求矩阵 $\boldsymbol{X}$，使得 $\boldsymbol{AX}=\boldsymbol{B}$，其中

$$\boldsymbol{A}=\begin{pmatrix}1 & 2 & 3\\ 2 & 2 & 1\\ 3 & 4 & 3\end{pmatrix},\quad \boldsymbol{B}=\begin{pmatrix}2 & 5\\ 3 & 1\\ 4 & 3\end{pmatrix}$$

解 若 $\boldsymbol{A}$ 可逆，则 $\boldsymbol{X}=\boldsymbol{A}^{-1}\boldsymbol{B}$.由于

$$(\boldsymbol{A}\ \vdots\ \boldsymbol{B})=\left(\begin{array}{ccc:cc}1 & 2 & 3 & 2 & 5\\ 2 & 2 & 1 & 3 & 1\\ 3 & 4 & 3 & 4 & 3\end{array}\right)\rightarrow\left(\begin{array}{ccc:cc}1 & 0 & -2 & 1 & -4\\ 0 & -2 & -5 & -1 & -9\\ 0 & 0 & -1 & -1 & -3\end{array}\right)$$

$$\rightarrow\left(\begin{array}{ccc:cc}1 & 0 & 0 & 3 & 2\\ 0 & -2 & 0 & 4 & 6\\ 0 & 0 & -1 & -1 & -3\end{array}\right)\rightarrow\left(\begin{array}{ccc:cc}1 & 0 & 0 & 3 & 2\\ 0 & 1 & 0 & -2 & -3\\ 0 & 0 & 1 & 1 & 3\end{array}\right)$$

即得 $\boldsymbol{X}=\begin{pmatrix}3 & 2\\ -2 & -3\\ 1 & 3\end{pmatrix}$.

§2.7 矩阵的秩

如果矩阵 $\boldsymbol{A}$ 不是方阵，就没有通常意义上的逆矩阵.然而，我们可以引入矩阵的秩的概念，用来研究矩阵的性质.除此之外，矩阵的秩是矩阵的一个重要数值特征，在研究线性方程组是否有解以及二次型的分类等方面都有重要作用.

一、矩阵秩的定义

定义 13 在 $m\times n$ 矩阵 $\boldsymbol{A}$ 中任意取 k 行与 k 列$(1\leqslant k\leqslant\min\{m,n\})$，用行列交叉位置上的 k^2 个元，按它们在 $\boldsymbol{A}$ 中的位置构成一个行列式，称之为矩阵 $\boldsymbol{A}$ 的 k **阶子式**.

不难求出在 $m\times n$ 矩阵 $\boldsymbol{A}$ 中共有 $C_m^k C_n^k$ 个 k 阶子式.

定义 14 若矩阵 $\boldsymbol{A}$ 有一个 r 阶子式不为零,而所有的 $r+1$ 阶子式(如果有的话)全为零,则称 r 为矩阵 $\boldsymbol{A}$ 的**秩**(rank),记为 $r(\boldsymbol{A})=r$.

零矩阵的秩规定为 0.若 $\boldsymbol{A}_{m\times n}\neq\boldsymbol{O}$,则 $0<r(\boldsymbol{A})\leqslant\min\{m,n\}$.

根据行列式按行(列)展开定理知,若 $\boldsymbol{A}$ 的所有 $k+1$ 阶子式全为零,则 $\boldsymbol{A}$ 中所有高于 $k+1$ 阶子式(如果存在的话)也必全为零.这样,定义 14 可以改写为:矩阵 $\boldsymbol{A}$ 的秩是 $\boldsymbol{A}$ 中不为零子式的最高阶数.

例 30 设 $\boldsymbol{A}=\begin{pmatrix}1&1&2&3\\2&1&1&3\\1&0&-1&0\end{pmatrix}$,求 $r(\boldsymbol{A})$.

解 $\boldsymbol{A}$ 的 2 阶子式 $\begin{vmatrix}1&1\\2&1\end{vmatrix}=-1\neq0$,所有 3 阶子式 $\begin{vmatrix}1&1&2\\2&1&1\\1&0&-1\end{vmatrix}=0$, $\begin{vmatrix}1&1&3\\2&1&3\\1&0&0\end{vmatrix}=0$,
$\begin{vmatrix}1&2&3\\2&1&3\\1&-1&0\end{vmatrix}=0$, $\begin{vmatrix}1&2&3\\1&1&3\\0&-1&0\end{vmatrix}=0$,所以 $r(\boldsymbol{A})=2$.

例 31 设行阶梯形矩阵

$$\boldsymbol{B}=\begin{pmatrix}2&-1&0&3&-2\\0&3&1&-2&5\\0&0&0&4&-3\\0&0&0&0&0\end{pmatrix}$$

求 $r(\boldsymbol{B})$.

解 由于 $\boldsymbol{B}$ 是行阶梯形矩阵,选所有主元所在的行与列构成的 3 阶子式,得

$$\begin{vmatrix}2&-1&3\\0&3&-2\\0&0&4\end{vmatrix}=24\neq0$$

因为 $\boldsymbol{B}$ 的第 4 行元全是零.故 $\boldsymbol{B}$ 的任意 4 阶子式必全为零.所以 $r(\boldsymbol{B})=3$.

比较例 30 和例 31,容易看出,行阶梯形矩阵比一般矩阵更容易求秩.一般地,行阶梯形矩阵的秩等于其非零行的行数.

矩阵的秩有下述性质:

(1) $r(\boldsymbol{A})=r(\boldsymbol{A}^{\mathrm{T}})$;

(2) $r(k\boldsymbol{A})=r(\boldsymbol{A})\ (k\neq0)$;

(3) 设 $\boldsymbol{A}$ 是 n 阶方阵,则 $r(\boldsymbol{A})=n$ 的充分必要条件是 $|\boldsymbol{A}|\neq0$.

定义 15 当 n 阶矩阵的秩为 n 时,称其为**满秩矩阵**,否则称其为**降秩矩阵**.

可以看出:n 阶方阵 $\boldsymbol{A}$ 满秩的充分必要条件是矩阵 $\boldsymbol{A}$ 可逆.事实上,下面几个说法是等价的:

(1) $\boldsymbol{A}$ 可逆;

(2) $\boldsymbol{A}$ 是非奇异矩阵;

(3) $\boldsymbol{A}$ 是满秩矩阵；

(4) $|\boldsymbol{A}|\neq 0$.

二、用初等变换求矩阵的秩

定理 11 **初等变换不改变矩阵的秩.**

证 只需证经过一次初等行变换矩阵的秩不变.有三种情形：

(1) $\boldsymbol{A}\xrightarrow{r_i\leftrightarrow r_j}\boldsymbol{B}$.两行互换,行列式仅改变符号,因而矩阵 $\boldsymbol{B}$ 与矩阵 $\boldsymbol{A}$ 的子式或者相等或者相差一个符号,所以秩相等.

(2) $\boldsymbol{A}\xrightarrow{kr_i}\boldsymbol{B}(k\neq 0)$.用 k 乘矩阵的某一行,矩阵 $\boldsymbol{B}$ 与矩阵 $\boldsymbol{A}$ 的子式或者相等或者相差 k 倍,所以秩相等.

(3) $\boldsymbol{A}\xrightarrow{r_i+kr_j}\boldsymbol{B}$.设 $r(\boldsymbol{A})=r$,则 $\boldsymbol{A}$ 的一切 $r+1$ 阶子式都为零.在 $\boldsymbol{B}$ 中任取一个 $r+1$ 阶子式 D,若

① D 中不含 $\boldsymbol{B}$ 的第 i 行,则 D 与 $\boldsymbol{A}$ 中相应的 $r+1$ 阶子式完全相同,因此$D=0$；

② D 中含有 $\boldsymbol{B}$ 的第 i 行,同时也含有 $\boldsymbol{B}$ 的第 j 行,由行列式的性质 6,D 与 $\boldsymbol{A}$ 中相应的 $r+1$ 阶子式值相等,因此 $D=0$；

③ D 中含有 $\boldsymbol{B}$ 的第 i 行,但不含 $\boldsymbol{B}$ 的第 j 行,由行列式的性质 3 和性质 5,D 可化为两个行列式之和,而每一个行列式都是 $\boldsymbol{A}$ 中的 $r+1$ 阶子式均为零,因此$D=0$.

综合①②③有 $r(\boldsymbol{B})\leqslant r=r(\boldsymbol{A})$；另一方面,$\boldsymbol{A}$ 也可看做由 $\boldsymbol{B}$ 经过初等行变换 $\left(\boldsymbol{B}\xrightarrow{r_i+(-k)r_j}\boldsymbol{A}\right)$ 而得到,从而有 $r(\boldsymbol{A})\leqslant r(\boldsymbol{B})$.所以 $r(\boldsymbol{B})=r(\boldsymbol{A})$.

该定理提供了用初等变换求矩阵秩的方法:将矩阵用初等变换化为行阶梯形,行阶梯形矩阵中非零行的行数即为矩阵的秩.

例 32 求矩阵

$$\boldsymbol{A}=\begin{pmatrix}1&3&-2&5&-4\\3&1&2&-1&0\\-2&4&6&10&5\\-4&6&2&16&1\end{pmatrix}$$

的秩.

解 用初等变换把 $\boldsymbol{A}$ 化为行阶梯形矩阵

$$\boldsymbol{A}=\begin{pmatrix}1&3&-2&5&-4\\3&1&2&-1&0\\-2&4&6&10&5\\-4&6&2&16&1\end{pmatrix}\to\begin{pmatrix}1&3&-2&5&-4\\0&-8&8&-16&12\\0&10&2&20&-3\\0&18&-6&36&-15\end{pmatrix}$$

$$\to\begin{pmatrix}1&3&-2&5&-4\\0&-2&2&-4&3\\0&0&12&0&12\\0&0&12&0&12\end{pmatrix}\to\begin{pmatrix}1&3&-2&5&-4\\0&-2&2&-4&3\\0&0&1&0&1\\0&0&0&0&0\end{pmatrix}$$

所以 $r(\boldsymbol{A})=3$.

根据定理 11 还可以得出如下结论：

（1）若用初等变换将 $\boldsymbol{A}$ 变到 $\boldsymbol{B}$，则 $r(\boldsymbol{A})=r(\boldsymbol{B})$.

（2）任何 $m\times n$ 矩阵的等价标准形唯一.

最后我们不加证明地给出下面结论：

定理 12　设矩阵 $\boldsymbol{A},\boldsymbol{B}$ 的乘法运算是可以进行的，则

$$r(\boldsymbol{AB})\leqslant r(\boldsymbol{A}),\quad 且\ r(\boldsymbol{AB})\leqslant r(\boldsymbol{B}).$$

例如：$\boldsymbol{A}=\begin{pmatrix}1&1\\2&2\end{pmatrix}$，$\boldsymbol{B}=\begin{pmatrix}3&1\\-3&-1\end{pmatrix}$，$r(\boldsymbol{A})=r(\boldsymbol{B})=1$，但 $r(\boldsymbol{AB})=0$.

推论　若 $\boldsymbol{A}$ 可逆，则 $r(\boldsymbol{AB})=r(\boldsymbol{B})$.

证　首先 $r(\boldsymbol{AB})\leqslant r(\boldsymbol{B})$；另外，由于 $\boldsymbol{A}$ 可逆，所以 $\boldsymbol{B}=(\boldsymbol{A}^{-1}\boldsymbol{A})\boldsymbol{B}=\boldsymbol{A}^{-1}(\boldsymbol{AB})$. 即 $r(\boldsymbol{B})=r(\boldsymbol{A}^{-1}(\boldsymbol{AB}))\leqslant r(\boldsymbol{AB})$，所以 $r(\boldsymbol{AB})=r(\boldsymbol{B})$.

例 33　设 $r(\boldsymbol{A}_{4\times 3})=2$，$\boldsymbol{B}=\begin{pmatrix}1&-1&0\\2&0&1\\0&2&3\end{pmatrix}$，求 $r(\boldsymbol{AB})$.

解　因为 $|\boldsymbol{B}|\neq 0$，$\boldsymbol{B}$ 是满秩矩阵，所以 $r(\boldsymbol{AB})=r(\boldsymbol{A})=2$.

例 34　设 4 阶方阵 $\boldsymbol{A}$ 的秩为 2，证明其伴随矩阵 $\boldsymbol{A}^*$ 的秩为零.

证　因为 $r(\boldsymbol{A})=2$，所以 $\boldsymbol{A}$ 的所有三阶子式全为零. 而 $\boldsymbol{A}^*$ 的元 A_{ij} 皆为三阶行列式，所以 $A_{ij}=0$，$\boldsymbol{A}^*=\boldsymbol{O}$. 故 $r(\boldsymbol{A}^*)=0$.

§2.8　应用实例

例 35　矩阵的运算可以用来对需传输的信息加密. 首先给每个字母指派一个码字，例如：

字母	A	B	C	D	E	F	G	H	I	J	K	L	M	N	O	P	Q	R	S	T	U	V	W	X	Y	Z	空格
码字	1	2	3	4	5	6	7	8	9	10	11	12	13	14	15	16	17	18	19	20	21	22	23	24	25	26	0

于是为传输信息

GO NORTHEAST

把对应的码字写成 3×4 矩阵（按列）

$$\boldsymbol{B}=\begin{pmatrix}7&14&20&1\\15&15&8&19\\0&18&5&20\end{pmatrix}$$

如果直接发送矩阵 $\boldsymbol{B}$，这是不加密的信息，容易被破译，无论军事或商业上均不可行，因此必须对信息予以加密，使得只有知道密钥的接收者才能准确、快速破译. 为此，可以取定 3 阶可逆矩阵 $\boldsymbol{A}$，并且满足 $|\boldsymbol{A}|=\pm 1$. 令

$$\boldsymbol{C}=\boldsymbol{AB}$$

则 $\boldsymbol{C}$ 是 3×4 矩阵，其元也均为整数. 现发送加密后的信息矩阵 $\boldsymbol{C}$，已方接收者只需用 $\boldsymbol{A}^{-1}$ 进行解

密，就得到发送者的信息：

$$B=A^{-1}C$$

例如取

$$A=\begin{pmatrix}1&1&1\\-1&0&1\\0&1&1\end{pmatrix}$$

则 $|A|=-1$，且

$$A^{-1}=\begin{pmatrix}1&0&-1\\-1&-1&2\\1&1&-1\end{pmatrix}$$

现发送矩阵

$$C=AB=\begin{pmatrix}1&1&1\\-1&0&1\\0&1&1\end{pmatrix}\begin{pmatrix}7&14&20&1\\15&15&8&19\\0&18&5&20\end{pmatrix}=\begin{pmatrix}22&47&33&40\\-7&4&-15&19\\15&33&13&39\end{pmatrix}$$

接收者收到矩阵 C 后，用 A^{-1} 解密：

$$B=A^{-1}C=\begin{pmatrix}1&0&-1\\-1&-1&2\\1&1&-1\end{pmatrix}\begin{pmatrix}22&47&33&40\\-7&4&-15&19\\15&33&13&39\end{pmatrix}$$

$$=\begin{pmatrix}7&14&20&1\\15&15&8&19\\0&18&5&20\end{pmatrix}$$

即

GO NORTHEAST

这里所述仅是原理，实际应用中，用于加密的可逆矩阵 A 的阶数可能很大，其构造也十分复杂.第二次世界大战期间，一些最优秀的数学家，包括著名数学家图灵(A.M.Turing)等被请来从事对己方信息的加密和对敌方信息的破译工作.

例 36 按年龄段预测动物数量的问题.

某农场饲养的某种动物所能达到的最大年龄为 15 岁，将其分成三个年龄组：第一组，0~5 岁；第二组，6~10 岁；第三组，11~15 岁.动物从第二年龄组起开始繁殖后代，经过长期统计，第二组和第三组的繁殖率分别为 4 和 3.第一年龄组和第二年龄组的动物能顺利进入下一个年龄组的存活率分别为 $\frac{1}{2}$ 和 $\frac{1}{4}$.假设农场现有三个年龄组的动物各 1 000 头，问 15 年后农场三个年龄组的动物各有多少头？

解 因年龄分组为 5 岁一段，故将时间周期也取为 5 年.15 年后就经过了 3 个时间周期.

设 $x_i^{(k)}$ 表示第 k 个时间周期的第 i 组年龄阶段动物的数量($k=1,2,3;i=1,2,3$).

因为某一时间周期第二年龄组和第三年龄组动物的数量是由上一时间周期上一年龄组存活下来动物的数量,所以有

$$x_2^{(k)}=\frac{1}{2}x_1^{(k-1)},\quad x_3^{(k)}=\frac{1}{4}x_2^{(k-1)}\quad (k=1,2,3)$$

又因为某一时间周期,第一年龄组动物的数量是由上一时间周期各年龄组出生的动物的数量所确定,所以有

$$x_1^{(k)}=4x_2^{(k-1)}+3x_3^{(k-1)}\quad (k=1,2,3)$$

我们得到递推关系式

$$\begin{cases} x_1^{(k)}=4x_2^{(k-1)}+3x_3^{(k-1)} \\ x_2^{(k)}=\dfrac{1}{2}x_1^{(k-1)} \\ x_3^{(k)}=\dfrac{1}{4}x_2^{(k-1)} \end{cases}$$

用矩阵表示

$$\begin{pmatrix} x_1^{(k)} \\ x_2^{(k)} \\ x_3^{(k)} \end{pmatrix}=\begin{pmatrix} 0 & 4 & 3 \\ \dfrac{1}{2} & 0 & 0 \\ 0 & \dfrac{1}{4} & 0 \end{pmatrix}\begin{pmatrix} x_1^{(k-1)} \\ x_2^{(k-1)} \\ x_3^{(k-1)} \end{pmatrix}\quad (k=1,2,3)$$

则 $\boldsymbol{x}^{(k)}=\boldsymbol{L}\boldsymbol{x}^{(k-1)}(k=1,2,3)$,其中

$$\boldsymbol{L}=\begin{pmatrix} 0 & 4 & 3 \\ \dfrac{1}{2} & 0 & 0 \\ 0 & \dfrac{1}{4} & 0 \end{pmatrix},\quad \boldsymbol{x}^{(0)}=\begin{pmatrix} 1\ 000 \\ 1\ 000 \\ 1\ 000 \end{pmatrix}.$$

有

$$\boldsymbol{x}^{(1)}=\boldsymbol{L}\boldsymbol{x}^{(0)}=\begin{pmatrix} 7\ 000 \\ 500 \\ 200 \end{pmatrix}$$

$$\boldsymbol{x}^{(2)}=\boldsymbol{L}\boldsymbol{x}^{(1)}=\begin{pmatrix} 2\ 600 \\ 3\ 500 \\ 125 \end{pmatrix}$$

$$\boldsymbol{x}^{(3)}=\boldsymbol{L}\boldsymbol{x}^{(2)}=\begin{pmatrix} 14\ 375 \\ 1\ 300 \\ 875 \end{pmatrix}$$

15 年以后,农场饲养的动物总数将达 16 650 头,三个年龄组各占 86.86%,7.81%,5.26%,分别为 14 375 头,1 300 头和 875 头.

例 37 不同城市之间的交通模型.

设某航空公司在四个城市之间有航行情况:从城市 1 到城市 2、城市 3 有航线;城市 2 到城市 1、城市 3 有航线;城市 3 到城市 1、城市 4 有航线;城市 4 到城市 2、城市 3 有航线.试考虑城市间航线到达情况.

解 用邻接矩阵 $\boldsymbol{A}$ 来表示城市之间航线的情况.$\boldsymbol{A}=(a_{ij})$,若城市 i 到城市 j 有航线,则 $a_{ij}=1$,否则 $a_{ij}=0(i,j=1,2,3,4)$.由此可得

$$\boldsymbol{A}=\begin{pmatrix}0&1&1&0\\1&0&1&0\\1&0&0&1\\0&1&1&0\end{pmatrix}$$

$$\boldsymbol{A}^2=\begin{pmatrix}2&0&1&1\\1&1&1&1\\0&2&2&0\\2&0&1&1\end{pmatrix}$$表示经转一次航线到达城市的情况;

$$\boldsymbol{A}^3=\begin{pmatrix}1&3&3&1\\2&2&3&1\\4&0&2&2\\1&3&3&1\end{pmatrix}$$表示经转两次航线到达城市的情况;

…

则 $\boldsymbol{A}+\boldsymbol{A}^2+\boldsymbol{A}^3+\cdots+\boldsymbol{A}^k$ 表示在 k 次航线内到达城市的情况,其中位于第 i 行第 j 列的数字表示在 k 次航线内从城市 i 到城市 j 的不同(直接和间接)方式.

$$\boldsymbol{A}+\boldsymbol{A}^2=\begin{pmatrix}2&1&2&1\\2&1&2&1\\1&2&2&1\\2&1&2&1\end{pmatrix}$$,这表明直达或经转一次,四个城市之间都可以互相到达.

习 题 二

1. 有 6 名选手参加乒乓球比赛,成绩如下:选手 1 胜选手 2,4,5,6,负于选手 3;选手 2 胜选手 4,5,6,负于选手 1,3;选手 3 胜选手 1,2,4,负于选手 5,6;选手 4 胜选手 5,6,负于选手 1,2,3;选手 5 胜选手 3,6,负于选手 1,2,4.若胜一场得 1 分,负一场得 0 分,试用矩阵表示输赢状况,并排序.

2. 设 $\boldsymbol{A}=\begin{pmatrix}4&7&-1&6\\-2&0&8&-2\end{pmatrix}$,$\boldsymbol{B}=\begin{pmatrix}-6&-7&4&-8\\5&3&-9&0\end{pmatrix}$,求 $4\boldsymbol{A}+3\boldsymbol{B}$.

3. 设 $\boldsymbol{A}=\begin{pmatrix}1&2&1&2\\2&1&2&1\\1&2&3&4\end{pmatrix}$,$\boldsymbol{B}=\begin{pmatrix}4&3&2&1\\-2&1&-2&1\\0&-1&0&-1\end{pmatrix}$,计算:

(1) $3\boldsymbol{A}-\boldsymbol{B}$; (2) $2\boldsymbol{A}+3\boldsymbol{B}$; (3) 若 $\boldsymbol{X}$ 满足 $\boldsymbol{A}+\boldsymbol{X}=\boldsymbol{B}$,求 $\boldsymbol{X}$.

4. 求下列矩阵的乘积:

(1) $\begin{pmatrix}1\\-2\\3\end{pmatrix}(-1,2)$； (2) $(9,-7,3)\begin{pmatrix}2\\5\\4\end{pmatrix}$；

(3) $\begin{pmatrix}1&-3&0&2\\6&2&1&-4\\-7&-2&5&3\end{pmatrix}\begin{pmatrix}1&0&3&1\\0&1&2&-1\\0&0&-2&3\\0&0&0&-3\end{pmatrix}$；

(4) $\begin{pmatrix}4&-1\\-2&3\end{pmatrix}\begin{pmatrix}2&-2&3\\4&1&4\end{pmatrix}$；

(5) $(x_1,x_2,x_3)\begin{pmatrix}a_{11}&a_{12}&a_{13}\\a_{12}&a_{22}&a_{23}\\a_{13}&a_{23}&a_{33}\end{pmatrix}\begin{pmatrix}x_1\\x_2\\x_3\end{pmatrix}$.

5. 写出线性方程组

$$\begin{cases}3x_1-2x_2+3x_3=2\\-2x_1+x_2-4x_3=3\\-3x_1+3x_2+x_3=1\end{cases}$$

的 $\boldsymbol{A}\boldsymbol{x}=\boldsymbol{b}$ 和 $x_1\boldsymbol{\alpha}_1+x_2\boldsymbol{\alpha}_2+x_3\boldsymbol{\alpha}_3=\boldsymbol{b}$ 的形式.

6. 设 $f(x)=3-7x-x^2$，$\boldsymbol{A}=\begin{pmatrix}-3&4&0\\1&-5&1\\2&0&-7\end{pmatrix}$，求 $f(\boldsymbol{A})$.

7. 设 $\boldsymbol{A}=\begin{pmatrix}\lambda&1&0\\0&\lambda&1\\0&0&\lambda\end{pmatrix}$，求 $\boldsymbol{A}^k$（k 是正整数）.

8. 设 $\boldsymbol{A}=\begin{pmatrix}1&0&0\\1&0&1\\0&1&0\end{pmatrix}$，证明：当正整数 $n\geqslant 3$ 时，$\boldsymbol{A}^n=\boldsymbol{A}^{n-2}+\boldsymbol{A}^2-\boldsymbol{E}$，并求 $\boldsymbol{A}^{100}$.

9. 设 $\boldsymbol{P}=\begin{pmatrix}-3\\2\\5\end{pmatrix}$，$\boldsymbol{Q}=(4,-2,3)$，$\boldsymbol{A}=\boldsymbol{P}\boldsymbol{Q}$，求 $\boldsymbol{A}^{100}$.

10. 求 $2\boldsymbol{A}^{\mathrm{T}}-5\boldsymbol{B}$，其中 $\boldsymbol{A}=\begin{pmatrix}3&5&-2\\-4&-9&6\end{pmatrix}$，$\boldsymbol{B}=\begin{pmatrix}1&-3\\2&-4\\1&2\end{pmatrix}$.

11. 设 $\boldsymbol{A}$，$\boldsymbol{B}$ 是 n 阶对称矩阵，k 是常数，$\boldsymbol{P}$ 是任意 n 阶矩阵，试证：

(1) $\boldsymbol{A}+\boldsymbol{B}$ 与 $k\boldsymbol{A}$ 是对称矩阵； (2) $\boldsymbol{P}^{\mathrm{T}}\boldsymbol{A}\boldsymbol{P}$ 是对称矩阵.

12. 设 $\boldsymbol{A}=\begin{pmatrix}-1&3&0\\0&4&2\end{pmatrix}$，$\boldsymbol{B}=\begin{pmatrix}4&1\\2&5\\3&4\end{pmatrix}$，求 $\boldsymbol{A}^{\mathrm{T}}\boldsymbol{B}^{\mathrm{T}}$，$\boldsymbol{B}^{\mathrm{T}}\boldsymbol{A}^{\mathrm{T}}$ 以及 $(\boldsymbol{A}\boldsymbol{B})^{\mathrm{T}}$，验证 $(\boldsymbol{A}\boldsymbol{B})^{\mathrm{T}}=\boldsymbol{B}^{\mathrm{T}}\boldsymbol{A}^{\mathrm{T}}$，但 $(\boldsymbol{A}\boldsymbol{B})^{\mathrm{T}}\neq\boldsymbol{A}^{\mathrm{T}}\boldsymbol{B}^{\mathrm{T}}$.

13. 设矩阵 $\boldsymbol{A}$ 为三阶矩阵，且已知 $|\boldsymbol{A}|=m$，求 $|-m\boldsymbol{A}|$.

14. 设 $\boldsymbol{A}=\begin{pmatrix}a&b\\c&d\end{pmatrix}$，试将 $f(\lambda)=|\lambda\boldsymbol{E}-\boldsymbol{A}|$ 写成 λ 的多项式，并验证 $f(\boldsymbol{A})=\boldsymbol{O}$.

15. 求下列方阵的逆矩阵：

（1）$\begin{pmatrix} -1 & 2 \\ 3 & 7 \end{pmatrix}$；（2）$\begin{pmatrix} \cos\alpha & \sin\alpha \\ -\sin\alpha & \cos\alpha \end{pmatrix}$；（3）$\begin{pmatrix} 1 & 2 & -1 \\ 3 & 4 & -2 \\ 5 & -4 & 1 \end{pmatrix}$；

（4）$\begin{pmatrix} 1 & 0 & -2 & 1 \\ 0 & -2 & 2 & 0 \\ -2 & 3 & 0 & 0 \\ 4 & 0 & 0 & 0 \end{pmatrix}$；（5）$\begin{pmatrix} 1 & 1 & \cdots & 1 & 1 \\ 0 & 1 & \cdots & 1 & 1 \\ \vdots & \vdots & & \vdots & \vdots \\ 0 & 0 & \cdots & 0 & 1 \end{pmatrix}$.

16. 求下列矩阵方程中的矩阵 $\boldsymbol{X}$：

（1）$\boldsymbol{X}\begin{pmatrix} -4 & 2 \\ 5 & -1 \end{pmatrix}=\begin{pmatrix} 6 & 0 \\ 8 & 2 \end{pmatrix}$；（2）$\begin{pmatrix} 3 & 4 & -1 \\ 2 & 1 & -1 \\ 3 & 0 & -2 \end{pmatrix}\boldsymbol{X}=\begin{pmatrix} 0 & -2 \\ 3 & 3 \\ 7 & 8 \end{pmatrix}$；

（3）$\begin{pmatrix} 1 & -1 \\ 2 & -1 \end{pmatrix}\boldsymbol{X}\begin{pmatrix} 1 & -1 & 0 \\ -1 & 1 & 1 \\ 1 & 2 & 3 \end{pmatrix}=\begin{pmatrix} -6 & 3 & -2 \\ -10 & 7 & 3 \end{pmatrix}$.

17. 设 $\boldsymbol{A}=\begin{pmatrix} \frac{1}{3} & 0 & 0 \\ 0 & \frac{1}{4} & 0 \\ 0 & 0 & \frac{1}{7} \end{pmatrix}$，矩阵 $\boldsymbol{B}$ 满足 $\boldsymbol{A}^{-1}\boldsymbol{B}\boldsymbol{A}=6\boldsymbol{A}+\boldsymbol{B}\boldsymbol{A}$，求 $\boldsymbol{B}$.

18. 设 $\boldsymbol{A},\boldsymbol{B}$ 均为 5 阶方阵，$|\boldsymbol{A}|=2$，$|\boldsymbol{B}|=-3$，求行列式 $|3\boldsymbol{A}^*\boldsymbol{B}^{-1}|$的值.

19. 设 n 阶方阵 $\boldsymbol{A}$ 满足 $\boldsymbol{A}^2-3\boldsymbol{A}=5\boldsymbol{E}$，证明 $\boldsymbol{A}+2\boldsymbol{E},\boldsymbol{A}-7\boldsymbol{E}$ 都可逆，并写出其逆矩阵.

20. 设矩阵 $\boldsymbol{A}=\begin{pmatrix} 1 & 2 & -2 \\ 4 & t & 3 \\ 3 & -1 & 1 \end{pmatrix}$，$\boldsymbol{B}$ 是 3 阶非零矩阵，且 $\boldsymbol{A}\boldsymbol{B}=\boldsymbol{O}$，求 t.

21. 设 $\boldsymbol{A}$ 是 4 阶矩阵，$|\boldsymbol{A}|=3$，计算 $\left|(2\boldsymbol{A})^{-1}-\frac{1}{3}\boldsymbol{A}^*\right|$.

22. 设 $\boldsymbol{A},\boldsymbol{B}$ 是 n 阶非奇异矩阵，证明：

（1）$|\boldsymbol{A}^*|=|\boldsymbol{A}|^{n-1}$；

（2）$(\boldsymbol{A}^*)^*=|\boldsymbol{A}|^{n-2}\boldsymbol{A}\quad(n\geqslant 2)$；

（3）$(\boldsymbol{A}^{-1})^*=(\boldsymbol{A}^*)^{-1}$；

（4）$(\boldsymbol{A}\boldsymbol{B})^*=\boldsymbol{B}^*\boldsymbol{A}^*$.

23. 设 4×4 矩阵 $\boldsymbol{A}=(\boldsymbol{\alpha},\boldsymbol{\gamma}_2,\boldsymbol{\gamma}_3,\boldsymbol{\gamma}_4)$，$\boldsymbol{B}=(\boldsymbol{\beta},\boldsymbol{\gamma}_2,\boldsymbol{\gamma}_3,\boldsymbol{\gamma}_4)$，且已知行列式 $|\boldsymbol{A}|=1$，$|\boldsymbol{B}|=4$.试求 $|\boldsymbol{A}+\boldsymbol{B}|$.

24. 设矩阵 $\boldsymbol{A},\boldsymbol{B}$ 及 $\boldsymbol{A}+\boldsymbol{B}$ 都可逆，证明 $\boldsymbol{A}^{-1}+\boldsymbol{B}^{-1}$也可逆，并求其逆矩阵.

25. 用分块矩阵方法求下列矩阵的逆矩阵：

（1）$\begin{pmatrix} 2 & 1 & 0 & 0 \\ 5 & 3 & 0 & 0 \\ 0 & 0 & -4 & 7 \\ 0 & 0 & 2 & -3 \end{pmatrix}$；（2）$\begin{pmatrix} 1 & -2 & 6 & -3 \\ -2 & 3 & -2 & 1 \\ 0 & 0 & -7 & 5 \\ 0 & 0 & 3 & -2 \end{pmatrix}$.

26. 设 s 阶方阵 $\boldsymbol{A}$ 与 t 阶方阵 $\boldsymbol{B}$ 都可逆，求：

（1）$\begin{pmatrix} \boldsymbol{O} & \boldsymbol{A} \\ \boldsymbol{B} & \boldsymbol{O} \end{pmatrix}^{-1}$；（2）$\begin{pmatrix} 0 & 0 & 1 & 1 \\ 0 & 0 & 2 & 3 \\ 3 & 5 & 0 & 0 \\ 2 & 3 & 0 & 0 \end{pmatrix}^{-1}$.

27. 用初等行变换把下列矩阵化为行最简形矩阵.

（1）$\begin{pmatrix} 1 & -1 & 3 & -4 & 3 \\ 3 & -3 & 5 & -4 & 1 \\ 2 & -2 & 3 & -2 & 0 \\ 3 & -3 & 4 & -2 & -1 \end{pmatrix}$；（2）$\begin{pmatrix} 2 & 3 & 1 & -3 & -7 \\ 1 & 2 & 0 & -2 & -4 \\ 3 & -2 & 8 & 3 & 0 \\ 2 & -3 & 7 & 4 & 3 \end{pmatrix}$.

28. 判定下列矩阵是否可逆，如可逆，用初等变换法求其逆矩阵.

（1）$\begin{pmatrix} 1 & 0 & 0 \\ 1 & 2 & 0 \\ 1 & 2 & 3 \end{pmatrix}$；（2）$\begin{pmatrix} 2 & 2 & -1 \\ 1 & -2 & 4 \\ 5 & 8 & 2 \end{pmatrix}$；（3）$\begin{pmatrix} 3 & 2 & 1 \\ 3 & 1 & 5 \\ 3 & 2 & 3 \end{pmatrix}$；

（4）$\begin{pmatrix} 3 & -2 & 0 & -1 \\ 0 & 2 & 2 & 1 \\ 1 & -2 & -3 & -2 \\ 0 & 1 & 2 & 1 \end{pmatrix}$.

29. 解下列矩阵方程：

（1）设 $\boldsymbol{A}=\begin{pmatrix} 4 & 1 & -2 \\ 2 & 2 & 1 \\ 3 & 1 & -1 \end{pmatrix}$，$\boldsymbol{B}=\begin{pmatrix} 1 & -3 \\ 2 & 2 \\ 3 & -1 \end{pmatrix}$，求 $\boldsymbol{X}$ 使 $\boldsymbol{AX}=\boldsymbol{B}$.

（2）设 $\boldsymbol{A}=\begin{pmatrix} 0 & 2 & 1 \\ 2 & -1 & 3 \\ -3 & 3 & -4 \end{pmatrix}$，$\boldsymbol{B}=\begin{pmatrix} 1 & 2 & 3 \\ 2 & -3 & 1 \end{pmatrix}$，求 $\boldsymbol{X}$ 使 $\boldsymbol{XA}=\boldsymbol{B}$.

（3）设 $\boldsymbol{A}=\begin{pmatrix} 1 & -1 & 0 \\ 0 & 1 & -1 \\ -1 & 0 & 1 \end{pmatrix}$，$\boldsymbol{AX}=2\boldsymbol{X}+\boldsymbol{A}$，求 $\boldsymbol{X}$.

（4）设 $\begin{pmatrix} 0 & 1 & 0 \\ 1 & 0 & 0 \\ 0 & 0 & 1 \end{pmatrix}\boldsymbol{X}\begin{pmatrix} 1 & 0 & 0 \\ -2 & 1 & 0 \\ 0 & 0 & 1 \end{pmatrix}=\begin{pmatrix} 1 & -4 & 3 \\ 2 & 0 & -1 \\ 0 & -2 & 1 \end{pmatrix}$，求 $\boldsymbol{X}$.

30. 设矩阵 $\boldsymbol{A}=\begin{pmatrix} 1 & 0 & 0 \\ 1 & 1 & 0 \\ 1 & 1 & 1 \end{pmatrix}$，$\boldsymbol{B}=\begin{pmatrix} 0 & 1 & 1 \\ 1 & 0 & 1 \\ 1 & 1 & 0 \end{pmatrix}$，矩阵 $\boldsymbol{X}$ 满足

$$\boldsymbol{AXA}+\boldsymbol{BXB}=\boldsymbol{AXB}+\boldsymbol{BXA}+\boldsymbol{E}$$

其中 $\boldsymbol{E}$ 是三阶单位矩阵，试求矩阵 $\boldsymbol{X}$.

31. 求下列矩阵的秩：

（1）$\boldsymbol{A}=\begin{pmatrix} 2 & 4 & -1 & 3 \\ -3 & -5 & 4 & -6 \\ 1 & 5 & 7 & -3 \end{pmatrix}$；（2）$\boldsymbol{B}=\begin{pmatrix} 1 & 3 & 0 & -2 \\ -2 & -2 & 5 & 3 \\ 4 & 9 & -5 & -6 \\ -1 & -2 & 2 & 0 \end{pmatrix}$；

(3) $\boldsymbol{C}=\begin{pmatrix} 3 & -3 & 2 \\ 5 & 4 & -7 \\ 1 & 2 & -2 \\ -4 & -3 & 4 \\ 7 & 4 & -8 \end{pmatrix}$; (4) $\boldsymbol{D}=\begin{pmatrix} 1 & 2 & 3 & -2 & -1 \\ 4 & 3 & 6 & -3 & 2 \\ 2 & -1 & 0 & 1 & 4 \\ 5 & 0 & 3 & 2 & 7 \end{pmatrix}$.

32. 设 $\boldsymbol{A}=\begin{pmatrix} 1 & 3 & 2 \\ \lambda & 1 & 8 \\ 3 & 2 & \lambda \end{pmatrix}$的秩为 2,求 λ.

33. 证明:秩为 r 的矩阵可表示为 r 个秩为 1 的矩阵之和.

34. 设 $\boldsymbol{A}$ 为 n 阶矩阵,$r(\boldsymbol{A})=1$,证明:

(1) 存在列向量 $\boldsymbol{\alpha}$ 及行向量 $\boldsymbol{\beta}$,使得 $\boldsymbol{A}=\boldsymbol{\alpha\beta}$;

(2) 存在常数 k,使得 $\boldsymbol{A}^2=k\boldsymbol{A}$.

35. 求一个秩为 4 的 4×5 矩阵,使其中两行为(1,0,1,0,0),(1,-1,0,0,0).

第二章部分习题讲解

第三章　向量与线性方程组

向量和线性方程组是线性代数的核心内容,它们不仅在数学上有应用,而且还广泛应用于机械制造、桥梁设计、交通规划、石油勘探、经济管理等领域.

本章将借助线性方程组简单而具体地介绍线性相关性的概念,并利用这些概念研究线性方程组解的结构.

§3.1　线性方程组的解法

一、线性方程组的一般概念

包含 m 个方程、n 个未知数的线性方程组的一般形式为

$$\begin{cases} a_{11}x_1+a_{12}x_2+\cdots+a_{1n}x_n=b_1 \\ a_{21}x_1+a_{22}x_2+\cdots+a_{2n}x_n=b_2 \\ \quad\cdots\cdots\cdots\cdots \\ a_{m1}x_1+a_{m2}x_2+\cdots+a_{mn}x_n=b_m \end{cases} \tag{1}$$

当 $b_i(i=1,2,\cdots,m)$ 不全为零时,方程组(1)称为**非齐次线性方程组**(system of non-homogeneous linear equations).

若 $x_1=c_1,x_2=c_2,\cdots,x_n=c_n$ 可以使方程组(1)中的 m 个等式都成立,则这组数 $c_1,c_2,\cdots,c_n$ 称为**方程组(1)的一个解**,方程组的所有解的集合称为**方程组的解集**,也称为方程组的**全部解**或**通解**.若两个方程组的解集相同,称两个方程组同解.

利用矩阵乘法,方程组(1)也可改写为

$$\begin{pmatrix} a_{11} & a_{12} & \cdots & a_{1n} \\ a_{21} & a_{22} & \cdots & a_{2n} \\ \vdots & \vdots & & \vdots \\ a_{m1} & a_{m2} & \cdots & a_{mn} \end{pmatrix}\begin{pmatrix} x_1 \\ x_2 \\ \vdots \\ x_n \end{pmatrix}=\begin{pmatrix} b_1 \\ b_2 \\ \vdots \\ b_m \end{pmatrix}$$

若记

$$\boldsymbol{A}=\begin{pmatrix} a_{11} & a_{12} & \cdots & a_{1n} \\ a_{21} & a_{22} & \cdots & a_{2n} \\ \vdots & \vdots & & \vdots \\ a_{m1} & a_{m2} & \cdots & a_{mn} \end{pmatrix},\quad \boldsymbol{x}=\begin{pmatrix} x_1 \\ x_2 \\ \vdots \\ x_n \end{pmatrix},\quad \boldsymbol{b}=\begin{pmatrix} b_1 \\ b_2 \\ \vdots \\ b_m \end{pmatrix}$$

则方程组(1)可写为矩阵方程形式

$$\boldsymbol{A}\boldsymbol{x}=\boldsymbol{b} \tag{2}$$

其中 $m\times n$ 矩阵 $\boldsymbol{A}$ 称为方程组(1)的**系数矩阵**(coefficient matrix),向量 $\boldsymbol{b}$ 称为**常数向量**,向量 $\boldsymbol{x}$ 是**未知数向量**.若 $\boldsymbol{x}=\boldsymbol{\xi}$ 可使 $\boldsymbol{A}\boldsymbol{x}=\boldsymbol{b}$ 成立,称 $\boldsymbol{\xi}$ 是 $\boldsymbol{A}\boldsymbol{x}=\boldsymbol{b}$ 的一个解向量.矩阵

$$(\boldsymbol{A}\,\vdots\,\boldsymbol{b})=\left(\begin{array}{cccc:c} a_{11} & a_{12} & \cdots & a_{1n} & b_1 \\ a_{21} & a_{22} & \cdots & a_{2n} & b_2 \\ \vdots & \vdots & & \vdots & \vdots \\ a_{m1} & a_{m2} & \cdots & a_{mn} & b_m \end{array}\right)$$

称为方程组(1)的**增广矩阵**,增广矩阵的第 i 行代表方程组的第 i 个方程:

$$a_{i1}x_1+a_{i2}x_2+\cdots+a_{in}x_n=b_i \quad (i=1,2,\cdots,m)$$

方程组(1)可以写成向量形式

$$x_1\boldsymbol{\alpha}_1+x_2\boldsymbol{\alpha}_2+\cdots+x_n\boldsymbol{\alpha}_n=\boldsymbol{\beta}$$

其中 $\boldsymbol{\alpha}_j=\begin{pmatrix} a_{1j} \\ a_{2j} \\ \vdots \\ a_{mj} \end{pmatrix} \quad (j=1,2,\cdots,n)$, $\boldsymbol{\beta}=\begin{pmatrix} b_1 \\ b_2 \\ \vdots \\ b_m \end{pmatrix}$.

在线性方程组(1)中,当常数项 $b_i(i=1,2,\cdots,m)$ 都等于零时,这样的线性方程组称为**齐次线性方程组**(system of homogenous linear equations),其一般形式为

$$\begin{cases} a_{11}x_1+a_{12}x_2+\cdots+a_{1n}x_n=0 \\ a_{21}x_1+a_{22}x_2+\cdots+a_{2n}x_n=0 \\ \cdots\cdots\cdots\cdots \\ a_{m1}x_1+a_{m2}x_2+\cdots+a_{mn}x_n=0 \end{cases}$$

对增广矩阵 $(\boldsymbol{A}\,\vdots\,\boldsymbol{b})$ 作初等行变换相当于对方程组(1)进行初等变换.对增广矩阵施以有限次初等行变换,可将其变成另一个等价的矩阵,如 $(\boldsymbol{A}\,\vdots\,\boldsymbol{b})\to(\boldsymbol{B}\,\vdots\,\boldsymbol{c})$.这相当于对 $\boldsymbol{A}\boldsymbol{x}=\boldsymbol{b}$ 进行变换使之成为另一个同解的方程组 $\boldsymbol{B}\boldsymbol{x}=\boldsymbol{c}$.如果 $\boldsymbol{B}\boldsymbol{x}=\boldsymbol{c}$ 在形式上比 $\boldsymbol{A}\boldsymbol{x}=\boldsymbol{b}$ 简单,那么就容易确定方程组 $\boldsymbol{A}\boldsymbol{x}=\boldsymbol{b}$ 是否有解以及如何求解.

对于一般的线性方程组(1),需要解决以下四个问题:

(1) 方程组(1)在什么条件下有解?

(2) 如果方程组(1)有解,它有多少个解?

(3) 如何求出方程组(1)的解?

(4) 如果方程组(1)的解不唯一,解的结构有什么特点?

本节对上述问题的前三个给予探讨,问题(4)在 § 3.6 给出结论.

二、利用矩阵的秩讨论线性方程组解的存在性

例 1 对于非齐次线性方程组

$$
\begin{cases}x_1+\ \ x_2-2x_3+4x_4=5\\2x_1+2x_2-3x_3+\ \ x_4=3\\3x_1+3x_2-4x_3-2x_4=1\end{cases}\tag{3}
$$

其增广矩阵为$(\boldsymbol{A}\mid\boldsymbol{b})=\begin{pmatrix}1&1&-2&4&5\\2&2&-3&1&3\\3&3&-4&-2&1\end{pmatrix}$,对$(\boldsymbol{A}\mid\boldsymbol{b})$作初等行变换可化成行最简形矩阵

$$
(\boldsymbol{A}\mid\boldsymbol{b})\to\left(\begin{array}{cccc|c}1&1&-2&4&5\\0&0&1&-7&-7\\0&0&0&0&0\end{array}\right)\to\left(\begin{array}{cccc|c}1&1&0&-10&-9\\0&0&1&-7&-7\\0&0&0&0&0\end{array}\right)
$$

还原为同解方程组

$$
\begin{cases}x_1+x_2\quad\ -10x_4=-9\\\qquad\quad x_3-\ 7x_4=-7\end{cases}
$$

于是得到

$$
\begin{cases}x_1=-x_2+10x_4-9\\x_3=\qquad\quad 7x_4-7\end{cases}
$$

可以看出原方程组(3)有无穷多解,其中 x_2,x_4 称为自由未知量.

进一步地观察发现,该方程组系数矩阵 $\boldsymbol{A}$ 与增广矩阵$(\boldsymbol{A}\mid\boldsymbol{b})$的秩都是 2.

例 2 对于非齐次线性方程组$\begin{cases}x_1+\ \ x_2-2x_3+3x_4=4\\2x_1+3x_2+3x_3-\ \ x_4=3\\5x_1+7x_2+4x_3+\ \ x_4=5\end{cases}$,化其增广矩阵为行阶梯形矩阵.

$$
(\boldsymbol{A}\mid\boldsymbol{b})=\left(\begin{array}{cccc|c}1&1&-2&3&4\\2&3&3&-1&3\\5&7&4&1&5\end{array}\right)\to\left(\begin{array}{cccc|c}1&1&-2&3&4\\0&1&7&-7&-5\\0&0&0&0&-5\end{array}\right)
$$

由化简后的行阶梯形矩阵可知,其末行对应矛盾方程 $0=-5$,故方程组无解.

通过观察系数矩阵 $\boldsymbol{A}$ 与增广矩阵$(\boldsymbol{A}\mid\boldsymbol{b})$的秩,发现 $r(\boldsymbol{A})=2$,$r(\boldsymbol{A}\mid\boldsymbol{b})=3$,即 $r(\boldsymbol{A})\neq r(\boldsymbol{A}\mid\boldsymbol{b})$.

下面定理指出了矩阵的秩与方程组的解的关系.

定理 1 **任一线性方程组 $\boldsymbol{Ax}=\boldsymbol{b}$ 有解的充分必要条件是系数矩阵的秩与增广矩阵的秩相等,即 $r(\boldsymbol{A})=r(\boldsymbol{A}\mid\boldsymbol{b})$.**

证 对于线性方程组 $\boldsymbol{Ax}=\boldsymbol{b}$,它的增广矩阵$(\boldsymbol{A}\mid\boldsymbol{b})$经过若干次初等行变换,可化为行最简形矩阵,为便于叙述问题,写成如下形式:

$$
(\boldsymbol{A} \mid \boldsymbol{b}) \rightarrow \left(\begin{array}{cccccccc|c}
1 & 0 & \cdots & 0 & c_{11} & c_{12} & \cdots & c_{1,n-r} & d_1 \\
0 & 1 & \cdots & 0 & c_{21} & c_{22} & \cdots & c_{2,n-r} & d_2 \\
\vdots & \vdots & & \vdots & \vdots & \vdots & & \vdots & \vdots \\
0 & 0 & \cdots & 1 & c_{r1} & c_{r2} & \cdots & c_{r,n-r} & d_r \\
0 & 0 & \cdots & 0 & 0 & 0 & \cdots & 0 & d_{r+1} \\
0 & 0 & \cdots & 0 & 0 & 0 & \cdots & 0 & 0 \\
\vdots & \vdots & & \vdots & \vdots & \vdots & & \vdots & \vdots \\
0 & 0 & \cdots & 0 & 0 & 0 & \cdots & 0 & 0
\end{array}\right) \tag{4}
$$

相应的线性方程组为

$$
\begin{cases}
x_1+c_{11}x_{r+1}+\cdots+c_{1,n-r}x_n=d_1 \\
x_2+c_{21}x_{r+1}+\cdots+c_{2,n-r}x_n=d_2 \\
\qquad\cdots\cdots\cdots\cdots \\
x_r+c_{r1}x_{r+1}+\cdots+c_{r,n-r}x_n=d_r \\
\qquad\qquad\qquad\qquad 0=d_{r+1}
\end{cases} \tag{5}
$$

方程组(5)与原方程组 $\boldsymbol{Ax}=\boldsymbol{b}$ 同解.由(5)可得出如下结论：

线性方程组(1)有解的充分必要条件为方程组(5)中没有矛盾方程,也就是 $d_{r+1}=0$.

反映在方程组(5)的增广矩阵(4)上,线性方程组(1)有解的充分必要条件为:在(4)中不能出现

$$
(0,0,\cdots,0,0,0,\cdots,0,d_{r+1}) \quad (d_{r+1}\neq 0)
$$

这样的行.

用矩阵的秩来描述.即方程组(1)有解的充分必要条件为 $r(\boldsymbol{A})=r(\boldsymbol{A} \mid \boldsymbol{b})$.这完全由(4)中 d_{r+1}是否等于 0 来确定.

下面对方程组(1)有解的情况,做进一步的讨论.

第一种情况:若 $r(\boldsymbol{A})=r(\boldsymbol{A} \mid \boldsymbol{b})=n$,矩阵(4)在形式上化为

$$
\left(\begin{array}{cccc|c}
1 & & & & d_1 \\
 & 1 & & & d_2 \\
 & & \ddots & & \vdots \\
 & & & 1 & d_n \\
0 & 0 & \cdots & 0 & 0 \\
\vdots & \vdots & & \vdots & \vdots \\
0 & 0 & \cdots & 0 & 0
\end{array}\right)
$$

此时,方程组有唯一解

$$x_1=d_1, x_2=d_2, \cdots, x_n=d_n$$

记为

$$\boldsymbol{x}=\begin{pmatrix} d_1 \\ d_2 \\ \vdots \\ d_n \end{pmatrix}$$

第二种情况：若 $r(\boldsymbol{A})=r(\boldsymbol{A} \mid \boldsymbol{b})=r<n$，方程组(5)可变形为

$$\begin{cases} x_1=d_1-c_{11}x_{r+1}-\cdots-c_{1,n-r}x_n \\ x_2=d_2-c_{21}x_{r+1}-\cdots-c_{2,n-r}x_n \\ \cdots\cdots\cdots\cdots \\ x_r=d_r-c_{r1}x_{r+1}-\cdots-c_{r,n-r}x_n \\ x_{r+1}=\qquad x_{r+1}, \\ \cdots\cdots\cdots\cdots \\ x_n=\qquad\qquad x_n \end{cases} \tag{6}$$

任意给定 $x_{r+1},\cdots,x_n$ 的一组值，代入方程组(6)可求出 $x_1,x_2,\cdots,x_r$ 的一组值，两者合起来是方程组(6)的一组解，这也是原方程组(1)的一组解. 因为 $x_{r+1},\cdots,x_n$ 可以任意取值（这 $n-r$ 个变量称为**自由未知量**），所以原方程组有无穷多组解.

现在用矩阵的秩描述非齐次线性方程组 $\boldsymbol{Ax}=\boldsymbol{b}$ 解的情况：

(1) **若 $r(\boldsymbol{A})\neq r(\boldsymbol{A} \mid \boldsymbol{b})$，则方程组无解；**

(2) **若 $r(\boldsymbol{A})=r(\boldsymbol{A} \mid \boldsymbol{b})=n$，则方程组有唯一解；**

(3) **若 $r(\boldsymbol{A})=r(\boldsymbol{A} \mid \boldsymbol{b})<n$，则方程组有无穷多组解.**

总结上面的讨论，可得求解非齐次线性方程组(1)的一般步骤：

(1) 利用初等行变换将方程组(1)的增广矩阵 $(\boldsymbol{A} \mid \boldsymbol{b})$ 化成行阶梯形矩阵；

(2) 由此确定 $r(\boldsymbol{A})$ 与 $r(\boldsymbol{A} \mid \boldsymbol{b})$，若 $r(\boldsymbol{A})<r(\boldsymbol{A} \mid \boldsymbol{b})$（即 $(\boldsymbol{A} \mid \boldsymbol{b})$ 中出现了 $(0,0,\cdots,0,d_{r+1})$，$d_{r+1}\neq 0$ 的情况），则方程组无解，计算结束. 若 $r(\boldsymbol{A})=r(\boldsymbol{A} \mid \boldsymbol{b})=r$，则方程组有解，转入(3)；

(3) 继续作初等行变换，将阶梯形矩阵化为行最简形矩阵；

(4) 当 $r=n$ 时，得到方程组的唯一解，当 $r<n$ 时，得到方程组的全部解(6).

例 3 解线性方程组

$$\begin{cases} x_1-2x_2+3x_3-x_4+2x_5=2 \\ 2x_1+x_2+2x_3-2x_4-x_5=8 \\ 3x_1-x_2+5x_3-3x_4+x_5=6 \end{cases}$$

解 对方程组的增广矩阵施以初等行变换,化成行阶梯形矩阵

$$(\boldsymbol{A} \mid \boldsymbol{b})=\left(\begin{array}{ccccc:c}1 & -2 & 3 & -1 & 2 & 2 \\ 2 & 1 & 2 & -2 & -1 & 8 \\ 3 & -1 & 5 & -3 & 1 & 6\end{array}\right)$$

$$\xrightarrow[r_3+(-3)r_1]{r_2+(-2)r_1}\left(\begin{array}{ccccc:c}1 & -2 & 3 & -1 & 2 & 2 \\ 0 & 5 & -4 & 0 & -5 & 4 \\ 0 & 5 & -4 & 0 & -5 & 0\end{array}\right)$$

$$\xrightarrow{r_3+(-1)r_2}\left(\begin{array}{ccccc:c}1 & -2 & 3 & -1 & 2 & 2 \\ 0 & 5 & -4 & 0 & -5 & 4 \\ 0 & 0 & 0 & 0 & 0 & -4\end{array}\right)$$

可以看出,$r(\boldsymbol{A})=2, r(\boldsymbol{A} \mid \boldsymbol{b})=3$.所以方程组无解.

例 4 解线性方程组

$$\begin{cases}2x_1+3x_2+8x_3=-5 \\ x_1-2x_2-4x_3=3 \\ -5x_1+3x_2+x_3=2\end{cases}$$

解 对方程组的增广矩阵作初等行变换化为行阶梯形矩阵

$$(\boldsymbol{A} \mid \boldsymbol{b})=\left(\begin{array}{ccc:c}2 & 3 & 8 & -5 \\ 1 & -2 & -4 & 3 \\ -5 & 3 & 1 & 2\end{array}\right) \rightarrow\left(\begin{array}{ccc:c}1 & -2 & -4 & 3 \\ 0 & 7 & 16 & -11 \\ 0 & -7 & -19 & 17\end{array}\right)$$

$$\rightarrow\left(\begin{array}{ccc:c}1 & -2 & -4 & 3 \\ 0 & 7 & 16 & -11 \\ 0 & 0 & -3 & 6\end{array}\right)=(\boldsymbol{B} \mid \boldsymbol{c})$$

因此 $r(\boldsymbol{A})=r(\boldsymbol{A} \mid \boldsymbol{b})=3$,而未知数的个数 $n=3$,所以方程组有唯一解.继续上面的初等行变换,可把$(\boldsymbol{B} \mid \boldsymbol{c})$化为行最简形矩阵

$$(\boldsymbol{B} \mid \boldsymbol{c}) \rightarrow\left(\begin{array}{ccc:c}1 & -2 & -4 & 3 \\ 0 & 7 & 16 & -11 \\ 0 & 0 & 1 & -2\end{array}\right) \rightarrow\left(\begin{array}{ccc:c}1 & -2 & 0 & -5 \\ 0 & 7 & 0 & 21 \\ 0 & 0 & 1 & -2\end{array}\right)$$

$$\rightarrow\left(\begin{array}{ccc:c}1 & -2 & 0 & -5 \\ 0 & 1 & 0 & 3 \\ 0 & 0 & 1 & -2\end{array}\right) \rightarrow\left(\begin{array}{ccc:c}1 & 0 & 0 & 1 \\ 0 & 1 & 0 & 3 \\ 0 & 0 & 1 & -2\end{array}\right)$$

得方程组的唯一解

$$\boldsymbol{x}=\begin{pmatrix}1\\3\\-2\end{pmatrix}$$

例 5 解线性方程组

$$\begin{cases}x_1+\ x_2-3x_3=1\\2x_1+5x_2-3x_3=-4\\x_1+2x_2-2x_3=-1\\3x_1+5x_2-7x_3=-1\end{cases}$$

解 对方程组的增广矩阵作初等行变换,化成行阶梯形矩阵

$$(\boldsymbol{A}\mid\boldsymbol{b})=\left(\begin{array}{ccc|c}1&1&-3&1\\2&5&-3&-4\\1&2&-2&-1\\3&5&-7&-1\end{array}\right)\to\left(\begin{array}{ccc|c}1&1&-3&1\\0&3&3&-6\\0&1&1&-2\\0&2&2&-4\end{array}\right)$$

$$\to\left(\begin{array}{ccc|c}1&1&-3&1\\0&1&1&-2\\0&0&0&0\\0&0&0&0\end{array}\right)=(\boldsymbol{B}\mid\boldsymbol{c})$$

由于 $r(\boldsymbol{A})=r(\boldsymbol{A}\mid\boldsymbol{b})=2<3$,所以方程组有无穷多组解.

把$(\boldsymbol{B}\mid\boldsymbol{c})$化成行最简形矩阵得

$$(\boldsymbol{B}\mid\boldsymbol{c})\to\left(\begin{array}{ccc|c}1&0&-4&3\\0&1&1&-2\\0&0&0&0\\0&0&0&0\end{array}\right)$$

写出上述行最简形矩阵所对应的方程组

$$\begin{cases}x_1=4x_3+3\\x_2=-x_3-2\end{cases}$$

其中 x_3 为自由未知量,由此得到方程组的解

$$\begin{cases}x_1=4k+3\\x_2=-k-2\quad(k\in\mathbf{R})\\x_3=k\end{cases}$$

原方程组的通解可以写成向量形式

$$\boldsymbol{x}=k\begin{pmatrix}4\\-1\\1\end{pmatrix}+\begin{pmatrix}3\\-2\\0\end{pmatrix},\quad k\in\mathbf{R}$$

三、齐次线性方程组

不难看出，$\boldsymbol{Ax}=\boldsymbol{0}$ 必定有**零解**.若齐次线性方程组 $\boldsymbol{Ax}=\boldsymbol{0}$ 存在分量不全为 0 的解向量，则称 $\boldsymbol{Ax}=\boldsymbol{0}$ 具有**非零解**.将定理 1 的结论应用于 $\boldsymbol{Ax}=\boldsymbol{0}$，得到以下结论：

定理 2　**齐次线性方程组 $\boldsymbol{Ax}=\boldsymbol{0}$ 只有零解的充分必要条件是 $r(\boldsymbol{A})=n$，其中 n 为方程组的未知数个数.**

推论 1　$\boldsymbol{Ax}=\boldsymbol{0}$ 有非零解的充分必要条件是 $r(\boldsymbol{A})=r<n$，这时自由未知量个数为 $n-r$.

在求解齐次线性方程组时，因为其增广矩阵最后一列全为 0，所以只需对系数矩阵 $\boldsymbol{A}$ 作初等行变换化为行最简形矩阵即可.

例 6　解齐次线性方程组

$$\begin{cases}x_1-2x_2+3x_3+x_4=0\\2x_1-3x_2+4x_3+3x_4=0\\3x_1-2x_2+x_3+7x_4=0\\2x_1+x_2-4x_3+7x_4=0\end{cases}$$

解　对齐次线性方程组的系数矩阵 $\boldsymbol{A}$ 作初等行变换，化成行最简形矩阵

$$\boldsymbol{A}=\begin{pmatrix}1&-2&3&1\\2&-3&4&3\\3&-2&1&7\\2&1&-4&7\end{pmatrix}\to\begin{pmatrix}1&-2&3&1\\0&1&-2&1\\0&4&-8&4\\0&5&-10&5\end{pmatrix}\to\begin{pmatrix}1&-2&3&1\\0&1&-2&1\\0&0&0&0\\0&0&0&0\end{pmatrix}$$

$$\to\begin{pmatrix}1&0&-1&3\\0&1&-2&1\\0&0&0&0\\0&0&0&0\end{pmatrix}$$

因为 $r(\boldsymbol{A})=2<4$，所以方程组有非零解，其中 x_3,x_4 是自由未知量.由

$$\begin{cases} x_1 = x_3 - 3x_4 \\ x_2 = 2x_3 - x_4 \\ x_3 = x_3 \\ x_4 = x_4 \end{cases}$$

原齐次线性方程组的通解可以写为

$$\boldsymbol{x} = k_1 \begin{pmatrix} 1 \\ 2 \\ 1 \\ 0 \end{pmatrix} + k_2 \begin{pmatrix} -3 \\ -1 \\ 0 \\ 1 \end{pmatrix}, \quad k_1, k_2 \in \mathbf{R}$$

§3.2 向量的线性表示与等价

一、向量及其线性运算

定义 1 n 个有次序的数 $a_1, a_2, \cdots, a_n$ 组成的数组，把它们排成一行

$$(a_1, a_2, \cdots, a_n)$$

称为 n **维行向量**（n-dimensional row vector），把它们排成一列

$$\begin{pmatrix} a_1 \\ a_2 \\ \vdots \\ a_n \end{pmatrix}$$

称为 n **维列向量**（n-dimensional column vector），两者统称为 n **维向量**（n-dimensional vector）．n 维向量的第 i 个数称为该向量的第 i 个**分量**．分量是实数的向量，称为**实向量**；分量是复数的向量，称为**复向量**．以后如无特别声明，所讨论的向量都是指实向量．

所有 n 维实向量组成的集合记作 $\mathbf{R}^n$．如 $\mathbf{R}^3 = \{(x_1, x_2, x_3)^{\mathrm{T}} \mid x_i \in \mathbf{R}, i = 1, 2, 3\}$ 称为 3 维向量集，以后也称为 3 维向量空间．

根据矩阵分块的方法，矩阵

$$\boldsymbol{A} = \begin{pmatrix} a_{11} & a_{12} & \cdots & a_{1n} \\ a_{21} & a_{22} & \cdots & a_{2n} \\ \vdots & \vdots & & \vdots \\ a_{m1} & a_{m2} & \cdots & a_{mn} \end{pmatrix}$$

可以看成由 m 个 n 维行向量 $\boldsymbol{\alpha}_i=(a_{i1},a_{i2},\cdots,a_{in})$ 组成,写成

$$\boldsymbol{A}=\begin{pmatrix}\boldsymbol{\alpha}_1\\\boldsymbol{\alpha}_2\\\vdots\\\boldsymbol{\alpha}_m\end{pmatrix}$$

或者看成由 n 个 m 维列向量 $\boldsymbol{\beta}_j=(a_{1j},a_{2j},\cdots,a_{mj})^{\mathrm{T}}$ 组成,写成

$$\boldsymbol{A}=(\boldsymbol{\beta}_1,\boldsymbol{\beta}_2,\cdots,\boldsymbol{\beta}_n)$$

在线性代数里,行(列)向量 $(a_{i1},a_{i2},\cdots,a_{in})$ 与行(列)矩阵 $(a_{i1}\quad a_{i2}\quad\cdots\quad a_{in})$ 没有区别.

$\boldsymbol{\alpha}_1,\boldsymbol{\alpha}_2,\cdots,\boldsymbol{\alpha}_m$ 称为 $\boldsymbol{A}$ 的行向量组;$\boldsymbol{\beta}_1,\boldsymbol{\beta}_2,\cdots,\boldsymbol{\beta}_n$ 称为 $\boldsymbol{A}$ 的列向量组.这样,矩阵和向量组之间建立了对应关系.对矩阵的研究可以借助向量组的结论;当然,对向量组的研究也可以借助矩阵来进行.

n 维向量是解析几何中的二维向量和三维向量的推广.不过当 $n>3$ 时,n 维向量没有像三维向量那样有直观的几何意义.

从矩阵的角度来看,行向量与列向量形状不同,是不同的矩阵.常用 $\boldsymbol{\alpha},\boldsymbol{\beta},\boldsymbol{a},\boldsymbol{b}$ 等表示向量,如无特别声明本书中特指列向量.

一个 n 维行向量就是一个 $1\times n$ 矩阵,而一个 n 维列向量则是一个 $n\times 1$ 矩阵.因此,可以将矩阵的概念和运算平移到向量中来.

分量全为零的向量称为**零向量**,记作 $\mathbf{0}$.

两个向量 $\boldsymbol{\alpha}=(a_1,a_2,\cdots,a_n)^{\mathrm{T}}$ 和 $\boldsymbol{\beta}=(b_1,b_2,\cdots,b_n)^{\mathrm{T}}$ 满足条件

$$a_i=b_i\quad(i=1,2,\cdots,n)$$

时,称这两个向量 $\boldsymbol{\alpha}$ 与 $\boldsymbol{\beta}$ **相等**,记作 $\boldsymbol{\alpha}=\boldsymbol{\beta}$.

定义 2 设有两个 n 维向量 $\boldsymbol{\alpha}=(a_1,a_2,\cdots,a_n)^{\mathrm{T}},\boldsymbol{\beta}=(b_1,b_2,\cdots,b_n)^{\mathrm{T}}$,向量 $\boldsymbol{\alpha}$ 与 $\boldsymbol{\beta}$ 的和记作 $\boldsymbol{\alpha}+\boldsymbol{\beta}$,规定为

$$\boldsymbol{\alpha}+\boldsymbol{\beta}=(a_1+b_1,a_2+b_2,\cdots,a_n+b_n)^{\mathrm{T}}$$

求两个向量的和的运算称为**向量的加法**.

向量 $\boldsymbol{\alpha}=(a_1,a_2,\cdots,a_n)^{\mathrm{T}}$ 的负向量,记作 $-\boldsymbol{\alpha}$,规定为

$$-\boldsymbol{\alpha}=(-a_1,-a_2,\cdots,-a_n)^{\mathrm{T}}$$

两个**向量的减法**定义为

$$\boldsymbol{\alpha}-\boldsymbol{\beta}=\boldsymbol{\alpha}+(-\boldsymbol{\beta})$$

定义 3 数 k 与向量 $\boldsymbol{\alpha}=(a_1,a_2,\cdots,a_n)^{\mathrm{T}}$ 的乘积记作 $k\boldsymbol{\alpha}$,规定为

$$k\boldsymbol{\alpha}=(ka_1,ka_2,\cdots,ka_n)^{\mathrm{T}}$$

数 k 与向量 $\boldsymbol{\alpha}$ 的乘积的运算称为向量的**数乘运算**.

向量的加法与数乘运算统称为向量的**线性运算**.设 $\boldsymbol{\alpha},\boldsymbol{\beta},\boldsymbol{\gamma}$ 是 n 维向量,k,l 是常数,可以证明,向量的线性运算满足以下八条规律:

(1) $\boldsymbol{\alpha}+\boldsymbol{\beta}=\boldsymbol{\beta}+\boldsymbol{\alpha}$;　　(2) $(\boldsymbol{\alpha}+\boldsymbol{\beta})+\boldsymbol{\gamma}=\boldsymbol{\alpha}+(\boldsymbol{\beta}+\boldsymbol{\gamma})$;

(3) $\boldsymbol{\alpha}+\mathbf{0}=\boldsymbol{\alpha}$;　　(4) $\boldsymbol{\alpha}+(-\boldsymbol{\alpha})=\mathbf{0}$;

(5) $1\boldsymbol{\alpha}=\boldsymbol{\alpha}$;　　(6) $k(l\boldsymbol{\alpha})=(kl)\boldsymbol{\alpha}$;

(7) $(k+l)\boldsymbol{\alpha}=k\boldsymbol{\alpha}+l\boldsymbol{\alpha}$;　　(8) $k(\boldsymbol{\alpha}+\boldsymbol{\beta})=k\boldsymbol{\alpha}+k\boldsymbol{\beta}$.

注　(1) 向量的线性运算所满足的八条规律与矩阵线性运算所满足的八条规律是相同的;

(2) 在进行向量的线性运算时必须同时使用行向量或同时使用列向量,不能混合使用.

二、向量的线性表示

在平面解析几何中我们知道:$\mathbf{R}^2$ 中两个向量 $\boldsymbol{\alpha}=(\alpha_1,\alpha_2)^{\mathrm{T}}$ 与 $\boldsymbol{\beta}=(b_1,b_2)^{\mathrm{T}}$ 的关系无非有两种:(1) 共线(或成比例);(2) 不共线(或不成比例).比如 $\boldsymbol{\alpha}=(2,-1)^{\mathrm{T}},\boldsymbol{\beta}=\left(1,-\dfrac{1}{2}\right)^{\mathrm{T}}$ 时,则 $\boldsymbol{\beta}=\dfrac{1}{2}\boldsymbol{\alpha}$.而 $\mathbf{R}^2$ 中的 3 个向量 $\boldsymbol{\alpha},\boldsymbol{\beta}$ 与 $\boldsymbol{\gamma}$,在 $\boldsymbol{\alpha}$ 与 $\boldsymbol{\beta}$ 不共线的情况下,对于任意 $\boldsymbol{\gamma}=(c_1,c_2)^{\mathrm{T}}$,由平行四边形法则可知,必可找到两个常数 k_1,k_2,使 $\boldsymbol{\gamma}=k_1\boldsymbol{\alpha}+k_2\boldsymbol{\beta}$.例如 $\boldsymbol{\alpha}=(2,-1)^{\mathrm{T}},\boldsymbol{\beta}=(2,2)^{\mathrm{T}},\boldsymbol{\gamma}=(-1,2)^{\mathrm{T}}$,则有 $\boldsymbol{\gamma}=-\boldsymbol{\alpha}+\dfrac{1}{2}\boldsymbol{\beta}$,见图 3-1.

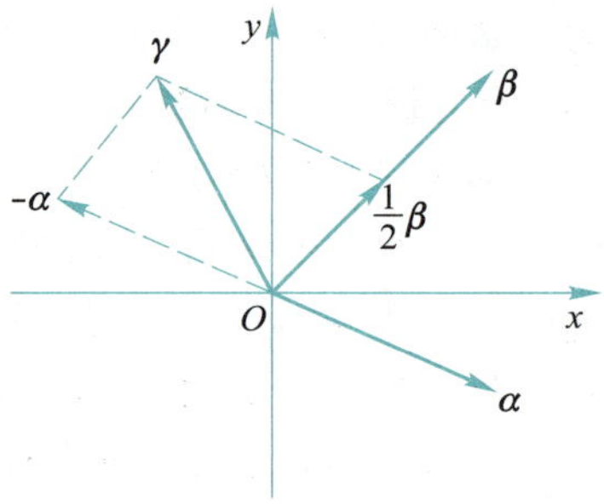

图 3-1

对于上述的 $\boldsymbol{\beta}=\dfrac{1}{2}\boldsymbol{\alpha}$ 或 $\boldsymbol{\gamma}=-\boldsymbol{\alpha}+\dfrac{1}{2}\boldsymbol{\beta}$,我们分别称 $\boldsymbol{\beta}$ 可由 $\boldsymbol{\alpha}$ 线性表示或 $\boldsymbol{\gamma}$ 可由向量组 $\boldsymbol{\alpha},\boldsymbol{\beta}$ 线性表示.一般地,有以下定义.

定义 4　设有 n 维向量组 $\boldsymbol{\alpha}_1,\boldsymbol{\alpha}_2,\cdots,\boldsymbol{\alpha}_s,\boldsymbol{\beta}$,若存在一组数 $k_1,k_2,\cdots,k_s$,使得

$$\boldsymbol{\beta}=k_1\boldsymbol{\alpha}_1+k_2\boldsymbol{\alpha}_2+\cdots+k_s\boldsymbol{\alpha}_s \tag{7}$$

则称 $\boldsymbol{\beta}$ 能由向量组 $\boldsymbol{\alpha}_1,\boldsymbol{\alpha}_2,\cdots,\boldsymbol{\alpha}_s$ **线性表示**,也称 $\boldsymbol{\beta}$ 是向量组 $\boldsymbol{\alpha}_1,\boldsymbol{\alpha}_2,\cdots,\boldsymbol{\alpha}_s$ 的**线性组合**(linear combination),称 $k_1,k_2,\cdots,k_s$ 为**组合系数**.

例 7　设 $\boldsymbol{\beta}=(3,2,5)^{\mathrm{T}},\boldsymbol{\alpha}_1=(1,3,5)^{\mathrm{T}},\boldsymbol{\alpha}_2=(2,-1,0)^{\mathrm{T}}$.经验证,$\boldsymbol{\beta}=\boldsymbol{\alpha}_1+\boldsymbol{\alpha}_2$,所以 $\boldsymbol{\beta}$ 能由向量组 $\boldsymbol{\alpha}_1,\boldsymbol{\alpha}_2$ 线性表示.

例 8　设 n 维向量组

$$\boldsymbol{\varepsilon}_1=(1,0,\cdots,0)^{\mathrm{T}},\boldsymbol{\varepsilon}_2=(0,1,\cdots,0)^{\mathrm{T}},\cdots,\boldsymbol{\varepsilon}_n=(0,0,\cdots,1)^{\mathrm{T}}$$

任意 n 维向量 $\boldsymbol{\alpha}=(a_1,a_2,\cdots,a_n)^{\mathrm{T}}$ 可由 $\boldsymbol{\varepsilon}_1,\boldsymbol{\varepsilon}_2,\cdots,\boldsymbol{\varepsilon}_n$ 线性表示,且

$$\boldsymbol{\alpha}=a_1\boldsymbol{\varepsilon}_1+a_2\boldsymbol{\varepsilon}_2+\cdots+a_n\boldsymbol{\varepsilon}_n$$

$\boldsymbol{\varepsilon}_1,\boldsymbol{\varepsilon}_2,\cdots,\boldsymbol{\varepsilon}_n$ 称为**自然基向量组**.

例 9　零向量是任何向量组 $\boldsymbol{\alpha}_1,\boldsymbol{\alpha}_2,\cdots,\boldsymbol{\alpha}_s$ 的线性组合,显然

$$\mathbf{0}=0\boldsymbol{\alpha}_1+0\boldsymbol{\alpha}_2+\cdots+0\boldsymbol{\alpha}_s$$

例 10　向量组 $\boldsymbol{\alpha}_1,\boldsymbol{\alpha}_2,\cdots,\boldsymbol{\alpha}_s$ 中任一 $\boldsymbol{\alpha}_i(1\leqslant i\leqslant s)$ 都能由向量组自身线性表示,因为

$$\boldsymbol{\alpha}_i=0\boldsymbol{\alpha}_1+\cdots+1\boldsymbol{\alpha}_i+\cdots+0\boldsymbol{\alpha}_s$$

对具体的向量组 $\boldsymbol{\alpha}_1,\boldsymbol{\alpha}_2,\cdots,\boldsymbol{\alpha}_s$ 和向量 $\boldsymbol{\beta}$ 来说，验证向量 $\boldsymbol{\beta}$ 是否能由向量组 $\boldsymbol{\alpha}_1,\boldsymbol{\alpha}_2,\cdots,\boldsymbol{\alpha}_s$ 线性表示，我们有下面的结论：

定理 3 **$\boldsymbol{\beta}$ 能由向量组 $\boldsymbol{\alpha}_1,\boldsymbol{\alpha}_2,\cdots,\boldsymbol{\alpha}_s$ 线性表示的充分必要条件是线性方程组 $x_1\boldsymbol{\alpha}_1+x_2\boldsymbol{\alpha}_2+\cdots+x_s\boldsymbol{\alpha}_s=\boldsymbol{\beta}$ 有解.**

以上所述对列向量组和行向量组都成立.

例 11 判断下列向量 $\boldsymbol{\beta}$ 是否能由向量组 $\boldsymbol{\alpha}_1,\boldsymbol{\alpha}_2,\boldsymbol{\alpha}_3$ 线性表示，若能表示，则写出其线性表示式.

(1) $\boldsymbol{\beta}=\begin{pmatrix}0\\-2\\7\end{pmatrix},\boldsymbol{\alpha}_1=\begin{pmatrix}1\\3\\-5\end{pmatrix},\boldsymbol{\alpha}_2=\begin{pmatrix}2\\-1\\4\end{pmatrix},\boldsymbol{\alpha}_3=\begin{pmatrix}-3\\0\\-3\end{pmatrix}$；

(2) $\boldsymbol{\beta}=(0,0,1),\boldsymbol{\alpha}_1=(1,1,0),\boldsymbol{\alpha}_2=(2,1,3),\boldsymbol{\alpha}_3=(1,0,1)$.

解 (1) 判断 $\boldsymbol{\beta}$ 能否由 $\boldsymbol{\alpha}_1,\boldsymbol{\alpha}_2,\boldsymbol{\alpha}_3$ 线性表示也就是判断线性方程组

$$\begin{pmatrix}0\\-2\\7\end{pmatrix}=x_1\begin{pmatrix}1\\3\\-5\end{pmatrix}+x_2\begin{pmatrix}2\\-1\\4\end{pmatrix}+x_3\begin{pmatrix}-3\\0\\-3\end{pmatrix}$$

是否有解，这个方程组也就是

$$\begin{cases}x_1+2x_2-3x_3=0\\3x_1-x_2=-2\\-5x_1+4x_2-3x_3=7\end{cases}$$

对其增广矩阵作初等行变换，化成行阶梯形矩阵

$$(\boldsymbol{A}\mid\boldsymbol{\beta})=\left(\begin{array}{ccc|c}1&2&-3&0\\3&-1&0&-2\\-5&4&-3&7\end{array}\right)\to\left(\begin{array}{ccc|c}1&2&-3&0\\0&-7&9&-2\\0&14&-18&7\end{array}\right)\to\left(\begin{array}{ccc|c}1&2&-3&0\\0&-7&9&-2\\0&0&0&3\end{array}\right)$$

由于 $r(\boldsymbol{A})\neq r(\boldsymbol{A}\mid\boldsymbol{\beta})$，方程组无解，所以 $\boldsymbol{\beta}$ 不能由 $\boldsymbol{\alpha}_1,\boldsymbol{\alpha}_2,\boldsymbol{\alpha}_3$ 线性表示.

(2) 把向量 $\boldsymbol{\alpha}_1,\boldsymbol{\alpha}_2,\boldsymbol{\alpha}_3$ 和 $\boldsymbol{\beta}$ 代入 $x_1\boldsymbol{\alpha}_1+x_2\boldsymbol{\alpha}_2+x_3\boldsymbol{\alpha}_3=\boldsymbol{\beta}$ 中，得方程组

$$\begin{cases}x_1+2x_2+x_3=0\\x_1+x_2=0\\3x_2+x_3=1\end{cases}$$

对方程组的增广矩阵 $(\boldsymbol{A}\mid\boldsymbol{\beta}^{\mathrm{T}})=(\boldsymbol{\alpha}_1^{\mathrm{T}}\quad\boldsymbol{\alpha}_2^{\mathrm{T}}\quad\boldsymbol{\alpha}_3^{\mathrm{T}}\mid\boldsymbol{\beta}^{\mathrm{T}})$ 进行初等行变换，化成行阶梯形矩阵

$$(\boldsymbol{A}\mid\boldsymbol{\beta}^{\mathrm{T}})=\left(\begin{array}{ccc|c}1&2&1&0\\1&1&0&0\\0&3&1&1\end{array}\right)\to\left(\begin{array}{ccc|c}1&2&1&0\\0&-1&-1&0\\0&3&1&1\end{array}\right)\to\left(\begin{array}{ccc|c}1&2&1&0\\0&-1&-1&0\\0&0&-2&1\end{array}\right)$$

$$=(\boldsymbol{B} \vdots \boldsymbol{c}^{\mathrm{T}})$$

由于 $r(\boldsymbol{A})=r(\boldsymbol{A} \vdots \boldsymbol{\beta}^{\mathrm{T}})$,故方程组有解,$\boldsymbol{\beta}$ 可由向量组 $\boldsymbol{\alpha}_1,\boldsymbol{\alpha}_2,\boldsymbol{\alpha}_3$ 线性表示,继续对$(\boldsymbol{B} \vdots \boldsymbol{c}^{\mathrm{T}})$进行初等行变换.将其化成行最简形矩阵

$$(\boldsymbol{B} \vdots \boldsymbol{c}^{\mathrm{T}}) \rightarrow \left(\begin{array}{ccc:c} 1 & 0 & -1 & 0 \\ 0 & 1 & 1 & 0 \\ 0 & 0 & 1 & -\frac{1}{2} \end{array}\right) \rightarrow \left(\begin{array}{ccc:c} 1 & 0 & 0 & -\frac{1}{2} \\ 0 & 1 & 0 & \frac{1}{2} \\ 0 & 0 & 1 & -\frac{1}{2} \end{array}\right)$$

所以

$$\boldsymbol{\beta}=-\frac{1}{2}\boldsymbol{\alpha}_1+\frac{1}{2}\boldsymbol{\alpha}_2-\frac{1}{2}\boldsymbol{\alpha}_3$$

三、向量组之间的线性表示

定义 5 设 S 和 T 是两个 n 维向量组,

(1) 若向量组 S 中的任一向量都能由向量组 T 线性表示,则称**向量组 S 能由向量组 T 线性表示**.

(2) 若向量组 S 能由向量组 T 线性表示,向量组 T 也能由向量组 S 线性表示,则称**向量组 S 与向量组 T 等价**.

不难验证,两个向量组等价满足等价关系的三个性质:自反性、对称性和传递性.

定理 4 **设有两个向量个数有限的向量组 $S:\boldsymbol{\alpha}_1,\boldsymbol{\alpha}_2,\cdots,\boldsymbol{\alpha}_s$ 和 $T:\boldsymbol{\beta}_1,\boldsymbol{\beta}_2,\cdots,\boldsymbol{\beta}_t$.若向量组 S 能由向量组 T 线性表示,则有**

(1) 当向量 $\boldsymbol{\alpha}_i(i=1,2,\cdots,s)$ 和 $\boldsymbol{\beta}_j(j=1,2,\cdots,t)$ 是行向量时,记 $\boldsymbol{A}=\begin{pmatrix}\boldsymbol{\alpha}_1\\ \boldsymbol{\alpha}_2\\ \vdots\\ \boldsymbol{\alpha}_s\end{pmatrix}$,$\boldsymbol{B}=\begin{pmatrix}\boldsymbol{\beta}_1\\ \boldsymbol{\beta}_2\\ \vdots\\ \boldsymbol{\beta}_t\end{pmatrix}$,存在 $s\times t$ 矩阵 $\boldsymbol{K}$,使得 $\boldsymbol{A}=\boldsymbol{K}\boldsymbol{B}$;

(2) 当向量 $\boldsymbol{\alpha}_i(i=1,2,\cdots,s)$ 和 $\boldsymbol{\beta}_j(j=1,2,\cdots,t)$ 是列向量时,记 $\boldsymbol{A}=(\boldsymbol{\alpha}_1,\boldsymbol{\alpha}_2,\cdots,\boldsymbol{\alpha}_s)$,$\boldsymbol{B}=(\boldsymbol{\beta}_1,\boldsymbol{\beta}_2,\cdots,\boldsymbol{\beta}_t)$,存在 $t\times s$ 矩阵 $\boldsymbol{H}$,使得 $\boldsymbol{A}=\boldsymbol{B}\boldsymbol{H}$.

证 (1) 向量组 S 能由向量组 T 线性表示,即存在 st 个数 $k_{ij}(i=1,2,\cdots,s;j=1,2,\cdots,t)$,使得

$$\begin{cases}\boldsymbol{\alpha}_1=k_{11}\boldsymbol{\beta}_1+k_{12}\boldsymbol{\beta}_2+\cdots+k_{1t}\boldsymbol{\beta}_t\\ \boldsymbol{\alpha}_2=k_{21}\boldsymbol{\beta}_1+k_{22}\boldsymbol{\beta}_2+\cdots+k_{2t}\boldsymbol{\beta}_t\\ \cdots\cdots\cdots\cdots\\ \boldsymbol{\alpha}_s=k_{s1}\boldsymbol{\beta}_1+k_{s2}\boldsymbol{\beta}_2+\cdots+k_{st}\boldsymbol{\beta}_t\end{cases}$$

这里向量 $\boldsymbol{\alpha}_i(i=1,2,\cdots,s)$ 和 $\boldsymbol{\beta}_j(j=1,2,\cdots,t)$ 都是行向量.记

$$K=\begin{pmatrix} k_{11} & k_{12} & \cdots & k_{1t} \\ k_{21} & k_{22} & \cdots & k_{2t} \\ \vdots & \vdots & & \vdots \\ k_{s1} & k_{s2} & \cdots & k_{st} \end{pmatrix}$$

得向量组 S 由 T 线性表示的矩阵形式

$$\boldsymbol{A}=\boldsymbol{KB}$$

其中 $\boldsymbol{A}$ 是 $s\times n$ 矩阵，$\boldsymbol{B}$ 是 $t\times n$ 矩阵，$\boldsymbol{K}$ 是 $s\times t$ 矩阵.

（2）对于列向量组 S 和 T，若 S 能由 T 线性表示，类似地可写成

$$\boldsymbol{A}=\boldsymbol{BH}$$

其中 $\boldsymbol{A}$ 是 $n\times s$ 矩阵，$\boldsymbol{B}$ 是 $n\times t$ 矩阵，$\boldsymbol{H}$ 是 $t\times s$ 矩阵.

可以看出，当两个向量组所含向量个数相同时，矩阵 $\boldsymbol{K}$ 与 $\boldsymbol{H}$ 都是方阵.

定理 5　设矩阵 $\boldsymbol{A}$ 经过有限次初等行变换变成矩阵 $\boldsymbol{B}$，则矩阵 $\boldsymbol{A}$ 的行向量组和矩阵 $\boldsymbol{B}$ 的行向量组等价.

证　记 $\boldsymbol{A}=\begin{pmatrix} \boldsymbol{\alpha}_1 \\ \boldsymbol{\alpha}_2 \\ \vdots \\ \boldsymbol{\alpha}_m \end{pmatrix}$，由于向量组等价满足传递性，所以只需证明 $\boldsymbol{A}$ 经过一次初等行变换化成矩阵 $\boldsymbol{B}$ 的情形即可.分三种情况：

（1）若对 $\boldsymbol{A}$ 的第 i 行与第 j 行进行对调化成 $\boldsymbol{B}$，不妨设对第 1 行与第 2 行进行对调，则 $\boldsymbol{B}=\begin{pmatrix} \boldsymbol{\alpha}_2 \\ \boldsymbol{\alpha}_1 \\ \vdots \\ \boldsymbol{\alpha}_m \end{pmatrix}$.

（2）若对 $\boldsymbol{A}$ 的第 i 行乘 $k(k\neq 0)$ 化成 $\boldsymbol{B}$，不妨设对 $\boldsymbol{A}$ 的第 1 行乘 k，则 $\boldsymbol{B}=\begin{pmatrix} k\boldsymbol{\alpha}_1 \\ \boldsymbol{\alpha}_2 \\ \vdots \\ \boldsymbol{\alpha}_m \end{pmatrix}$.

不难看出：上述两种情况中，$\boldsymbol{A}$ 的行向量组与 $\boldsymbol{B}$ 的行向量组等价.

（3）若对 $\boldsymbol{A}$ 的第 i 行乘 k 加到第 j 行上化成 $\boldsymbol{B}$，不妨设把 $\boldsymbol{A}$ 的第 1 行乘 k 加到第 2 行上，则 $\boldsymbol{B}=\begin{pmatrix} \boldsymbol{\alpha}_1 \\ \boldsymbol{\alpha}_2+k\boldsymbol{\alpha}_1 \\ \vdots \\ \boldsymbol{\alpha}_m \end{pmatrix}$.

由于 $\boldsymbol{\alpha}_2$ 可以被 $\boldsymbol{\alpha}_1,\boldsymbol{\alpha}_2+k\boldsymbol{\alpha}_1,\cdots,\boldsymbol{\alpha}_m$ 线性表示，即

$$\boldsymbol{\alpha}_2=-k\boldsymbol{\alpha}_1+1(\boldsymbol{\alpha}_2+k\boldsymbol{\alpha}_1)+\cdots+0\boldsymbol{\alpha}_m$$

所以向量组 $\boldsymbol{\alpha}_1,\boldsymbol{\alpha}_2,\cdots,\boldsymbol{\alpha}_m$ 与向量组 $\boldsymbol{\alpha}_1,\boldsymbol{\alpha}_2+k\boldsymbol{\alpha}_1,\cdots,\boldsymbol{\alpha}_m$ 能互相线性表示,即两个向量组等价.

综上所述,对 $\boldsymbol{A}$ 进行一次初等行变换化成 $\boldsymbol{B}$,$\boldsymbol{A}$ 的行向量组与 $\boldsymbol{B}$ 的行向量组等价.根据向量组等价的传递性,定理得证.

§3.3 向量组的线性相关性

我们知道,零向量可以被任意向量组线性表示.现在来研究下面两个向量组的区别:对于向量组 $\boldsymbol{\alpha}_1=(1,-2,3),\boldsymbol{\alpha}_2=(2,0,1),\boldsymbol{\alpha}_3=(3,-2,1)$,只有当 $k_1=k_2=k_3=0$ 时,才能使 $k_1\boldsymbol{\alpha}_1+k_2\boldsymbol{\alpha}_2+k_3\boldsymbol{\alpha}_3=\boldsymbol{0}$ 成立;而对于向量组 $\boldsymbol{\beta}_1=(1,-2,3),\boldsymbol{\beta}_2=(2,0,1),\boldsymbol{\beta}_3=(3,-2,4)$,除了当 $k_1=k_2=k_3=0$ 能使 $k_1\boldsymbol{\beta}_1+k_2\boldsymbol{\beta}_2+k_3\boldsymbol{\beta}_3=\boldsymbol{0}$ 成立外,当 $k_1=k_2=1,k_3=-1$ 时,也能使 $k_1\boldsymbol{\beta}_1+k_2\boldsymbol{\beta}_2+k_3\boldsymbol{\beta}_3=\boldsymbol{0}$ 成立.这两个向量组之间的区别,涉及向量组的一个重要性质,即向量组的线性相关性.

一、线性相关性的概念

定义 6 设有 n 维向量组 $\boldsymbol{\alpha}_1,\boldsymbol{\alpha}_2,\cdots,\boldsymbol{\alpha}_s$,若存在不全为零的数 $k_1,k_2,\cdots,k_s$,使得

$$k_1\boldsymbol{\alpha}_1+k_2\boldsymbol{\alpha}_2+\cdots+k_s\boldsymbol{\alpha}_s=\boldsymbol{0} \tag{8}$$

则称向量组 $\boldsymbol{\alpha}_1,\boldsymbol{\alpha}_2,\cdots,\boldsymbol{\alpha}_s$ **线性相关**(linear dependence);如果只有当

$$k_1=k_2=\cdots=k_s=0$$

时才能使(8)成立,则称向量组 $\boldsymbol{\alpha}_1,\boldsymbol{\alpha}_2,\cdots,\boldsymbol{\alpha}_s$ **线性无关**(linear independence).

由定义 6 得出证明向量组 $\boldsymbol{\alpha}_1,\boldsymbol{\alpha}_2,\cdots,\boldsymbol{\alpha}_s$ 线性无关的方法:

设 $k_1\boldsymbol{\alpha}_1+k_2\boldsymbol{\alpha}_2+\cdots+k_s\boldsymbol{\alpha}_s=\boldsymbol{0}\quad(k_i\in\mathbf{R})$,由此推出 $k_1=k_2=\cdots=k_s=0$,即可证明向量组 $\boldsymbol{\alpha}_1,\boldsymbol{\alpha}_2,\cdots,\boldsymbol{\alpha}_s$ 线性无关.

例 12 已知 $\boldsymbol{\alpha}_1,\boldsymbol{\alpha}_2,\boldsymbol{\alpha}_3$ 线性无关,$\boldsymbol{\beta}_1=\boldsymbol{\alpha}_1+\boldsymbol{\alpha}_2,\boldsymbol{\beta}_2=\boldsymbol{\alpha}_2+\boldsymbol{\alpha}_3,\boldsymbol{\beta}_3=\boldsymbol{\alpha}_3+\boldsymbol{\alpha}_1$,试证向量组 $\boldsymbol{\beta}_1,\boldsymbol{\beta}_2,\boldsymbol{\beta}_3$ 也线性无关.

证 设有 x_1,x_2,x_3,使得

$$x_1\boldsymbol{\beta}_1+x_2\boldsymbol{\beta}_2+x_3\boldsymbol{\beta}_3=\boldsymbol{0}$$

即

$$x_1(\boldsymbol{\alpha}_1+\boldsymbol{\alpha}_2)+x_2(\boldsymbol{\alpha}_2+\boldsymbol{\alpha}_3)+x_3(\boldsymbol{\alpha}_3+\boldsymbol{\alpha}_1)=\boldsymbol{0}$$

亦即

$$(x_1+x_3)\boldsymbol{\alpha}_1+(x_2+x_1)\boldsymbol{\alpha}_2+(x_3+x_2)\boldsymbol{\alpha}_3=\boldsymbol{0}$$

因 $\boldsymbol{\alpha}_1,\boldsymbol{\alpha}_2,\boldsymbol{\alpha}_3$ 线性无关,故有

$$\begin{cases}x_1 \quad\quad +x_3=0\\ x_1+x_2 \quad\quad =0\\ \quad\quad x_2+x_3=0\end{cases}$$

解这个方程组得 $x_1=x_2=x_3=0$,所以向量组 $\boldsymbol{\beta}_1,\boldsymbol{\beta}_2,\boldsymbol{\beta}_3$ 线性无关.

线性相关性是线性代数中比较抽象的概念,我们从简单的情况开始描述.

(1) 如果向量组只含有一个向量 $\boldsymbol{\alpha}$,则 $\boldsymbol{\alpha}$ 线性相关当且仅当 $\boldsymbol{\alpha}=\mathbf{0}$;

(2) 如果向量组中含有零向量,则该向量组线性相关;

(3) 如果向量组只含有两个向量 $\boldsymbol{\alpha},\boldsymbol{\beta}$,则向量组线性相关的充分必要条件是:$\boldsymbol{\beta}=k\boldsymbol{\alpha}$ 或 $\boldsymbol{\alpha}=t\boldsymbol{\beta}$,即 $\boldsymbol{\alpha}$ 与 $\boldsymbol{\beta}$ 成比例,几何上的解释是 $\boldsymbol{\alpha}$ 和 $\boldsymbol{\beta}$ 共线;

(4) 不难验证,$\boldsymbol{\varepsilon}_1=\begin{pmatrix}1\\0\\\vdots\\0\end{pmatrix},\boldsymbol{\varepsilon}_2=\begin{pmatrix}0\\1\\\vdots\\0\end{pmatrix},\cdots,\boldsymbol{\varepsilon}_n=\begin{pmatrix}0\\0\\\vdots\\1\end{pmatrix}$ 线性无关.

就具体向量组的线性相关性来说,不难得出如下结论:

定理 6　向量组 $\boldsymbol{\alpha}_1,\boldsymbol{\alpha}_2,\cdots,\boldsymbol{\alpha}_s$ 线性相关的充分必要条件是齐次线性方程组

$$x_1\boldsymbol{\alpha}_1+x_2\boldsymbol{\alpha}_2+\cdots+x_s\boldsymbol{\alpha}_s=\mathbf{0}$$

有非零解.

事实上令 $\boldsymbol{A}=(\boldsymbol{\alpha}_1,\boldsymbol{\alpha}_2,\cdots,\boldsymbol{\alpha}_s)$,$\boldsymbol{x}=(x_1,x_2,\cdots,x_s)^{\mathrm{T}}$,则 $x_1\boldsymbol{\alpha}_1+x_2\boldsymbol{\alpha}_2+\cdots+x_s\boldsymbol{\alpha}_s=\mathbf{0}$ 是齐次线性方程组 $\boldsymbol{A}\boldsymbol{x}=\mathbf{0}$ 的向量组合形式.根据线性相关的定义,存在一组不全为 0 的数 $k_1,k_2,\cdots,k_s$,使得 $k_1\boldsymbol{\alpha}_1+k_2\boldsymbol{\alpha}_2+\cdots+k_s\boldsymbol{\alpha}_s=\mathbf{0}$ 成立和齐次线性方程组 $x_1\boldsymbol{\alpha}_1+x_2\boldsymbol{\alpha}_2+\cdots+x_s\boldsymbol{\alpha}_s=\mathbf{0}$ 有非零解,本质上是一回事.

推论 2　s 个 n 维向量 $\boldsymbol{\alpha}_1,\boldsymbol{\alpha}_2,\cdots,\boldsymbol{\alpha}_s$ 线性相关(无关)的充分必要条件是矩阵 $\boldsymbol{A}=(\boldsymbol{\alpha}_1,\boldsymbol{\alpha}_2,\cdots,\boldsymbol{\alpha}_s)$ 的秩 $r(\boldsymbol{A})<s(r(\boldsymbol{A})=s)$.

推论 3　s 个 n 维向量 $\boldsymbol{\alpha}_1,\boldsymbol{\alpha}_2,\cdots,\boldsymbol{\alpha}_s$,若 $s>n$,即向量组中向量个数大于维数,则向量组 $\boldsymbol{\alpha}_1,\boldsymbol{\alpha}_2,\cdots,\boldsymbol{\alpha}_s$ 必线性相关.

例如:向量组 $\boldsymbol{\alpha}_1=\begin{pmatrix}3\\2\end{pmatrix},\boldsymbol{\alpha}_2=\begin{pmatrix}1\\2\end{pmatrix},\boldsymbol{\alpha}_3=\begin{pmatrix}2\\x\end{pmatrix}$;无论 x 取何值,$\boldsymbol{\alpha}_1,\boldsymbol{\alpha}_2,\boldsymbol{\alpha}_3$ 线性相关,这里 $s=3$,$n=2$,$s>n$.

推论 4　n 个 n 维向量 $\boldsymbol{\alpha}_1,\boldsymbol{\alpha}_2,\cdots,\boldsymbol{\alpha}_n$ 组成的向量组线性相关的充分必要条件是 $|\boldsymbol{A}|=0$,这里 $\boldsymbol{A}=(\boldsymbol{\alpha}_1,\boldsymbol{\alpha}_2,\cdots,\boldsymbol{\alpha}_n)$ 是 n 阶方阵.

与之等价的说法是,n 个 n 维向量 $\boldsymbol{\alpha}_1,\boldsymbol{\alpha}_2,\cdots,\boldsymbol{\alpha}_n$ 组成的向量组线性无关的充分必要条件是 $|\boldsymbol{A}|\neq 0$.

例 13　已知

$$\boldsymbol{\alpha}_1=\begin{pmatrix}1\\1\\1\end{pmatrix},\quad \boldsymbol{\alpha}_2=\begin{pmatrix}0\\2\\5\end{pmatrix},\quad \boldsymbol{\alpha}_3=\begin{pmatrix}2\\4\\7\end{pmatrix}$$

判断 $\boldsymbol{\alpha}_1,\boldsymbol{\alpha}_2,\boldsymbol{\alpha}_3$ 是否线性相关.

解　方法 1　令 $\boldsymbol{A}=(\boldsymbol{\alpha}_1,\boldsymbol{\alpha}_2,\boldsymbol{\alpha}_3)$,则

$$|\boldsymbol{A}|=\begin{vmatrix}1&0&2\\1&2&4\\1&5&7\end{vmatrix}=0$$

所以向量组 $\boldsymbol{\alpha}_1,\boldsymbol{\alpha}_2,\boldsymbol{\alpha}_3$ 线性相关.

方法 2 令 $\boldsymbol{A}=(\boldsymbol{\alpha}_1,\boldsymbol{\alpha}_2,\boldsymbol{\alpha}_3)$，则

$$\boldsymbol{A}=\begin{pmatrix}1&0&2\\1&2&4\\1&5&7\end{pmatrix}\to\begin{pmatrix}1&0&2\\0&2&2\\0&5&5\end{pmatrix}\to\begin{pmatrix}1&0&2\\0&2&2\\0&0&0\end{pmatrix}$$

由 $r(\boldsymbol{A})=2<3$，向量组 $\boldsymbol{\alpha}_1,\boldsymbol{\alpha}_2,\boldsymbol{\alpha}_3$ 线性相关.

二、向量组线性相关性的有关定理

定理 7 向量组 $\boldsymbol{\alpha}_1,\boldsymbol{\alpha}_2,\cdots,\boldsymbol{\alpha}_s(s\geqslant 2)$ 线性相关的充分必要条件是该向量组中至少存在一个向量能由其余 $s-1$ 个向量线性表示.

证 必要性.设向量组 $\boldsymbol{\alpha}_1,\boldsymbol{\alpha}_2,\cdots,\boldsymbol{\alpha}_s$ 线性相关，则存在 s 个不全为 0 的数 $k_1,k_2,\cdots,k_s$，使得

$$k_1\boldsymbol{\alpha}_1+k_2\boldsymbol{\alpha}_2+\cdots+k_s\boldsymbol{\alpha}_s=\boldsymbol{0}$$

不妨设 $k_1\neq 0$，于是

$$\boldsymbol{\alpha}_1=-\frac{1}{k_1}(k_2\boldsymbol{\alpha}_2+\cdots+k_s\boldsymbol{\alpha}_s)$$

即 $\boldsymbol{\alpha}_1$ 能由其余 $s-1$ 个向量 $\boldsymbol{\alpha}_2,\cdots,\boldsymbol{\alpha}_s$ 线性表示.

充分性.设 $\boldsymbol{\alpha}_1,\boldsymbol{\alpha}_2,\cdots,\boldsymbol{\alpha}_s$ 中至少存在一个向量能由其余 $s-1$ 个向量线性表示.不妨设 $\boldsymbol{\alpha}_s$ 能由其余 $s-1$ 个向量线性表示，即 $\boldsymbol{\alpha}_s=\lambda_1\boldsymbol{\alpha}_1+\lambda_2\boldsymbol{\alpha}_2+\cdots+\lambda_{s-1}\boldsymbol{\alpha}_{s-1}$，于是

$$\lambda_1\boldsymbol{\alpha}_1+\lambda_2\boldsymbol{\alpha}_2+\cdots+\lambda_{s-1}\boldsymbol{\alpha}_{s-1}-\boldsymbol{\alpha}_s=\boldsymbol{0}$$

由 $\lambda_1,\lambda_2,\cdots,\lambda_{s-1},-1$ 不全为 0，可知 $\boldsymbol{\alpha}_1,\boldsymbol{\alpha}_2,\cdots,\boldsymbol{\alpha}_s$ 线性相关.

定理 8 如果向量组 $\boldsymbol{\alpha}_1,\boldsymbol{\alpha}_2,\cdots,\boldsymbol{\alpha}_m$ 的部分向量组 $\boldsymbol{\alpha}_{i_1},\boldsymbol{\alpha}_{i_2},\cdots,\boldsymbol{\alpha}_{i_s}(s<m)$ 线性相关，则向量组 $\boldsymbol{\alpha}_1,\boldsymbol{\alpha}_2,\cdots,\boldsymbol{\alpha}_m$ 整体也线性相关.

证 因为 $\boldsymbol{\alpha}_{i_1},\boldsymbol{\alpha}_{i_2},\cdots,\boldsymbol{\alpha}_{i_s}$ 线性相关，所以存在不全为 0 的数 $k_1,k_2,\cdots,k_s$，使得

$$k_1\boldsymbol{\alpha}_{i_1}+k_2\boldsymbol{\alpha}_{i_2}+\cdots+k_s\boldsymbol{\alpha}_{i_s}=\boldsymbol{0}$$

从而有一组数 $k_1,k_2,\cdots,k_s,k_{s+1}=0,\cdots,k_m=0$ 不全为 0，使得

$$k_1\boldsymbol{\alpha}_{i_1}+k_2\boldsymbol{\alpha}_{i_2}+\cdots+k_s\boldsymbol{\alpha}_{i_s}+k_{s+1}\boldsymbol{\alpha}_{i_{s+1}}+\cdots+k_m\boldsymbol{\alpha}_{i_m}=\boldsymbol{0}$$

其中 $\boldsymbol{\alpha}_{i_1},\boldsymbol{\alpha}_{i_2},\cdots,\boldsymbol{\alpha}_{i_s},\cdots,\boldsymbol{\alpha}_{i_m}$ 是 $\boldsymbol{\alpha}_1,\boldsymbol{\alpha}_2,\cdots,\boldsymbol{\alpha}_m$ 的一种排列，于是向量组 $\boldsymbol{\alpha}_1,\boldsymbol{\alpha}_2,\cdots,\boldsymbol{\alpha}_m$ 线性相关.

推论 5 若向量组 $\boldsymbol{\alpha}_1,\boldsymbol{\alpha}_2,\cdots,\boldsymbol{\alpha}_m$ 线性无关，则它的每一个部分向量组 $\boldsymbol{\alpha}_{i_1},\boldsymbol{\alpha}_{i_2},\cdots,\boldsymbol{\alpha}_{i_s}$ 也线性无关.

简言之，**向量组部分相关，则整体相关；整体无关，则部分也无关**.

定理 9 记

$$\boldsymbol{\alpha}_j=\begin{pmatrix}a_{1j}\\a_{2j}\\\vdots\\a_{rj}\end{pmatrix},\quad \boldsymbol{\beta}_j=\begin{pmatrix}a_{1j}\\a_{2j}\\\vdots\\a_{rj}\\a_{r+1,j}\end{pmatrix},\quad j=1,2,\cdots,m$$

即向量 $\boldsymbol{\beta}_j$ 是由向量 $\boldsymbol{\alpha}_j$ 添加一个分量得到的.若向量组 $\boldsymbol{\alpha}_1,\boldsymbol{\alpha}_2,\cdots,\boldsymbol{\alpha}_m$ 线性无关,则向量组 $\boldsymbol{\beta}_1,\boldsymbol{\beta}_2,\cdots,\boldsymbol{\beta}_m$ 也线性无关.

证 记 $\boldsymbol{A}_{r\times m}=(\boldsymbol{\alpha}_1,\boldsymbol{\alpha}_2,\cdots,\boldsymbol{\alpha}_m)$,$\boldsymbol{B}_{(r+1)\times m}=(\boldsymbol{\beta}_1,\boldsymbol{\beta}_2,\cdots,\boldsymbol{\beta}_m)$,所以 $r(\boldsymbol{A})\leqslant r(\boldsymbol{B})$.若向量组 $\boldsymbol{\alpha}_1,\boldsymbol{\alpha}_2,\cdots,\boldsymbol{\alpha}_m$ 线性无关,则 $r(\boldsymbol{A})=m$.从而 $m=r(\boldsymbol{A})\leqslant r(\boldsymbol{B})$.但 $r(\boldsymbol{B})\leqslant m$(因为 $\boldsymbol{B}$ 只有 m 列),所以 $r(\boldsymbol{B})=m$ 成立,因此向量组 $\boldsymbol{\beta}_1,\boldsymbol{\beta}_2,\cdots,\boldsymbol{\beta}_m$ 线性无关.

推论 6 若向量组 $\boldsymbol{\alpha}_1=\begin{pmatrix}a_{11}\\a_{21}\\\vdots\\a_{m1}\end{pmatrix},\boldsymbol{\alpha}_2=\begin{pmatrix}a_{12}\\a_{22}\\\vdots\\a_{m2}\end{pmatrix},\cdots,\boldsymbol{\alpha}_s=\begin{pmatrix}a_{1s}\\a_{2s}\\\vdots\\a_{ms}\end{pmatrix}$ 线性无关,则向量组

$$\boldsymbol{\beta}_1=\begin{pmatrix}a_{11}\\a_{21}\\\vdots\\a_{m1}\\c_{11}\\\vdots\\c_{k1}\end{pmatrix},\boldsymbol{\beta}_2=\begin{pmatrix}a_{12}\\a_{22}\\\vdots\\a_{m2}\\c_{12}\\\vdots\\c_{k2}\end{pmatrix},\cdots,\boldsymbol{\beta}_s=\begin{pmatrix}a_{1s}\\a_{2s}\\\vdots\\a_{ms}\\c_{1s}\\\vdots\\c_{ks}\end{pmatrix}$$

也线性无关($k\geqslant 1$).

注 为了简要起见,称 $\boldsymbol{\beta}_1,\boldsymbol{\beta}_2,\cdots,\boldsymbol{\beta}_s$ 为 $\boldsymbol{\alpha}_1,\boldsymbol{\alpha}_2,\cdots,\boldsymbol{\alpha}_s$ 的延长组;反之,$\boldsymbol{\alpha}_1,\boldsymbol{\alpha}_2,\cdots,\boldsymbol{\alpha}_s$ 为 $\boldsymbol{\beta}_1,\boldsymbol{\beta}_2,\cdots,\boldsymbol{\beta}_s$ 的缩短组.上述结论可叙述为:如果向量组线性无关,则其延长组也线性无关.由此又可得到:如果向量组线性相关,则其缩短组也线性相关.

例 14 向量组 $\boldsymbol{\alpha}_1=\begin{pmatrix}1\\2\\0\end{pmatrix},\boldsymbol{\alpha}_2=\begin{pmatrix}0\\2\\3\end{pmatrix},\boldsymbol{\alpha}_3=\begin{pmatrix}0\\0\\2\end{pmatrix}$ 线性无关,则其延长组 $\boldsymbol{\beta}_1=\begin{pmatrix}1\\2\\0\\3\\2\end{pmatrix},\boldsymbol{\beta}_2=\begin{pmatrix}0\\2\\3\\-1\\2\end{pmatrix},\boldsymbol{\beta}_3=\begin{pmatrix}0\\0\\2\\1\\9\end{pmatrix}$ 也线性无关.又如,向量组 $\boldsymbol{\beta}_1=\begin{pmatrix}1\\2\\-1\\2\end{pmatrix},\boldsymbol{\beta}_2=\begin{pmatrix}3\\-1\\0\\2\end{pmatrix},\boldsymbol{\beta}_3=\begin{pmatrix}4\\1\\-1\\4\end{pmatrix}$ 线性相关,其缩短组 $\boldsymbol{\alpha}_1=\begin{pmatrix}1\\2\\-1\end{pmatrix}$,$\boldsymbol{\alpha}_2=\begin{pmatrix}3\\-1\\0\end{pmatrix},\boldsymbol{\alpha}_3=\begin{pmatrix}4\\1\\-1\end{pmatrix}$ 也线性相关.

定理 10 设向量组 $\boldsymbol{\alpha}_1,\boldsymbol{\alpha}_2,\cdots,\boldsymbol{\alpha}_r$ 线性无关,而向量组 $\boldsymbol{\alpha}_1,\boldsymbol{\alpha}_2,\cdots,\boldsymbol{\alpha}_r,\boldsymbol{\beta}$ 线性相关,则向量 $\boldsymbol{\beta}$ 可由向量组 $\boldsymbol{\alpha}_1,\boldsymbol{\alpha}_2,\cdots,\boldsymbol{\alpha}_r$ 线性表示,而且表示法唯一.

证　先证 $\boldsymbol{\beta}$ 可由向量组 $\boldsymbol{\alpha}_1,\boldsymbol{\alpha}_2,\cdots,\boldsymbol{\alpha}_r$ 线性表示.因 $\boldsymbol{\alpha}_1,\boldsymbol{\alpha}_2,\cdots,\boldsymbol{\alpha}_r,\boldsymbol{\beta}$ 线性相关,故存在 $r+1$ 个不全为零的数 $k_1,k_2,\cdots,k_r,k$,使得

$$k_1\boldsymbol{\alpha}_1+k_2\boldsymbol{\alpha}_2+\cdots+k_r\boldsymbol{\alpha}_r+k\boldsymbol{\beta}=\mathbf{0}$$

如果 $k=0$,则有不全为零的数 $k_1,k_2,\cdots,k_r$,使得

$$k_1\boldsymbol{\alpha}_1+k_2\boldsymbol{\alpha}_2+\cdots+k_r\boldsymbol{\alpha}_r=\mathbf{0}$$

这与 $\boldsymbol{\alpha}_1,\boldsymbol{\alpha}_2,\cdots,\boldsymbol{\alpha}_r$ 线性无关矛盾,故 $k\neq0$.于是有

$$\boldsymbol{\beta}=-\left(\frac{k_1}{k}\right)\boldsymbol{\alpha}_1-\left(\frac{k_2}{k}\right)\boldsymbol{\alpha}_2-\cdots-\left(\frac{k_r}{k}\right)\boldsymbol{\alpha}_r$$

再证表示法唯一.设

$$\boldsymbol{\beta}=k_1\boldsymbol{\alpha}_1+k_2\boldsymbol{\alpha}_2+\cdots+k_r\boldsymbol{\alpha}_r$$

以及

$$\boldsymbol{\beta}=l_1\boldsymbol{\alpha}_1+l_2\boldsymbol{\alpha}_2+\cdots+l_r\boldsymbol{\alpha}_r$$

两式相减得

$$\mathbf{0}=(k_1-l_1)\boldsymbol{\alpha}_1+(k_2-l_2)\boldsymbol{\alpha}_2+\cdots+(k_r-l_r)\boldsymbol{\alpha}_r$$

因 $\boldsymbol{\alpha}_1,\boldsymbol{\alpha}_2,\cdots,\boldsymbol{\alpha}_r$ 线性无关,所以 $l_i=k_i(i=1,2,\cdots,r)$,即表示法唯一.

例 15　设向量组 $\boldsymbol{\alpha}_1,\boldsymbol{\alpha}_2,\boldsymbol{\alpha}_3$ 线性相关,向量组 $\boldsymbol{\alpha}_2,\boldsymbol{\alpha}_3,\boldsymbol{\alpha}_4$ 线性无关,证明:

(1) $\boldsymbol{\alpha}_1$ 能由 $\boldsymbol{\alpha}_2,\boldsymbol{\alpha}_3$ 线性表示;

(2) $\boldsymbol{\alpha}_4$ 不能由 $\boldsymbol{\alpha}_1,\boldsymbol{\alpha}_2,\boldsymbol{\alpha}_3$ 线性表示.

证　(1) 因 $\boldsymbol{\alpha}_2,\boldsymbol{\alpha}_3,\boldsymbol{\alpha}_4$ 线性无关,由定理 8 的推论知 $\boldsymbol{\alpha}_2,\boldsymbol{\alpha}_3$ 线性无关,而 $\boldsymbol{\alpha}_1,\boldsymbol{\alpha}_2,\boldsymbol{\alpha}_3$ 线性相关,由定理 10 知 $\boldsymbol{\alpha}_1$ 能由 $\boldsymbol{\alpha}_2,\boldsymbol{\alpha}_3$ 线性表示.

(2) 用反证法.假设 $\boldsymbol{\alpha}_4$ 能由 $\boldsymbol{\alpha}_1,\boldsymbol{\alpha}_2,\boldsymbol{\alpha}_3$ 线性表示,由(1)知 $\boldsymbol{\alpha}_1$ 能由 $\boldsymbol{\alpha}_2,\boldsymbol{\alpha}_3$ 线性表示,因此 $\boldsymbol{\alpha}_4$ 能由 $\boldsymbol{\alpha}_2,\boldsymbol{\alpha}_3$ 线性表示,这与向量组 $\boldsymbol{\alpha}_2,\boldsymbol{\alpha}_3,\boldsymbol{\alpha}_4$ 线性无关矛盾.

§3.4　向量组的秩

从 § 3.1 可以看出,矩阵的秩在线性方程组的求解以及是否有解的判定中起了重要作用.同样,在 § 3.2 和 § 3.3 中,矩阵的秩在讨论向量组的线性组合和线性相关性时也扮演了重要的角色.本节将介绍向量组的秩.

一、向量组的极大线性无关组

考察向量组 $\boldsymbol{\alpha}_1=(1,0)^{\mathrm{T}},\boldsymbol{\alpha}_2=(2,3)^{\mathrm{T}},\boldsymbol{\alpha}_3=(1,4)^{\mathrm{T}}$.向量组 $\boldsymbol{\alpha}_1,\boldsymbol{\alpha}_2,\boldsymbol{\alpha}_3$ 线性相关,$\boldsymbol{\alpha}_1\neq\mathbf{0}$ 和 $\boldsymbol{\alpha}_1,\boldsymbol{\alpha}_2$ 是两个线性无关部分组,现在来探讨这两个无关部分组的不同:$\boldsymbol{\alpha}_1$ 添加 $\boldsymbol{\alpha}_2$ 后得到的部分组 $\boldsymbol{\alpha}_1,\boldsymbol{\alpha}_2$ 仍然线性无关;而部分组 $\boldsymbol{\alpha}_1,\boldsymbol{\alpha}_2$ 加上 $\boldsymbol{\alpha}_3$ 之后,$\boldsymbol{\alpha}_1,\boldsymbol{\alpha}_2,\boldsymbol{\alpha}_3$ 却线性相关.

我们称 $\boldsymbol{\alpha}_1,\boldsymbol{\alpha}_2$ 就是向量组 $\boldsymbol{\alpha}_1,\boldsymbol{\alpha}_2,\boldsymbol{\alpha}_3$ 的极大线性无关组,下面给出极大线性无关组的定义.

定义 7 设向量组 S 的部分向量组 $\boldsymbol{\alpha}_1,\boldsymbol{\alpha}_2,\cdots,\boldsymbol{\alpha}_r$ 满足如下条件:

(1) $\boldsymbol{\alpha}_1,\boldsymbol{\alpha}_2,\cdots,\boldsymbol{\alpha}_r$ 线性无关;

(2) 向量组 S 的任何向量 $\boldsymbol{\alpha}$ 都可以由 $\boldsymbol{\alpha}_1,\boldsymbol{\alpha}_2,\cdots,\boldsymbol{\alpha}_r$ 线性表示,

则称 $\boldsymbol{\alpha}_1,\boldsymbol{\alpha}_2,\cdots,\boldsymbol{\alpha}_r$ 是向量组 S 的**极大线性无关组**(maximal linearly independent system),简称为**极大无关组**.

在定义 7 的(2)中,因为向量组 S 中任一向量 $\boldsymbol{\alpha}$ 可由 $\boldsymbol{\alpha}_1,\boldsymbol{\alpha}_2,\cdots,\boldsymbol{\alpha}_r$ 线性表示等价于向量组 $\boldsymbol{\alpha}_1,\boldsymbol{\alpha}_2,\cdots,\boldsymbol{\alpha}_r,\boldsymbol{\alpha}$ 线性相关,故向量组 S 的极大无关组有如下等价定义:

定义 7′ 设向量组 S 的部分向量组 $\boldsymbol{\alpha}_1,\boldsymbol{\alpha}_2,\cdots,\boldsymbol{\alpha}_r$ 满足如下条件:

(1) $\boldsymbol{\alpha}_1,\boldsymbol{\alpha}_2,\cdots,\boldsymbol{\alpha}_r$ 线性无关;

(2) 向量组 S 中任意 $r+1$ 个向量(若有的话)都线性相关,

则称 $\boldsymbol{\alpha}_1,\boldsymbol{\alpha}_2,\cdots,\boldsymbol{\alpha}_r$ 是向量组 S 的极大无关组.

特别地,如果向量组 S 线性无关,则其极大无关组就是自身;如果一个向量组仅含零向量,则该向量组不存在极大无关组.

由定义 7,我们可得到:

定理 11 **向量组 S 和它的极大无关组 $\boldsymbol{\alpha}_1,\boldsymbol{\alpha}_2,\cdots,\boldsymbol{\alpha}_r$ 等价.**

证 一方面,根据定义 7,向量组 S 的任一向量 $\boldsymbol{\beta}$ 可由 $\boldsymbol{\alpha}_1,\boldsymbol{\alpha}_2,\cdots,\boldsymbol{\alpha}_r$ 线性表示,从而向量组 S 可由 $\boldsymbol{\alpha}_1,\boldsymbol{\alpha}_2,\cdots,\boldsymbol{\alpha}_r$ 线性表示;

另一方面,$\boldsymbol{\alpha}_1,\boldsymbol{\alpha}_2,\cdots,\boldsymbol{\alpha}_r$ 中任一向量 $\boldsymbol{\alpha}_i$ 可由向量组 S 线性表示,从而 $\boldsymbol{\alpha}_1,\boldsymbol{\alpha}_2,\cdots,\boldsymbol{\alpha}_r$ 可由原向量组 S 线性表示.

所以,向量组 S 和它的极大无关组 $\boldsymbol{\alpha}_1,\boldsymbol{\alpha}_2,\cdots,\boldsymbol{\alpha}_r$ 等价.

由等价关系的传递性可得

推论 7 向量组的任意两个极大无关组等价.

定理 12 **设向量组 $\boldsymbol{\alpha}_1,\boldsymbol{\alpha}_2,\cdots,\boldsymbol{\alpha}_r$ 线性无关,且 $\boldsymbol{\alpha}_1,\boldsymbol{\alpha}_2,\cdots,\boldsymbol{\alpha}_r$ 能由 $\boldsymbol{\beta}_1,\boldsymbol{\beta}_2,\cdots,\boldsymbol{\beta}_s$ 线性表示,则 $r\leqslant s$.**

证 不妨设两个向量组所含向量都是列向量,记

$$\boldsymbol{A}=(\boldsymbol{\alpha}_1,\boldsymbol{\alpha}_2,\cdots,\boldsymbol{\alpha}_r),\quad \boldsymbol{B}=(\boldsymbol{\beta}_1,\boldsymbol{\beta}_2,\cdots,\boldsymbol{\beta}_s)$$

则 $\boldsymbol{A}=\boldsymbol{BH}$,其中 $\boldsymbol{H}$ 是 $s\times r$ 矩阵.因为向量组 $\boldsymbol{\alpha}_1,\boldsymbol{\alpha}_2,\cdots,\boldsymbol{\alpha}_r$ 线性无关,所以 $r(\boldsymbol{A})=r$,由 §2.7 的定理 12 得 $r(\boldsymbol{A})=r=r(\boldsymbol{BH})\leqslant r(\boldsymbol{B})\leqslant s$,于是 $r\leqslant s$.

根据定理 11 和定理 12 的结论可得以下结论:

定理 13 **向量组的任意两个极大无关组所含向量的个数相等.**

二、向量组的秩

定义 8 向量组的极大无关组所含向量的个数称为**向量组的秩**.

特别地,如果向量组仅含零向量,规定其秩为零.

下面的定理揭示了矩阵的秩与向量组的秩之间的关系.

定理 14 **矩阵的秩等于它的列向量组的秩,也等于它的行向量组的秩.**

*证 设 $\boldsymbol{A}=(\boldsymbol{\alpha}_1,\boldsymbol{\alpha}_2,\cdots,\boldsymbol{\alpha}_m)$,$r(\boldsymbol{A})=r$,按如下思路证明矩阵的列向量组的秩等于 r:(1) 存在 r 个线性无关的列向量;(2) 任意 $r+1$ 个列向量线性相关.

（1）因为 $r(\boldsymbol{A})=r$，由矩阵的秩的定义，存在某一 r 阶子式 $D_r\neq 0$，所以 D_r 的列向量组线性无关.由于 $\boldsymbol{A}$ 中 D_r 所在的这 r 列是由 D_r 的 r 列增加若干个分量构成的，所以矩阵 $\boldsymbol{A}$ 中 D_r 所在的这 r 列线性无关.

（2）由于 $r(\boldsymbol{A})=r$，所以 $\boldsymbol{A}$ 中所有 $r+1$ 阶子式全为零，用反证法易证出 $\boldsymbol{A}$ 中任意 $r+1$ 个列向量都线性相关.

所以 D_r 所在的 r 列是 $\boldsymbol{A}$ 的列向量组的一个极大无关组，$\boldsymbol{A}$ 的列向量组的秩等于 r.类似可证 $\boldsymbol{A}$ 的行向量组的秩也是 r.

由定理 14 可给出求向量组 $\boldsymbol{\alpha}_1,\boldsymbol{\alpha}_2,\cdots,\boldsymbol{\alpha}_s$ 秩的方法：

（1）令 $\boldsymbol{A}=(\boldsymbol{\alpha}_1,\boldsymbol{\alpha}_2,\cdots,\boldsymbol{\alpha}_s)$；

（2）求 $r(\boldsymbol{A})=r$，则该向量组的秩为 r.

定理 15　矩阵的初等行变换不改变矩阵列向量之间的线性相关性和线性表示关系.

证明略.

记 $\boldsymbol{A}=(\boldsymbol{\alpha}_1,\boldsymbol{\alpha}_2,\cdots,\boldsymbol{\alpha}_s)$，$\boldsymbol{A}$ 经过有限次初等行变换化成 $\boldsymbol{B}=(\boldsymbol{\beta}_1,\boldsymbol{\beta}_2,\cdots,\boldsymbol{\beta}_s)$，根据定理 15，可得以下结论：

（1）矩阵 $\boldsymbol{A}$ 中任意 r 个列向量线性无关的充分必要条件是矩阵 $\boldsymbol{B}$ 中对应位置的 r 个列向量线性无关；

（2）$\boldsymbol{A}$ 中 r 个向量 $\boldsymbol{\alpha}_1,\boldsymbol{\alpha}_2,\cdots,\boldsymbol{\alpha}_r$ 是 $\boldsymbol{A}$ 的列向量组的极大无关组的充分必要条件是 $\boldsymbol{B}$ 中对应位置的这 r 个列向量 $\boldsymbol{\beta}_1,\boldsymbol{\beta}_2,\cdots,\boldsymbol{\beta}_r$ 是 $\boldsymbol{B}$ 的列向量组的极大无关组；

（3）矩阵 $\boldsymbol{A}$ 的列向量中有

$$\boldsymbol{\alpha}_i=k_1\boldsymbol{\alpha}_1+\cdots+k_{i-1}\boldsymbol{\alpha}_{i-1}+k_{i+1}\boldsymbol{\alpha}_{i+1}+\cdots+k_r\boldsymbol{\alpha}_r$$

的充分必要条件是矩阵 $\boldsymbol{B}$ 的对应位置列向量有

$$\boldsymbol{\beta}_i=k_1\boldsymbol{\beta}_1+\cdots+k_{i-1}\boldsymbol{\beta}_{i-1}+k_{i+1}\boldsymbol{\beta}_{i+1}+\cdots+k_r\boldsymbol{\beta}_r$$

综上所述，下面给出求向量组 $\boldsymbol{\alpha}_1,\boldsymbol{\alpha}_2,\cdots,\boldsymbol{\alpha}_s$ 的极大无关组的方法：

（1）构造矩阵 $\boldsymbol{A}=(\boldsymbol{\alpha}_1,\boldsymbol{\alpha}_2,\cdots,\boldsymbol{\alpha}_s)$；

（2）用初等行变换将 $\boldsymbol{A}$ 化成行阶梯形矩阵 $\boldsymbol{B}$，如果 $r(\boldsymbol{B})=s$，即 $\boldsymbol{\alpha}_1,\boldsymbol{\alpha}_2,\cdots,\boldsymbol{\alpha}_s$ 线性无关，极大无关组为其自身，计算结束.若 $r(\boldsymbol{A})<s$，即 $\boldsymbol{\alpha}_1,\boldsymbol{\alpha}_2,\cdots,\boldsymbol{\alpha}_s$ 线性相关，转入(3)；

（3）继续对 $\boldsymbol{B}$ 作初等行变换，将其化成行最简形矩阵 $\boldsymbol{C}$，则主元所在的列 $j_1,j_2,\cdots,j_r$ 在 $\boldsymbol{A}$ 中对应的列向量 $\boldsymbol{\alpha}_{j_1},\boldsymbol{\alpha}_{j_2},\cdots,\boldsymbol{\alpha}_{j_r}$ 即为 $\boldsymbol{\alpha}_1,\boldsymbol{\alpha}_2,\cdots,\boldsymbol{\alpha}_s$ 的一个极大无关组.而 $\boldsymbol{C}$ 的非主元对应的第 j 列 $(j\neq j_1,j_2,\cdots,j_r)$ 各数值，则为向量 $\boldsymbol{\alpha}_j$ 用极大无关组 $\boldsymbol{\alpha}_{j_1},\boldsymbol{\alpha}_{j_2},\cdots,\boldsymbol{\alpha}_{j_r}$ 线性表示的组合系数.

例 16　求向量组 $\boldsymbol{\alpha}_1=(1,-2,2,1)$，$\boldsymbol{\alpha}_2=(-1,3,2,5)$，$\boldsymbol{\alpha}_3=(2,-5,0,-4)$，$\boldsymbol{\alpha}_4=(-3,4,1,-3)$，$\boldsymbol{\alpha}_5=(1,-5,5,-5)$ 的秩和一个极大无关组，并把其余向量表示为这个极大无关组的线性组合.

解　以向量组 $\boldsymbol{\alpha}_1,\boldsymbol{\alpha}_2,\boldsymbol{\alpha}_3,\boldsymbol{\alpha}_4,\boldsymbol{\alpha}_5$ 分别为列构成 4×5 矩阵 $\boldsymbol{A}$，并对 $\boldsymbol{A}$ 作初等行变换，化成行阶梯形矩阵

$$\boldsymbol{A}=\begin{pmatrix}1&-1&2&-3&1\\-2&3&-5&4&-5\\2&2&0&1&5\\1&5&-4&-3&-5\end{pmatrix}\rightarrow\begin{pmatrix}1&-1&2&-3&1\\0&1&-1&-2&-3\\0&4&-4&7&3\\0&6&-6&0&-6\end{pmatrix}$$

$$\rightarrow\begin{pmatrix}1&-1&2&-3&1\\0&1&-1&-2&-3\\0&0&0&15&15\\0&0&0&12&12\end{pmatrix}\rightarrow\begin{pmatrix}1&-1&2&-3&1\\0&1&-1&-2&-3\\0&0&0&1&1\\0&0&0&0&0\end{pmatrix}=\boldsymbol{B}$$

可知 $r(\boldsymbol{A})=3$,所以向量组 $\boldsymbol{\alpha}_1,\boldsymbol{\alpha}_2,\boldsymbol{\alpha}_3,\boldsymbol{\alpha}_4,\boldsymbol{\alpha}_5$ 的秩为 3,继续对 $\boldsymbol{B}$ 进行初等行变换,化成行最简形矩阵

$$\boldsymbol{B}\rightarrow\begin{pmatrix}1&0&1&0&3\\0&1&-1&0&-1\\0&0&0&1&1\\0&0&0&0&0\end{pmatrix}=\boldsymbol{C}$$

所以,$\boldsymbol{\alpha}_1,\boldsymbol{\alpha}_2,\boldsymbol{\alpha}_4$ 是向量组的一个极大无关组,且

$$\boldsymbol{\alpha}_3=\boldsymbol{\alpha}_1-\boldsymbol{\alpha}_2,\quad \boldsymbol{\alpha}_5=3\boldsymbol{\alpha}_1-\boldsymbol{\alpha}_2+\boldsymbol{\alpha}_4$$

注 在例 16 中,$\boldsymbol{\alpha}_1,\boldsymbol{\alpha}_3,\boldsymbol{\alpha}_4$;$\boldsymbol{\alpha}_1,\boldsymbol{\alpha}_2,\boldsymbol{\alpha}_5$;$\boldsymbol{\alpha}_1,\boldsymbol{\alpha}_3,\boldsymbol{\alpha}_5$ 也是向量组 $\boldsymbol{\alpha}_1,\boldsymbol{\alpha}_2,\boldsymbol{\alpha}_3,\boldsymbol{\alpha}_4,\boldsymbol{\alpha}_5$ 的极大无关组.

§3.5 向量空间

我们已经了解了向量的运算以及向量组的线性相关性,本节把向量作为一个整体研究其性质.

一、向量空间和子空间

定义 9 设 V 是由 n 维实向量组成的非空集合,如果对 V 中任意向量 $\boldsymbol{\alpha},\boldsymbol{\beta}$ 及任意实数 k,$\boldsymbol{\alpha}+\boldsymbol{\beta}\in V$ 和 $k\boldsymbol{\alpha}\in V$ 都成立,则称 V 是实数集 $\mathbf{R}$ 上的**向量空间**(vector space).

向量空间有以下性质:

性质 1 n 维实向量组成的非空集合 V 是向量空间的充分必要条件是对任意 $\boldsymbol{\alpha},\boldsymbol{\beta}\in V$ 及任意实数 k,l 有 $k\boldsymbol{\alpha}+l\boldsymbol{\beta}\in V$.

证 若 V 是向量空间,对任意 $\boldsymbol{\alpha},\boldsymbol{\beta}\in V$ 及任意实数 k 和 l,有 $k\boldsymbol{\alpha}\in V$ 和 $l\boldsymbol{\beta}\in V$,所以 $k\boldsymbol{\alpha}+l\boldsymbol{\beta}\in V$.

反之,取 $k=l=1$,对任意 $\boldsymbol{\alpha},\boldsymbol{\beta}\in V$,有 $\boldsymbol{\alpha}+\boldsymbol{\beta}\in V$;又取 $l=0$,对任意实数 k 及 $\boldsymbol{\alpha},\boldsymbol{\beta}\in V$,有 $k\boldsymbol{\alpha}=k\boldsymbol{\alpha}+0\cdot\boldsymbol{\beta}\in V$,所以 V 是向量空间.

性质 2 设 V 是向量空间,则 V 必包含零向量,也就是说,若非空向量集合不含零向量,则它必不是向量空间.

这个结论可以作为一个必要条件,用于判断一个向量集合是不是向量空间.

仅由零向量组成的集合 $\{\mathbf{0}\}$ 一定是向量空间,称为**零空间**(null space).全体 n 维实向量显然也构成向量空间,记为 $\mathbf{R}^n$.

注 向量空间若含有非零向量,则必包含无穷多个向量.

例 17 集合 $V=\{\boldsymbol{x}=(0,x_2,x_3,\cdots,x_n)\mid x_2,x_3,\cdots,x_n\in\mathbf{R}\}$ 构成向量空间.

证 对任意 $\boldsymbol{\alpha},\boldsymbol{\beta}$,即 $\boldsymbol{\alpha}=(0,x_2,x_3,\cdots,x_n)$,$\boldsymbol{\beta}=(0,y_2,y_3,\cdots,y_n)$,有

$$\boldsymbol{\alpha}+\boldsymbol{\beta}=(0,x_2+y_2,x_3+y_3,\cdots,x_n+y_n)\in V$$
$$k\boldsymbol{\alpha}=(0,kx_2,kx_3,\cdots,kx_n)\in V$$

例 18 集合 $V=\{\boldsymbol{x}\mid\boldsymbol{x}=(1,x_2,x_3,\cdots,x_n),x_2,x_3,\cdots,x_n\in\mathbf{R}\}$ 不能构成向量空间,因为集合 V 里不包含零向量.

定义 10 设 W 是向量空间 V 的非空子集,若 W 对向量的加法和数乘运算也构成向量空间,则 W 称为 V 的**子空间**(subspace).

如例 17 中的 V 构成 $\mathbf{R}^n$ 的一个子空间.

零空间 $\{\mathbf{0}\}$ 是任意向量空间 V 的子空间,向量空间 V 是它自身的子空间,这两种子空间对 V 而言称为**平凡子空间**(trivial subspace),其他的子空间称为**非平凡子空间**(non-trivial subspace).

例 19 设 $\boldsymbol{\alpha}_1,\boldsymbol{\alpha}_2,\cdots,\boldsymbol{\alpha}_s$ 是向量空间 V 中的 s 个 n 维向量,则

$$W=\{\boldsymbol{x}\mid\boldsymbol{x}=k_1\boldsymbol{\alpha}_1+k_2\boldsymbol{\alpha}_2+\cdots+k_s\boldsymbol{\alpha}_s,k_1,k_2,\cdots,k_s\in\mathbf{R}\}$$

构成 V 的子空间.因为设

$$\boldsymbol{x}=k_1\boldsymbol{\alpha}_1+k_2\boldsymbol{\alpha}_2+\cdots+k_s\boldsymbol{\alpha}_s\in W,\quad \boldsymbol{y}=l_1\boldsymbol{\alpha}_1+l_2\boldsymbol{\alpha}_2+\cdots+l_s\boldsymbol{\alpha}_s\in W$$

则

$$\boldsymbol{x}+\boldsymbol{y}=(k_1+l_1)\boldsymbol{\alpha}_1+(k_2+l_2)\boldsymbol{\alpha}_2+\cdots+(k_s+l_s)\boldsymbol{\alpha}_s\in W$$
$$k\boldsymbol{x}=kk_1\boldsymbol{\alpha}_1+kk_2\boldsymbol{\alpha}_2+\cdots+kk_s\boldsymbol{\alpha}_s\in W$$

例 19 所描述的子空间 W 称为由 $\boldsymbol{\alpha}_1,\boldsymbol{\alpha}_2,\cdots,\boldsymbol{\alpha}_s$ 所**生成的子空间**(spanning subspace).

二、基和维数

定义 11 设 V 是 $\mathbf{R}^n$ 的子空间,若 V 中存在 r 个向量 $\boldsymbol{\alpha}_1,\boldsymbol{\alpha}_2,\cdots,\boldsymbol{\alpha}_r$,满足

(1) $\boldsymbol{\alpha}_1,\boldsymbol{\alpha}_2,\cdots,\boldsymbol{\alpha}_r$ 线性无关;

(2) V 中任一向量 $\boldsymbol{\beta}$ 能由 $\boldsymbol{\alpha}_1,\boldsymbol{\alpha}_2,\cdots,\boldsymbol{\alpha}_r$ 线性表示,

那么称 $\boldsymbol{\alpha}_1,\boldsymbol{\alpha}_2,\cdots,\boldsymbol{\alpha}_r$ 为向量空间 V 的一个**基**(basis).

易知向量空间的基不是唯一的,但每个基所含向量的个数相同.

定义 12 设 $\boldsymbol{\alpha}_1,\boldsymbol{\alpha}_2,\cdots,\boldsymbol{\alpha}_r$ 为 $\mathbf{R}^n$ 的子空间 V 的一个基,则称 r 为 V 的**维数**(dimension),记为 $\dim(V)=r$,V 称为 r 维向量空间.

零空间没有基,其维数规定为 0.

注 把向量空间 V 看做一个向量组,向量空间 V 的基就是该向量组的极大无关组,而维数 r 就是该向量组的秩.

又如,向量空间

$$V=\{\boldsymbol{x}\mid\boldsymbol{x}=(0,x_2,x_3,\cdots,x_n),x_2,x_3,\cdots,x_n\in\mathbf{R}\}$$

的一个基可取为 $\boldsymbol{\varepsilon}_2=(0,1,0,\cdots,0),\cdots,\boldsymbol{\varepsilon}_n=(0,0,0,\cdots,1)$.由此可知,$V$ 是 $n-1$ 维向量空间.

由向量组 $\boldsymbol{\alpha}_1,\boldsymbol{\alpha}_2,\cdots,\boldsymbol{\alpha}_s$ 所生成的向量空间

$$W=\{\boldsymbol{x}\mid\boldsymbol{x}=k_1\boldsymbol{\alpha}_1+k_2\boldsymbol{\alpha}_2+\cdots+k_s\boldsymbol{\alpha}_s,k_1,k_2,\cdots,k_s\in\mathbf{R}\}$$

显然 W 与向量组 $\boldsymbol{\alpha}_1,\boldsymbol{\alpha}_2,\cdots,\boldsymbol{\alpha}_s$ 等价,所以向量组 $\boldsymbol{\alpha}_1,\boldsymbol{\alpha}_2,\cdots,\boldsymbol{\alpha}_s$ 的极大无关组就是 W 的一个基,向量组 $\boldsymbol{\alpha}_1,\boldsymbol{\alpha}_2,\cdots,\boldsymbol{\alpha}_s$ 的秩就是 W 的维数.

若向量组 $\boldsymbol{\alpha}_1,\boldsymbol{\alpha}_2,\cdots,\boldsymbol{\alpha}_r$ 是向量空间 V 的一个基,则 V 可表示为

$$V=\{\boldsymbol{x}\mid \boldsymbol{x}=k_1\boldsymbol{\alpha}_1+k_2\boldsymbol{\alpha}_2+\cdots+k_r\boldsymbol{\alpha}_r,k_1,k_2,\cdots,k_r\in\mathbf{R}\}$$

这就清楚地显示出向量空间 V 的结构.

例 20 求由向量组 $\boldsymbol{\alpha}_1=(-1,6,2),\boldsymbol{\alpha}_2=(3,7,-1),\boldsymbol{\alpha}_3=(-3,-2,2),\boldsymbol{\alpha}_4=(5,0,-4)$ 生成的向量空间 V 的维数和一个基.

解 只需求 $\boldsymbol{\alpha}_1,\boldsymbol{\alpha}_2,\boldsymbol{\alpha}_3,\boldsymbol{\alpha}_4$ 的秩和它的一个极大无关组即可.由于

$$\begin{pmatrix}-1&3&-3&5\\6&7&-2&0\\2&-1&2&-4\end{pmatrix}\to\begin{pmatrix}-1&3&-3&5\\0&25&-20&30\\0&5&-4&6\end{pmatrix}\to\begin{pmatrix}-1&3&-3&5\\0&5&-4&6\\0&0&0&0\end{pmatrix}$$

所以 $\dim(V)=2$,向量组 $\boldsymbol{\alpha}_1,\boldsymbol{\alpha}_2$ 是 V 的一个基.

§3.6 线性方程组解的结构

在 § 3.1 中得出了线性方程组的部分结论,即

(1) 含有 n 个未知量的齐次线性方程组 $\boldsymbol{A}_{m\times n}\boldsymbol{x}=\boldsymbol{0}$ 有非零解的充分必要条件是 $r(\boldsymbol{A})<n$.

(2) 含有 n 个未知量的非齐次线性方程组 $\boldsymbol{A}_{m\times n}\boldsymbol{x}=\boldsymbol{b}$ 有解的充分必要条件是 $r(\boldsymbol{A})=r(\boldsymbol{A}\mid\boldsymbol{b})$,且当 $r(\boldsymbol{A})=r(\boldsymbol{A}\mid\boldsymbol{b})=n$ 时方程组有唯一解,当 $r(\boldsymbol{A})=r(\boldsymbol{A}\mid\boldsymbol{b})<n$ 时方程组有无穷多组解.

本节用向量组线性相关性的理论来讨论线性方程组解的结构.

一、齐次线性方程组解的结构

设齐次线性方程组为

$$\begin{cases}a_{11}x_1+a_{12}x_2+\cdots+a_{1n}x_n=0\\a_{21}x_1+a_{22}x_2+\cdots+a_{2n}x_n=0\\\cdots\cdots\cdots\cdots\\a_{m1}x_1+a_{m2}x_2+\cdots+a_{mn}x_n=0\end{cases}\tag{9}$$

记 $\boldsymbol{A}=(a_{ij})_{m\times n},\boldsymbol{x}=(x_1,x_2,\cdots,x_n)^{\mathrm{T}}$,方程组写成矩阵方程形式为

$$\boldsymbol{Ax}=\boldsymbol{0}$$

齐次线性方程组的解具有如下性质.

性质 3 设 $\boldsymbol{\xi}_1,\boldsymbol{\xi}_2$ 是 $\boldsymbol{Ax}=\boldsymbol{0}$ 的解,则 $\boldsymbol{\xi}_1+\boldsymbol{\xi}_2$ 也是 $\boldsymbol{Ax}=\boldsymbol{0}$ 的解.

证 设 $\boldsymbol{\xi}_1,\boldsymbol{\xi}_2$ 是 $\boldsymbol{Ax}=\boldsymbol{0}$ 的解,则 $\boldsymbol{A\xi}_1=\boldsymbol{0},\boldsymbol{A\xi}_2=\boldsymbol{0}$,从而

$$\boldsymbol{A}(\boldsymbol{\xi}_1+\boldsymbol{\xi}_2)=\boldsymbol{A\xi}_1+\boldsymbol{A\xi}_2=\boldsymbol{0}+\boldsymbol{0}=\boldsymbol{0}$$

所以 $\boldsymbol{\xi}_1+\boldsymbol{\xi}_2$ 也是 $\boldsymbol{Ax}=\boldsymbol{0}$ 的解.

性质 4 设 $\boldsymbol{\xi}$ 是 $\boldsymbol{Ax}=\boldsymbol{0}$ 的解,k 是常数,则 $k\boldsymbol{\xi}$ 也是 $\boldsymbol{Ax}=\boldsymbol{0}$ 的解.

证 设 $\boldsymbol{\xi}$ 是 $\boldsymbol{Ax}=\boldsymbol{0}$ 的解,则

$$\boldsymbol{A}(k\boldsymbol{\xi})=k\boldsymbol{A\xi}=k\boldsymbol{0}=\boldsymbol{0}$$

所以 $k\boldsymbol{\xi}$ 也是 $\boldsymbol{Ax}=\boldsymbol{0}$ 的解.

这两个性质说明,如果 $\boldsymbol{\xi}_1,\boldsymbol{\xi}_2$ 是 $\boldsymbol{Ax}=\boldsymbol{0}$ 的解,则 $k_1\boldsymbol{\xi}_1+k_2\boldsymbol{\xi}_2$ 仍是 $\boldsymbol{Ax}=\boldsymbol{0}$ 的解,所以只要 $\boldsymbol{Ax}=\boldsymbol{0}$ 有一个非零解,就必有无穷多组解.这也说明,齐次线性方程组 $\boldsymbol{Ax}=\boldsymbol{0}$ 的解集构成 $\mathbf{R}^n$ 的一个子空间,称为方程组 $\boldsymbol{Ax}=\boldsymbol{0}$ 的**解空间**(solution space).

当齐次线性方程组 $\boldsymbol{Ax}=\boldsymbol{0}$ 只有零解时,其解空间是 $\mathbf{R}^n$ 的零子空间.

为弄清齐次线性方程组解的结构,先引入基础解系的概念.

定义 13 $\boldsymbol{A}$ 是 $m\times n$ 矩阵,齐次线性方程组 $\boldsymbol{Ax}=\boldsymbol{0}$ 解空间的基称为 $\boldsymbol{Ax}=\boldsymbol{0}$ 的**基础解系**(fundamental system of solutions).

由基的定义知,如果向量组 $\boldsymbol{\xi}_1,\boldsymbol{\xi}_2,\cdots,\boldsymbol{\xi}_s$ 是 $\boldsymbol{Ax}=\boldsymbol{0}$ 的一个基础解系,则 $\boldsymbol{Ax}=\boldsymbol{0}$ 的通解是 $\boldsymbol{\xi}=k_1\boldsymbol{\xi}_1+k_2\boldsymbol{\xi}_2+\cdots+k_s\boldsymbol{\xi}_s$,其中 $k_i(i=1,2,\cdots,s)$ 为任意实数.

如果 $\boldsymbol{Ax}=\boldsymbol{0}$ 只有零解,那么它没有基础解系;如果 $\boldsymbol{Ax}=\boldsymbol{0}$ 的基础解系存在,则基础解系不唯一.

下面探讨如何求 $\boldsymbol{Ax}=\boldsymbol{0}$ 的基础解系.

定理 16 **设 $\boldsymbol{A}$ 是 $m\times n$ 矩阵,$r(\boldsymbol{A})=r<n$,则齐次线性方程组 $\boldsymbol{Ax}=\boldsymbol{0}$ 的基础解系存在,且基础解系包含解向量的个数为 $n-r$.**

证 分两步来证明结论:首先求出 $\boldsymbol{Ax}=\boldsymbol{0}$ 的 $n-r$ 个解向量 $\boldsymbol{\xi}_1,\boldsymbol{\xi}_2,\cdots,\boldsymbol{\xi}_{n-r}$;然后证明 $\boldsymbol{\xi}_1,\boldsymbol{\xi}_2,\cdots,\boldsymbol{\xi}_{n-r}$ 是 $\boldsymbol{Ax}=\boldsymbol{0}$ 的基础解系.

由于 $r(\boldsymbol{A})=r<n$,对系数矩阵 $\boldsymbol{A}$ 施以初等行变换可化为行最简形矩阵,不妨设为

$$\begin{pmatrix} 1 & 0 & \cdots & 0 & b_{1,r+1} & b_{1,r+2} & \cdots & b_{1n} \\ 0 & 1 & \cdots & 0 & b_{2,r+1} & b_{2,r+2} & \cdots & b_{2n} \\ \vdots & \vdots & & \vdots & \vdots & \vdots & & \vdots \\ 0 & 0 & \cdots & 1 & b_{r,r+1} & b_{r,r+2} & \cdots & b_{rn} \\ 0 & 0 & \cdots & 0 & 0 & 0 & \cdots & 0 \\ \vdots & \vdots & & \vdots & \vdots & \vdots & & \vdots \\ 0 & 0 & \cdots & 0 & 0 & 0 & \cdots & 0 \end{pmatrix} \tag{10}$$

它对应的同解方程组为(略去多余的方程:0=0)

$$\begin{cases} x_1=-b_{1,r+1}x_{r+1}-b_{1,r+2}x_{r+2}-\cdots-b_{1n}x_n \\ x_2=-b_{2,r+1}x_{r+1}-b_{2,r+2}x_{r+2}-\cdots-b_{2n}x_n \\ \cdots\cdots\cdots\cdots \\ x_r=-b_{r,r+1}x_{r+1}-b_{r,r+2}x_{r+2}-\cdots-b_{rn}x_n \end{cases} \tag{11}$$

其中 $x_{r+1},x_{r+2},\cdots,x_n$ 是 $n-r$ 个自由未知量.令 $x_{r+1}=1$,其余自由未知量都为 0 代入方程组得向量 $\boldsymbol{\xi}_1$,再令 $x_{r+2}=1$,其余自由未知量都为 0 代入方程组得向量 $\boldsymbol{\xi}_2$,……,最后令 $x_n=1$,其余自由未知量都为 0 代入方程组得向量 $\boldsymbol{\xi}_{n-r}$,由此得到方程组的 $n-r$ 个解

$$\boldsymbol{\xi}_1=\begin{pmatrix}-b_{1,r+1}\\-b_{2,r+1}\\\vdots\\-b_{r,r+1}\\1\\0\\\vdots\\0\end{pmatrix},\boldsymbol{\xi}_2=\begin{pmatrix}-b_{1,r+2}\\-b_{2,r+2}\\\vdots\\-b_{r,r+2}\\0\\1\\\vdots\\0\end{pmatrix},\cdots,\boldsymbol{\xi}_{n-r}=\begin{pmatrix}-b_{1n}\\-b_{2n}\\\vdots\\-b_{rn}\\0\\0\\\vdots\\1\end{pmatrix}$$

现在证明 $\boldsymbol{\xi}_1,\boldsymbol{\xi}_2,\cdots,\boldsymbol{\xi}_{n-r}$ 是方程组的一个基础解系.

首先，$(1,0,\cdots,0)^{\mathrm{T}},(0,1,\cdots,0)^{\mathrm{T}},\cdots,(0,0,\cdots,1)^{\mathrm{T}}$ 线性无关；$\boldsymbol{\xi}_1,\boldsymbol{\xi}_2,\cdots,\boldsymbol{\xi}_{n-r}$ 是向量组 $(1,0,\cdots,0)^{\mathrm{T}},(0,1,\cdots,0)^{\mathrm{T}},\cdots,(0,0,\cdots,1)^{\mathrm{T}}$ 增加 r 个分量而构成的延长组，根据定理 9，$\boldsymbol{\xi}_1,\boldsymbol{\xi}_2,\cdots,\boldsymbol{\xi}_{n-r}$ 也线性无关.

现在，证明对于方程组的任意一个解 $\boldsymbol{\xi}$ 可以由 $\boldsymbol{\xi}_1,\boldsymbol{\xi}_2,\cdots,\boldsymbol{\xi}_{n-r}$ 线性表示.

设 $\boldsymbol{\xi}=(c_1,c_2,\cdots,c_n)^{\mathrm{T}}$ 是方程组的解，把 $\boldsymbol{\xi}$ 代入方程组(11)得

$$\begin{cases}c_1=-b_{1,r+1}c_{r+1}-b_{1,r+2}c_{r+2}-\cdots-b_{1n}c_n\\c_2=-b_{2,r+1}c_{r+1}-b_{2,r+2}c_{r+2}-\cdots-b_{2n}c_n\\\qquad\cdots\cdots\cdots\cdots\\c_r=-b_{r,r+1}c_{r+1}-b_{r,r+2}c_{r+2}-\cdots-b_{rn}c_n\\c_{r+1}=\quad c_{r+1}\\c_{r+2}=\qquad\qquad c_{r+2}\\\qquad\cdots\cdots\cdots\cdots\\c_n=\qquad\qquad\qquad c_n\end{cases}\tag{12}$$

写成向量形式

$$\boldsymbol{\xi}=\begin{pmatrix}c_1\\c_2\\\vdots\\c_r\\c_{r+1}\\\vdots\\c_n\end{pmatrix}=c_{r+1}\begin{pmatrix}-b_{1,r+1}\\-b_{2,r+1}\\\vdots\\-b_{r,r+1}\\1\\0\\\vdots\\0\end{pmatrix}+c_{r+2}\begin{pmatrix}-b_{1,r+2}\\-b_{2,r+2}\\\vdots\\-b_{r,r+2}\\0\\1\\\vdots\\0\end{pmatrix}+\cdots+c_n\begin{pmatrix}-b_{1n}\\-b_{2n}\\\vdots\\-b_{rn}\\0\\0\\\vdots\\1\end{pmatrix}$$

即 $\boldsymbol{\xi}=c_{r+1}\boldsymbol{\xi}_1+c_{r+2}\boldsymbol{\xi}_2+\cdots+c_n\boldsymbol{\xi}_{n-r}$，所以，$\boldsymbol{\xi}$ 可以由 $\boldsymbol{\xi}_1,\boldsymbol{\xi}_2,\cdots,\boldsymbol{\xi}_{n-r}$ 线性表示.

综上所述，齐次线性方程组 $\boldsymbol{Ax}=\boldsymbol{0}$ 的基础解系含有 $n-r$ 个解向量，$\boldsymbol{\xi}_1,\boldsymbol{\xi}_2,\cdots,\boldsymbol{\xi}_{n-r}$ 是方程组的基础解系.

推论 8 设 $\boldsymbol{A}$ 是 $m\times n$ 矩阵，若 $r(\boldsymbol{A})=r<n$，则 $\boldsymbol{Ax}=\boldsymbol{0}$ 的任意 $n-r$ 个线性无关的解向量都是 $\boldsymbol{Ax}=\boldsymbol{0}$ 的一个基础解系.

证 若 $\boldsymbol{\alpha}_1,\boldsymbol{\alpha}_2,\cdots,\boldsymbol{\alpha}_{n-r}$ 是 $\boldsymbol{Ax}=\boldsymbol{0}$ 的 $n-r$ 个线性无关的解，$\boldsymbol{\xi}_1,\boldsymbol{\xi}_2,\cdots,\boldsymbol{\xi}_{n-r}$ 是 $\boldsymbol{Ax}=\boldsymbol{0}$ 的一个基础解系. 对 $\boldsymbol{Ax}=\boldsymbol{0}$ 的任意一个解 $\boldsymbol{\xi}$，由于 $\boldsymbol{\alpha}_1,\boldsymbol{\alpha}_2,\cdots,\boldsymbol{\alpha}_{n-r},\boldsymbol{\xi}$ 可以由基础解系 $\boldsymbol{\xi}_1,\boldsymbol{\xi}_2,\cdots,\boldsymbol{\xi}_{n-r}$ 线性表示，根据定理 12，$\boldsymbol{\alpha}_1,\boldsymbol{\alpha}_2,\cdots,\boldsymbol{\alpha}_{n-r},\boldsymbol{\xi}$ 线性相关. 由定理 10 可知，$\boldsymbol{\xi}$ 可以由 $\boldsymbol{\alpha}_1,\boldsymbol{\alpha}_2,\cdots,\boldsymbol{\alpha}_{n-r}$ 线性表示，所以 $\boldsymbol{\alpha}_1,\boldsymbol{\alpha}_2,\cdots,\boldsymbol{\alpha}_{n-r}$ 是 $\boldsymbol{Ax}=\boldsymbol{0}$ 的一个基础解系.

定理 16 的证明过程也得出了求 $\boldsymbol{Ax}=\boldsymbol{0}$ 的基础解系的方法：

（1）首先对 $\boldsymbol{A}$ 进行初等行变换，化成行最简形矩阵；

（2）写出行最简形矩阵所对应的同解方程组，将自由未知量所在项移项到等号右边；

（3）令 $\begin{pmatrix} x_{r+1} \\ x_{r+2} \\ \vdots \\ x_n \end{pmatrix}$ 分别取值 $\begin{pmatrix} 1 \\ 0 \\ \vdots \\ 0 \end{pmatrix},\begin{pmatrix} 0 \\ 1 \\ \vdots \\ 0 \end{pmatrix},\cdots,\begin{pmatrix} 0 \\ 0 \\ \vdots \\ 1 \end{pmatrix}$，得到 $\boldsymbol{Ax}=\boldsymbol{0}$ 的 $n-r$ 个解 $\boldsymbol{\xi}_1,\boldsymbol{\xi}_2,\cdots,\boldsymbol{\xi}_{n-r}$，这 $n-r$ 个解即为 $\boldsymbol{Ax}=\boldsymbol{0}$ 的基础解系.

例 21 求下列齐次线性方程组的一个基础解系：

$$\begin{cases} x_1-x_2+2x_3-3x_4=0 \\ -2x_1+2x_2+x_3+x_4=0 \\ -x_1+x_2+8x_3-7x_4=0 \end{cases}$$

解 对系数矩阵 $\boldsymbol{A}$ 作初等行变换，化为行最简形矩阵

$$\boldsymbol{A}=\begin{pmatrix} 1 & -1 & 2 & -3 \\ -2 & 2 & 1 & 1 \\ -1 & 1 & 8 & -7 \end{pmatrix}\to\begin{pmatrix} 1 & -1 & 2 & -3 \\ 0 & 0 & 5 & -5 \\ 0 & 0 & 10 & -10 \end{pmatrix}$$

$$\to\begin{pmatrix} 1 & -1 & 2 & -3 \\ 0 & 0 & 1 & -1 \\ 0 & 0 & 0 & 0 \end{pmatrix}\to\begin{pmatrix} 1 & -1 & 0 & -1 \\ 0 & 0 & 1 & -1 \\ 0 & 0 & 0 & 0 \end{pmatrix}$$

得同解方程组

$$\begin{cases} x_1-x_2-x_4=0 \\ x_3-x_4=0 \end{cases},\quad 即 \begin{cases} x_1=x_2+x_4 \\ x_2=x_2 \\ x_3=x_4 \\ x_4=x_4 \end{cases}$$

令$\begin{pmatrix} x_2 \\ x_4 \end{pmatrix}$分别取$\begin{pmatrix} 1 \\ 0 \end{pmatrix}$和$\begin{pmatrix} 0 \\ 1 \end{pmatrix}$,得到原方程组的一个基础解系:

$$\boldsymbol{\xi}_1=\begin{pmatrix} 1 \\ 1 \\ 0 \\ 0 \end{pmatrix}, \quad \boldsymbol{\xi}_2=\begin{pmatrix} 1 \\ 0 \\ 1 \\ 1 \end{pmatrix}$$

从而方程组的全部解可以表示为

$$\boldsymbol{\xi}=k_1\boldsymbol{\xi}_1+k_2\boldsymbol{\xi}_2 \quad (k_1,k_2\text{ 为任意常数})$$

注 若依次取$\begin{pmatrix} x_2 \\ x_4 \end{pmatrix}=\begin{pmatrix} 1 \\ 1 \end{pmatrix},\begin{pmatrix} 1 \\ 3 \end{pmatrix}$(即任取两个线性无关的向量),得$\boldsymbol{\xi}_1=\begin{pmatrix} 2 \\ 1 \\ 1 \\ 1 \end{pmatrix},\boldsymbol{\xi}_2=\begin{pmatrix} 4 \\ 1 \\ 3 \\ 3 \end{pmatrix}$,也成为方程组的一个基础解系.

例 22 设 $m\times n$ 矩阵 $\boldsymbol{A}$ 与 $n\times s$ 矩阵 $\boldsymbol{B}$ 满足 $\boldsymbol{AB}=\boldsymbol{O}$,并且 $r(\boldsymbol{A})<n$.求证:$r(\boldsymbol{A})+r(\boldsymbol{B})\leqslant n$.

证 已知 $r(\boldsymbol{A})=r<n$,故以 $\boldsymbol{A}$ 为系数矩阵的 n 元齐次线性方程组

$$\boldsymbol{Ax}=\boldsymbol{0}$$

存在基础解系,且基础解系由 $n-r$ 个解组成,即方程组 $\boldsymbol{Ax}=\boldsymbol{0}$ 的解向量组的秩为 $n-r$.

又由条件 $\boldsymbol{AB}=\boldsymbol{O}$,将 $\boldsymbol{B}$ 按列分为 s 块:

$$\boldsymbol{B}=(\boldsymbol{\beta}_1,\boldsymbol{\beta}_2,\cdots,\boldsymbol{\beta}_s)$$

其中 $\boldsymbol{\beta}_j$ 为 $\boldsymbol{B}$ 的第 j 个列向量,$j=1,2,\cdots,s$.则由分块矩阵的乘法

$$\boldsymbol{A}(\boldsymbol{\beta}_1,\boldsymbol{\beta}_2,\cdots,\boldsymbol{\beta}_s)=(\boldsymbol{A\beta}_1,\boldsymbol{A\beta}_2,\cdots,\boldsymbol{A\beta}_s)=(\boldsymbol{0},\boldsymbol{0},\cdots,\boldsymbol{0})$$

即

$$\boldsymbol{A\beta}_j=\boldsymbol{0} \quad (j=1,2,\cdots,s)$$

这表明矩阵 $\boldsymbol{B}$ 的每一个列向量都是齐次线性方程组 $\boldsymbol{Ax}=\boldsymbol{0}$ 的解.作为方程组$\boldsymbol{Ax}=\boldsymbol{0}$ 解向量组中的 s 个解,可知 $r(\boldsymbol{\beta}_1,\boldsymbol{\beta}_2,\cdots,\boldsymbol{\beta}_s)\leqslant n-r$,即 $r(\boldsymbol{B})\leqslant n-r(\boldsymbol{A})$或$r(\boldsymbol{A})+r(\boldsymbol{B})\leqslant n$.

二、非齐次线性方程组解的结构

非齐次线性方程组

$$\begin{cases} a_{11}x_1+a_{12}x_2+\cdots+a_{1n}x_n=b_1 \\ a_{21}x_1+a_{22}x_2+\cdots+a_{2n}x_n=b_2 \\ \cdots\cdots\cdots\cdots \\ a_{m1}x_1+a_{m2}x_2+\cdots+a_{mn}x_n=b_m \end{cases}$$

可以写成

$$\boldsymbol{A}_{m\times n}\boldsymbol{x}=\boldsymbol{b}$$

称 $\boldsymbol{Ax}=\boldsymbol{0}$ 是 $\boldsymbol{Ax}=\boldsymbol{b}$ 所对应的齐次线性方程组(或称为**导出组**).

非齐次线性方程组 $\boldsymbol{Ax}=\boldsymbol{b}$ 的解的性质如下:

性质 5　设 $\boldsymbol{\eta}_1,\boldsymbol{\eta}_2$ 是 $\boldsymbol{Ax}=\boldsymbol{b}$ 的解,则 $\boldsymbol{\eta}_1-\boldsymbol{\eta}_2$ 是 $\boldsymbol{Ax}=\boldsymbol{0}$ 的解.

证　设 $\boldsymbol{\eta}_1,\boldsymbol{\eta}_2$ 是 $\boldsymbol{Ax}=\boldsymbol{b}$ 的解,则 $\boldsymbol{A\eta}_1=\boldsymbol{b},\boldsymbol{A\eta}_2=\boldsymbol{b}$,于是

$$\boldsymbol{A}(\boldsymbol{\eta}_1-\boldsymbol{\eta}_2)=\boldsymbol{A\eta}_1-\boldsymbol{A\eta}_2=\boldsymbol{b}-\boldsymbol{b}=\boldsymbol{0}$$

所以 $\boldsymbol{\eta}_1-\boldsymbol{\eta}_2$ 是 $\boldsymbol{Ax}=\boldsymbol{0}$ 的解.

类似地,可以证明:

性质 6　设 $\boldsymbol{\eta}$ 是 $\boldsymbol{Ax}=\boldsymbol{b}$ 的解,$\boldsymbol{\xi}$ 是 $\boldsymbol{Ax}=\boldsymbol{0}$ 的解,则 $\boldsymbol{\eta}+\boldsymbol{\xi}$ 是 $\boldsymbol{Ax}=\boldsymbol{b}$ 的解.

由 $\boldsymbol{\eta},\boldsymbol{\xi}$ 的任意性,可得

定理 17　**若 $\boldsymbol{\eta}^*$ 是非齐次线性方程组 $\boldsymbol{Ax}=\boldsymbol{b}$ 的一个解,$\boldsymbol{\xi}$ 是其导出组 $\boldsymbol{Ax}=\boldsymbol{0}$ 的通解,则 $\boldsymbol{\eta}^*+\boldsymbol{\xi}$ 是 $\boldsymbol{Ax}=\boldsymbol{b}$ 的通解($\boldsymbol{\eta}^*$ 称为方程组 $\boldsymbol{Ax}=\boldsymbol{b}$ 的一个特解).**

证　按如下思路证明.首先证 $\boldsymbol{\eta}^*+\boldsymbol{\xi}$ 是 $\boldsymbol{Ax}=\boldsymbol{b}$ 的解;其次证 $\boldsymbol{Ax}=\boldsymbol{b}$ 的任意解可表示成 $\boldsymbol{\eta}^*+\boldsymbol{\xi}$ 的形式.证明如下:

(1) 因为 $\boldsymbol{\eta}^*$ 是 $\boldsymbol{Ax}=\boldsymbol{b}$ 的解,$\boldsymbol{\xi}$ 是 $\boldsymbol{Ax}=\boldsymbol{0}$ 的解,所以 $\boldsymbol{\eta}^*+\boldsymbol{\xi}$ 是 $\boldsymbol{Ax}=\boldsymbol{b}$ 的解.

(2) 设 $\boldsymbol{\eta}$ 是 $\boldsymbol{Ax}=\boldsymbol{b}$ 的任意一个解,$\boldsymbol{\xi}_1,\boldsymbol{\xi}_2,\cdots,\boldsymbol{\xi}_{n-r}$ 是 $\boldsymbol{Ax}=\boldsymbol{0}$ 的一个基础解系.因为 $\boldsymbol{\eta}^*$ 是 $\boldsymbol{Ax}=\boldsymbol{b}$ 的一个解,所以 $\boldsymbol{\eta}-\boldsymbol{\eta}^*$ 是 $\boldsymbol{Ax}=\boldsymbol{0}$ 的一个解,所以,存在常数 $k_1,k_2,\cdots,k_{n-r}$,使得 $\boldsymbol{\eta}-\boldsymbol{\eta}^*=k_1\boldsymbol{\xi}_1+k_2\boldsymbol{\xi}_2+\cdots+k_{n-r}\boldsymbol{\xi}_{n-r}$,即 $\boldsymbol{\eta}=k_1\boldsymbol{\xi}_1+k_2\boldsymbol{\xi}_2+\cdots+k_{n-r}\boldsymbol{\xi}_{n-r}+\boldsymbol{\eta}^*=\boldsymbol{\eta}^*+\boldsymbol{\xi}$.

综合(1)和(2)可知,$\boldsymbol{\eta}^*+\boldsymbol{\xi}$ 是 $\boldsymbol{Ax}=\boldsymbol{b}$ 的通解.

注　(1) 如果非齐次线性方程组 $\boldsymbol{Ax}=\boldsymbol{b}$ 有解,则只需求出它的一个特解 $\boldsymbol{\eta}^*$,并求出 $\boldsymbol{Ax}=\boldsymbol{0}$ 的基础解系 $\boldsymbol{\xi}_1,\boldsymbol{\xi}_2,\cdots,\boldsymbol{\xi}_{n-r}$,则 $\boldsymbol{Ax}=\boldsymbol{b}$ 的通解可以表示为

$$\boldsymbol{\eta}=k_1\boldsymbol{\xi}_1+k_2\boldsymbol{\xi}_2+\cdots+k_{n-r}\boldsymbol{\xi}_{n-r}+\boldsymbol{\eta}^*$$

(2) 如果齐次线性方程组 $\boldsymbol{Ax}=\boldsymbol{0}$ 只有零解,而非齐次线性方程组 $\boldsymbol{Ax}=\boldsymbol{b}$ 有解,则它必然有唯一解.即当 $r(\boldsymbol{A})=r(\boldsymbol{A}\mid\boldsymbol{b})=n$ 时方程组 $\boldsymbol{Ax}=\boldsymbol{b}$ 有唯一解.

例 23　求解方程组

$$\begin{cases} x_1+x_2-3x_3-x_4=1 \\ 3x_1-x_2-3x_3+4x_4=4 \\ x_1+5x_2-9x_3-8x_4=0 \end{cases}$$

解　对方程组的增广矩阵$(\boldsymbol{A}\mid\boldsymbol{b})$进行初等行变换,化成行阶梯形矩阵

$$(\boldsymbol{A}\mid\boldsymbol{b})=\left(\begin{array}{cccc:c} 1 & 1 & -3 & -1 & 1 \\ 3 & -1 & -3 & 4 & 4 \\ 1 & 5 & -9 & -8 & 0 \end{array}\right)\to\left(\begin{array}{cccc:c} 1 & 1 & -3 & -1 & 1 \\ 0 & -4 & 6 & 7 & 1 \\ 0 & 4 & -6 & -7 & -1 \end{array}\right)$$

$$\to\left(\begin{array}{cccc:c} 1 & 1 & -3 & -1 & 1 \\ 0 & -4 & 6 & 7 & 1 \\ 0 & 0 & 0 & 0 & 0 \end{array}\right)=\boldsymbol{B}$$

由此可得 $r(\boldsymbol{A})=r(\boldsymbol{A}\mid\boldsymbol{b})=2<4$,所以方程组有无穷多解.对矩阵 $\boldsymbol{B}$ 继续作初等行变换,化为行最简形矩阵:

$$\boldsymbol{B}=\left(\begin{array}{cccc:c}1 & 1 & -3 & -1 & 1\\0 & -4 & 6 & 7 & 1\\0 & 0 & 0 & 0 & 0\end{array}\right)\to\left(\begin{array}{cccc:c}1 & 0 & -\frac{3}{2} & \frac{3}{4} & \frac{5}{4}\\0 & 1 & -\frac{3}{2} & -\frac{7}{4} & -\frac{1}{4}\\0 & 0 & 0 & 0 & 0\end{array}\right)$$

可得与原方程组同解的方程组为

$$\begin{cases}x_1=\frac{5}{4}+\frac{3}{2}x_3-\frac{3}{4}x_4\\x_2=-\frac{1}{4}+\frac{3}{2}x_3+\frac{7}{4}x_4\\x_3=x_3\\x_4=x_4\end{cases}$$

从而导出组的一个基础解系为

$$\boldsymbol{\xi}_1=\begin{pmatrix}\frac{3}{2}\\\frac{3}{2}\\1\\0\end{pmatrix},\quad\boldsymbol{\xi}_2=\begin{pmatrix}-\frac{3}{4}\\\frac{7}{4}\\0\\1\end{pmatrix}$$

令自由未知量 $x_3=x_4=0$,得原方程组的一个特解为

$$\boldsymbol{\eta}^*=\left(\frac{5}{4},-\frac{1}{4},0,0\right)^{\mathrm{T}}$$

于是所求原方程组的通解为

$$\boldsymbol{\eta}=\boldsymbol{\eta}^*+k_1\boldsymbol{\xi}_1+k_2\boldsymbol{\xi}_2\quad(k_1,k_2\in\mathbf{R})$$

例 24 设 $\boldsymbol{\eta}_1,\boldsymbol{\eta}_2$ 是 3 元线性方程组 $\boldsymbol{Ax}=\boldsymbol{b}$ 的两个不同的解向量,且 $r(\boldsymbol{A})=2$,求方程组 $\boldsymbol{Ax}=\boldsymbol{b}$ 的通解.

解 由于 $r(\boldsymbol{A})=2,n=3$,所以 $\boldsymbol{Ax}=\mathbf{0}$ 的基础解系只有一个解向量.由于 $\boldsymbol{\eta}_1,\boldsymbol{\eta}_2$ 是方程组 $\boldsymbol{Ax}=\boldsymbol{b}$ 的解,且 $\boldsymbol{\eta}_1\neq\boldsymbol{\eta}_2$,所以 $\boldsymbol{\eta}_1-\boldsymbol{\eta}_2$ 是 $\boldsymbol{Ax}=\mathbf{0}$ 的非零解,也是 $\boldsymbol{Ax}=\mathbf{0}$ 的基础解系.所以,$\boldsymbol{Ax}=\boldsymbol{b}$ 的通解是 $\boldsymbol{x}=\boldsymbol{\eta}_1+k_1(\boldsymbol{\eta}_1-\boldsymbol{\eta}_2)(k_1\in\mathbf{R})$.

§3.7 向量的内积与正交化方法

众所周知,平面解析几何中的向量具有长度和夹角,而且这两个概念都可以通过向量的数量积来描述.本节我们将把数量积的概念推广到 n 维向量空间 $\mathbf{R}^n$,然后定义 n 维向量的长度

和夹角等概念.

一、向量的内积

在向量代数与空间解析几何中,向量 $\boldsymbol{\alpha}$ 与 $\boldsymbol{\beta}$ 的数量积定义为 $(\boldsymbol{\alpha},\boldsymbol{\beta})=\|\boldsymbol{\alpha}\|\ \|\boldsymbol{\beta}\|\cos\theta$,其中 $\|\boldsymbol{\alpha}\|$ 是向量 $\boldsymbol{\alpha}$ 的长度或模,θ 是 $\boldsymbol{\alpha}$ 与 $\boldsymbol{\beta}$ 的夹角.当向量用坐标表示的时候,数量积又可以表示为 $(\boldsymbol{\alpha},\boldsymbol{\beta})=x_1y_1+x_2y_2+x_3y_3$.

为了对 $\mathbf{R}^n$ 进行深入的研究,下面引入 n 维向量的数量积,也就是内积.

定义 14 设有 n 维向量 $\boldsymbol{\alpha},\boldsymbol{\beta}\in\mathbf{R}^n$:

$$\boldsymbol{\alpha}=\begin{pmatrix}x_1\\x_2\\\vdots\\x_n\end{pmatrix},\quad \boldsymbol{\beta}=\begin{pmatrix}y_1\\y_2\\\vdots\\y_n\end{pmatrix}$$

令 $(\boldsymbol{\alpha},\boldsymbol{\beta})=x_1y_1+x_2y_2+\cdots+x_ny_n$,称 $(\boldsymbol{\alpha},\boldsymbol{\beta})$ 为向量 $\boldsymbol{\alpha}$ 与 $\boldsymbol{\beta}$ 的**内积**(inner product).

内积是向量的一种运算,当 $\boldsymbol{\alpha}$ 与 $\boldsymbol{\beta}$ 都是列向量时,按矩阵乘法,有

$$(\boldsymbol{\alpha},\boldsymbol{\beta})=\boldsymbol{\alpha}^{\mathrm{T}}\boldsymbol{\beta}$$

对于行向量 $\boldsymbol{\alpha}$ 与 $\boldsymbol{\beta}$,则有

$$(\boldsymbol{\alpha},\boldsymbol{\beta})=\boldsymbol{\alpha}\boldsymbol{\beta}^{\mathrm{T}}$$

例如,若某商店有四种商品存货向量为 $\boldsymbol{\alpha}=\begin{pmatrix}300\\280\\270\\240\end{pmatrix}$,单价向量为 $\boldsymbol{\beta}=\begin{pmatrix}30\\25\\40\\15\end{pmatrix}$,则该商店四种商品的存货总值为 $(\boldsymbol{\alpha},\boldsymbol{\beta})=300\times30+280\times25+270\times40+240\times15=30\ 400$.

当 $n=3$ 时,内积 $(\boldsymbol{\alpha},\boldsymbol{\beta})=x_1y_1+x_2y_2+x_3y_3$ 即为 $\mathbf{R}^3$ 上的数量积.

内积具有下列性质(其中 $\boldsymbol{\alpha},\boldsymbol{\beta}$ 和 $\boldsymbol{\gamma}$ 是 n 维实向量,k 是实数):

(1) $(\boldsymbol{\alpha},\boldsymbol{\beta})=(\boldsymbol{\beta},\boldsymbol{\alpha})$;

(2) $(k\boldsymbol{\alpha},\boldsymbol{\beta})=k(\boldsymbol{\alpha},\boldsymbol{\beta})$;

(3) $(\boldsymbol{\alpha}+\boldsymbol{\beta},\boldsymbol{\gamma})=(\boldsymbol{\alpha},\boldsymbol{\gamma})+(\boldsymbol{\beta},\boldsymbol{\gamma})$;

(4) $(\boldsymbol{\alpha},\boldsymbol{\alpha})\geqslant0$,当且仅当 $\boldsymbol{\alpha}=\mathbf{0}$ 时有 $(\boldsymbol{\alpha},\boldsymbol{\alpha})=0$.

二、向量的长度和性质

定义 15 对任意 n 维向量 $\boldsymbol{\alpha}=(x_1,x_2,\cdots,x_n)^{\mathrm{T}}$,实数 $\sqrt{(\boldsymbol{\alpha},\boldsymbol{\alpha})}$ 称为向量 $\boldsymbol{\alpha}$ 的长度,记作 $\|\boldsymbol{\alpha}\|$,即

$$\|\boldsymbol{\alpha}\|=\sqrt{(\boldsymbol{\alpha},\boldsymbol{\alpha})}=\sqrt{x_1^2+x_2^2+\cdots+x_n^2}$$

例如,设 $\boldsymbol{\alpha}=(1,2,-1,4)^{\mathrm{T}}$,则 $\|\boldsymbol{\alpha}\|=\sqrt{(\boldsymbol{\alpha},\boldsymbol{\alpha})}=\sqrt{1^2+2^2+(-1)^2+4^2}=\sqrt{22}$.

向量的长度有以下性质:

(1) 非负性:$\|\boldsymbol{\alpha}\|\geqslant 0$,当且仅当 $\boldsymbol{\alpha}=\mathbf{0}$ 时有 $\|\boldsymbol{\alpha}\|=0$;

(2) 齐次性:$\|k\boldsymbol{\alpha}\|=|k|\,\|\boldsymbol{\alpha}\|$;

(3) 三角形不等式:$\|\boldsymbol{\alpha}+\boldsymbol{\beta}\|\leqslant\|\boldsymbol{\alpha}\|+\|\boldsymbol{\beta}\|$;

(4) 柯西-施瓦茨(Cauchy-Schwarz)不等式:$(\boldsymbol{\alpha},\boldsymbol{\beta})^2\leqslant(\boldsymbol{\alpha},\boldsymbol{\alpha})(\boldsymbol{\beta},\boldsymbol{\beta})$.

这里只证性质(4).

若 $\boldsymbol{\alpha}=\mathbf{0}$,性质(4)显然成立.下设 $\boldsymbol{\alpha}\neq\mathbf{0}$,则对任意 $t\in\mathbf{R}$,有

$$0\leqslant(t\boldsymbol{\alpha}+\boldsymbol{\beta},t\boldsymbol{\alpha}+\boldsymbol{\beta})=\|\boldsymbol{\alpha}\|^2t^2+2(\boldsymbol{\alpha},\boldsymbol{\beta})t+\|\boldsymbol{\beta}\|^2$$

取 $t=-\dfrac{(\boldsymbol{\alpha},\boldsymbol{\beta})}{\|\boldsymbol{\alpha}\|^2}$,代入上式得 $0\leqslant-\dfrac{(\boldsymbol{\alpha},\boldsymbol{\beta})^2}{\|\boldsymbol{\alpha}\|^2}+\|\boldsymbol{\beta}\|^2$,即得性质(4).

当 $\|\boldsymbol{\alpha}\|=1$ 时,$\boldsymbol{\alpha}$ 称为**单位向量**.对于非零向量 $\boldsymbol{\beta}$,令 $\boldsymbol{\beta}^0=\dfrac{\boldsymbol{\beta}}{\|\boldsymbol{\beta}\|}$,则 $\boldsymbol{\beta}^0$ 是单位向量,这是因为

$$\|\boldsymbol{\beta}^0\|=\left\|\frac{\boldsymbol{\beta}}{\|\boldsymbol{\beta}\|}\right\|=\frac{1}{\|\boldsymbol{\beta}\|}\|\boldsymbol{\beta}\|=1$$

这种由非零向量 $\boldsymbol{\beta}$ 计算对应的单位向量 $\boldsymbol{\beta}^0$ 的过程,称为**向量 $\boldsymbol{\beta}$ 的单位化**(或称为**规范化**、**标准化**).

当 $\boldsymbol{\alpha},\boldsymbol{\beta}$ 都为非零向量时,两个向量 $\boldsymbol{\alpha}$ 和 $\boldsymbol{\beta}$ 的**夹角**规定为

$$\theta=\arccos\frac{(\boldsymbol{\alpha},\boldsymbol{\beta})}{\|\boldsymbol{\alpha}\|\,\|\boldsymbol{\beta}\|}$$

当 $(\boldsymbol{\alpha},\boldsymbol{\beta})=0$ 时,$\theta=\dfrac{\pi}{2}$,反之亦然.因此,两个非零向量的内积为零当且仅当它们的夹角是 $\dfrac{\pi}{2}$.

例 25 已知 $\boldsymbol{\alpha}=(2,1,-3,1)^{\mathrm{T}}$,$\boldsymbol{\beta}=(4,2,3,-1)^{\mathrm{T}}$.求 $\|\boldsymbol{\alpha}\|$,$\boldsymbol{\beta}^0$,$\boldsymbol{\alpha}$ 与 $\boldsymbol{\beta}$ 的夹角.

解 $\|\boldsymbol{\alpha}\|=\sqrt{2^2+1^2+(-3)^2+1^2}=\sqrt{15}$

$$\|\boldsymbol{\beta}\|=\sqrt{4^2+2^2+3^2+(-1)^2}=\sqrt{30}$$

$$\boldsymbol{\beta}^0=\frac{\boldsymbol{\beta}}{\|\boldsymbol{\beta}\|}=\left(\frac{4}{\sqrt{30}},\frac{2}{\sqrt{30}},\frac{3}{\sqrt{30}},\frac{-1}{\sqrt{30}}\right)$$

因为 $(\boldsymbol{\alpha},\boldsymbol{\beta})=2\times4+1\times2+(-3)\times3+1\times(-1)=0$,故 $\boldsymbol{\alpha}$ 与 $\boldsymbol{\beta}$ 的夹角为 $\dfrac{\pi}{2}$.

三、正交向量组

定义 16 若两向量 $\boldsymbol{\alpha},\boldsymbol{\beta}$ 的内积

$$(\boldsymbol{\alpha},\boldsymbol{\beta})=0$$

则称 $\boldsymbol{\alpha}$ 与 $\boldsymbol{\beta}$ **正交**,记作 $\boldsymbol{\alpha}\perp\boldsymbol{\beta}$.

在平面或空间内,两个向量正交即互相垂直.

显然,零向量与任意同维向量正交.

定义 17 设 $\boldsymbol{\alpha}_1,\boldsymbol{\alpha}_2,\cdots,\boldsymbol{\alpha}_s$ 是一组两两正交的非零向量,则向量组 $\boldsymbol{\alpha}_1,\boldsymbol{\alpha}_2,\cdots,\boldsymbol{\alpha}_s$ 称为**正交向量组**;若向量组 $\boldsymbol{\alpha}_1,\boldsymbol{\alpha}_2,\cdots,\boldsymbol{\alpha}_s$ 还均是单位向量,则称 $\boldsymbol{\alpha}_1,\boldsymbol{\alpha}_2,\cdots,\boldsymbol{\alpha}_s$ 为**标准正交向量组**,简称为**标准正交组**.

例如,向量组 $\boldsymbol{\alpha}_1=\begin{pmatrix}0\\1\\-1\end{pmatrix},\boldsymbol{\alpha}_2=\begin{pmatrix}0\\1\\1\end{pmatrix},\boldsymbol{\alpha}_3=\begin{pmatrix}2\\0\\0\end{pmatrix}$ 为正交向量组:$\boldsymbol{\beta}_1=\begin{pmatrix}0\\\frac{\sqrt{2}}{2}\\\frac{\sqrt{2}}{2}\end{pmatrix},\boldsymbol{\beta}_2=\begin{pmatrix}0\\-\frac{\sqrt{2}}{2}\\\frac{\sqrt{2}}{2}\end{pmatrix},\boldsymbol{\beta}_3=\begin{pmatrix}1\\0\\0\end{pmatrix}$ 为标准正交向量组.

向量组 $\boldsymbol{\alpha}_1,\boldsymbol{\alpha}_2,\cdots,\boldsymbol{\alpha}_s$ 是标准正交组的充分必要条件是

$$(\boldsymbol{\alpha}_i,\boldsymbol{\alpha}_j)=\delta_{ij}=\begin{cases}1, & i=j\\0, & i\neq j\end{cases}\quad(i,j=1,2,\cdots,s)$$

定理 18 **若 $\boldsymbol{\alpha}_1,\boldsymbol{\alpha}_2,\cdots,\boldsymbol{\alpha}_s$ 是正交向量组,则 $\boldsymbol{\alpha}_1,\boldsymbol{\alpha}_2,\cdots,\boldsymbol{\alpha}_s$ 线性无关.**

证 设有 s 个数 $\lambda_1,\lambda_2,\cdots,\lambda_s$,使得

$$\lambda_1\boldsymbol{\alpha}_1+\lambda_2\boldsymbol{\alpha}_2+\cdots+\lambda_s\boldsymbol{\alpha}_s=\mathbf{0}$$

上式两边分别与 $\boldsymbol{\alpha}_1$ 作内积得

$$\lambda_1(\boldsymbol{\alpha}_1,\boldsymbol{\alpha}_1)+\lambda_2(\boldsymbol{\alpha}_2,\boldsymbol{\alpha}_1)+\cdots+\lambda_s(\boldsymbol{\alpha}_s,\boldsymbol{\alpha}_1)=(\mathbf{0},\boldsymbol{\alpha}_1)=0$$

由正交定义知 $(\boldsymbol{\alpha}_i,\boldsymbol{\alpha}_j)=0(i\neq j,i,j=2,\cdots,s)$,所以

$$\lambda_1(\boldsymbol{\alpha}_1,\boldsymbol{\alpha}_1)=\lambda_1\|\boldsymbol{\alpha}_1\|^2=0$$

由 $\boldsymbol{\alpha}_1\neq\mathbf{0}$ 得 $\|\boldsymbol{\alpha}_1\|\neq 0$,于是

$$\lambda_1=0$$

同理可证 $\lambda_2,\lambda_3,\cdots,\lambda_s$ 都为 0,所以 $\boldsymbol{\alpha}_1,\boldsymbol{\alpha}_2,\cdots,\boldsymbol{\alpha}_s$ 线性无关.

例 26 已知 $\boldsymbol{\alpha}_1=(1,1,1)^{\mathrm{T}},\boldsymbol{\alpha}_2=(1,-2,1)^{\mathrm{T}}$ 正交,试求一个非零向量 $\boldsymbol{\alpha}_3$,使 $\boldsymbol{\alpha}_1,\boldsymbol{\alpha}_2,\boldsymbol{\alpha}_3$ 为正交向量组.

解 由题设,$(\boldsymbol{\alpha}_1,\boldsymbol{\alpha}_3)=0,(\boldsymbol{\alpha}_2,\boldsymbol{\alpha}_3)=0$.

令 $\boldsymbol{\alpha}_3=(x_1,x_2,x_3)^{\mathrm{T}}$,则

$$\begin{cases}x_1+x_2+x_3=0\\x_1-2x_2+x_3=0\end{cases}$$

解方程组得基础解系为 $\begin{pmatrix}-1\\0\\1\end{pmatrix}$,取 $\boldsymbol{\alpha}_3=\begin{pmatrix}-1\\0\\1\end{pmatrix}$.则 $\boldsymbol{\alpha}_1,\boldsymbol{\alpha}_2,\boldsymbol{\alpha}_3$ 为正交向量组.

对于线性无关的向量组 $\boldsymbol{\alpha}_1,\boldsymbol{\alpha}_2,\cdots,\boldsymbol{\alpha}_s$，我们可以求得与其等价的正交向量组，这一过程称为向量组的正交化过程.

施密特正交化方法就是解决上述问题的方法.

定理 19 **设 $\boldsymbol{\alpha}_1,\boldsymbol{\alpha}_2,\cdots,\boldsymbol{\alpha}_n$ 是向量空间 V 的一个线性无关的向量组，令**

$$\boldsymbol{\beta}_1=\boldsymbol{\alpha}_1$$

$$\boldsymbol{\beta}_2=\boldsymbol{\alpha}_2-\frac{(\boldsymbol{\alpha}_2,\boldsymbol{\beta}_1)}{(\boldsymbol{\beta}_1,\boldsymbol{\beta}_1)}\boldsymbol{\beta}_1$$

$$\boldsymbol{\beta}_3=\boldsymbol{\alpha}_3-\frac{(\boldsymbol{\alpha}_3,\boldsymbol{\beta}_1)}{(\boldsymbol{\beta}_1,\boldsymbol{\beta}_1)}\boldsymbol{\beta}_1-\frac{(\boldsymbol{\alpha}_3,\boldsymbol{\beta}_2)}{(\boldsymbol{\beta}_2,\boldsymbol{\beta}_2)}\boldsymbol{\beta}_2$$

$$\vdots$$

$$\boldsymbol{\beta}_n=\boldsymbol{\alpha}_n-\frac{(\boldsymbol{\alpha}_n,\boldsymbol{\beta}_1)}{(\boldsymbol{\beta}_1,\boldsymbol{\beta}_1)}\boldsymbol{\beta}_1-\cdots-\frac{(\boldsymbol{\alpha}_n,\boldsymbol{\beta}_{n-1})}{(\boldsymbol{\beta}_{n-1},\boldsymbol{\beta}_{n-1})}\boldsymbol{\beta}_{n-1}$$

则 $\boldsymbol{\beta}_1,\boldsymbol{\beta}_2,\cdots,\boldsymbol{\beta}_n$ 是与 $\boldsymbol{\alpha}_1,\boldsymbol{\alpha}_2,\cdots,\boldsymbol{\alpha}_n$ 等价的正交向量组.这个方法称为施密特正交化(Schmidt orthogonalization**)方法.**

证明略.

如果对 $\boldsymbol{\beta}_1,\boldsymbol{\beta}_2,\cdots,\boldsymbol{\beta}_n$ 进行单位化，即

$$\boldsymbol{\gamma}_1=\frac{1}{\|\boldsymbol{\beta}_1\|}\boldsymbol{\beta}_1,\boldsymbol{\gamma}_2=\frac{1}{\|\boldsymbol{\beta}_2\|}\boldsymbol{\beta}_2,\cdots,\boldsymbol{\gamma}_n=\frac{1}{\|\boldsymbol{\beta}_n\|}\boldsymbol{\beta}_n$$

则 $\boldsymbol{\gamma}_1,\boldsymbol{\gamma}_2,\cdots,\boldsymbol{\gamma}_n$ 是与 $\boldsymbol{\alpha}_1,\boldsymbol{\alpha}_2,\cdots,\boldsymbol{\alpha}_n$ 等价的标准正交向量组.

四、标准正交基及其求法

定义 18 (1) 若 $\boldsymbol{\alpha}_1,\boldsymbol{\alpha}_2,\cdots,\boldsymbol{\alpha}_s$ 是向量空间 V 的一组基，又是正交向量组，则称这组基为 V 的一组**正交基**；

(2) 若 $\boldsymbol{\alpha}_1,\boldsymbol{\alpha}_2,\cdots,\boldsymbol{\alpha}_s$ 是向量空间 V 的一组基，又是标准正交向量组，则称这组基为 V 的一组**标准正交基**.

例如

$$\boldsymbol{\alpha}_1=\begin{pmatrix}\frac{1}{\sqrt{2}}\\-\frac{1}{\sqrt{2}}\\0\\0\end{pmatrix},\quad \boldsymbol{\alpha}_2=\begin{pmatrix}\frac{1}{\sqrt{2}}\\\frac{1}{\sqrt{2}}\\0\\0\end{pmatrix},\quad \boldsymbol{\alpha}_3=\begin{pmatrix}0\\0\\\frac{1}{\sqrt{2}}\\\frac{1}{\sqrt{2}}\end{pmatrix},\quad \boldsymbol{\alpha}_4=\begin{pmatrix}0\\0\\\frac{1}{\sqrt{2}}\\-\frac{1}{\sqrt{2}}\end{pmatrix}$$

是 $\mathbf{R}^4=\{\boldsymbol{x}\mid \boldsymbol{x}=(x_1,x_2,x_3,x_4)^{\mathrm{T}},x_i\in\mathbf{R},i=1,2,3,4\}$ 的一组标准正交基.

注　因为正交化会改变向量的长度，所以标准正交化的过程一定是先正交化再进行单位化.

例 27 已知 $\boldsymbol{\alpha}_1=\begin{pmatrix}1\\2\\-1\end{pmatrix},\boldsymbol{\alpha}_2=\begin{pmatrix}-1\\3\\1\end{pmatrix},\boldsymbol{\alpha}_3=\begin{pmatrix}4\\-1\\0\end{pmatrix}$是一个线性无关的向量组,试用施密特正交化过程把这组向量标准正交化.

解 取

$$\boldsymbol{\beta}_1=\boldsymbol{\alpha}_1$$

$$\boldsymbol{\beta}_2=\boldsymbol{\alpha}_2-\frac{(\boldsymbol{\alpha}_2,\boldsymbol{\beta}_1)}{(\boldsymbol{\beta}_1,\boldsymbol{\beta}_1)}\boldsymbol{\beta}_1=\begin{pmatrix}-1\\3\\1\end{pmatrix}-\frac{4}{6}\begin{pmatrix}1\\2\\-1\end{pmatrix}=\frac{5}{3}\begin{pmatrix}-1\\1\\1\end{pmatrix}$$

$$\boldsymbol{\beta}_3=\boldsymbol{\alpha}_3-\frac{(\boldsymbol{\alpha}_3,\boldsymbol{\beta}_1)}{(\boldsymbol{\beta}_1,\boldsymbol{\beta}_1)}\boldsymbol{\beta}_1-\frac{(\boldsymbol{\alpha}_3,\boldsymbol{\beta}_2)}{(\boldsymbol{\beta}_2,\boldsymbol{\beta}_2)}\boldsymbol{\beta}_2=\begin{pmatrix}4\\-1\\0\end{pmatrix}-\frac{1}{3}\begin{pmatrix}1\\2\\-1\end{pmatrix}+\frac{5}{3}\begin{pmatrix}-1\\1\\1\end{pmatrix}=2\begin{pmatrix}1\\0\\1\end{pmatrix}$$

再把它们单位化

$$\boldsymbol{\gamma}_1=\frac{1}{\|\boldsymbol{\beta}_1\|}\boldsymbol{\beta}_1=\frac{1}{\sqrt{6}}\begin{pmatrix}1\\2\\-1\end{pmatrix},\quad \boldsymbol{\gamma}_2=\frac{1}{\|\boldsymbol{\beta}_2\|}\boldsymbol{\beta}_2=\frac{1}{\sqrt{3}}\begin{pmatrix}-1\\1\\1\end{pmatrix},\quad \boldsymbol{\gamma}_3=\frac{1}{\|\boldsymbol{\beta}_3\|}\boldsymbol{\beta}_3=\frac{1}{\sqrt{2}}\begin{pmatrix}1\\0\\1\end{pmatrix}$$

$\boldsymbol{\gamma}_1,\boldsymbol{\gamma}_2,\boldsymbol{\gamma}_3$ 即为所求.

标准正交基的意义在于:若 $\boldsymbol{\alpha}_1,\boldsymbol{\alpha}_2,\cdots,\boldsymbol{\alpha}_n$ 是标准正交基,且 $\boldsymbol{\alpha}=x_1\boldsymbol{\alpha}_1+x_2\boldsymbol{\alpha}_2+\cdots+x_n\boldsymbol{\alpha}_n$,则 $x_i=(\boldsymbol{\alpha}_i,\boldsymbol{\alpha}),i=1,2,\cdots,n$.而此前为了求 x_i,必须求解线性方程组才行.

五、正交矩阵

定义 19 设 n 阶方阵 $\boldsymbol{A}$ 满足

$$\boldsymbol{A}\boldsymbol{A}^{\mathrm{T}}=\boldsymbol{E}$$

则 $\boldsymbol{A}$ 称为**正交矩阵**,简称为**正交阵**.

由定义 19 可知,正交矩阵 $\boldsymbol{A}$ 可逆,且 $\boldsymbol{A}^{\mathrm{T}}\boldsymbol{A}=\boldsymbol{E}$.

正交矩阵 $\boldsymbol{A}$ 具有如下性质:

定理 20 **设 $\boldsymbol{A},\boldsymbol{B}$ 都是 n 阶正交矩阵,则**

(1) $|\boldsymbol{A}|=\pm1$;

(2) $\boldsymbol{A}$ 可逆,且 $\boldsymbol{A}^{-1}=\boldsymbol{A}^{\mathrm{T}}$;

(3) $\boldsymbol{A}^{-1}$(即 $\boldsymbol{A}^{\mathrm{T}}$),$\boldsymbol{A}^{*}$ 也是正交矩阵;

(4) $\boldsymbol{AB}$ 也是正交矩阵.

证 只证(1),其余性质留给读者作为练习.

因为 $\boldsymbol{A}\boldsymbol{A}^{\mathrm{T}}=\boldsymbol{E}$,两边求行列式有 $|\boldsymbol{A}||\boldsymbol{A}^{\mathrm{T}}|=|\boldsymbol{E}|=1$,即 $|\boldsymbol{A}|^2=1$,所以 $|\boldsymbol{A}|=\pm1$.

定理 21 **$\boldsymbol{A}$ 是正交矩阵的充分必要条件是 $\boldsymbol{A}$ 的列(行)向量组是标准正交向量组.**

证 设 $\boldsymbol{A}$ 是正交矩阵,将 $\boldsymbol{A}$ 按列分块为

$$\boldsymbol{A}=(\boldsymbol{\alpha}_1,\boldsymbol{\alpha}_2,\cdots,\boldsymbol{\alpha}_n)$$

于是 $\boldsymbol{A}^{\mathrm{T}}\boldsymbol{A}=\boldsymbol{E}$ 可以写成

$$A^{\mathrm{T}}A=\begin{pmatrix}\boldsymbol{\alpha}_1^{\mathrm{T}}\\ \boldsymbol{\alpha}_2^{\mathrm{T}}\\ \vdots\\ \boldsymbol{\alpha}_n^{\mathrm{T}}\end{pmatrix}(\boldsymbol{\alpha}_1,\boldsymbol{\alpha}_2,\cdots,\boldsymbol{\alpha}_n)=\begin{pmatrix}\boldsymbol{\alpha}_1^{\mathrm{T}}\boldsymbol{\alpha}_1 & \boldsymbol{\alpha}_1^{\mathrm{T}}\boldsymbol{\alpha}_2 & \cdots & \boldsymbol{\alpha}_1^{\mathrm{T}}\boldsymbol{\alpha}_n\\ \boldsymbol{\alpha}_2^{\mathrm{T}}\boldsymbol{\alpha}_1 & \boldsymbol{\alpha}_2^{\mathrm{T}}\boldsymbol{\alpha}_2 & \cdots & \boldsymbol{\alpha}_2^{\mathrm{T}}\boldsymbol{\alpha}_n\\ \vdots & \vdots & & \vdots\\ \boldsymbol{\alpha}_n^{\mathrm{T}}\boldsymbol{\alpha}_1 & \boldsymbol{\alpha}_n^{\mathrm{T}}\boldsymbol{\alpha}_2 & \cdots & \boldsymbol{\alpha}_n^{\mathrm{T}}\boldsymbol{\alpha}_n\end{pmatrix}=\begin{pmatrix}1 & 0 & \cdots & 0\\ 0 & 1 & \cdots & 0\\ \vdots & \vdots & & \vdots\\ 0 & 0 & \cdots & 1\end{pmatrix}$$

因此 $A^{\mathrm{T}}A=E$ 的充分必要条件是 $(\boldsymbol{\alpha}_i,\boldsymbol{\alpha}_j)=\boldsymbol{\alpha}_i^{\mathrm{T}}\boldsymbol{\alpha}_j=\begin{cases}1, & i=j\\ 0, & i\neq j\end{cases}$，$i,j=1,2,\cdots,n$. 因此 A 的列向量组是标准正交向量组.

由 $AA^{\mathrm{T}}=E$ 与 $A^{\mathrm{T}}A=E$ 同时成立可知，A 的行向量组也是标准正交向量组.

例 28 设

$$A=\begin{pmatrix}a & -\frac{1}{2} & \frac{1}{2} & -\frac{1}{2}\\ \frac{1}{2} & b & -\frac{1}{2} & \frac{1}{2}\\ \frac{1}{\sqrt{2}} & \frac{1}{\sqrt{2}} & c & 0\\ 0 & 0 & \frac{1}{\sqrt{2}} & d\end{pmatrix}$$

是正交矩阵，求 a,b,c,d.

解 由于 A 为正交矩阵，所以 A 的行(列)向量组为标准正交向量组.

由 A 的第 1、第 4 个列向量正交得

$$-\frac{1}{2}a+\frac{1}{4}=0,\quad 即\quad a=\frac{1}{2}.$$

由 A 的第 2、第 4 个列向量正交得

$$\frac{1}{4}+\frac{1}{2}b=0,\quad 即\quad b=-\frac{1}{2}.$$

由 A 的第 3、第 4 个行向量正交得

$$\frac{1}{\sqrt{2}}c=0,\quad 即\quad c=0.$$

由 A 的第 1、第 4 个行向量正交得

$$\frac{1}{2\sqrt{2}}-\frac{1}{2}d=0,\quad 即\quad d=\frac{1}{\sqrt{2}}.$$

于是

$$a=\frac{1}{2},\quad b=-\frac{1}{2},\quad c=0,\quad d=\frac{1}{\sqrt{2}}$$

§3.8 应用实例

例 29 所谓多项式插值就是对于一组给定的数据(如来自采样的数据),寻找一个恰好通过这组数据点的多项式,这样的多项式称为**插值多项式**.多项式插值可以根据少量的数据点来逼近复杂的多项式曲线.

假设实验数据是平面上的点(1,12),(2,15),(3,16),插值多项式为 $p(x)=a_2x^2+a_1x+a_0$,求系数 a_0,a_1,a_2.

解 根据条件有

$$p(1)=1^2a_2+1a_1+a_0=a_0+a_1+a_2=12$$

$$p(2)=2^2a_2+2a_1+a_0=4a_2+2a_1+a_0=15$$

$$p(3)=3^2a_2+3a_1+a_0=9a_2+3a_1+a_0=16$$

从而得到三元线性方程组

$$\begin{cases} a_0+\ a_1+\ a_2=12 \\ a_0+2a_1+4a_2=15 \\ a_0+3a_1+9a_2=16 \end{cases}$$

用消元法解得

$$\begin{cases} a_0=\ 7 \\ a_1=\ 6 \\ a_2=-1 \end{cases}$$

因此插值多项式为 $p(x)=-x^2+6x+7$.

例 30 某城市四条单行道在 18 时至 19 时的交通流量如图 3-2 所示,其中 A,B,C,D 表示四个十字路口,每一路段的车行方向用箭头表示、车流量(单位:辆/h)用数字或未知量 x_1,x_2,x_3,x_4 表示.

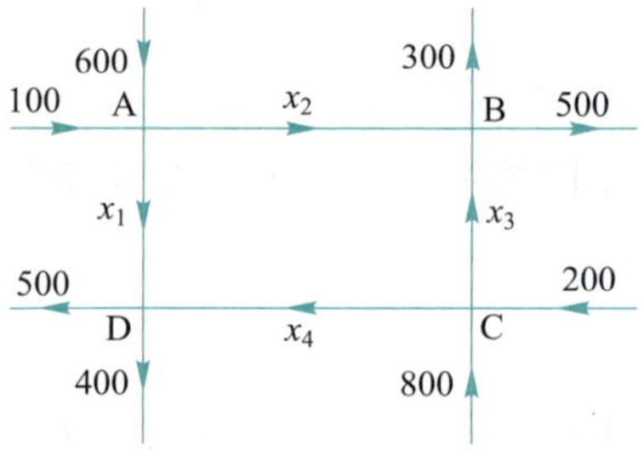

图 3-2

为了使四个十字路口不发生拥堵,必须保证每个路口进出的车辆数平衡.试求 x_4 取最小值时各路段的交通流量.

解 根据各个路口进入和离开的车辆数相等,依次考察路口 A,B,C,D 的情况,得到交通流量的线性方程组

$$\begin{cases} x_1+x_2 \qquad\qquad =700 \\ \qquad x_2+x_3 \qquad =800 \\ \qquad\qquad x_3+x_4=1\,000 \\ x_1 \qquad\qquad +x_4=900 \end{cases}$$

对方程组的增广矩阵进行初等行变换，化成行阶梯形矩阵

$$(\boldsymbol{A} \vdots \boldsymbol{b})=\begin{pmatrix}1&1&0&0&700\\0&1&1&0&800\\0&0&1&1&1\ 000\\1&0&0&1&900\end{pmatrix}\rightarrow\begin{pmatrix}1&1&0&0&700\\0&1&1&0&800\\0&0&1&1&1\ 000\\0&0&0&0&0\end{pmatrix}$$

由于 $r(\boldsymbol{A})=r(\boldsymbol{A} \vdots \boldsymbol{b})=3<4$.故方程组有无穷多组解，继续把上述矩阵化成行最简形矩阵

$$\begin{pmatrix}1&1&0&0&700\\0&1&1&0&800\\0&0&1&1&1\ 000\\0&0&0&0&0\end{pmatrix}\rightarrow\begin{pmatrix}1&0&0&1&900\\0&1&0&-1&-200\\0&0&1&1&1\ 000\\0&0&0&0&0\end{pmatrix}$$

得到方程组的通解

$$\begin{cases}x_1= \quad 900-x_4\\x_2=-200+x_4\\x_3=1\ 000-x_4\\x_4= \qquad\quad x_4\end{cases}$$

其中 x_4 为自由未知量.由 $x_2\geqslant 0$ 知 $x_4\geqslant 200$，即 x_4 的最小值为 200.此时流量为

$$x_1=700,\quad x_2=0,\quad x_3=800,\quad x_4=200$$

例 31 丙烷（C_3H_8）燃烧时和氧气（O_2）结合，生成二氧化碳（CO_2）和水（H_2O），其化学方程式为

$$(x_1)C_3H_8+(x_2)O_2\longrightarrow(x_3)CO_2+(x_4)H_2O \tag{13}$$

为了配平该方程式，必须找出 $x_i(i=1,2,3,4)$，使得方程式左端的碳原子（C）、氢原子（H）和氧原子（O）的总数与右端对应的原子总数相等（因为化学反应中原有的原子不可能消失，也不可能产生新原子）.

解 配平化学方程式的一个系统的方法，就是建立能描述反应过程中每种原子数目的向量方程.方程（13）包含了 3 种不同的原子（碳、氢、氧），于是，在 $\mathbf{R}^3$ 中为方程（13）中的每一种反应物和生产物构造如下向量，在其中列出每个分子所包含的不同原子的数目：

$$C_3H_8:\begin{pmatrix}3\\8\\0\end{pmatrix},\quad O_2:\begin{pmatrix}0\\0\\2\end{pmatrix},\quad CO_2:\begin{pmatrix}1\\0\\2\end{pmatrix},\quad H_2O:\begin{pmatrix}0\\2\\1\end{pmatrix}\begin{matrix}\leftarrow\text{碳}\\\leftarrow\text{氢}\\\leftarrow\text{氧}\end{matrix}$$

为了配平方程式（13），系数 x_1,x_2,x_3,x_4 必须满足

$$x_1\begin{pmatrix}3\\8\\0\end{pmatrix}+x_2\begin{pmatrix}0\\0\\2\end{pmatrix}=x_3\begin{pmatrix}1\\0\\2\end{pmatrix}+x_4\begin{pmatrix}0\\2\\1\end{pmatrix}$$

经整理得到如下方程组

$$\begin{cases}3x_1 - x_3=0\\8x_1 -2x_4=0\\2x_2-2x_3- x_4=0\end{cases}$$

取 $x_4=c$(c 为任意常数),得到如下通解

$$x_1=\frac{1}{4}c,\quad x_2=\frac{5}{4}c,\quad x_3=\frac{3}{4}c,\quad x_4=c$$

由于化学方程式中的系数必须为整数,取 $x_4=4$,此时 $x_1=1$,$x_2=5$ 且 $x_3=3$,配平后的方程式为

$$C_3H_8+5O_2 \longrightarrow 3CO_2+4H_2O$$

如果将每个系数翻倍,方程式仍然平衡.不过,在大多数场合下化学家更倾向于使用尽可能小的整数来配平方程式.

习 题 三

1. 选择题.

(1) 设 $\boldsymbol{A}$ 为 $m\times n$ 矩阵,齐次线性方程组 $\boldsymbol{Ax}=\boldsymbol{0}$ 仅有零解的充分必要条件是系数矩阵 $\boldsymbol{A}$ 的秩 $r(\boldsymbol{A})$(　　);

(A) 小于 m　　(B) 小于 n　　(C) 等于 m　　(D) 等于 n

(2) 设 $\boldsymbol{A}$ 为 $m\times n$ 矩阵,非齐次线性方程组 $\boldsymbol{Ax}=\boldsymbol{b}$ 的导出组为 $\boldsymbol{Ax}=\boldsymbol{0}$.如果 $\boldsymbol{Ax}=\boldsymbol{0}$ 仅有零解,则 $\boldsymbol{Ax}=\boldsymbol{b}$(　　);

(A) 必有无穷多解　　(B) 必有唯一解

(C) 必定无解　　(D) 以上均不对

(3) 设 $\boldsymbol{A}$ 是 $m\times n$ 矩阵,非齐次线性方程组 $\boldsymbol{Ax}=\boldsymbol{b}$ 的导出组为 $\boldsymbol{Ax}=\boldsymbol{0}$.如果 $m<n$,则(　　).

(A) $\boldsymbol{Ax}=\boldsymbol{b}$ 必有无穷多解　　(B) $\boldsymbol{Ax}=\boldsymbol{b}$ 必有唯一解

(C) $\boldsymbol{Ax}=\boldsymbol{0}$ 必有非零解　　(D) $\boldsymbol{Ax}=\boldsymbol{0}$ 必有唯一解

2. 解下列非齐次线性方程组:

(1) $\begin{cases}4x_1+2x_2- x_3=2\\3x_1- x_2+2x_3=10;\\11x_1+3x_2 =8\end{cases}$

(2) $\begin{cases}2x+3y+ z=4\\x-2y+4z=-5\\3x+8y-2z=13\\4x- y+9z=-6\end{cases}$;

(3) $\begin{cases}2x+ y- z+w=1\\4x+2y-2z+w=2;\\2x+ y- z-w=1\end{cases}$

(4) $\begin{cases}2x+ y- z+ w=1\\3x-2y+ z-3w=4\\x+4y-3z+5w=-2\end{cases}$.

3. 解下列齐次线性方程组:

(1) $\begin{cases}x_1+2x_2- x_3=0\\2x_1+4x_2+7x_3=0\end{cases}$;

(2) $\begin{cases}x_1+2x_2-3x_3=0\\2x_1+5x_2+2x_3=0;\\3x_1- x_2-4x_3=0\end{cases}$

(3) $\begin{cases}x_1+ x_2+2x_3- x_4=0\\2x_1+ x_2+ x_3- x_4=0;\\2x_1+2x_2+ x_3+2x_4=0\end{cases}$

(4) $\begin{cases}x_1+ 2x_2+x_3- x_4=0\\3x_1+ 6x_2-x_3-3x_4=0.\\5x_1+10x_2+x_3-5x_4=0\end{cases}$

4. λ 取何值时,非齐次线性方程组

$$\begin{cases}\lambda x_1+x_2+x_3=1\\x_1+\lambda x_2+x_3=\lambda\\x_1+x_2+\lambda x_3=\lambda^2\end{cases}$$

（1）有唯一解；（2）无解；（3）有无穷多个解？

5. 对于非齐次线性方程组

$$\begin{cases}-2x_1+x_2+x_3=-2\\x_1-2x_2+x_3=\lambda\\x_1+x_2-2x_3=\lambda^2\end{cases}$$

当 λ 取何值时它有解？请求出它在这种情况下的解.

6. 试将向量 $\boldsymbol{\alpha}=(a_1,a_2,a_3,a_4)$ 表示成 $\boldsymbol{\alpha}_1=(1,1,1,1)$，$\boldsymbol{\alpha}_2=(0,1,1,1)$，$\boldsymbol{\alpha}_3=(0,0,1,1)$，$\boldsymbol{\alpha}_4=(0,0,0,1)$ 的线性组合.

7. 已知向量组 A：$\boldsymbol{\alpha}_1=\begin{pmatrix}0\\1\\1\end{pmatrix}$，$\boldsymbol{\alpha}_2=\begin{pmatrix}1\\1\\0\end{pmatrix}$ 和向量组 B：$\boldsymbol{\beta}_1=\begin{pmatrix}-1\\0\\1\end{pmatrix}$，$\boldsymbol{\beta}_2=\begin{pmatrix}1\\2\\1\end{pmatrix}$，$\boldsymbol{\beta}_3=\begin{pmatrix}3\\2\\-1\end{pmatrix}$，证明向量组 A 与向量组 B 等价.

8. 设有向量 $\boldsymbol{\alpha}_1=\begin{pmatrix}1\\1\\0\end{pmatrix}$，$\boldsymbol{\alpha}_2=\begin{pmatrix}5\\3\\2\end{pmatrix}$，$\boldsymbol{\alpha}_3=\begin{pmatrix}1\\3\\-1\end{pmatrix}$，$\boldsymbol{\alpha}_4=\begin{pmatrix}-2\\2\\-3\end{pmatrix}$，$\boldsymbol{A}$ 是三阶矩阵，且有 $\boldsymbol{A\alpha}_1=\boldsymbol{\alpha}_2$，$\boldsymbol{A\alpha}_2=\boldsymbol{\alpha}_3$，$\boldsymbol{A\alpha}_3=\boldsymbol{\alpha}_4$，试求 $\boldsymbol{A\alpha}_4$.

9. 下列论断哪些是对的？哪些是错的？如果是对的，请说明理由；如果是错的，请举出反例.

（1）如果当 $k_1=k_2=\cdots=k_m=0$ 时，$k_1\boldsymbol{\alpha}_1+k_2\boldsymbol{\alpha}_2+\cdots+k_m\boldsymbol{\alpha}_m=\mathbf{0}$，那么向量组 $\boldsymbol{\alpha}_1,\boldsymbol{\alpha}_2,\cdots,\boldsymbol{\alpha}_m$ 线性无关；

（2）如果任何不全为零的数 $k_1,k_2,\cdots,k_m$，都使

$$k_1\boldsymbol{\alpha}_1+k_2\boldsymbol{\alpha}_2+\cdots+k_m\boldsymbol{\alpha}_m\neq\mathbf{0}$$

那么 $\boldsymbol{\alpha}_1,\boldsymbol{\alpha}_2,\cdots,\boldsymbol{\alpha}_m$ 线性无关；

（3）如果 $\boldsymbol{\alpha}_1,\boldsymbol{\alpha}_2,\cdots,\boldsymbol{\alpha}_m(m\geqslant 2)$ 线性相关，那么 $\boldsymbol{\alpha}_1$ 可由 $\boldsymbol{\alpha}_2,\boldsymbol{\alpha}_3,\cdots,\boldsymbol{\alpha}_m$ 线性表示；

（4）若 $\boldsymbol{\alpha}_1,\boldsymbol{\alpha}_2,\cdots,\boldsymbol{\alpha}_m$ 线性相关，$\boldsymbol{\beta}_1,\boldsymbol{\beta}_2,\cdots,\boldsymbol{\beta}_m$ 也线性相关，则存在一组不全为零的数 $k_1,k_2,\cdots,k_m$，使 $k_1\boldsymbol{\alpha}_1+k_2\boldsymbol{\alpha}_2+\cdots+k_m\boldsymbol{\alpha}_m=\mathbf{0}$ 和 $k_1\boldsymbol{\beta}_1+k_2\boldsymbol{\beta}_2+\cdots+k_m\boldsymbol{\beta}_m=\mathbf{0}$ 都成立；

（5）若向量组 $\boldsymbol{\alpha}_1,\boldsymbol{\alpha}_2,\cdots,\boldsymbol{\alpha}_m$ 线性无关，向量 $\boldsymbol{\beta}$ 不能由 $\boldsymbol{\alpha}_1,\boldsymbol{\alpha}_2,\cdots,\boldsymbol{\alpha}_m$ 线性表示，则向量组 $\boldsymbol{\alpha}_1,\boldsymbol{\alpha}_2,\cdots,\boldsymbol{\alpha}_m,\boldsymbol{\beta}$ 线性无关；

（6）若 $\boldsymbol{\alpha}_1,\boldsymbol{\alpha}_2,\cdots,\boldsymbol{\alpha}_m$ 线性无关，$\boldsymbol{\beta}_1,\boldsymbol{\beta}_2,\cdots,\boldsymbol{\beta}_m$ 也线性无关，则向量组 $\boldsymbol{\alpha}_1,\boldsymbol{\alpha}_2,\cdots,\boldsymbol{\alpha}_m,\boldsymbol{\beta}_1,\boldsymbol{\beta}_2,\cdots,\boldsymbol{\beta}_m$ 也线性无关.

10. 判断下列向量组的线性相关性：

（1）$\boldsymbol{\alpha}_1=(7,1,-4)$，$\boldsymbol{\alpha}_2=(3,5,6)$，$\boldsymbol{\alpha}_3=(2,-8,4)$，$\boldsymbol{\alpha}_4=(5,0,9)$；

（2）$\boldsymbol{\alpha}_1=\begin{pmatrix}5\\-2\\3\end{pmatrix}$，$\boldsymbol{\alpha}_2=\begin{pmatrix}3\\1\\7\end{pmatrix}$，$\boldsymbol{\alpha}_3=\begin{pmatrix}-2\\4\\1\end{pmatrix}$；

（3）$\boldsymbol{\alpha}_1=(1,-3,1,4)$，$\boldsymbol{\alpha}_2=(2,1,-2,5)$，$\boldsymbol{\alpha}_3=(4,9,-8,7)$；

（4）$\boldsymbol{\alpha}_1=\begin{pmatrix}-3\\1\\-2\\2\end{pmatrix}$，$\boldsymbol{\alpha}_2=\begin{pmatrix}-1\\2\\3\\4\end{pmatrix}$，$\boldsymbol{\alpha}_3=\begin{pmatrix}2\\2\\-7\\-5\end{pmatrix}$.

11. 设 $\boldsymbol{\beta}_1=\boldsymbol{\alpha}_1+\boldsymbol{\alpha}_2,\boldsymbol{\beta}_2=\boldsymbol{\alpha}_1+\boldsymbol{\alpha}_4,\boldsymbol{\beta}_3=\boldsymbol{\alpha}_3+\boldsymbol{\alpha}_4,\boldsymbol{\beta}_4=\boldsymbol{\alpha}_2+\boldsymbol{\alpha}_3$，证明 $\boldsymbol{\beta}_1,\boldsymbol{\beta}_2,\boldsymbol{\beta}_3,\boldsymbol{\beta}_4$ 线性相关.

12. 设向量组 $\boldsymbol{\alpha}_1,\boldsymbol{\alpha}_2,\cdots,\boldsymbol{\alpha}_s$ 线性相关，其中任意 $s-1$ 个向量均线性无关.证明存在一组全不为零的数 $k_1,k_2,\cdots,k_s$ 使

$$k_1\boldsymbol{\alpha}_1+k_2\boldsymbol{\alpha}_2+\cdots+k_s\boldsymbol{\alpha}_s=\mathbf{0}$$

13. 设向量组 $\boldsymbol{\alpha}_1,\boldsymbol{\alpha}_2,\cdots,\boldsymbol{\alpha}_s$ 线性无关，向量

$$\boldsymbol{\beta}=k_1\boldsymbol{\alpha}_1+k_2\boldsymbol{\alpha}_2+\cdots+k_s\boldsymbol{\alpha}_s$$

其中 $k_j\neq0(j=1,2,\cdots,s)$，证明向量组 $\boldsymbol{\alpha}_1,\boldsymbol{\alpha}_2,\cdots,\boldsymbol{\alpha}_s,\boldsymbol{\beta}$ 中任意 s 个向量均线性无关.

14. 设三维列向量 $\boldsymbol{\alpha}_1,\boldsymbol{\alpha}_2,\boldsymbol{\alpha}_3$ 线性无关，$\boldsymbol{A}$ 是三阶矩阵，且有

$$\boldsymbol{A}\boldsymbol{\alpha}_1=\boldsymbol{\alpha}_1+2\boldsymbol{\alpha}_2+3\boldsymbol{\alpha}_3,\quad \boldsymbol{A}\boldsymbol{\alpha}_2=2\boldsymbol{\alpha}_2+3\boldsymbol{\alpha}_3,\quad \boldsymbol{A}\boldsymbol{\alpha}_3=3\boldsymbol{\alpha}_2-4\boldsymbol{\alpha}_3$$

试求 $|\boldsymbol{A}|$.

15. 利用初等变换求下列矩阵的列向量组的一个极大无关组：

（1）$\begin{pmatrix}25&31&17&43\\75&94&53&132\\75&94&54&134\\25&32&20&48\end{pmatrix}$；　　（2）$\begin{pmatrix}1&1&2&2&1\\0&2&1&5&-1\\2&0&3&-1&3\\1&1&0&4&-1\end{pmatrix}$.

16. 求下列向量组的秩，并求其一个极大无关组：

（1）$\boldsymbol{\alpha}_1=\begin{pmatrix}1\\2\\-1\\4\end{pmatrix},\boldsymbol{\alpha}_2=\begin{pmatrix}9\\100\\10\\4\end{pmatrix},\boldsymbol{\alpha}_3=\begin{pmatrix}-2\\-4\\2\\-8\end{pmatrix}$；

（2）$\boldsymbol{\alpha}_1^{\mathrm{T}}=(1,2,1,3),\boldsymbol{\alpha}_2^{\mathrm{T}}=(4,-1,-5,-6),\boldsymbol{\alpha}_3^{\mathrm{T}}=(1,-3,-4,-7)$；

（3）$\boldsymbol{\alpha}_1=(2,3,-1,4),\boldsymbol{\alpha}_2=(-4,-6,2,-8),\boldsymbol{\alpha}_3=(0,1,3,2),\boldsymbol{\alpha}_4=(4,5,-5,6)$.

17. 已知向量组 $\boldsymbol{\alpha}_1=(1,2,-2,1),\boldsymbol{\alpha}_2=(2,0,t,0),\boldsymbol{\alpha}_3=(0,-4,5,-2)$ 的秩为 2，求 t.

18. 求下列向量组的一个极大无关组，并把其余向量表示为这个极大无关组的线性组合.

（1）$\boldsymbol{\alpha}_1=(1,3,-2,3),\boldsymbol{\alpha}_2=(3,5,1,-1),\boldsymbol{\alpha}_3=(1,-1,5,-7),\boldsymbol{\alpha}_4=(7,9,7,-9)$；

（2）$\boldsymbol{\alpha}_1=\begin{pmatrix}1\\4\\-2\end{pmatrix},\boldsymbol{\alpha}_2=\begin{pmatrix}1\\-2\\4\end{pmatrix},\boldsymbol{\alpha}_3=\begin{pmatrix}2\\5\\-1\end{pmatrix},\boldsymbol{\alpha}_4=\begin{pmatrix}4\\5\\-2\end{pmatrix},\boldsymbol{\alpha}_5=\begin{pmatrix}5\\4\\-4\end{pmatrix}$.

19. 证明：n 维向量组 $\boldsymbol{\alpha}_1,\boldsymbol{\alpha}_2,\cdots,\boldsymbol{\alpha}_n$ 线性无关的充分必要条件是任意 n 维向量都能由向量组 $\boldsymbol{\alpha}_1,\boldsymbol{\alpha}_2,\cdots,\boldsymbol{\alpha}_n$ 线性表示.

20. 设

$$V_1=\{\boldsymbol{x}\mid \boldsymbol{x}=(x_1,x_2,\cdots,x_n),x_1,x_2,\cdots,x_n\in\mathbf{R},x_1+x_2+\cdots+x_n=0\}$$
$$V_2=\{\boldsymbol{x}\mid \boldsymbol{x}=(x_1,x_2,\cdots,x_n),x_1,x_2,\cdots,x_n\in\mathbf{R},x_1+x_2+\cdots+x_n=1\}$$

问 V_1,V_2 是不是向量空间？为什么？

21. 设 $W_1=\{\boldsymbol{x}\mid \boldsymbol{x}=(0,x_2,x_3,\cdots,x_n),x_2,x_3,\cdots,x_n\in\mathbf{R}\}$，试证 W_1 是 $\mathbf{R}^n$ 的子空间，并写出 W_1 的维数和一个基.

22. 设 $\boldsymbol{\alpha}_1=\begin{pmatrix}1\\2\\-1\end{pmatrix},\boldsymbol{\alpha}_2=\begin{pmatrix}2\\2\\1\end{pmatrix},\boldsymbol{\alpha}_3=\begin{pmatrix}1\\-1\\3\end{pmatrix}$.

（1）验证 $\boldsymbol{\alpha}_1,\boldsymbol{\alpha}_2,\boldsymbol{\alpha}_3$ 是 $\mathbf{R}^3$ 的一个基；

（2）求向量 $(1,0,1)^{\mathrm{T}}$ 关于这个基的表达式.

23. 求下列齐次线性方程组的基础解系：

(1) $\begin{cases}x_1-8x_2+10x_3+2x_4=0\\2x_1+4x_2+5x_3-x_4=0;\\3x_1+8x_2+6x_3-2x_4=0\end{cases}$　　(2) $\begin{cases}2x_1-3x_2-2x_3+x_4=0\\3x_1+5x_2+4x_3-2x_4=0.\\8x_1+7x_2+6x_3-3x_4=0\end{cases}$

24. 设 $\boldsymbol{\alpha}_1,\boldsymbol{\alpha}_2$ 是某个齐次线性方程组的基础解系，证明：$\boldsymbol{\alpha}_1+\boldsymbol{\alpha}_2, 2\boldsymbol{\alpha}_1-\boldsymbol{\alpha}_2$ 是该线性方程组的基础解系.

25. 设 $\boldsymbol{A}$ 是 n 阶方阵，$\boldsymbol{Ax}=\boldsymbol{0}$ 只有零解，求证：对任意的正整数 k，$\boldsymbol{A}^k\boldsymbol{x}=\boldsymbol{0}$ 也只有零解.

26. 设 $\boldsymbol{A}=\begin{pmatrix}2&-2&1&3\\9&-5&2&8\end{pmatrix}$，求一个 4×2 矩阵 $\boldsymbol{B}$，使 $\boldsymbol{AB}=\boldsymbol{O}$，且 $r(\boldsymbol{B})=2$.

27. 求一个齐次线性方程组，使它的基础解系由下列向量组成：

(1) $\boldsymbol{\xi}_1=(0,1,2,3)^{\mathrm{T}}, \boldsymbol{\xi}_2=(3,2,1,0)^{\mathrm{T}}$；　(2) $\boldsymbol{\xi}_1=\begin{pmatrix}1\\-2\\0\\3\\-1\end{pmatrix}, \boldsymbol{\xi}_2=\begin{pmatrix}2\\-3\\2\\5\\-3\end{pmatrix}, \boldsymbol{\xi}_3=\begin{pmatrix}1\\-2\\1\\2\\-2\end{pmatrix}$.

28. 求下列非齐次线性方程组的一个解及对应的齐次线性方程组的基础解系：

(1) $\begin{cases}x_1+x_2=5\\2x_1+x_2+x_3+2x_4=1;\\5x_1+3x_2+2x_3+2x_4=3\end{cases}$　　(2) $\begin{cases}x_1-5x_2+2x_3-3x_4=11\\5x_1+3x_2+6x_3-x_4=-1.\\2x_1+4x_2+2x_3+x_4=-6\end{cases}$

29. 设四元非齐次线性方程组的系数矩阵的秩为 3，已知 $\boldsymbol{\eta}_1,\boldsymbol{\eta}_2,\boldsymbol{\eta}_3$ 是它的 3 个解向量，且 $\boldsymbol{\eta}_1=\begin{pmatrix}2\\3\\4\\5\end{pmatrix}, \boldsymbol{\eta}_2+\boldsymbol{\eta}_3=\begin{pmatrix}1\\2\\3\\4\end{pmatrix}$，求该方程组的通解.

30. 设四元非齐次线性方程组 $\boldsymbol{Ax}=\boldsymbol{b}$ 的系数矩阵 $\boldsymbol{A}$ 的秩为 2，已知它的 3 个解向量为 $\boldsymbol{\eta}_1,\boldsymbol{\eta}_2,\boldsymbol{\eta}_3$，其中 $\boldsymbol{\eta}_1=\begin{pmatrix}4\\3\\2\\1\end{pmatrix}, \boldsymbol{\eta}_2=\begin{pmatrix}1\\3\\5\\1\end{pmatrix}, \boldsymbol{\eta}_3=\begin{pmatrix}-2\\6\\3\\2\end{pmatrix}$，求该方程组的通解.

31. 设矩阵 $\boldsymbol{A}=(\boldsymbol{\alpha}_1,\boldsymbol{\alpha}_2,\boldsymbol{\alpha}_3,\boldsymbol{\alpha}_4)$，其中 $\boldsymbol{\alpha}_2,\boldsymbol{\alpha}_3,\boldsymbol{\alpha}_4$ 线性无关，$\boldsymbol{\alpha}_1=2\boldsymbol{\alpha}_2-\boldsymbol{\alpha}_3$，向量 $\boldsymbol{\beta}=\boldsymbol{\alpha}_1+\boldsymbol{\alpha}_2+\boldsymbol{\alpha}_3+\boldsymbol{\alpha}_4$，求方程 $\boldsymbol{Ax}=\boldsymbol{\beta}$ 的通解.

32. 设矩阵 $\boldsymbol{A}=\begin{pmatrix}1&2&1&2\\0&1&t&t\\1&t&0&1\end{pmatrix}$，齐次线性方程组 $\boldsymbol{Ax}=\boldsymbol{0}$ 的基础解系含有 2 个线性无关的解向量，试求方程组 $\boldsymbol{Ax}=\boldsymbol{0}$ 的全部解.

33. 设 $\boldsymbol{\eta}^*$ 是非齐次线性方程组 $\boldsymbol{Ax}=\boldsymbol{b}$ 的一个解，$\boldsymbol{\xi}_1,\boldsymbol{\xi}_2,\cdots,\boldsymbol{\xi}_{n-r}$ 是对应的齐次线性方程组的一个基础解系，证明：

(1) $\boldsymbol{\eta}^*,\boldsymbol{\xi}_1,\boldsymbol{\xi}_2,\cdots,\boldsymbol{\xi}_{n-r}$ 线性无关；　(2) $\boldsymbol{\eta}^*,\boldsymbol{\eta}^*+\boldsymbol{\xi}_1,\cdots,\boldsymbol{\eta}^*+\boldsymbol{\xi}_{n-r}$ 线性无关.

34. 设 $\boldsymbol{\eta}_1,\boldsymbol{\eta}_2,\cdots,\boldsymbol{\eta}_s$ 是非齐次线性方程组 $\boldsymbol{Ax}=\boldsymbol{b}$ 的 s 个解，$k_1,\cdots,k_s$ 为实数，满足

$$k_1+k_2+\cdots+k_s=1$$

证明 $\boldsymbol{x}=k_1\boldsymbol{\eta}_1+k_2\boldsymbol{\eta}_2+\cdots+k_s\boldsymbol{\eta}_s$ 也是它的解.

35. 设非齐次线性方程组 $\boldsymbol{Ax}=\boldsymbol{b}$ 的系数矩阵的秩为 r，$\boldsymbol{\eta}_1,\boldsymbol{\eta}_2,\cdots,\boldsymbol{\eta}_{n-r+1}$ 是它的 $n-r+1$ 个线性无关的解，试证它的任一解可表示为

$$\boldsymbol{x}=k_1\boldsymbol{\eta}_1+k_2\boldsymbol{\eta}_2+\cdots+k_{n-r+1}\boldsymbol{\eta}_{n-r+1}$$

其中 $k_1,k_2,\cdots,k_{n-r+1}$ 为实数且 $k_1+k_2+\cdots+k_{n-r+1}=1$.

36. 将下列各组向量单位正交化：

（1）$\boldsymbol{\alpha}_1=\begin{pmatrix}1\\1\\1\end{pmatrix},\boldsymbol{\alpha}_2=\begin{pmatrix}0\\1\\1\end{pmatrix},\boldsymbol{\alpha}_3=\begin{pmatrix}0\\0\\1\end{pmatrix}$；　　（2）$\boldsymbol{\alpha}_1=\begin{pmatrix}1\\1\\0\\0\end{pmatrix},\boldsymbol{\alpha}_2=\begin{pmatrix}0\\1\\1\\0\end{pmatrix},\boldsymbol{\alpha}_3=\begin{pmatrix}1\\0\\1\\1\end{pmatrix}$.

37. 若 $\boldsymbol{A},\boldsymbol{B}$ 是正交矩阵，试证明：

（1）$\boldsymbol{A}^{-1},\boldsymbol{A}^*,\boldsymbol{A}^{\mathrm{T}}$ 也是正交矩阵；

（2）$\boldsymbol{AB}$ 也是正交矩阵.

38. 判断下列矩阵是不是正交矩阵，为什么？

（1）$\begin{pmatrix}1 & -\frac{1}{2} & \frac{1}{3}\\ -\frac{1}{2} & 1 & \frac{1}{2}\\ \frac{1}{3} & \frac{1}{2} & -1\end{pmatrix}$；　　（2）$\begin{pmatrix}\frac{1}{9} & -\frac{8}{9} & -\frac{4}{9}\\ -\frac{8}{9} & \frac{1}{9} & -\frac{4}{9}\\ -\frac{4}{9} & -\frac{4}{9} & \frac{7}{9}\end{pmatrix}$.

第三章部分习题讲解

第四章　矩阵的特征值与特征向量

如果说矩阵可以多方位地反映对象的状态与相互关联的数量信息，那么矩阵的特征值和特征向量则是对这些信息的提炼和浓缩，是矩阵和向量的理论在深层次上的发展，它在自然科学和社会科学的诸多领域有着广泛的应用.

本章主要讨论矩阵的特征值与特征向量问题，并且利用特征值与特征向量的有关理论，讨论矩阵在相似意义下的对角化问题，特别是实对称矩阵的对角化.在本章中，如无特殊说明，矩阵均指 n 阶方阵.

§4.1　矩阵的特征值与特征向量

一、特征值与特征向量的概念

为便于理解，先举实例.设

$$\boldsymbol{A}=\begin{pmatrix}6 & 3\\ -3 & -4\end{pmatrix},\quad \boldsymbol{\xi}=\begin{pmatrix}3\\ -1\end{pmatrix}$$

$$\boldsymbol{A\xi}=\begin{pmatrix}6 & 3\\ -3 & -4\end{pmatrix}\begin{pmatrix}3\\ -1\end{pmatrix}=\begin{pmatrix}15\\ -5\end{pmatrix}=5\begin{pmatrix}3\\ -1\end{pmatrix}=5\boldsymbol{\xi} \tag{1}$$

由式(1)可见，向量 $\boldsymbol{A\xi}$ 能由 $\boldsymbol{\xi}$ 线性表示，我们称 5 是矩阵 $\boldsymbol{A}$ 的特征值，向量 $\boldsymbol{\xi}$ 是矩阵 $\boldsymbol{A}$ 的属于特征值 5 的特征向量.

一般的定义是

定义 1　设 $\boldsymbol{A}$ 是 n 阶矩阵，若存在数 λ 和 n 维非零列向量 $\boldsymbol{\xi}$，使得

$$\boldsymbol{A\xi}=\lambda\boldsymbol{\xi}$$

则称 λ 为矩阵 $\boldsymbol{A}$ 的**特征值**(characteristic value)，$\boldsymbol{\xi}$ 为矩阵 $\boldsymbol{A}$ 的属于(对应于)特征值 λ 的**特征向量**(characteristic vector).

例 1　设 $\boldsymbol{A}=\begin{pmatrix}2 & 1 & -1\\ 4 & 0 & 2\\ 3 & -2 & 4\end{pmatrix}$，$\boldsymbol{\xi}_1=\begin{pmatrix}1\\ 2\\ 1\end{pmatrix}$，$\boldsymbol{\xi}_2=\begin{pmatrix}-2\\ 1\\ 3\end{pmatrix}$，检验 $\boldsymbol{\xi}_1$ 与 $\boldsymbol{\xi}_2$ 是不是 $\boldsymbol{A}$ 的特征向量.

解　计算乘积

$$\boldsymbol{A\xi}_1=\begin{pmatrix}2 & 1 & -1\\ 4 & 0 & 2\\ 3 & -2 & 4\end{pmatrix}\begin{pmatrix}1\\ 2\\ 1\end{pmatrix}=\begin{pmatrix}3\\ 6\\ 3\end{pmatrix}=3\begin{pmatrix}1\\ 2\\ 1\end{pmatrix}=3\boldsymbol{\xi}_1$$

$$A\boldsymbol{\xi}_2=\begin{pmatrix}2&1&-1\\4&0&2\\3&-2&4\end{pmatrix}\begin{pmatrix}-2\\1\\3\end{pmatrix}=\begin{pmatrix}-6\\-2\\4\end{pmatrix}$$

可见 $\boldsymbol{\xi}_1$ 是矩阵 $\boldsymbol{A}$ 的特征向量,并且相应的特征值是 3.显然,$\boldsymbol{A\xi}_2$ 不能由 $\boldsymbol{\xi}_2$ 线性表示,故 $\boldsymbol{\xi}_2$ 不是 $\boldsymbol{A}$ 的特征向量.

由定义 1 可知:(1) 非零 n 维列向量 $\boldsymbol{\xi}$ 是 n 阶矩阵 $\boldsymbol{A}$ 的特征向量的充分必要条件是向量 $\boldsymbol{A\xi}$ 能由 $\boldsymbol{\xi}$ 线性表示.

(2) 若 $\boldsymbol{\xi}$ 是矩阵 $\boldsymbol{A}$ 的属于特征值 λ 的特征向量,则 $k\boldsymbol{\xi}(k\neq 0)$ 也是 $\boldsymbol{A}$ 的属于特征值 λ 的特征向量.

现在要问,是否每个 n 阶矩阵都有特征值? 如果一个 n 阶矩阵有特征值,如何求出它的特征值和特征向量? 我们从定义出发来讨论这些问题.

由定义 1,如果 λ 是 n 阶矩阵 $\boldsymbol{A}$ 的特征值,n 维非零向量 $\boldsymbol{\xi}$ 是 $\boldsymbol{A}$ 的属于特征值 λ 的特征向量,则

$$\boldsymbol{A\xi}=\lambda\boldsymbol{\xi}$$

或

$$\lambda\boldsymbol{\xi}-\boldsymbol{A\xi}=\boldsymbol{0}$$

即

$$(\lambda\boldsymbol{E}-\boldsymbol{A})\boldsymbol{\xi}=\boldsymbol{0}$$

由此可见,特征向量 $\boldsymbol{\xi}$ 就是齐次线性方程组

$$(\lambda\boldsymbol{E}-\boldsymbol{A})\boldsymbol{x}=\boldsymbol{0} \tag{2}$$

的非零解;反之,若能找到数 λ,使得齐次线性方程组(2)有非零解,则 λ 就是矩阵 $\boldsymbol{A}$ 的特征值.因此,由齐次线性方程组解的理论知:

λ 是矩阵 $\boldsymbol{A}$ 的特征值的充分必要条件是

$$|\lambda\boldsymbol{E}-\boldsymbol{A}|=0 \tag{3}$$

方程(3)左端行列式展开后是 λ 的一个 n 次多项式,记作 $f(\lambda)$,即

$$f(\lambda)=|\lambda\boldsymbol{E}-\boldsymbol{A}|$$

称之为矩阵 $\boldsymbol{A}$ 的**特征多项式**(characteristic polynomial),而方程(3)称为矩阵 $\boldsymbol{A}$ 的**特征方程**(characteristic equation).

由上述讨论知,矩阵 $\boldsymbol{A}$ 的全部特征值即为特征方程(3)的所有根.而根据代数学基本定理,一元 n 次方程有且仅有 n 个根(含复根,重根按重数计算).因此,**n 阶矩阵 $\boldsymbol{A}$ 有且仅有 n 个特征值,重特征值按重数计算**.

二、求 n 阶矩阵 $\boldsymbol{A}$ 的特征值和特征向量的步骤

我们一般按如下步骤计算特征值和特征向量:

第一步　求出矩阵 $\boldsymbol{A}$ 的特征方程 $|\lambda\boldsymbol{E}-\boldsymbol{A}|=0$ 的所有的根,即 $\boldsymbol{A}$ 的全部特征值.

第二步　对每个不同的特征值 $\lambda_j(j=1,2,\cdots,s,s\leqslant n)$,求齐次线性方程组

$$(\lambda_j\boldsymbol{E}-\boldsymbol{A})\boldsymbol{x}=\boldsymbol{0} \tag{4}$$

的一个基础解系.若设方程组(4)的一个基础解系为 $\boldsymbol{\xi}_1,\boldsymbol{\xi}_2,\cdots,\boldsymbol{\xi}_t$,则方程组(4)的所有非零解

$$\boldsymbol{\xi}=k_1\boldsymbol{\xi}_1+k_2\boldsymbol{\xi}_2+\cdots+k_t\boldsymbol{\xi}_t \quad (k_1,k_2,\cdots,k_t \text{ 不同时为零})$$

就是矩阵 $\boldsymbol{A}$ 的属于特征值 λ_j 的全部特征向量.这里 $t=n-r$,其中 $r=r(\lambda_j\boldsymbol{E}-\boldsymbol{A})$.

例 2 求矩阵 $\boldsymbol{A}=\begin{pmatrix}2&-3\\4&-5\end{pmatrix}$ 的特征值和特征向量.

解 矩阵 $\boldsymbol{A}$ 的特征方程

$$|\lambda\boldsymbol{E}-\boldsymbol{A}|=\begin{vmatrix}\lambda-2&3\\-4&\lambda+5\end{vmatrix}=(\lambda+1)(\lambda+2)=0$$

故矩阵 $\boldsymbol{A}$ 的特征值 $\lambda_1=-1,\lambda_2=-2$.

对于特征值 $\lambda_1=-1$,解齐次线性方程组

$$(-\boldsymbol{E}-\boldsymbol{A})\boldsymbol{x}=\boldsymbol{0}, \quad \text{即} \quad \begin{pmatrix}-3&3\\-4&4\end{pmatrix}\begin{pmatrix}x_1\\x_2\end{pmatrix}=\begin{pmatrix}0\\0\end{pmatrix}$$

得基础解系 $\boldsymbol{\xi}_1=\begin{pmatrix}1\\1\end{pmatrix}$.矩阵 $\boldsymbol{A}$ 的属于特征值-1 的全部特征向量为 $k_1\boldsymbol{\xi}_1,k_1\neq0$.

对于特征值 $\lambda_2=-2$,解齐次线性方程组

$$(-2\boldsymbol{E}-\boldsymbol{A})\boldsymbol{x}=\boldsymbol{0}, \quad \text{即} \quad \begin{pmatrix}-4&3\\-4&3\end{pmatrix}\begin{pmatrix}x_1\\x_2\end{pmatrix}=\begin{pmatrix}0\\0\end{pmatrix}$$

得基础解系 $\boldsymbol{\xi}_2=\begin{pmatrix}3\\4\end{pmatrix}$.矩阵 $\boldsymbol{A}$ 的属于特征值-2 的全部特征向量为 $k_2\boldsymbol{\xi}_2,k_2\neq0$.

例 3 求矩阵 $\boldsymbol{A}=\begin{pmatrix}2&2&-2\\2&5&-4\\-2&-4&5\end{pmatrix}$ 的特征值和特征向量.

解 矩阵 $\boldsymbol{A}$ 的特征方程为

$$|\lambda\boldsymbol{E}-\boldsymbol{A}|=\begin{vmatrix}\lambda-2&-2&2\\-2&\lambda-5&4\\2&4&\lambda-5\end{vmatrix}=(\lambda-10)(\lambda-1)^2=0$$

因此,矩阵 $\boldsymbol{A}$ 的特征值 $\lambda_1=\lambda_2=1,\lambda_3=10$.

对于特征值 $\lambda_1=\lambda_2=1$,解齐次线性方程组

$$(\boldsymbol{E}-\boldsymbol{A})\boldsymbol{x}=\boldsymbol{0}, \quad \text{即} \quad \begin{pmatrix}-1&-2&2\\-2&-4&4\\2&4&-4\end{pmatrix}\begin{pmatrix}x_1\\x_2\\x_3\end{pmatrix}=\begin{pmatrix}0\\0\\0\end{pmatrix}$$

得基础解系 $\boldsymbol{\xi}_1=\begin{pmatrix}-2\\1\\0\end{pmatrix},\boldsymbol{\xi}_2=\begin{pmatrix}2\\0\\1\end{pmatrix}$.矩阵 $\boldsymbol{A}$ 的属于特征值 1(二重特征值)的全部特征向量为 $k_1\boldsymbol{\xi}_1+k_2\boldsymbol{\xi}_2$,其中 k_1,k_2 不同时为零.

对于特征值 $\lambda_3=10$,解齐次线性方程组

$$(10\boldsymbol{E}-\boldsymbol{A})\boldsymbol{x}=\boldsymbol{0},\quad \text{即}\quad \begin{pmatrix}8&-2&2\\-2&5&4\\2&4&5\end{pmatrix}\begin{pmatrix}x_1\\x_2\\x_3\end{pmatrix}=\begin{pmatrix}0\\0\\0\end{pmatrix}$$

得基础解系 $\boldsymbol{\xi}_3=\begin{pmatrix}1\\2\\-2\end{pmatrix}$.矩阵 $\boldsymbol{A}$ 的属于特征值 10 的全部特征向量为 $k_3\boldsymbol{\xi}_3,k_3\neq0$.

例 4 求矩阵 $\boldsymbol{A}=\begin{pmatrix}-1&1&0\\-4&3&0\\1&0&2\end{pmatrix}$的特征值和特征向量.

解 矩阵 $\boldsymbol{A}$ 的特征方程为

$$|\lambda\boldsymbol{E}-\boldsymbol{A}|=\begin{vmatrix}\lambda+1&-1&0\\4&\lambda-3&0\\-1&0&\lambda-2\end{vmatrix}=(\lambda-1)^2(\lambda-2)=0$$

因此,矩阵 $\boldsymbol{A}$ 的特征值 $\lambda_1=\lambda_2=1,\lambda_3=2$.

对于特征值 $\lambda_1=\lambda_2=1$,解齐次线性方程组

$$(\boldsymbol{E}-\boldsymbol{A})\boldsymbol{x}=\boldsymbol{0},\quad \text{即}\quad \begin{pmatrix}2&-1&0\\4&-2&0\\-1&0&-1\end{pmatrix}\begin{pmatrix}x_1\\x_2\\x_3\end{pmatrix}=\begin{pmatrix}0\\0\\0\end{pmatrix}$$

得基础解系 $\boldsymbol{\xi}_1=\begin{pmatrix}1\\2\\-1\end{pmatrix}$.矩阵 $\boldsymbol{A}$ 的属于特征值 1(二重特征值)的全部特征向量为 $k_1\boldsymbol{\xi}_1,k_1\neq0$.

对于特征值 $\lambda_3=2$,解齐次线性方程组

$$(2\boldsymbol{E}-\boldsymbol{A})\boldsymbol{x}=\boldsymbol{0},\quad \text{即}\quad \begin{pmatrix}3&-1&0\\4&-1&0\\-1&0&0\end{pmatrix}\begin{pmatrix}x_1\\x_2\\x_3\end{pmatrix}=\begin{pmatrix}0\\0\\0\end{pmatrix}$$

得基础解系 $\boldsymbol{\xi}_2=\begin{pmatrix}0\\0\\1\end{pmatrix}$.矩阵 $\boldsymbol{A}$ 的属于特征值 2 的全部特征向量为 $k_2\boldsymbol{\xi}_2,k_2\neq0$.

注 (1) 通过例 3 和例 4 可以看出,就一般方阵而言,其特征值的重数与对应的线性无关的特征向量个数未必相等.可以证明,设 $\boldsymbol{A}$ 有 k_i 重特征值 λ_i,矩阵 $\boldsymbol{A}$ 关于特征值 λ_i 有 l_i 个线性无关的特征向量,则 $l_i\leqslant k_i$.例 3 中,三阶矩阵 $\boldsymbol{A}$ 有 2 重特征值 1,$\boldsymbol{A}$ 关于特征值 1 的线性无关特征向量个数是 2,但在例 4 中,$\boldsymbol{A}$ 关于 2 重特征值 1 的线性无关的特征向量个数是 1, 根据结论,$\boldsymbol{A}$ 关于 2 重特征值的线性无关特征向量的个数不可能大于 2.

(2) 对高阶矩阵而言,求其特征值的确很麻烦,但对某些特殊矩阵来说,其特征值是很容易求出的.例如**上(下)三角形矩阵、对角矩阵,它们的特征值就是其主对角线上的元**.

三、特征值与特征向量的性质

性质 1 矩阵 $\boldsymbol{A}$ 的任一特征向量所对应的特征值是唯一的.

证　设 $\boldsymbol{\xi}$ 是矩阵 $\boldsymbol{A}$ 的一个特征向量,与其对应的特征值有 λ_1 和 λ_2,则

$$\boldsymbol{A\xi}=\lambda_1\boldsymbol{\xi}$$
$$\boldsymbol{A\xi}=\lambda_2\boldsymbol{\xi}$$

因此

$$\lambda_1\boldsymbol{\xi}=\lambda_2\boldsymbol{\xi}$$

即

$$(\lambda_1-\lambda_2)\boldsymbol{\xi}=\boldsymbol{0}$$

由于 $\boldsymbol{\xi}\neq\boldsymbol{0}$,所以 $\lambda_1-\lambda_2=0$,故 $\lambda_1=\lambda_2$.

性质 2　设 $\boldsymbol{\xi}_1,\boldsymbol{\xi}_2$ 是 $\boldsymbol{A}$ 对应于特征值 λ_0 的任意两个特征向量,则非零线性组合 $k_1\boldsymbol{\xi}_1+k_2\boldsymbol{\xi}_2$ 也是 $\boldsymbol{A}$ 对应于特征值 λ_0 的特征向量.

证　因为 $\boldsymbol{A\xi}_1=\lambda_0\boldsymbol{\xi}_1,\boldsymbol{A\xi}_2=\lambda_0\boldsymbol{\xi}_2$,则

$$\boldsymbol{A}(k_1\boldsymbol{\xi}_1+k_2\boldsymbol{\xi}_2)=k_1\boldsymbol{A\xi}_1+k_2\boldsymbol{A\xi}_2=k_1\lambda_0\boldsymbol{\xi}_1+k_2\lambda_0\boldsymbol{\xi}_2=\lambda_0(k_1\boldsymbol{\xi}_1+k_2\boldsymbol{\xi}_2)$$

故 $k_1\boldsymbol{\xi}_1+k_2\boldsymbol{\xi}_2(\neq\boldsymbol{0})$ 也是 $\boldsymbol{A}$ 对应于 λ_0 的特征向量.

性质 3　若 λ 是可逆矩阵 $\boldsymbol{A}$ 的特征值,则 $\dfrac{1}{\lambda}$ 是 $\boldsymbol{A}^{-1}$ 的特征值.

证　设 $\boldsymbol{\xi}$ 是矩阵 $\boldsymbol{A}$ 的属于特征值 λ 的特征向量,则有

$$\boldsymbol{A\xi}=\lambda\boldsymbol{\xi}$$

由 $\boldsymbol{A}$ 可逆,在上述等式两边同时左乘 $\boldsymbol{A}^{-1}$,得

$$\boldsymbol{\xi}=\lambda\boldsymbol{A}^{-1}\boldsymbol{\xi}$$

因 $\boldsymbol{\xi}\neq\boldsymbol{0}$,知 $\lambda\neq0$,故

$$\boldsymbol{A}^{-1}\boldsymbol{\xi}=\frac{1}{\lambda}\boldsymbol{\xi}$$

所以 $\dfrac{1}{\lambda}$ 是矩阵 $\boldsymbol{A}^{-1}$ 的特征值.

性质 4　设 λ 是矩阵 $\boldsymbol{A}$ 的特征值,对应的特征向量是 $\boldsymbol{\xi}$,$\varphi(x)$ 是多项式,则

$$\varphi(\lambda)=a_0\lambda^m+a_1\lambda^{m-1}+\cdots+a_{m-1}\lambda+a_m$$

是 $\boldsymbol{A}$ 的多项式矩阵

$$\varphi(\boldsymbol{A})=a_0\boldsymbol{A}^m+a_1\boldsymbol{A}^{m-1}+\cdots+a_{m-1}\boldsymbol{A}+a_m\boldsymbol{E}$$

的特征值,且 $\varphi(\boldsymbol{A})\boldsymbol{\xi}=\varphi(\lambda)\boldsymbol{\xi}$.

证　首先在性质 4 的条件下用数学归纳法证明

$$\boldsymbol{A}^k\boldsymbol{\xi}=\lambda^k\boldsymbol{\xi}\quad(k\text{ 为正整数})\tag{5}$$

当 $k=1$ 时,式(5)显然成立.

假设对 $k-1$,式(5)成立,即

$$\boldsymbol{A}^{k-1}\boldsymbol{\xi}=\lambda^{k-1}\boldsymbol{\xi}$$

现在证明对 k,式(5)也成立.

因为

$$\boldsymbol{A}^k\boldsymbol{\xi}=\boldsymbol{A}(\boldsymbol{A}^{k-1}\boldsymbol{\xi})=\boldsymbol{A}(\lambda^{k-1}\boldsymbol{\xi})=\lambda^{k-1}(\boldsymbol{A\xi})=\lambda^k\boldsymbol{\xi}$$

所以对 k,式(5)也成立,故由归纳法原理,对任意正整数 k,式(5)恒成立.

由式(5)知

$$
\begin{aligned}
\varphi(\boldsymbol{A})\boldsymbol{\xi} &= (a_0\boldsymbol{A}^m+a_1\boldsymbol{A}^{m-1}+\cdots+a_{m-1}\boldsymbol{A}+a_m\boldsymbol{E})\boldsymbol{\xi} \\
&= a_0(\boldsymbol{A}^m\boldsymbol{\xi})+a_1(\boldsymbol{A}^{m-1}\boldsymbol{\xi})+\cdots+a_{m-1}(\boldsymbol{A}\boldsymbol{\xi})+a_m(\boldsymbol{E}\boldsymbol{\xi}) \\
&= a_0\lambda^m\boldsymbol{\xi}+a_1\lambda^{m-1}\boldsymbol{\xi}+\cdots+a_{m-1}\lambda\boldsymbol{\xi}+a_m\boldsymbol{\xi} \\
&= (a_0\lambda^m+a_1\lambda^{m-1}+\cdots+a_{m-1}\lambda+a_m)\boldsymbol{\xi} \\
&= \varphi(\lambda)\boldsymbol{\xi}
\end{aligned}
$$

故性质 4 成立.

由性质 4 可以得到许多常用的结果.例如若 λ 是 $\boldsymbol{A}$ 的特征值,则 $k\lambda$ 是 $k\boldsymbol{A}$ 的特征值,λ^m 是 $\boldsymbol{A}^m$ 的特征值(m 为正整数).如设三阶矩阵 $\boldsymbol{A}$ 有特征值 $-1,1,2$,则矩阵 $\boldsymbol{A}^2$ 有特征值 $1,1,4$.又如,设 λ 是 $\boldsymbol{A}$ 的一个特征值,则 λ^2-1 是 $\boldsymbol{A}^2-\boldsymbol{E}$ 的一个特征值.

推论 1 设 $\varphi(x)$ 是一个多项式,若 n 阶矩阵 $\boldsymbol{A}$ 使得 $\varphi(\boldsymbol{A})=\boldsymbol{O}$(称 $\varphi(x)$ 是 $\boldsymbol{A}$ 的一个**零化多项式**),则 $\boldsymbol{A}$ 的任一特征值 λ 必满足 $\varphi(\lambda)=0$.

证 设 $\boldsymbol{\xi}$ 是矩阵 $\boldsymbol{A}$ 的属于特征值 λ 的特征向量.由性质 4 知

$$\varphi(\lambda)\boldsymbol{\xi}=\varphi(\boldsymbol{A})\boldsymbol{\xi}=\boldsymbol{O}\boldsymbol{\xi}=\boldsymbol{0}$$

由于 $\boldsymbol{\xi}\neq\boldsymbol{0}$,所以只有 $\varphi(\lambda)=0$.

注 上述推论中,方程 $\varphi(x)=0$ 的根未必都是矩阵 $\boldsymbol{A}$ 的特征值.如设 $\boldsymbol{A}=\begin{pmatrix}-1 & 0\\ 0 & -1\end{pmatrix}$, $\varphi(x)=x^2-1$,则 $\varphi(x)$ 为 $\boldsymbol{A}$ 的零化多项式,即 $\varphi(\boldsymbol{A})=\boldsymbol{O}$.因为 $\boldsymbol{A}$ 的特征值为 $\lambda_1=\lambda_2=-1$,而方程 $\varphi(x)=x^2-1=0$ 的根为 1 和 -1,故 1 不是 $\boldsymbol{A}$ 的特征值.

性质 5 $\boldsymbol{A}^{\mathrm{T}}$ 与 $\boldsymbol{A}$ 有相同的特征值.

证 因为

$$|\lambda\boldsymbol{E}-\boldsymbol{A}^{\mathrm{T}}|=|(\lambda\boldsymbol{E})^{\mathrm{T}}-\boldsymbol{A}^{\mathrm{T}}|=|(\lambda\boldsymbol{E}-\boldsymbol{A})^{\mathrm{T}}|=|\lambda\boldsymbol{E}-\boldsymbol{A}|$$

因此 $\boldsymbol{A}^{\mathrm{T}}$ 与 $\boldsymbol{A}$ 有相同的特征多项式,故它们的特征值相同.

例 5 设 n 阶矩阵 $\boldsymbol{A}$ 满足 $\boldsymbol{A}^2=5\boldsymbol{A}-4\boldsymbol{E}$,试证 $\boldsymbol{A}$ 的特征值只能是 1 或 4.

证 记 $\varphi(x)=x^2-5x+4$,则 n 阶矩阵 $\boldsymbol{A}$ 满足

$$\varphi(\boldsymbol{A})=\boldsymbol{A}^2-5\boldsymbol{A}+4\boldsymbol{E}=\boldsymbol{O}$$

即 $\varphi(x)$ 是矩阵 $\boldsymbol{A}$ 的零化多项式.因此,矩阵 $\boldsymbol{A}$ 的特征值 λ 必满足方程

$$\varphi(\lambda)=\lambda^2-5\lambda+4=(\lambda-4)(\lambda-1)=0$$

故矩阵 $\boldsymbol{A}$ 的特征值只能是 1 或 4.

定义 2 任意 n 阶矩阵 $\boldsymbol{A}=(a_{ij})$ 的主对角元之和称为矩阵 $\boldsymbol{A}$ 的**迹**,记作 $\mathrm{tr}(\boldsymbol{A})$,即

$$\mathrm{tr}(\boldsymbol{A})=a_{11}+a_{22}+\cdots+a_{nn}=\sum_{i=1}^{n}a_{ii}$$

根据矩阵的运算法则,不难证明矩阵的迹有以下性质:设 $\boldsymbol{A},\boldsymbol{B}$ 是 n 阶矩阵,k,l 是常数,则

(1) $\mathrm{tr}(k\boldsymbol{A}+l\boldsymbol{B})=k\mathrm{tr}(\boldsymbol{A})+l\mathrm{tr}(\boldsymbol{B})$;

(2) $\mathrm{tr}(\boldsymbol{A}\boldsymbol{B})=\mathrm{tr}(\boldsymbol{B}\boldsymbol{A})$.

定理 1 **设 n 阶矩阵 $\boldsymbol{A}=(a_{ij})$ 的特征值为 $\lambda_1,\lambda_2,\cdots,\lambda_n$,则**

(1) $\lambda_1+\lambda_2+\cdots+\lambda_n=\mathrm{tr}(\boldsymbol{A})$;

(2) $\lambda_1\lambda_2\cdots\lambda_n=|A|$.

证明略.

由定理 1 很容易推出下面的结论.

推论 2 n 阶矩阵 A 可逆的充分必要条件是 A 的所有特征值全不为零.

例 6 设二阶矩阵 A 的特征值为 1,2,求 $|A|$,并证明矩阵 $B=A^2-2A$ 不可逆.

解 $|A|=1\times2=2$.因为 $B=A^2-2A$,由性质 4 知,$-1,0$ 是矩阵 B 的特征值,从而 $|B|=-1\times0=0$,故 B 不可逆.

例 7 设 $\boldsymbol{\xi}_1=\begin{pmatrix}1\\-2\end{pmatrix}$和 $\boldsymbol{\xi}_2=\begin{pmatrix}1\\2\end{pmatrix}$是矩阵 A 的特征向量,对应的特征值依次是 $\lambda_1=3$ 和 $\lambda_2=7$,求 A.

解 由于

$$A\begin{pmatrix}1\\-2\end{pmatrix}=3\begin{pmatrix}1\\-2\end{pmatrix}=\begin{pmatrix}3\\-6\end{pmatrix}$$

$$A\begin{pmatrix}1\\2\end{pmatrix}=7\begin{pmatrix}1\\2\end{pmatrix}=\begin{pmatrix}7\\14\end{pmatrix}$$

把上述两式合并成一个矩阵方程,得

$$A\begin{pmatrix}1&1\\-2&2\end{pmatrix}=\begin{pmatrix}3&7\\-6&14\end{pmatrix}$$

故

$$A=\begin{pmatrix}3&7\\-6&14\end{pmatrix}\begin{pmatrix}1&1\\-2&2\end{pmatrix}^{-1}=\begin{pmatrix}3&7\\-6&14\end{pmatrix}\cdot\frac{1}{4}\begin{pmatrix}2&-1\\2&1\end{pmatrix}=\begin{pmatrix}5&1\\4&5\end{pmatrix}$$

例 8 已知三阶矩阵 $A=\begin{pmatrix}-1&1&0\\-4&x&0\\1&0&2\end{pmatrix}$,若矩阵 A 有特征值 $\lambda_1=\lambda_2=1$,求 x 的值和 A 的另一特征值 λ_3.

解 由于

$$\lambda_1+\lambda_2+\lambda_3=-1+x+2,\lambda_1\lambda_2\lambda_3=|A|$$

而

$$|A|=\begin{vmatrix}-1&1&0\\-4&x&0\\1&0&2\end{vmatrix}=2(-x+4)$$

又 $\lambda_1=\lambda_2=1$,由此可得

$$\begin{cases}x-\lambda_3=1\\2x+\lambda_3=8\end{cases}$$

解得 $x=3,\lambda_3=2$.

§4.2 相似矩阵

利用矩阵的特征值、特征向量,满足一定条件的 n 阶矩阵 $\boldsymbol{A}$ 可以化为对角矩阵,并仍保持矩阵 $\boldsymbol{A}$ 的许多原有性质.这就需要引入相似矩阵的概念.

一、相似矩阵的概念和性质

定义 3 设 $\boldsymbol{A},\boldsymbol{B}$ 为 n 阶矩阵,若存在 n 阶可逆矩阵 $\boldsymbol{P}$,使得

$$\boldsymbol{P}^{-1}\boldsymbol{A}\boldsymbol{P}=\boldsymbol{B}$$

则称矩阵 $\boldsymbol{A}$ 与 $\boldsymbol{B}$ **相似**(similar),记作 $\boldsymbol{A}\sim\boldsymbol{B}$.矩阵 $\boldsymbol{P}$ 称为**相似变换矩阵**.

例如,由于

$$\begin{pmatrix}1&-1\\-1&2\end{pmatrix}^{-1}\begin{pmatrix}1&1\\0&1\end{pmatrix}\begin{pmatrix}1&-1\\-1&2\end{pmatrix}=\begin{pmatrix}-1&4\\-1&3\end{pmatrix}$$

所以$\begin{pmatrix}1&1\\0&1\end{pmatrix}\sim\begin{pmatrix}-1&4\\-1&3\end{pmatrix}$.

因为相似变换矩阵 $\boldsymbol{P}$ 可逆,所以矩阵的相似关系实质上是一种等价关系,满足:

(1) 自反性 $\boldsymbol{A}\sim\boldsymbol{A}$,因为 $\boldsymbol{A}=\boldsymbol{E}^{-1}\boldsymbol{A}\boldsymbol{E}$.

(2) 对称性 若 $\boldsymbol{A}\sim\boldsymbol{B}$,则 $\boldsymbol{B}\sim\boldsymbol{A}$.因为 $\boldsymbol{B}=\boldsymbol{P}^{-1}\boldsymbol{A}\boldsymbol{P}$,$\boldsymbol{P}$ 可逆,所以 $\boldsymbol{A}=(\boldsymbol{P}^{-1})^{-1}\boldsymbol{B}\boldsymbol{P}^{-1}$.

(3) 传递性 若 $\boldsymbol{A}\sim\boldsymbol{B}$,$\boldsymbol{B}\sim\boldsymbol{C}$,则 $\boldsymbol{A}\sim\boldsymbol{C}$.因 $\boldsymbol{B}=\boldsymbol{P}^{-1}\boldsymbol{A}\boldsymbol{P}$,$\boldsymbol{C}=\boldsymbol{F}^{-1}\boldsymbol{B}\boldsymbol{F}$,$\boldsymbol{P}$ 和 $\boldsymbol{F}$ 可逆,所以 $\boldsymbol{P}\boldsymbol{F}$ 也可逆,且 $\boldsymbol{C}=\boldsymbol{F}^{-1}(\boldsymbol{P}^{-1}\boldsymbol{A}\boldsymbol{P})\boldsymbol{F}=(\boldsymbol{P}\boldsymbol{F})^{-1}\boldsymbol{A}(\boldsymbol{P}\boldsymbol{F})$.

另外,相似矩阵还有以下重要性质:

性质 6 对于 n 阶矩阵 $\boldsymbol{A}$ 和 $\boldsymbol{B}$,若 $\boldsymbol{A}\sim\boldsymbol{B}$,则 $|\boldsymbol{A}|=|\boldsymbol{B}|$.

证 因为 $\boldsymbol{A}\sim\boldsymbol{B}$,所以存在可逆矩阵 $\boldsymbol{P}$,使得 $\boldsymbol{P}^{-1}\boldsymbol{A}\boldsymbol{P}=\boldsymbol{B}$,于是 $|\boldsymbol{B}|=|\boldsymbol{P}^{-1}\boldsymbol{A}\boldsymbol{P}|=|\boldsymbol{P}^{-1}||\boldsymbol{A}||\boldsymbol{P}|=|\boldsymbol{A}|$.

性质 7 对于 n 阶矩阵 $\boldsymbol{A}$ 和 $\boldsymbol{B}$,若 $\boldsymbol{A}\sim\boldsymbol{B}$,则 $\boldsymbol{A}^{\mathrm{T}}\sim\boldsymbol{B}^{\mathrm{T}}$.

证 因为 $\boldsymbol{A}\sim\boldsymbol{B}$,所以存在可逆矩阵 $\boldsymbol{P}$,使得 $\boldsymbol{P}^{-1}\boldsymbol{A}\boldsymbol{P}=\boldsymbol{B}$,于是 $\boldsymbol{B}^{\mathrm{T}}=(\boldsymbol{P}^{-1}\boldsymbol{A}\boldsymbol{P})^{\mathrm{T}}=\boldsymbol{P}^{\mathrm{T}}\boldsymbol{A}^{\mathrm{T}}(\boldsymbol{P}^{-1})^{\mathrm{T}}=[(\boldsymbol{P}^{\mathrm{T}})^{-1}]^{-1}\boldsymbol{A}^{\mathrm{T}}(\boldsymbol{P}^{\mathrm{T}})^{-1}$,所以 $\boldsymbol{A}^{\mathrm{T}}\sim\boldsymbol{B}^{\mathrm{T}}$.

性质 8 对于 n 阶矩阵 $\boldsymbol{A}$ 和 $\boldsymbol{B}$,若 $\boldsymbol{A}\sim\boldsymbol{B}$,且 $\boldsymbol{A}$ 可逆,则 $\boldsymbol{B}$ 可逆,且 $\boldsymbol{A}^{-1}\sim\boldsymbol{B}^{-1}$.

证 由性质 6 知,若 $\boldsymbol{A}$ 可逆,则 $\boldsymbol{B}$ 也可逆.又因为 $\boldsymbol{A}\sim\boldsymbol{B}$,所以存在可逆矩阵 $\boldsymbol{P}$,使得 $\boldsymbol{P}^{-1}\boldsymbol{A}\boldsymbol{P}=\boldsymbol{B}$,于是

$$\boldsymbol{B}^{-1}=(\boldsymbol{P}^{-1}\boldsymbol{A}\boldsymbol{P})^{-1}=\boldsymbol{P}^{-1}\boldsymbol{A}^{-1}(\boldsymbol{P}^{-1})^{-1}=\boldsymbol{P}^{-1}\boldsymbol{A}^{-1}\boldsymbol{P}$$

所以 $\boldsymbol{A}^{-1}\sim\boldsymbol{B}^{-1}$.

性质 9 设 $\varphi(x)$ 是 m 次多项式,$\boldsymbol{A}$ 和 $\boldsymbol{B}$ 为 n 阶矩阵.若 $\boldsymbol{A}\sim\boldsymbol{B}$,则 $\varphi(\boldsymbol{A})\sim\varphi(\boldsymbol{B})$.

证 因为 $\boldsymbol{A}\sim\boldsymbol{B}$,所以存在可逆矩阵 $\boldsymbol{P}$,使得

$$\boldsymbol{B}=\boldsymbol{P}^{-1}\boldsymbol{A}\boldsymbol{P}$$

因此对任意正整数 h,有

$$B^h=(P^{-1}AP)^h=(P^{-1}AP)(P^{-1}AP)\cdots(P^{-1}AP)=P^{-1}A^hP$$

设 $\varphi(x)=a_0x^m+a_1x^{m-1}+\cdots+a_{m-1}x+a_m$，则

$$\begin{aligned}\varphi(B)&=a_0B^m+a_1B^{m-1}+\cdots+a_{m-1}B+a_mE\\&=a_0P^{-1}A^mP+a_1P^{-1}A^{m-1}P+\cdots+a_{m-1}P^{-1}AP+a_mP^{-1}EP\\&=P^{-1}(a_0A^m+a_1A^{m-1}+\cdots+a_{m-1}A+a_mE)P\\&=P^{-1}\varphi(A)P\end{aligned}$$

故 $\varphi(A)\sim\varphi(B)$.

由性质 9 可以得出许多常用的结果.例如设 A 和 B 为 n 阶矩阵，若 $A\sim B$，则 $kA\sim kB$，$A^h\sim B^h$（h 为正整数）.

性质 10　对于 n 阶矩阵 A 和 B，若 $A\sim B$，则

$$\mathrm{tr}(A)=\mathrm{tr}(B)$$

证　因为 $A\sim B$，所以存在可逆矩阵 P，使得 $B=P^{-1}AP$，因此

$$\mathrm{tr}(B)=\mathrm{tr}(P^{-1}AP)=\mathrm{tr}(APP^{-1})=\mathrm{tr}(A)$$

定理 2　**相似矩阵有相同的特征多项式，从而有相同的特征值.**

证　设 A，B 为 n 阶矩阵，且 $A\sim B$，则存在可逆矩阵 P，使得

$$B=P^{-1}AP$$

于是

$$\begin{aligned}|\lambda E-B|&=|\lambda E-P^{-1}AP|=|P^{-1}(\lambda E)P-P^{-1}AP|\\&=|P^{-1}(\lambda E-A)P|=|P^{-1}||\lambda E-A||P|\\&=|P^{-1}||P||\lambda E-A|=|\lambda E-A|\end{aligned}$$

所以矩阵 A 与 B 有相同的特征多项式，从而有相同的特征值.

注　定理 2 的逆命题并不成立，即**有相同特征多项式的两个 n 阶矩阵不一定相似**.例如矩阵

$$E=\begin{pmatrix}1&0\\0&1\end{pmatrix},\quad A=\begin{pmatrix}1&1\\0&1\end{pmatrix}$$

有相同的特征多项式 $(\lambda-1)^2$，即都有二重特征值 1.但由下面的例 9 可知，单位矩阵 E 只与 E 自身相似，它不能与 A 相似.

例 9　与 n 阶单位矩阵 E 相似的 n 阶矩阵只有单位矩阵 E 本身；与 n 阶数量矩阵 aE 相似的 n 阶矩阵也只有数量矩阵 aE 本身.

证　设 $E\sim B$，则存在可逆矩阵 P，使得

$$B=P^{-1}EP=P^{-1}P=E$$

即

$$B=E$$

设 $A\sim aE$，则存在可逆矩阵 P，使得

$$A=P^{-1}(aE)P=a(P^{-1}EP)=aE$$

即

$$A=aE$$

例 10 已知 $A=\begin{pmatrix}2&0&0\\0&0&1\\0&1&x\end{pmatrix}$ 与 $B=\begin{pmatrix}2&0&0\\0&y&0\\0&0&-1\end{pmatrix}$ 相似，求 x,y.

解 由 $A\sim B$ 可知，A,B 有相同的迹、相同的行列式，即

$$\begin{cases}\operatorname{tr}(A)=\operatorname{tr}(B)\\|A|=|B|\end{cases}$$

由此可得

$$\begin{cases}2+0+x=2+y+(-1)\\-2=|A|=|B|=-2y\end{cases}$$

解得 $x=0,y=1$.

二、矩阵的对角化

定义 4 若 n 阶矩阵 A 相似于一个对角矩阵 Λ，则称矩阵 A **可对角化**(diagonalization).

矩阵的对角化是一个很重要的问题.若一个矩阵可对角化，则会使许多复杂问题的研究变得非常简单.现在的问题是：

(1) 是否所有的 n 阶矩阵都可对角化？如果不是，那么什么样的 n 阶矩阵可对角化？

(2) 如果一个 n 阶矩阵可对角化，其相似变换矩阵 P 如何求得？对角矩阵 Λ 又如何求出？

定理 3 **n 阶矩阵 A 可对角化的充分必要条件是 A 有 n 个线性无关的特征向量.**

证 必要性.设 $A\sim\Lambda$，其中

$$\Lambda=\begin{pmatrix}\lambda_1&&&\\&\lambda_2&&\\&&\ddots&\\&&&\lambda_n\end{pmatrix}$$

则存在可逆矩阵 P，使得

$$P^{-1}AP=\Lambda$$

于是

$$AP=P\Lambda$$

设矩阵 P 的列向量分别是 $p_1,p_2,\cdots,p_n$，则上式可写为

$$A(p_1,p_2,\cdots,p_n)=(p_1,p_2,\cdots,p_n)\begin{pmatrix}\lambda_1&&&\\&\lambda_2&&\\&&\ddots&\\&&&\lambda_n\end{pmatrix}$$

即

$$(Ap_1,Ap_2,\cdots,Ap_n)=(\lambda_1p_1,\lambda_2p_2,\cdots,\lambda_np_n)$$

于是

$$Ap_1=\lambda_1p_1,Ap_2=\lambda_2p_2,\cdots,Ap_n=\lambda_np_n$$

因 $\boldsymbol{P}$ 可逆,则 $|\boldsymbol{P}|\neq 0$,得 $\boldsymbol{p}_i(i=1,2,\cdots,n)$ 都是非零向量,故 $\boldsymbol{p}_1,\boldsymbol{p}_2,\cdots,\boldsymbol{p}_n$ 都是 $\boldsymbol{A}$ 的特征向量,且它们线性无关.

充分性.若 $\boldsymbol{A}$ 有 n 个线性无关的特征向量 $\boldsymbol{p}_1,\boldsymbol{p}_2,\cdots,\boldsymbol{p}_n$,假设它们对应的特征值分别是 $\lambda_1,\lambda_2,\cdots,\lambda_n$,则有

$$\boldsymbol{A}\boldsymbol{p}_i=\lambda_i\boldsymbol{p}_i\quad(i=1,2,\cdots,n)$$

$$(\boldsymbol{A}\boldsymbol{p}_1,\boldsymbol{A}\boldsymbol{p}_2,\cdots,\boldsymbol{A}\boldsymbol{p}_n)=(\lambda_1\boldsymbol{p}_1,\lambda_2\boldsymbol{p}_2,\cdots,\lambda_n\boldsymbol{p}_n)$$

$$\boldsymbol{A}(\boldsymbol{p}_1,\boldsymbol{p}_2,\cdots,\boldsymbol{p}_n)=(\boldsymbol{p}_1,\boldsymbol{p}_2,\cdots,\boldsymbol{p}_n)\begin{pmatrix}\lambda_1 & & & \\ & \lambda_2 & & \\ & & \ddots & \\ & & & \lambda_n\end{pmatrix}$$

因为 $\boldsymbol{p}_1,\boldsymbol{p}_2,\cdots,\boldsymbol{p}_n$ 线性无关,故 $\boldsymbol{P}=(\boldsymbol{p}_1,\boldsymbol{p}_2,\cdots,\boldsymbol{p}_n)$ 是可逆矩阵.记

$$\boldsymbol{\Lambda}=\begin{pmatrix}\lambda_1 & & & \\ & \lambda_2 & & \\ & & \ddots & \\ & & & \lambda_n\end{pmatrix}$$

则

$$\boldsymbol{A}\boldsymbol{P}=\boldsymbol{P}\boldsymbol{\Lambda}$$

即

$$\boldsymbol{P}^{-1}\boldsymbol{A}\boldsymbol{P}=\boldsymbol{\Lambda}$$

所以 $\boldsymbol{A}\sim\boldsymbol{\Lambda}$,即 $\boldsymbol{A}$ 可对角化.

注 从上述定理的证明中注意到以下两点:

(1) 由于对角矩阵的特征值就是其主对角元,而相似矩阵又有相同的特征值,所以当 $\boldsymbol{A}\sim\boldsymbol{\Lambda}$ 时,对角矩阵 $\boldsymbol{\Lambda}$ 的主对角元就是矩阵 $\boldsymbol{A}$ 的全部特征值,并且同一特征值重复出现的次数与其重数相同.

(2) 当 $\boldsymbol{A}\sim\boldsymbol{\Lambda}$ 时,其相似变换矩阵 $\boldsymbol{P}$ 的列向量就是矩阵 $\boldsymbol{A}$ 的分别属于特征值 $\lambda_1,\lambda_2,\cdots,\lambda_n$ 的线性无关的特征向量 $\boldsymbol{p}_1,\boldsymbol{p}_2,\cdots,\boldsymbol{p}_n$,并且 $\boldsymbol{p}_1,\boldsymbol{p}_2,\cdots,\boldsymbol{p}_n$ 在矩阵 $\boldsymbol{P}$ 中从左向右的排列次序与 $\lambda_1,\lambda_2,\cdots,\lambda_n$ 在 $\boldsymbol{\Lambda}$ 中从左上角到右下角的排列次序相同,这就是所谓的**对应原则**.

定理 4 **n 阶矩阵 $\boldsymbol{A}$ 的属于不同特征值的特征向量线性无关.**

证 设 $\lambda_1,\lambda_2,\cdots,\lambda_s(s\leqslant n)$ 是 n 阶矩阵 $\boldsymbol{A}$ 的互不相等的 s 个特征值,$\boldsymbol{p}_1,\boldsymbol{p}_2,\cdots,\boldsymbol{p}_s$ 是分别属于特征值 $\lambda_1,\lambda_2,\cdots,\lambda_s$ 的特征向量.设有 s 个数 $x_1,x_2,\cdots,x_s$,使得

$$x_1\boldsymbol{p}_1+x_2\boldsymbol{p}_2+\cdots+x_s\boldsymbol{p}_s=\boldsymbol{0}\tag{6}$$

用矩阵 $\boldsymbol{A}$ 左乘式(6)两边得

$$\boldsymbol{A}(x_1\boldsymbol{p}_1+x_2\boldsymbol{p}_2+\cdots+x_s\boldsymbol{p}_s)=\boldsymbol{0}$$

$$x_1\boldsymbol{A}\boldsymbol{p}_1+x_2\boldsymbol{A}\boldsymbol{p}_2+\cdots+x_s\boldsymbol{A}\boldsymbol{p}_s=\boldsymbol{0}$$

即

$$\lambda_1x_1\boldsymbol{p}_1+\lambda_2x_2\boldsymbol{p}_2+\cdots+\lambda_sx_s\boldsymbol{p}_s=\boldsymbol{0}\tag{7}$$

按这种方法再依次用 $\boldsymbol{A}^2,\boldsymbol{A}^3,\cdots,\boldsymbol{A}^{s-1}$ 左乘式(6)两边得

$$\begin{cases} \lambda_1^2 x_1 \boldsymbol{p}_1 + \lambda_2^2 x_2 \boldsymbol{p}_2 + \cdots + \lambda_s^2 x_s \boldsymbol{p}_s = \boldsymbol{0} \\ \lambda_1^3 x_1 \boldsymbol{p}_1 + \lambda_2^3 x_2 \boldsymbol{p}_2 + \cdots + \lambda_s^3 x_s \boldsymbol{p}_s = \boldsymbol{0} \\ \cdots\cdots\cdots\cdots \\ \lambda_1^{s-1} x_1 \boldsymbol{p}_1 + \lambda_2^{s-1} x_2 \boldsymbol{p}_2 + \cdots + \lambda_s^{s-1} x_s \boldsymbol{p}_s = \boldsymbol{0} \end{cases} \tag{8}$$

将式(6),(7),(8)合在一起为

$$\begin{cases} x_1 \boldsymbol{p}_1 + x_2 \boldsymbol{p}_2 + \cdots + x_s \boldsymbol{p}_s = \boldsymbol{0} \\ \lambda_1 x_1 \boldsymbol{p}_1 + \lambda_2 x_2 \boldsymbol{p}_2 + \cdots + \lambda_s x_s \boldsymbol{p}_s = \boldsymbol{0} \\ \lambda_1^2 x_1 \boldsymbol{p}_1 + \lambda_2^2 x_2 \boldsymbol{p}_2 + \cdots + \lambda_s^2 x_s \boldsymbol{p}_s = \boldsymbol{0} \\ \cdots\cdots\cdots\cdots \\ \lambda_1^{s-1} x_1 \boldsymbol{p}_1 + \lambda_2^{s-1} x_2 \boldsymbol{p}_2 + \cdots + \lambda_s^{s-1} x_s \boldsymbol{p}_s = \boldsymbol{0} \end{cases}$$

上式的矩阵形式为

$$(x_1 \boldsymbol{p}_1, x_2 \boldsymbol{p}_2, \cdots, x_s \boldsymbol{p}_s) \begin{pmatrix} 1 & \lambda_1 & \cdots & \lambda_1^{s-1} \\ 1 & \lambda_2 & \cdots & \lambda_2^{s-1} \\ \vdots & \vdots & & \vdots \\ 1 & \lambda_s & \cdots & \lambda_s^{s-1} \end{pmatrix} = (\boldsymbol{0}, \boldsymbol{0}, \cdots, \boldsymbol{0}) \tag{9}$$

根据范德蒙德行列式的结论,由 $\lambda_1, \lambda_2, \cdots, \lambda_s$ 互不相等,有 $\begin{vmatrix} 1 & \lambda_1 & \cdots & \lambda_1^{s-1} \\ 1 & \lambda_2 & \cdots & \lambda_2^{s-1} \\ \vdots & \vdots & & \vdots \\ 1 & \lambda_s & \cdots & \lambda_s^{s-1} \end{vmatrix} \neq 0$,即 $\begin{pmatrix} 1 & \lambda_1 & \cdots & \lambda_1^{s-1} \\ 1 & \lambda_2 & \cdots & \lambda_2^{s-1} \\ \vdots & \vdots & & \vdots \\ 1 & \lambda_s & \cdots & \lambda_s^{s-1} \end{pmatrix}$ 可逆.所以 $(x_1 \boldsymbol{p}_1, x_2 \boldsymbol{p}_2, \cdots, x_s \boldsymbol{p}_s) = (\boldsymbol{0}, \boldsymbol{0}, \cdots, \boldsymbol{0})$. 于是

$$x_i \boldsymbol{p}_i = \boldsymbol{0} \quad (i = 1, 2, \cdots, s)$$

由于特征向量 $\boldsymbol{p}_i (i=1,2,\cdots,s)$ 非零,因此只有 $x_i = 0 (i=1,2,\cdots,s)$ 上式才能成立,故 $\boldsymbol{p}_1, \boldsymbol{p}_2, \cdots, \boldsymbol{p}_s$ 线性无关.

推论 3 若 n 阶矩阵 $\boldsymbol{A}$ 有 n 个互不相等的特征值,则 $\boldsymbol{A}$ 可对角化.

证 因 $\boldsymbol{A}$ 的 n 个特征值互不相等,由定理 4 知,$\boldsymbol{A}$ 的分别属于 n 个不同特征值的 n 个特征向量线性无关.再由定理 3 知,n 阶矩阵 $\boldsymbol{A}$ 可对角化.

此推论给出了 $\boldsymbol{A}$ 可对角化的一个充分条件.例如矩阵 $\boldsymbol{A} = \begin{pmatrix} 5 & -3 & 1 \\ 0 & 2 & 4 \\ 0 & 0 & 7 \end{pmatrix}$,其特征值为 5,2,7,并且它们互不相等,所以 $\boldsymbol{A}$ 可对角化.

注 上述推论的逆命题不成立,即**可对角化的 n 阶矩阵 $\boldsymbol{A}$ 不一定具有 n 个互不相等的特征值**.

例如矩阵 $\boldsymbol{A}=\begin{pmatrix}4 & 6 & 0\\-3 & -5 & 0\\-3 & -6 & 1\end{pmatrix}$,存在可逆矩阵

$$\boldsymbol{P}=\begin{pmatrix}-1 & -2 & 0\\1 & 1 & 0\\1 & 0 & 1\end{pmatrix}$$

使得

$$\boldsymbol{P}^{-1}\boldsymbol{A}\boldsymbol{P}=\begin{pmatrix}-2 & & \\ & 1 & \\ & & 1\end{pmatrix}=\boldsymbol{\Lambda}$$

即矩阵 $\boldsymbol{A}$ 可对角化.但它并没有三个互不相等的特征值.

定理 5　设 $\lambda_1,\lambda_2,\cdots,\lambda_m$ 是方阵 $\boldsymbol{A}$ 的 m 个互不相同的特征值,$\boldsymbol{\alpha}_{i1},\boldsymbol{\alpha}_{i2},\cdots,\boldsymbol{\alpha}_{is_i}$是 $\boldsymbol{A}$ 的属于特征值 $\lambda_i(i=1,2,\cdots,m)$ 的线性无关的特征向量,则由所有这些特征向量组成的向量组 $\boldsymbol{\alpha}_{11}$,$\boldsymbol{\alpha}_{12},\cdots,\boldsymbol{\alpha}_{1s_1},\boldsymbol{\alpha}_{21},\boldsymbol{\alpha}_{22},\cdots,\boldsymbol{\alpha}_{2s_2},\cdots,\boldsymbol{\alpha}_{m1},\boldsymbol{\alpha}_{m2},\cdots,\boldsymbol{\alpha}_{ms_m}$是线性无关的.

证　设

$$\sum_{i=1}^{m}(k_{i1}\boldsymbol{\alpha}_{i1}+k_{i2}\boldsymbol{\alpha}_{i2}+\cdots+k_{is_i}\boldsymbol{\alpha}_{is_i})=\boldsymbol{0} \tag{10}$$

记

$$\boldsymbol{\beta}_i=k_{i1}\boldsymbol{\alpha}_{i1}+k_{i2}\boldsymbol{\alpha}_{i2}+\cdots+k_{is_i}\boldsymbol{\alpha}_{is_i} \tag{11}$$

则式(10)化为

$$\boldsymbol{\beta}_1+\boldsymbol{\beta}_2+\cdots+\boldsymbol{\beta}_m=\boldsymbol{0} \tag{12}$$

因为 $\boldsymbol{\beta}_i$ 是对应于 λ_i 的线性无关的特征向量 $\boldsymbol{\alpha}_{i1},\boldsymbol{\alpha}_{i2},\cdots,\boldsymbol{\alpha}_{is_i}$的线性组合,所以 $\boldsymbol{\beta}_i$ 或者仍是属于 λ_i 的特征向量,或者是零向量.现在证明 $\boldsymbol{\beta}_i(i=1,2,\cdots,m)$ 只能是零向量.

如果 $\boldsymbol{\beta}_1,\boldsymbol{\beta}_2,\cdots,\boldsymbol{\beta}_m$ 中有一个或几个是特征向量,那么由定理 4 可知,它们必线性无关.而式(12)告诉我们,存在不全为零(实际上全为 1)的系数使它们的和为零向量,这与它们的线性无关性矛盾.从而得到

$$\boldsymbol{\beta}_i=\boldsymbol{0}\quad(i=1,2,\cdots,m) \tag{13}$$

由于 $\boldsymbol{\alpha}_{i1},\boldsymbol{\alpha}_{i2},\cdots,\boldsymbol{\alpha}_{is_i}$线性无关,由式(13)和式(11)便知

$$k_{i1}=k_{i2}=\cdots=k_{is_i}=0\quad(i=1,2,\cdots,m)$$

故定理的结论成立.

推论 4　n 阶方阵 $\boldsymbol{A}$ 可对角化的充分必要条件是 $\boldsymbol{A}$ 的每个 r_i 重特征值 λ_i 都有 r_i 个线性无关的特征向量.即矩阵 $\lambda_i\boldsymbol{E}-\boldsymbol{A}$ 的秩是 $n-r_i$.

三、判断 n 阶方阵 $\boldsymbol{A}$ 是否可对角化的步骤

(1) 求出 n 阶矩阵 $\boldsymbol{A}$ 的全部特征值 $\lambda_1,\lambda_2,\cdots,\lambda_n$;

(2) 对每个特征值 λ_i,求方程组 $(\lambda_i\boldsymbol{E}-\boldsymbol{A})\boldsymbol{x}=\boldsymbol{0}$ 的基础解系,即为 $\boldsymbol{A}$ 的对应于 λ_i 的线性无关的特征向量;

(3) 若 $\boldsymbol{A}$ 有 n 个线性无关的特征向量 $\boldsymbol{p}_1,\boldsymbol{p}_2,\cdots,\boldsymbol{p}_n$,则 $\boldsymbol{A}$ 可对角化.令 $\boldsymbol{P}=(\boldsymbol{p}_1,\boldsymbol{p}_2,\cdots,$

p_n),则

$$P^{-1}AP=\begin{pmatrix}\lambda_1 & & & \\ & \lambda_2 & & \\ & & \ddots & \\ & & & \lambda_n\end{pmatrix}=\Lambda$$

若 A 的线性无关特征向量的个数小于 n,则 A 不可对角化.

例 11 设 $A=\begin{pmatrix}5 & 0 & 4\\ 3 & 1 & 6\\ 0 & 2 & 3\end{pmatrix}$.试说明 A 可对角化,并求相似变换矩阵 P,使得 $P^{-1}AP=\Lambda$(Λ 为对角矩阵).

解 矩阵 A 的特征方程为

$$|\lambda E-A|=\begin{vmatrix}\lambda-5 & 0 & -4\\ -3 & \lambda-1 & -6\\ 0 & -2 & \lambda-3\end{vmatrix}=(\lambda+1)(\lambda-3)(\lambda-7)=0$$

因此,矩阵 A 的特征值 $\lambda_1=-1,\lambda_2=3,\lambda_3=7$,它们互不相等,所以 A 可对角化.

对于特征值 $\lambda_1=-1$,解齐次线性方程组

$$(-E-A)x=\mathbf{0},\quad 即\quad \begin{pmatrix}-6 & 0 & -4\\ -3 & -2 & -6\\ 0 & -2 & -4\end{pmatrix}\begin{pmatrix}x_1\\ x_2\\ x_3\end{pmatrix}=\begin{pmatrix}0\\ 0\\ 0\end{pmatrix}$$

得基础解系

$$p_1=\begin{pmatrix}2\\ 6\\ -3\end{pmatrix}$$

p_1 即为 A 的属于特征值 $\lambda_1=-1$ 的特征向量.

对于特征值 $\lambda_2=3$,解齐次线性方程组

$$(3E-A)x=\mathbf{0},\quad 即\quad \begin{pmatrix}-2 & 0 & -4\\ -3 & 2 & -6\\ 0 & -2 & 0\end{pmatrix}\begin{pmatrix}x_1\\ x_2\\ x_3\end{pmatrix}=\begin{pmatrix}0\\ 0\\ 0\end{pmatrix}$$

得基础解系

$$p_2=\begin{pmatrix}2\\ 0\\ -1\end{pmatrix}$$

p_2 即为 A 的属于特征值 $\lambda_2=3$ 的特征向量.

对于特征值 $\lambda_3=7$,解齐次线性方程组

$$(7E-A)x=\mathbf{0},\quad 即\quad \begin{pmatrix}2 & 0 & -4\\ -3 & 6 & -6\\ 0 & -2 & 4\end{pmatrix}\begin{pmatrix}x_1\\ x_2\\ x_3\end{pmatrix}=\begin{pmatrix}0\\ 0\\ 0\end{pmatrix}$$

得基础解系

$$p_3=\begin{pmatrix}2\\2\\1\end{pmatrix}$$

p_3 为 A 的属于特征值 $\lambda_3=7$ 的特征向量.

因此相似变换矩阵

$$P=(p_1,p_2,p_3)=\begin{pmatrix}2&2&2\\6&0&2\\-3&-1&1\end{pmatrix}$$

使得

$$P^{-1}AP=\begin{pmatrix}\lambda_1&&\\&\lambda_2&\\&&\lambda_3\end{pmatrix}=\begin{pmatrix}-1&&\\&3&\\&&7\end{pmatrix}$$

由于矩阵 A 的属于特征值 λ 的特征向量不唯一,因此上述相似变换矩阵也不唯一.另外,由特征值为主对角元排成的对角矩阵 Λ 和对应特征向量排成的相似矩阵 P,只要符合对应原则即可.例如本例若取

$$\Lambda=\begin{pmatrix}\lambda_3&&\\&\lambda_1&\\&&\lambda_2\end{pmatrix}=\begin{pmatrix}7&&\\&-1&\\&&3\end{pmatrix}$$

$$P=(p_3,p_1,p_2)=\begin{pmatrix}2&2&2\\2&6&0\\1&-3&-1\end{pmatrix}$$

同样有

$$P^{-1}AP=\Lambda$$

例 12 设 $A=\begin{pmatrix}0&0&1\\1&1&a\\1&0&0\end{pmatrix}$,问 a 为何值时,矩阵 A 可对角化?

解 由

$$|\lambda E-A|=\begin{vmatrix}\lambda&0&-1\\-1&\lambda-1&-a\\-1&0&\lambda\end{vmatrix}=(\lambda-1)\begin{vmatrix}\lambda&-1\\-1&\lambda\end{vmatrix}=(\lambda-1)^2(\lambda+1)=0$$

得 $\lambda_1=-1,\lambda_2=\lambda_3=1$.要矩阵 A 可对角化,由定理 5 的推论知:

对应单根 $\lambda_1=-1$,可求得线性无关的特征向量恰有 1 个,而对应重根 $\lambda_2=\lambda_3=1$,应有 2 个线性无关的特征向量,即方程 $(E-A)x=0$ 有 2 个线性无关的解,亦即系数矩阵 $E-A$ 的秩 $r(E-A)=1$.

由于 $E-A=\begin{pmatrix}1&0&-1\\-1&0&-a\\-1&0&1\end{pmatrix}\to\begin{pmatrix}1&0&-1\\0&0&a+1\\0&0&0\end{pmatrix}$,要使 $r(E-A)=1$,必须有 $a+1=0$,由此得 $a=-1$.

因此，当 $a=-1$ 时，矩阵 $\boldsymbol{A}$ 可对角化.

例 13 判断矩阵 $\boldsymbol{A}=\begin{pmatrix}-1&1&0\\-4&3&0\\1&0&2\end{pmatrix}$ 能否对角化，已知 $\boldsymbol{A}$ 的特征值 $\lambda_1=2,\lambda_2=\lambda_3=1$.

解 1 是矩阵 $\boldsymbol{A}$ 的二重特征值，即重数 $r_i=2$，而

$$r(1\cdot\boldsymbol{E}-\boldsymbol{A})=2,\quad n-r_i=3-2=1$$

即

$$r(1\cdot\boldsymbol{E}-\boldsymbol{A})\neq n-r_i$$

由定理 5 的推论知矩阵 $\boldsymbol{A}$ 不可对角化.

§4.3 实对称矩阵的对角化

由上节我们知道并不是所有的方阵都可对角化.但有一类非常重要的矩阵，即实对称矩阵一定可对角化，因其特征值和特征向量具有一些特殊的性质.

一、实对称矩阵的特征值与特征向量的性质

为了讨论实对称矩阵的特征值与特征向量的性质，先介绍共轭矩阵的概念.

定义 5 设 $\boldsymbol{A}=(a_{ij})_{m\times n}$，其中 a_{ij} 为复数，若 $\overline{a_{ij}}$ 表示 a_{ij} 的共轭复数，则称矩阵 $\overline{\boldsymbol{A}}=(\overline{a_{ij}})_{m\times n}$ 为矩阵 $\boldsymbol{A}$ 的**共轭矩阵**(conjugate matrices).

例如矩阵 $\boldsymbol{A}=\begin{pmatrix}1&\mathrm{i}\\2+3\mathrm{i}&-1\end{pmatrix}$，则 $\overline{\boldsymbol{A}}=\begin{pmatrix}1&-\mathrm{i}\\2-3\mathrm{i}&-1\end{pmatrix}$.

显然，若 $\boldsymbol{A}$ 为实矩阵，则 $\overline{\boldsymbol{A}}=\boldsymbol{A}$.

根据定义 5，容易验证矩阵的共轭运算有下列性质(假设运算是可行的)：

(1) $\overline{\boldsymbol{A}\pm\boldsymbol{B}}=\overline{\boldsymbol{A}}\pm\overline{\boldsymbol{B}}$；

(2) $\overline{k\boldsymbol{A}}=\overline{k}\,\overline{\boldsymbol{A}}$(其中 k 为复数)；

(3) $\overline{\boldsymbol{A}\boldsymbol{B}}=\overline{\boldsymbol{A}}\,\overline{\boldsymbol{B}}$；

(4) $\overline{\boldsymbol{A}^{\mathrm{T}}}=\overline{\boldsymbol{A}}^{\mathrm{T}}$；

(5) $|\overline{\boldsymbol{A}}|=\overline{|\boldsymbol{A}|}$($\boldsymbol{A}$ 为方阵).

定义 6 如果方阵 $\boldsymbol{A}$ 既是实矩阵又是对称矩阵，即 $\overline{\boldsymbol{A}}=\boldsymbol{A}$ 且 $\boldsymbol{A}^{\mathrm{T}}=\boldsymbol{A}$，则称 $\boldsymbol{A}$ 为**实对称矩阵**(real symmetrical matrix).

对于一般的实矩阵而言，虽然其元均为实数，但其特征值仍可能是复数.例如矩阵 $\boldsymbol{A}=\begin{pmatrix}1&1\\-1&1\end{pmatrix}$ 的特征值为 $1+\mathrm{i}$ 和 $1-\mathrm{i}$.然而对于实对称矩阵来说却不然.

定理 6 **实对称矩阵的特征值都是实数.**

证 设 λ 是实对称矩阵 $\boldsymbol{A}$ 的任一特征值，非零向量

$$p=\begin{pmatrix}a_1\\a_2\\\vdots\\a_n\end{pmatrix}$$

是矩阵 $\boldsymbol{A}$ 的属于特征值 λ 的特征向量,则

$$\boldsymbol{A}\boldsymbol{p}=\lambda\boldsymbol{p}$$

由于 $\boldsymbol{A}$ 是实对称矩阵,所以 $\boldsymbol{A}=\overline{\boldsymbol{A}},\boldsymbol{A}=\boldsymbol{A}^{\mathrm{T}}$.于是有

$$\overline{\boldsymbol{A}\boldsymbol{p}}=\overline{\boldsymbol{A}}\ \overline{\boldsymbol{p}}=\boldsymbol{A}\ \overline{\boldsymbol{p}}$$

$$\overline{\boldsymbol{A}\boldsymbol{p}}=\overline{\lambda\boldsymbol{p}}=\overline{\lambda}\ \overline{\boldsymbol{p}}$$

故

$$\boldsymbol{A}\ \overline{\boldsymbol{p}}=\overline{\lambda}\ \overline{\boldsymbol{p}}$$

用 $\boldsymbol{p}^{\mathrm{T}}$ 左乘上式两边得

$$\boldsymbol{p}^{\mathrm{T}}\boldsymbol{A}\ \overline{\boldsymbol{p}}=\boldsymbol{p}^{\mathrm{T}}\overline{\lambda}\ \overline{\boldsymbol{p}}$$

$$(\boldsymbol{A}\boldsymbol{p})^{\mathrm{T}}\overline{\boldsymbol{p}}=\overline{\lambda}\boldsymbol{p}^{\mathrm{T}}\overline{\boldsymbol{p}}$$

$$(\lambda\boldsymbol{p})^{\mathrm{T}}\overline{\boldsymbol{p}}=\overline{\lambda}\boldsymbol{p}^{\mathrm{T}}\overline{\boldsymbol{p}}$$

$$\lambda\boldsymbol{p}^{\mathrm{T}}\overline{\boldsymbol{p}}=\overline{\lambda}\boldsymbol{p}^{\mathrm{T}}\overline{\boldsymbol{p}}$$

$$(\lambda-\overline{\lambda})\boldsymbol{p}^{\mathrm{T}}\overline{\boldsymbol{p}}=0$$

由于 $\boldsymbol{p}=(a_1,a_2,\cdots,a_n)^{\mathrm{T}}\neq\boldsymbol{0}$,所以

$$\boldsymbol{p}^{\mathrm{T}}\overline{\boldsymbol{p}}=|a_1|^2+|a_2|^2+\cdots+|a_n|^2\neq 0$$

故 $\lambda-\overline{\lambda}=0$,即 $\lambda=\overline{\lambda}$.这说明 λ 是实数.

注 对实对称矩阵 $\boldsymbol{A}$,因其特征值 λ_i 为实数,故齐次线性方程组

$$(\lambda_i\boldsymbol{E}-\boldsymbol{A})\boldsymbol{x}=\boldsymbol{0}$$

是实系数方程组,由 $|\lambda_i\boldsymbol{E}-\boldsymbol{A}|=0$ 知 $(\lambda_i\boldsymbol{E}-\boldsymbol{A})\boldsymbol{x}=\boldsymbol{0}$ 必有实的基础解系,所以对应的特征向量可以取实向量.

定理 7 实对称矩阵的属于不同特征值的特征向量正交.

证 设 λ_1,λ_2 是实对称矩阵 $\boldsymbol{A}$ 的两个不同的特征值,$\boldsymbol{p}_1,\boldsymbol{p}_2$ 分别是矩阵 $\boldsymbol{A}$ 的属于特征值 λ_1,λ_2 的特征向量.于是

$$\boldsymbol{A}\boldsymbol{p}_1=\lambda_1\boldsymbol{p}_1$$

$$\boldsymbol{A}\boldsymbol{p}_2=\lambda_2\boldsymbol{p}_2$$

因为 $\boldsymbol{A}$ 是实对称矩阵,即 $\boldsymbol{A}^{\mathrm{T}}=\boldsymbol{A}$,所以

$$\lambda_1\boldsymbol{p}_1^{\mathrm{T}}=(\lambda_1\boldsymbol{p}_1)^{\mathrm{T}}=(\boldsymbol{A}\boldsymbol{p}_1)^{\mathrm{T}}=\boldsymbol{p}_1^{\mathrm{T}}\boldsymbol{A}^{\mathrm{T}}=\boldsymbol{p}_1^{\mathrm{T}}\boldsymbol{A}$$

因此

$$\lambda_1\boldsymbol{p}_1^{\mathrm{T}}\boldsymbol{p}_2=\boldsymbol{p}_1^{\mathrm{T}}\boldsymbol{A}\boldsymbol{p}_2=\boldsymbol{p}_1^{\mathrm{T}}(\lambda_2\boldsymbol{p}_2)=\lambda_2\boldsymbol{p}_1^{\mathrm{T}}\boldsymbol{p}_2$$

$$(\lambda_1-\lambda_2)\boldsymbol{p}_1^{\mathrm{T}}\boldsymbol{p}_2=0$$

由于 $\lambda_1\neq\lambda_2$,故 $\boldsymbol{p}_1^{\mathrm{T}}\boldsymbol{p}_2=0$,即 $\boldsymbol{p}_1$ 与 $\boldsymbol{p}_2$ 正交.

本章例 3 中三阶矩阵 $\boldsymbol{A}$ 就是一个实对称矩阵.其中

$$\boldsymbol{\xi}_1=\begin{pmatrix}-2\\1\\0\end{pmatrix}\quad 和\quad \boldsymbol{\xi}_2=\begin{pmatrix}2\\0\\1\end{pmatrix}$$

是矩阵 $\boldsymbol{A}$ 属于二重特征值 1 的两个线性无关的特征向量,而

$$\boldsymbol{\xi}_3=\begin{pmatrix}1\\2\\-2\end{pmatrix}$$

是矩阵 $\boldsymbol{A}$ 属于特征值 10 的特征向量.容易验证 $\boldsymbol{\xi}_1$ 与 $\boldsymbol{\xi}_3$ 正交,$\boldsymbol{\xi}_2$ 与 $\boldsymbol{\xi}_3$ 正交.需要强调的是:$\boldsymbol{\xi}_1$,$\boldsymbol{\xi}_2$ 线性无关,但不一定正交.

注　由定理 7 知:实对称矩阵 $\boldsymbol{A}$ 属于不同特征值的特征向量正交;利用特征向量的定义还可证明:属于同一特征值的线性无关的特征向量在正交化、单位化后仍然是属于该特征值的线性无关的特征向量.即实对称矩阵 $\boldsymbol{A}$ 的 n 个线性无关的特征向量在正交化、单位化后仍然是属于原特征值的线性无关的特征向量.

例 14　求实对称矩阵 $\boldsymbol{A}=\begin{pmatrix}3&2&4\\2&0&2\\4&2&3\end{pmatrix}$ 的特征值和特征向量.

解　矩阵 $\boldsymbol{A}$ 的特征方程为

$$|\lambda\boldsymbol{E}-\boldsymbol{A}|=\begin{vmatrix}\lambda-3&-2&-4\\-2&\lambda&-2\\-4&-2&\lambda-3\end{vmatrix}=(\lambda+1)^2(\lambda-8)=0$$

因此,矩阵 $\boldsymbol{A}$ 的特征值 $\lambda_1=\lambda_2=-1,\lambda_3=8$.

对于特征值 $\lambda_1=\lambda_2=-1$,解齐次线性方程组

$$(-\boldsymbol{E}-\boldsymbol{A})\boldsymbol{x}=\boldsymbol{0},\quad 即\quad \begin{pmatrix}-4&-2&-4\\-2&-1&-2\\-4&-2&-4\end{pmatrix}\begin{pmatrix}x_1\\x_2\\x_3\end{pmatrix}=\begin{pmatrix}0\\0\\0\end{pmatrix}$$

得其基础解系 $\boldsymbol{p}_1=\begin{pmatrix}1\\0\\-1\end{pmatrix}$,$\boldsymbol{p}_2=\begin{pmatrix}1\\-2\\0\end{pmatrix}$.矩阵 $\boldsymbol{A}$ 的属于特征值 -1(二重特征值)的全部特征向量为 $k_1\boldsymbol{p}_1+k_2\boldsymbol{p}_2$,其中 k_1 和 k_2 不同时为零.

对于特征值 $\lambda_3=8$,解齐次线性方程组 $(8\boldsymbol{E}-\boldsymbol{A})\boldsymbol{x}=\boldsymbol{0}$ 得其基础解系 $\boldsymbol{p}_3=\begin{pmatrix}2\\1\\2\end{pmatrix}$.矩阵 $\boldsymbol{A}$ 的属于特征值 8 的全部特征向量为 $k_3\boldsymbol{p}_3,k_3\neq0$.

容易验证特征向量 $\boldsymbol{p}_1$ 与 $\boldsymbol{p}_3$ 正交,$\boldsymbol{p}_2$ 与 $\boldsymbol{p}_3$ 正交.

注　在本章例 3 中,1 是实对称矩阵 $\boldsymbol{A}$ 的一个二重特征值,它所对应的线性无关的特征向量恰好有两个;在例 14 中,-1 也是二重特征值,它所对应的线性无关的特征向量也恰好有两个.这不是巧合,而是实对称矩阵的规律.

定理 8 **设 A 为 n 阶实对称矩阵，λ 是 A 的 k 重特征值，则方阵 $\lambda E-A$ 的秩 $r(\lambda E-A)=n-k$，从而矩阵 A 对应于 k 重特征值 λ 恰有 k 个线性无关的特征向量.**

证明略.

由定理 8 及定理 5 的推论可得如下重要推论.

推论 5 n 阶实对称矩阵必有 n 个线性无关的特征向量，因此它一定可对角化.

二、实对称矩阵的对角化

对于实对称矩阵 A，不但一定可对角化，还可以得到更完美的对角化结果.

定理 9 **设 A 为 n 阶实对称矩阵，则必存在正交矩阵 P，使得**

$$P^{-1}AP=P^{\mathrm{T}}AP=\Lambda$$

这里，Λ 是对角矩阵，其主对角元是矩阵 A 的 n 个特征值.

证 设 A 的互不相等的特征值为 $\lambda_1,\lambda_2,\cdots,\lambda_s$，它们的重数依次为 $r_1,r_2,\cdots,r_s(r_1+r_2+\cdots+r_s=n)$.

由定理 6 和定理 8 知，对应于特征值 $\lambda_i(i=1,2,\cdots,s)$ 恰有 r_i 个线性无关的特征向量，把它们正交化并单位化，即得 r_i 个两两正交的单位特征向量. 由 $r_1+r_2+\cdots+r_s=n$ 知，这样的特征向量共有 n 个.

再由定理 7 知，属于不同特征值的特征向量正交，故这 n 个单位特征向量两两正交. 于是以它们为列向量构成正交矩阵 P，并有

$$AP=P\Lambda$$

$$P^{-1}AP=P^{-1}P\Lambda=\Lambda$$

即

$$P^{-1}AP=P^{\mathrm{T}}AP=\Lambda$$

其中对角矩阵 Λ 的主对角元含 r_1 个 λ_1，r_2 个 λ_2，$\cdots$，r_s 个 λ_s，恰是矩阵 A 的 n 个特征值.

总结以上讨论，下面给出求正交矩阵 P 并将 n 阶实对称矩阵 A 对角化的计算步骤：

第一步 求出矩阵 A 的全部特征值 $\lambda_1,\lambda_2,\cdots,\lambda_n$，这时与 A 相似的对角矩阵为

$$\Lambda=\begin{pmatrix}\lambda_1&&&\\&\lambda_2&&\\&&\ddots&\\&&&\lambda_n\end{pmatrix}$$

第二步 对 A 的每个不同的特征值 $\lambda_i(i=1,2,\cdots,s)$，解齐次线性方程组 $(\lambda_iE-A)x=0$，求出它的一个基础解系

$$\alpha_{i1},\alpha_{i2},\cdots,\alpha_{ir_i}$$

第三步 利用施密特正交化方法，把向量组 $\alpha_{i1},\alpha_{i2},\cdots,\alpha_{ir_i}$ 正交化，再单位化，得到一个标准正交向量组

$$e_{i1},e_{i2},\cdots,e_{ir_i}$$

$e_{i1},e_{i2},\cdots,e_{ir_i}$ 是矩阵 A 的属于特征值 λ_i 的一组标准正交特征向量.

第四步 将对应于全部不同特征值 $\lambda_1,\lambda_2,\cdots,\lambda_s$ 的标准正交特征向量

$$e_{11},e_{12},\cdots,e_{1r_1},e_{21},e_{22},\cdots,e_{2r_2},\cdots,e_{s1},e_{s2},\cdots,e_{sr_s}$$

作为矩阵的列向量构成矩阵 $\boldsymbol{P}$,即

$$\boldsymbol{P}=(\boldsymbol{e}_{11},\cdots,\boldsymbol{e}_{1r_1},\boldsymbol{e}_{21},\cdots,\boldsymbol{e}_{2r_2},\cdots,\boldsymbol{e}_{s1},\cdots,\boldsymbol{e}_{sr_s})$$

$\boldsymbol{P}$ 就是所求的正交相似变换矩阵,使得

$$\boldsymbol{P}^{-1}\boldsymbol{A}\boldsymbol{P}=\boldsymbol{P}^{\mathrm{T}}\boldsymbol{A}\boldsymbol{P}=\boldsymbol{\Lambda}$$

矩阵 $\boldsymbol{P}$ 中特征向量的排列次序与对角矩阵 $\boldsymbol{\Lambda}$ 中特征值的排列次序要符合对应原则.

例 15 对本节例 14 中实对称矩阵 $\boldsymbol{A}=\begin{pmatrix}3&2&4\\2&0&2\\4&2&3\end{pmatrix}$,求正交矩阵 $\boldsymbol{P}$,使得 $\boldsymbol{P}^{-1}\boldsymbol{A}\boldsymbol{P}=\boldsymbol{\Lambda}$($\boldsymbol{\Lambda}$ 为对角矩阵).

解 特征值-1 所对应的两个线性无关的特征向量为

$$\boldsymbol{p}_1=\begin{pmatrix}1\\0\\-1\end{pmatrix},\quad \boldsymbol{p}_2=\begin{pmatrix}1\\-2\\0\end{pmatrix}$$

用施密特正交化方法将 $\boldsymbol{p}_1,\boldsymbol{p}_2$ 正交化:

$$\boldsymbol{\beta}_1=\boldsymbol{p}_1=\begin{pmatrix}1\\0\\-1\end{pmatrix},\quad \boldsymbol{\beta}_2=\boldsymbol{p}_2-\frac{(\boldsymbol{p}_2,\boldsymbol{\beta}_1)}{(\boldsymbol{\beta}_1,\boldsymbol{\beta}_1)}\boldsymbol{\beta}_1=\begin{pmatrix}1\\-2\\0\end{pmatrix}-\frac{1}{2}\begin{pmatrix}1\\0\\-1\end{pmatrix}=\begin{pmatrix}\frac{1}{2}\\-2\\\frac{1}{2}\end{pmatrix}$$

再把 $\boldsymbol{\beta}_1,\boldsymbol{\beta}_2,\boldsymbol{p}_3$ 单位化:

$$\boldsymbol{e}_1=\frac{1}{\|\boldsymbol{\beta}_1\|}\boldsymbol{\beta}_1=\frac{1}{\sqrt{2}}\begin{pmatrix}1\\0\\-1\end{pmatrix}$$

$$\boldsymbol{e}_2=\frac{1}{\|\boldsymbol{\beta}_2\|}\boldsymbol{\beta}_2=\frac{\sqrt{2}}{3}\begin{pmatrix}\frac{1}{2}\\-2\\\frac{1}{2}\end{pmatrix}=\frac{1}{3\sqrt{2}}\begin{pmatrix}1\\-4\\1\end{pmatrix}$$

$$\boldsymbol{e}_3=\frac{1}{\|\boldsymbol{p}_3\|}\boldsymbol{p}_3=\frac{1}{3}\begin{pmatrix}2\\1\\2\end{pmatrix}$$

于是,所求正交矩阵

$$\boldsymbol{P}=(\boldsymbol{e}_1,\boldsymbol{e}_2,\boldsymbol{e}_3)=\begin{pmatrix}\frac{1}{\sqrt{2}}&\frac{1}{3\sqrt{2}}&\frac{2}{3}\\0&-\frac{4}{3\sqrt{2}}&\frac{1}{3}\\-\frac{1}{\sqrt{2}}&\frac{1}{3\sqrt{2}}&\frac{2}{3}\end{pmatrix}$$

使得

$$P^{-1}AP=P^{T}AP=\begin{pmatrix}\lambda_1 & & \\ & \lambda_2 & \\ & & \lambda_3\end{pmatrix}=\begin{pmatrix}-1 & & \\ & -1 & \\ & & 8\end{pmatrix}$$

例 16 设实对称矩阵

$$A=\begin{pmatrix}3 & -3 & -3\\ -3 & 1 & -1\\ -3 & -1 & 1\end{pmatrix}$$

求正交矩阵 $\boldsymbol{P}$,使得 $\boldsymbol{P}^{-1}\boldsymbol{AP}$ 为对角矩阵.

解 矩阵 $\boldsymbol{A}$ 的特征方程为

$$|\lambda E-A|=\begin{vmatrix}\lambda-3 & 3 & 3\\ 3 & \lambda-1 & 1\\ 3 & 1 & \lambda-1\end{vmatrix}=(\lambda+3)(\lambda-2)(\lambda-6)=0$$

因此,矩阵 $\boldsymbol{A}$ 的特征值 $\lambda_1=-3,\lambda_2=2,\lambda_3=6$.

对于特征值 $\lambda_1=-3$,解齐次线性方程组 $(-3E-A)x=0$ 得其基础解系

$$p_1=\begin{pmatrix}1\\1\\1\end{pmatrix}$$

对于特征值 $\lambda_2=2$,解齐次线性方程组 $(2E-A)x=0$ 得其基础解系

$$p_2=\begin{pmatrix}0\\1\\-1\end{pmatrix}$$

对于特征值 $\lambda_3=6$,解齐次线性方程组 $(6E-A)x=0$ 得其基础解系

$$p_3=\begin{pmatrix}-2\\1\\1\end{pmatrix}$$

把 p_1,p_2,p_3 单位化,可得

$$e_1=\frac{1}{\|p_1\|}p_1=\frac{1}{\sqrt{3}}\begin{pmatrix}1\\1\\1\end{pmatrix}$$

$$e_2=\frac{1}{\|p_2\|}p_2=\frac{1}{\sqrt{2}}\begin{pmatrix}0\\1\\-1\end{pmatrix}$$

$$e_3=\frac{1}{\|p_3\|}p_3=\frac{1}{\sqrt{6}}\begin{pmatrix}-2\\1\\1\end{pmatrix}$$

所求正交矩阵

$$P=(e_1,e_2,e_3)=\begin{pmatrix}\frac{1}{\sqrt{3}} & 0 & -\frac{2}{\sqrt{6}}\\ \frac{1}{\sqrt{3}} & \frac{1}{\sqrt{2}} & \frac{1}{\sqrt{6}}\\ \frac{1}{\sqrt{3}} & -\frac{1}{\sqrt{2}} & \frac{1}{\sqrt{6}}\end{pmatrix}$$

使得

$$P^{-1}AP=P^{T}AP=\begin{pmatrix}\lambda_1 & & \\ & \lambda_2 & \\ & & \lambda_3\end{pmatrix}=\begin{pmatrix}-3 & & \\ & 2 & \\ & & 6\end{pmatrix}$$

注 由于实对称矩阵 A 的不同特征值对应的特征向量必正交,故只需对属于同一特征值的线性无关的特征向量正交化.如例 15 中只需把属于特征值 -1 的两个线性无关的特征向量正交化即可.

例 17 已知三阶实对称矩阵 A 的特征值为 $\lambda_1=6,\lambda_2=\lambda_3=3$,且 $\lambda_1=6$ 对应的特征向量为 $p_1=(1,1,1)^{T}$,求 A.

解 设特征值 3 对应的特征向量为

$$x=\begin{pmatrix}x_1\\ x_2\\ x_3\end{pmatrix}$$

由于实对称矩阵的属于不同特征值的特征向量正交,故

$$(p_1,x)=x_1+x_2+x_3=0$$

即 x 是上面齐次线性方程的非零解.求得这个方程的基础解系为

$$p_2=\begin{pmatrix}-1\\ 1\\ 0\end{pmatrix},\quad p_3=\begin{pmatrix}-1\\ 0\\ 1\end{pmatrix}$$

于是 p_2,p_3 为矩阵 A 的属于特征值 3 的两个线性无关的特征向量,并记

$$P=(p_1,p_2,p_3)=\begin{pmatrix}1 & -1 & -1\\ 1 & 1 & 0\\ 1 & 0 & 1\end{pmatrix}$$

则

$$P^{-1}AP=\begin{pmatrix}6 & & \\ & 3 & \\ & & 3\end{pmatrix}=\Lambda$$

因而

$$A=P\Lambda P^{-1}=P\begin{pmatrix}6 & & \\ & 3 & \\ & & 3\end{pmatrix}P^{-1}=\begin{pmatrix}4 & 1 & 1\\ 1 & 4 & 1\\ 1 & 1 & 4\end{pmatrix}$$

例 18 设 $\boldsymbol{A}=\begin{pmatrix}0&2\\2&3\end{pmatrix}$,求 $\boldsymbol{A}^{50}$.

解 矩阵 $\boldsymbol{A}$ 的特征方程为

$$|\lambda\boldsymbol{E}-\boldsymbol{A}|=\begin{vmatrix}\lambda&-2\\-2&\lambda-3\end{vmatrix}=(\lambda-4)(\lambda+1)=0$$

因此,矩阵 $\boldsymbol{A}$ 的特征值 $\lambda_1=-1,\lambda_2=4$.对应的特征向量依次为

$$\boldsymbol{p}_1=\begin{pmatrix}2\\-1\end{pmatrix},\quad \boldsymbol{p}_2=\begin{pmatrix}1\\2\end{pmatrix}$$

记

$$\boldsymbol{P}=\left(\frac{1}{\|\boldsymbol{p}_1\|}\boldsymbol{p}_1,\frac{1}{\|\boldsymbol{p}_2\|}\boldsymbol{p}_2\right)=\frac{1}{\sqrt{5}}\begin{pmatrix}2&1\\-1&2\end{pmatrix}$$

则 $\boldsymbol{P}$ 是正交矩阵,且

$$\boldsymbol{P}^{\mathrm{T}}\boldsymbol{A}\boldsymbol{P}=\begin{pmatrix}-1&0\\0&4\end{pmatrix},\quad \boldsymbol{A}=\boldsymbol{P}\begin{pmatrix}-1&0\\0&4\end{pmatrix}\boldsymbol{P}^{\mathrm{T}}$$

从而有

$$\boldsymbol{A}^2=\boldsymbol{P}\begin{pmatrix}-1&0\\0&4\end{pmatrix}\boldsymbol{P}^{\mathrm{T}}\boldsymbol{P}\begin{pmatrix}-1&0\\0&4\end{pmatrix}\boldsymbol{P}^{\mathrm{T}}=\boldsymbol{P}\begin{pmatrix}-1&0\\0&4\end{pmatrix}^2\boldsymbol{P}^{\mathrm{T}}$$

故

$$\boldsymbol{A}^{50}=\boldsymbol{P}\begin{pmatrix}-1&0\\0&4\end{pmatrix}^{50}\boldsymbol{P}^{\mathrm{T}}=\frac{1}{\sqrt{5}}\begin{pmatrix}2&1\\-1&2\end{pmatrix}\begin{pmatrix}1&0\\0&4^{50}\end{pmatrix}\frac{1}{\sqrt{5}}\begin{pmatrix}2&-1\\1&2\end{pmatrix}$$

$$=\frac{1}{5}\begin{pmatrix}2&4^{50}\\-1&2\times4^{50}\end{pmatrix}\begin{pmatrix}2&-1\\1&2\end{pmatrix}=\frac{1}{5}\begin{pmatrix}4+4^{50}&-2+2\times4^{50}\\-2+2\times4^{50}&1+4^{51}\end{pmatrix}$$

§4.4 应用实例

例 19 (种群生态问题)考察栖息在某地区的鹿和狼.在没有狼的情况下,鹿的数量每年增长 5%,而在没有鹿的情况下,狼每年减少 25%.但在两者共存时,由于狼猎杀鹿作为食物,导致鹿的数量减少,狼的数量增加.若当年鹿的数量为 2 000 只,狼的数量为 600 只,讨论未来该地区鹿与狼的数量变化趋势.

解 假设第 n 年鹿的数量为 a_n 只,狼的数量为 b_n 只,$n=0,1,2,\cdots$,则 $a_0=2\,000,b_0=600$,且当 $n\geqslant1$ 时,有以下简化模型

$$\begin{cases}a_n=1.05a_{n-1}-0.25b_{n-1}\\b_n=0.05a_{n-1}+0.75b_{n-1}\end{cases}\tag{14}$$

记

$$A=\begin{pmatrix}1.05 & -0.25\\ 0.05 & 0.75\end{pmatrix}$$

则式(14)可表示为

$$\begin{pmatrix}a_n\\ b_n\end{pmatrix}=A\begin{pmatrix}a_{n-1}\\ b_{n-1}\end{pmatrix}(n\geqslant 1)$$

因此

$$\begin{pmatrix}a_n\\ b_n\end{pmatrix}=A^n\begin{pmatrix}a_0\\ b_0\end{pmatrix}=A^n\begin{pmatrix}2\ 000\\ 600\end{pmatrix}(n\geqslant 1) \tag{15}$$

为了简化式(15)的计算,求矩阵 A 的特征值和特征向量.矩阵 A 的特征方程为

$$|\lambda E-A|=\lambda^2-1.8\lambda+0.8=0$$

特征值 $\lambda_1=1,\lambda_2=0.8$,对应的特征向量分别为

$$p_1=\begin{pmatrix}5\\ 1\end{pmatrix},\quad p_2=\begin{pmatrix}1\\ 1\end{pmatrix}$$

把式(15)中向量$(a_0,b_0)^{\mathrm{T}}=(2\ 000,600)^{\mathrm{T}}$ 表示为 p_1,p_2 的线性组合.令

$$x_1\begin{pmatrix}5\\ 1\end{pmatrix}+x_2\begin{pmatrix}1\\ 1\end{pmatrix}=\begin{pmatrix}2\ 000\\ 600\end{pmatrix}$$

解得 $x_1=350,x_2=250$,即

$$\begin{pmatrix}a_0\\ b_0\end{pmatrix}=350p_1+250p_2 \tag{16}$$

由式(15)和式(16)得

$$\begin{pmatrix}a_n\\ b_n\end{pmatrix}=A^n(350p_1+250p_2)=350A^np_1+250A^np_2=350\lambda_1^np_1+250\lambda_2^np_2$$

因此

$$\lim_{n\to\infty}\begin{pmatrix}a_n\\ b_n\end{pmatrix}=\lim_{n\to\infty}(350\lambda_1^np_1+250\lambda_2^np_2)=350p_1=\begin{pmatrix}1\ 750\\ 350\end{pmatrix}$$

故未来该地区鹿与狼的数量变化趋势为:鹿有 1 750 只、狼有 350 只.

例 20 (人口流动问题)近几年对我国一个地区的城镇人口和农村人口的流动进行调查,发现该地区的城镇人口和农村人口之间有一个稳定的流动趋势:每年有 3%的农村人口流向城镇,有 1%的城镇人口流向农村.现在该地区有 60%的人口在城镇,假设该地区的总人口数量保持不变,讨论未来该地区城镇人口和农村人口的比例变化趋势.

解 设现在该地区城镇人口为 a_0、农村人口为 b_0、总人口为 N，n 年后该地区的城镇人口为 a_n、农村人口为 b_n，$n=1,2,\cdots$，则一年后该地区的城镇人口和农村人口分别为

$$a_1=0.99a_0+0.03b_0,\quad b_1=0.01a_0+0.97b_0 \tag{17}$$

其矩阵表达形式为

$$\begin{pmatrix}a_1\\b_1\end{pmatrix}=\begin{pmatrix}0.99&0.03\\0.01&0.97\end{pmatrix}\begin{pmatrix}a_0\\b_0\end{pmatrix} \tag{18}$$

记

$$\boldsymbol{A}=\begin{pmatrix}0.99&0.03\\0.01&0.97\end{pmatrix}$$

则式(18)可表示为

$$\begin{pmatrix}a_1\\b_1\end{pmatrix}=\boldsymbol{A}\begin{pmatrix}a_0\\b_0\end{pmatrix}$$

因此，两年后该地区的城镇人口和农村人口为

$$\begin{pmatrix}a_2\\b_2\end{pmatrix}=\boldsymbol{A}\begin{pmatrix}a_1\\b_1\end{pmatrix}=\boldsymbol{A}^2\begin{pmatrix}a_0\\b_0\end{pmatrix} \tag{19}$$

n 年后该地区的城镇人口和农村人口为

$$\begin{pmatrix}a_n\\b_n\end{pmatrix}=\boldsymbol{A}^n\begin{pmatrix}a_0\\b_0\end{pmatrix}\ (n=1,2,\cdots) \tag{20}$$

因为现在该地区有 60% 的人口在城镇，所以 $a_0/N=0.6$，$b_0/N=0.4$. 由式(17)可求得 $a_1/N=0.606$，$b_1/N=0.394$. 由式(19)可得

$$a_2=0.99a_1+0.03b_1,\quad b_2=0.01a_1+0.97b_1$$

故 $a_2/N=0.612$，$b_2/N=0.388$.

由一年后和两年后该地区城镇人口和农村人口的比例变化可见，城镇人口的比例在逐年增长. 为了运用式(20)讨论未来该地区城镇人口和农村人口的比例变化趋势，需要把矩阵 $\boldsymbol{A}$ 化简，最好化简为对角矩阵，以便对矩阵 $\boldsymbol{A}$ 进行幂运算.

矩阵 $\boldsymbol{A}$ 的特征方程为

$$|\lambda\boldsymbol{E}-\boldsymbol{A}|=\lambda^2-1.96\lambda+0.96=0$$

特征值 $\lambda_1=1$，$\lambda_2=0.96$，对应的特征向量分别为

$$\boldsymbol{p}_1=\begin{pmatrix}0.03\\0.01\end{pmatrix},\quad \boldsymbol{p}_2=\begin{pmatrix}1\\-1\end{pmatrix}$$

因此相似变换矩阵

$$P=(p_1,p_2)=\begin{pmatrix}0.03 & 1\\ 0.01 & -1\end{pmatrix}$$

使得

$$P^{-1}AP=\begin{pmatrix}\lambda_1 & 0\\ 0 & \lambda_2\end{pmatrix}=\begin{pmatrix}1 & 0\\ 0 & 0.96\end{pmatrix},\quad A=P\begin{pmatrix}1 & 0\\ 0 & 0.96\end{pmatrix}P^{-1}$$

于是

$$A^n=\left(P\begin{pmatrix}1 & 0\\ 0 & 0.96\end{pmatrix}P^{-1}\right)^n=P\begin{pmatrix}1 & 0\\ 0 & 0.96\end{pmatrix}^nP^{-1}=P\begin{pmatrix}1 & 0\\ 0 & 0.96^n\end{pmatrix}P^{-1} \tag{21}$$

由式(20)和式(21)得

$$\lim_{n\to\infty}\begin{pmatrix}a_n\\ b_n\end{pmatrix}=\lim_{n\to\infty}A^n\begin{pmatrix}a_0\\ b_0\end{pmatrix}=\lim_{n\to\infty}\left(P\begin{pmatrix}1 & 0\\ 0 & 0.96^n\end{pmatrix}P^{-1}\right)\begin{pmatrix}a_0\\ b_0\end{pmatrix}$$

$$=\left(P\begin{pmatrix}1 & 0\\ 0 & 0\end{pmatrix}P^{-1}\right)\begin{pmatrix}a_0\\ b_0\end{pmatrix}=\begin{pmatrix}\frac{3}{4}(a_0+b_0)\\ \frac{1}{4}(a_0+b_0)\end{pmatrix}=\begin{pmatrix}\frac{3}{4}N\\ \frac{1}{4}N\end{pmatrix}$$

故未来该地区城镇人口和农村人口的比例变化趋势为 3:1，并且这个比例变化趋势与最初的城镇人口和农村人口分布比例无关.

习 题 四

1. 设 $A=\begin{pmatrix}2 & 3 & 2\\ 1 & 4 & 2\\ 1 & -3 & 1\end{pmatrix}$，$\alpha_1=\begin{pmatrix}3\\ 1\\ -3\end{pmatrix}$，$\alpha_2=\begin{pmatrix}1\\ 3\\ -1\end{pmatrix}$，$\alpha_3=\begin{pmatrix}1\\ 1\\ -1\end{pmatrix}$，验证 $\alpha_1,\alpha_2,\alpha_3$ 是否为 A 的特征向量；如果是，就求出对应的特征值.

2. 求下列矩阵的特征值和特征向量：

(1) $\begin{pmatrix}1 & -1\\ 2 & 4\end{pmatrix}$；(2) $\begin{pmatrix}8 & -2\\ -3 & 3\end{pmatrix}$；(3) $\begin{pmatrix}-2 & 3\\ 3 & 6\end{pmatrix}$；(4) $\begin{pmatrix}-5 & 4\\ 4 & 10\end{pmatrix}$.

3. 求下列矩阵的特征值和特征向量：

(1) $\begin{pmatrix}1 & 0 & 2\\ 0 & -1 & 0\\ 0 & 4 & 2\end{pmatrix}$；(2) $\begin{pmatrix}5 & 6 & -3\\ -1 & 0 & 1\\ 1 & 2 & 1\end{pmatrix}$；(3) $\begin{pmatrix}2 & 0 & 1\\ 0 & 2 & 1\\ 1 & 1 & 1\end{pmatrix}$；(4) $\begin{pmatrix}3 & -4 & 4\\ -4 & -3 & -2\\ 4 & -2 & 4\end{pmatrix}$.

4. 验证 1,2,3 是不是矩阵 $A=\begin{pmatrix}2 & 0 & 0\\ 1 & 2 & -1\\ 1 & 0 & 1\end{pmatrix}$ 的特征值；如果是，就求出对应的特征向量.

5. 设 $\boldsymbol{p}_1=(3,1)^{\mathrm{T}}$ 和 $\boldsymbol{p}_2=(5,2)^{\mathrm{T}}$ 都是矩阵 $\boldsymbol{A}$ 的特征向量,对应的特征值依次是 1 和 0,求 $\boldsymbol{A}$.

6. 设 $\boldsymbol{p}_1=(2,1,-1)^{\mathrm{T}},\boldsymbol{p}_2=(2,-1,2)^{\mathrm{T}},\boldsymbol{p}_3=(3,0,0)^{\mathrm{T}}$ 都是矩阵 $\boldsymbol{A}$ 的特征向量,对应的特征值依次是 3,2,1,求 $\boldsymbol{A}$.

7. 设 $\boldsymbol{A}=\begin{pmatrix}-1&2&2\\2&-1&-2\\2&-2&-1\end{pmatrix}$,求 $\boldsymbol{A}$ 和 $\boldsymbol{A}^{-1}+\boldsymbol{E}$ 的特征值.

8. 已知三阶矩阵 $\boldsymbol{A}$ 的特征值为 $1,-1,2$,求 $|\boldsymbol{A}^3-5\boldsymbol{A}^2|$ 的值.

9. 设三阶矩阵 $\boldsymbol{A}=\begin{pmatrix}2&-1&2\\5&a&3\\-1&b&-2\end{pmatrix}$ 有一个特征向量 $\boldsymbol{\eta}=\begin{pmatrix}1\\1\\-1\end{pmatrix}$,求 a,b 的值和 $\boldsymbol{\eta}$ 对应的特征值 λ.

10. 设 $\boldsymbol{\alpha}$ 是 n 维非零列向量,证明 $\boldsymbol{\alpha}$ 是矩阵 $\boldsymbol{\alpha}\boldsymbol{\alpha}^{\mathrm{T}}$ 的特征向量.

11. 设 n 阶矩阵 $\boldsymbol{A}$ 满足 $\boldsymbol{A}^2=\boldsymbol{E}$,且 $\boldsymbol{A}$ 的特征值都是 1,证明 $\boldsymbol{A}=\boldsymbol{E}$.

12. 设 n 阶矩阵 $\boldsymbol{A}$ 满足 $\boldsymbol{A}^2=\boldsymbol{E}$,证明 $\boldsymbol{A}$ 的特征值只能是 1 或 -1.

13. 设 n 阶矩阵 $\boldsymbol{A}$ 的特征值为 $0,1,2,\cdots,n-1$,求矩阵 $\boldsymbol{A}+2\boldsymbol{E}$ 的特征值与行列式 $|\boldsymbol{A}+2\boldsymbol{E}|$ 的值.

14. 判断矩阵 $\boldsymbol{A}$ 能否相似于矩阵 $\boldsymbol{B}$;若能相似,求出可逆矩阵 $\boldsymbol{P}$,使得 $\boldsymbol{P}^{-1}\boldsymbol{A}\boldsymbol{P}=\boldsymbol{B}$.

(1) $\boldsymbol{A}=\begin{pmatrix}3&1&0\\0&3&1\\0&0&3\end{pmatrix},\quad \boldsymbol{B}=\begin{pmatrix}3&0&0\\0&3&0\\0&0&3\end{pmatrix}$;

(2) $\boldsymbol{A}=\begin{pmatrix}1&0&0\\0&3&0\\0&0&2\end{pmatrix},\quad \boldsymbol{B}=\begin{pmatrix}1&1&0\\0&2&1\\0&0&3\end{pmatrix}$.

15. 设 $\boldsymbol{A}=\begin{pmatrix}2&0&0\\0&x&1\\0&1&0\end{pmatrix}$ 与 $\boldsymbol{B}=\begin{pmatrix}2&0&0\\0&3&4\\0&-2&y\end{pmatrix}$ 相似,求 x,y 的值.

16. 设 $\boldsymbol{A}=\begin{pmatrix}1&-1&1\\2&4&-2\\-3&-3&a\end{pmatrix}$ 与 $\boldsymbol{B}=\begin{pmatrix}2&0&0\\0&2&0\\0&0&b\end{pmatrix}$ 相似.

(1) 求 a,b 的值;

(2) 求可逆矩阵 $\boldsymbol{P}$,使得 $\boldsymbol{P}^{-1}\boldsymbol{A}\boldsymbol{P}=\boldsymbol{B}$.

17. 设 $\boldsymbol{A}=(a_{ij})_{n\times n}$ 是主对角元全为 2 的上三角形矩阵,并且当 $i<j$ 时,存在 $a_{ij}\neq 0$.问 $\boldsymbol{A}$ 能否与对角矩阵相似?

18. 计算:

(1) 设 $\boldsymbol{A}=\begin{pmatrix}1&2\\2&4\end{pmatrix}$,求 $\boldsymbol{A}^{20}$;

(2) 设 $\boldsymbol{A}=\begin{pmatrix}-2&1&1\\-6&3&2\\0&0&3\end{pmatrix}$,求 $\boldsymbol{A}^n$(n 是正整数).

19. 设 $\boldsymbol{A}$ 为 n 阶实对称正交矩阵,且 1 为 $\boldsymbol{A}$ 的 r 重特征值,求:

(1) $\boldsymbol{A}$ 的相似对角矩阵;

(2) $|3\boldsymbol{E}-\boldsymbol{A}|$.

20. 已知下列矩阵 $\boldsymbol{A}$,求正交矩阵 $\boldsymbol{P}$,使得 $\boldsymbol{P}^{-1}\boldsymbol{A}\boldsymbol{P}=\boldsymbol{\Lambda}$,其中 $\boldsymbol{\Lambda}$ 是对角矩阵.

(1) $\boldsymbol{A}=\begin{pmatrix}4 & 4\\ 4 & -2\end{pmatrix}$；　(2) $\boldsymbol{A}=\begin{pmatrix}1 & -2\\ -2 & 4\end{pmatrix}$；

(3) $\boldsymbol{A}=\begin{pmatrix}2 & 0 & 0\\ 0 & 3 & 2\\ 0 & 2 & 3\end{pmatrix}$；　(4) $\boldsymbol{A}=\begin{pmatrix}2 & 2 & -2\\ 2 & 5 & -4\\ -2 & -4 & 5\end{pmatrix}$；

(5) $\boldsymbol{A}=\begin{pmatrix}3 & -2 & 0\\ -2 & 2 & -2\\ 0 & -2 & 1\end{pmatrix}$；　(6) $\boldsymbol{A}=\begin{pmatrix}3 & 1 & 0 & -1\\ 1 & 3 & -1 & 0\\ 0 & -1 & 3 & 1\\ -1 & 0 & 1 & 3\end{pmatrix}$.

21. 设 $\boldsymbol{A}$ 和 $\boldsymbol{B}$ 都是 n 阶矩阵，并且都相似于对角矩阵.证明 $\boldsymbol{A}\sim\boldsymbol{B}$ 的充分必要条件是 $\boldsymbol{A}$ 和 $\boldsymbol{B}$ 的特征多项式相等.

22. 设三阶实对称矩阵 $\boldsymbol{A}$ 的特征值为 1(二重)和-1，并且 $\boldsymbol{\alpha}=(0,1,1)^{\mathrm{T}}$ 是矩阵 $\boldsymbol{A}$ 属于特征值-1 的特征向量，求 $\boldsymbol{A}$.

23. 设实对称矩阵 $\boldsymbol{A}=\begin{pmatrix}1 & a & 2\\ a & -2 & b\\ 2 & 4 & -2\end{pmatrix}$有特征值 2，求 $\boldsymbol{A}$ 的另外两个特征值.

第四章部分习题讲解

第五章　二　次　型

本章以矩阵和向量为工具,研究一种特殊的函数,即多变量的二次齐次多项式,通常称之为二次型.

二次型的理论起源于把二次曲线和二次曲面方程化为标准形的问题.随着科学的发展和技术的进步,二次型在数学的其他分支以及工程技术、经济管理等领域都有着广泛的应用.

本章主要讨论化二次型为标准形的问题,以及正定、半正定二次型的有关概念和性质.

§5.1　二次型及其矩阵表示

考虑平面中二次曲线的方程 $ax^2+2bxy+cy^2=d$,其左端的函数

$$f(x,y)=ax^2+2bxy+cy^2 \tag{1}$$

是变量 x,y 的二次齐次多项式——即只含二次项的二次多项式.

把函数(1)推广到 n 个自变量的情形就得到下面二次型的定义.

一、二次型的概念

定义 1　含有 n 个变量 $x_1,x_2,\cdots,x_n$ 的二次齐次多项式

$$f(x_1,x_2,\cdots,x_n)=a_{11}x_1^2+a_{22}x_2^2+\cdots+a_{nn}x_n^2+2a_{12}x_1x_2+\cdots+2a_{1n}x_1x_n+\cdots+2a_{n-1,n}x_{n-1}x_n \tag{2}$$

称为 n **元二次型**,简称为**二次型**(quadratic form).当系数 a_{ij} 是实数时,f 称为**实二次型**;当 a_{ij} 是复数时,f 称为**复二次型**,其中 $i,j=1,2,\cdots,n$.

本章仅讨论实二次型.例如,$f(x_1,x_2,x_3)=2x_1^2+4x_2^2+5x_3^2-4x_1x_3$,$f(x_1,x_2,x_3)=x_1x_2+x_1x_3+x_2x_3$ 都是 3 元实二次型.

二、二次型的矩阵

在式(2)中记 $a_{ji}=a_{ij}$,则

$$2a_{ij}x_ix_j=a_{ij}x_ix_j+a_{ji}x_jx_i\quad(i,j=1,2,\cdots,n)$$

于是式(2)可写成

$$\begin{aligned}f&=a_{11}x_1^2+a_{12}x_1x_2+\cdots+a_{1n}x_1x_n+\\&\quad a_{21}x_2x_1+a_{22}x_2^2+\cdots+a_{2n}x_2x_n+\cdots+\\&\quad a_{n1}x_nx_1+a_{n2}x_nx_2+\cdots+a_{nn}x_n^2\\&=\sum_{i=1}^{n}\sum_{j=1}^{n}a_{ij}x_ix_j\end{aligned} \tag{3}$$

由式(3),利用矩阵乘法,二次型 f 可表示为

$$\begin{aligned} f &= x_1(a_{11}x_1+a_{12}x_2+\cdots+a_{1n}x_n)+\\ &\quad x_2(a_{21}x_1+a_{22}x_2+\cdots+a_{2n}x_n)+\cdots+\\ &\quad x_n(a_{n1}x_1+a_{n2}x_2+\cdots+a_{nn}x_n)\\ &=(x_1,x_2,\cdots,x_n)\begin{pmatrix} a_{11}x_1+a_{12}x_2+\cdots+a_{1n}x_n\\ a_{21}x_1+a_{22}x_2+\cdots+a_{2n}x_n\\ \vdots\\ a_{n1}x_1+a_{n2}x_2+\cdots+a_{nn}x_n \end{pmatrix}\\ &=(x_1,x_2,\cdots,x_n)\begin{pmatrix} a_{11} & a_{12} & \cdots & a_{1n}\\ a_{21} & a_{22} & \cdots & a_{2n}\\ \vdots & \vdots & & \vdots\\ a_{n1} & a_{n2} & \cdots & a_{nn} \end{pmatrix}\begin{pmatrix} x_1\\ x_2\\ \vdots\\ x_n \end{pmatrix}=\boldsymbol{x}^{\mathrm{T}}\boldsymbol{A}\boldsymbol{x} \end{aligned}$$

其中

$$\boldsymbol{A}=\begin{pmatrix} a_{11} & a_{12} & \cdots & a_{1n}\\ a_{21} & a_{22} & \cdots & a_{2n}\\ \vdots & \vdots & & \vdots\\ a_{n1} & a_{n2} & \cdots & a_{nn} \end{pmatrix},\quad \boldsymbol{x}=\begin{pmatrix} x_1\\ x_2\\ \vdots\\ x_n \end{pmatrix}$$

$f=\boldsymbol{x}^{\mathrm{T}}\boldsymbol{A}\boldsymbol{x}$ 为二次型的矩阵形式.因为 $a_{ij}=a_{ji}(i,j=1,2,\cdots,n)$,所以矩阵 $\boldsymbol{A}$ 为实对称矩阵.

例如,二次型 $f=y^2+3z^2-4xy+5yz$ 写成矩阵形式为

$$f=(x,y,z)\begin{pmatrix} 0 & -2 & 0\\ -2 & 1 & \dfrac{5}{2}\\ 0 & \dfrac{5}{2} & 3 \end{pmatrix}\begin{pmatrix} x\\ y\\ z \end{pmatrix}$$

由二次型的矩阵形式知,给定一个二次型,就唯一地确定一个实对称矩阵;反之,给定一个实对称矩阵,也唯一地确定一个二次型.因此,二次型和实对称矩阵之间有一一对应关系.**对于二次型 $f=\boldsymbol{x}^{\mathrm{T}}\boldsymbol{A}\boldsymbol{x}$,实对称矩阵 $\boldsymbol{A}$ 称为二次型 f 的矩阵,二次型 f 称为实对称矩阵 $\boldsymbol{A}$ 的二次型.实对称矩阵 $\boldsymbol{A}$ 的秩称为二次型 f 的秩.**

本章中所有二次型矩阵形式 $f=\boldsymbol{x}^{\mathrm{T}}\boldsymbol{A}\boldsymbol{x}$ 中的矩阵 $\boldsymbol{A}$,如不特殊说明,均为实对称矩阵.

注 二次型 $f=\boldsymbol{x}^{\mathrm{T}}\boldsymbol{A}\boldsymbol{x}$ 的矩阵 $\boldsymbol{A}$ 是 n 阶实对称矩阵,主对角元 a_{ii} 是二次型中 x_i^2 项的系数,$a_{ij}=a_{ji}(i\neq j)$ 是交叉项 x_ix_j 系数的一半.

例 1 求二次型 $f(x_1,x_2,x_3)=x_1^2+4x_2^2+4x_3^2-4x_1x_2+4x_1x_3-8x_2x_3$ 的矩阵 $\boldsymbol{A}$,并求 f 的秩及其矩阵形式.

解 二次型 f 的矩阵为

$$\boldsymbol{A}=\begin{pmatrix} 1 & -2 & 2\\ -2 & 4 & -4\\ 2 & -4 & 4 \end{pmatrix}$$

很显然,$r(\boldsymbol{A})=1$,因此二次型 f 的秩是 1.

该二次型的矩阵形式为

$$f(x_1,x_2,x_3)=(x_1,x_2,x_3)\begin{pmatrix}1&-2&2\\-2&4&-4\\2&-4&4\end{pmatrix}\begin{pmatrix}x_1\\x_2\\x_3\end{pmatrix}$$

例 2 求实对称矩阵

$$\boldsymbol{A}=\begin{pmatrix}-2&\sqrt{3}&\dfrac{1}{2}\\\sqrt{3}&1&0\\\dfrac{1}{2}&0&-1\end{pmatrix}$$

所对应的二次型 f.

解 设变量为 x_1,x_2,x_3，则实对称矩阵 $\boldsymbol{A}$ 所对应的二次型为

$$f(x_1,x_2,x_3)=(x_1,x_2,x_3)\begin{pmatrix}-2&\sqrt{3}&\dfrac{1}{2}\\\sqrt{3}&1&0\\\dfrac{1}{2}&0&-1\end{pmatrix}\begin{pmatrix}x_1\\x_2\\x_3\end{pmatrix}$$
$$=-2x_1^2+x_2^2-x_3^2+2\sqrt{3}x_1x_2+x_1x_3$$

例 3 设 $\boldsymbol{\alpha}=(3,4,-2,-1)^{\mathrm{T}},\boldsymbol{\beta}=(6,-5,3,-3)^{\mathrm{T}}$.记 $\boldsymbol{A}=\boldsymbol{\alpha}\boldsymbol{\alpha}^{\mathrm{T}}$，定义二次型$f(\boldsymbol{x})=\boldsymbol{x}^{\mathrm{T}}\boldsymbol{A}\boldsymbol{x}$，$\boldsymbol{x}$ 为 4 维列向量，求 $f(\boldsymbol{\beta})$.

解 $f(\boldsymbol{\beta})=\boldsymbol{\beta}^{\mathrm{T}}\boldsymbol{A}\boldsymbol{\beta}=\boldsymbol{\beta}^{\mathrm{T}}(\boldsymbol{\alpha}\boldsymbol{\alpha}^{\mathrm{T}})\boldsymbol{\beta}=(\boldsymbol{\beta}^{\mathrm{T}}\boldsymbol{\alpha})(\boldsymbol{\alpha}^{\mathrm{T}}\boldsymbol{\beta})=(\boldsymbol{\beta}^{\mathrm{T}}\boldsymbol{\alpha})^{\mathrm{T}}(\boldsymbol{\alpha}^{\mathrm{T}}\boldsymbol{\beta})$
$=(\boldsymbol{\alpha}^{\mathrm{T}}\boldsymbol{\beta})^2=25$

例 4 设 $\boldsymbol{B}$ 为 n 阶方阵，且 $\boldsymbol{B}^{\mathrm{T}}\neq\boldsymbol{B}$，$\boldsymbol{x}$ 是 n 维列向量.求证二次型$f=\boldsymbol{x}^{\mathrm{T}}\boldsymbol{B}\boldsymbol{x}$ 的矩阵 $\boldsymbol{A}=\dfrac{1}{2}(\boldsymbol{B}+\boldsymbol{B}^{\mathrm{T}})$.

证 显然 $\boldsymbol{A}$ 是对称矩阵，对任意的 n 维列向量 $\boldsymbol{x}$，有 $\boldsymbol{x}^{\mathrm{T}}\boldsymbol{A}\boldsymbol{x}=\dfrac{1}{2}(\boldsymbol{x}^{\mathrm{T}}\boldsymbol{B}\boldsymbol{x}+\boldsymbol{x}^{\mathrm{T}}\boldsymbol{B}^{\mathrm{T}}\boldsymbol{x})$.因为 $\boldsymbol{x}^{\mathrm{T}}\boldsymbol{B}^{\mathrm{T}}\boldsymbol{x}$ 相当于一阶方阵，故 $(\boldsymbol{x}^{\mathrm{T}}\boldsymbol{B}^{\mathrm{T}}\boldsymbol{x})^{\mathrm{T}}=\boldsymbol{x}^{\mathrm{T}}\boldsymbol{B}^{\mathrm{T}}\boldsymbol{x}$，又 $(\boldsymbol{x}^{\mathrm{T}}\boldsymbol{B}^{\mathrm{T}}\boldsymbol{x})^{\mathrm{T}}=\boldsymbol{x}^{\mathrm{T}}\boldsymbol{B}\boldsymbol{x}$，所以 $\boldsymbol{x}^{\mathrm{T}}\boldsymbol{B}^{\mathrm{T}}\boldsymbol{x}=\boldsymbol{x}^{\mathrm{T}}\boldsymbol{B}\boldsymbol{x}$，从而 $\boldsymbol{x}^{\mathrm{T}}\boldsymbol{A}\boldsymbol{x}=\dfrac{1}{2}(\boldsymbol{x}^{\mathrm{T}}\boldsymbol{B}\boldsymbol{x}+\boldsymbol{x}^{\mathrm{T}}\boldsymbol{B}\boldsymbol{x})=\boldsymbol{x}^{\mathrm{T}}\boldsymbol{B}\boldsymbol{x}$.

这表明对称矩阵 $\boldsymbol{A}$ 是二次型 $\boldsymbol{x}^{\mathrm{T}}\boldsymbol{B}\boldsymbol{x}$ 的矩阵.

例如，二次型 $f=\boldsymbol{x}^{\mathrm{T}}\boldsymbol{B}\boldsymbol{x}=(x_1,x_2,x_3)\begin{pmatrix}2&-3&1\\1&0&1\\2&11&3\end{pmatrix}\begin{pmatrix}x_1\\x_2\\x_3\end{pmatrix}$ 的矩阵

$$\boldsymbol{A}=\frac{1}{2}(\boldsymbol{B}+\boldsymbol{B}^{\mathrm{T}})=\begin{pmatrix}2&-1&\dfrac{3}{2}\\-1&0&6\\\dfrac{3}{2}&6&3\end{pmatrix}$$

§5.2　二次型的标准形

在上节开始的例子中,对于二次曲线方程 $ax^2+2bxy+cy^2=d$,只需选择适当的角度 θ,利用坐标旋转变换$\begin{cases}x=x_1\cos\theta-y_1\sin\theta\\y=x_1\sin\theta+y_1\cos\theta\end{cases}$就可以把该方程化为标准形 $a_1x_1^2+b_1y_1^2=d_1$.

一般地,为了对 n 元二次型进行深入的研究,需引入线性变换的概念.

一、线性变换

定义 2　设两组变量 $x_1,x_2,\cdots,x_n$ 与 $y_1,y_2,\cdots,y_n$ 之间有关系式

$$\begin{cases}x_1=c_{11}y_1+c_{12}y_2+\cdots+c_{1n}y_n\\x_2=c_{21}y_1+c_{22}y_2+\cdots+c_{2n}y_n\\\cdots\cdots\cdots\cdots\\x_n=c_{n1}y_1+c_{n2}y_2+\cdots+c_{nn}y_n\end{cases}\quad(c_{ij}\in\mathbf{R};\quad i,j=1,2,\cdots,n)\tag{4}$$

若记

$$\boldsymbol{C}=\begin{pmatrix}c_{11}&c_{12}&\cdots&c_{1n}\\c_{21}&c_{22}&\cdots&c_{2n}\\\vdots&\vdots&&\vdots\\c_{n1}&c_{n2}&\cdots&c_{nn}\end{pmatrix},\quad\boldsymbol{x}=\begin{pmatrix}x_1\\x_2\\\vdots\\x_n\end{pmatrix},\quad\boldsymbol{y}=\begin{pmatrix}y_1\\y_2\\\vdots\\y_n\end{pmatrix}$$

则关系式(4)可表示为

$$\boldsymbol{x}=\boldsymbol{Cy}$$

称之为由 $\boldsymbol{y}$ 到 $\boldsymbol{x}$ 的**线性变换**(linear transformation),$\boldsymbol{C}$ 称为**变换矩阵**.若 $\boldsymbol{C}$ 是可逆矩阵,则线性变换$\boldsymbol{x}=\boldsymbol{Cy}$ 称为**可逆线性变换**;若 $\boldsymbol{C}$ 是正交矩阵,则线性变换 $\boldsymbol{x}=\boldsymbol{Cy}$ 称为**正交线性变换**,简称为**正交变换**.

例如线性变换

$$\begin{cases}x_1=y_1\cos\theta-y_2\sin\theta\\x_2=y_1\sin\theta+y_2\cos\theta\end{cases}\quad(\theta\text{ 为常数})$$

是正交变换.因为不难验证变换矩阵

$$\boldsymbol{C}=\begin{pmatrix}\cos\theta&-\sin\theta\\\sin\theta&\cos\theta\end{pmatrix}$$

是正交矩阵.

二、矩阵的合同

定义 3　设 $\boldsymbol{A},\boldsymbol{B}$ 是两个 n 阶矩阵,若存在可逆矩阵 $\boldsymbol{G}$,使得

$$\boldsymbol{B}=\boldsymbol{G}^{\mathrm{T}}\boldsymbol{AG}$$

则称矩阵 $\boldsymbol{A}$ 与 $\boldsymbol{B}$ **合同**,记作 $\boldsymbol{A}\backsimeq\boldsymbol{B}$.

由于矩阵 $\boldsymbol{G}$ 可逆,所以矩阵 $\boldsymbol{A}$ 与 $\boldsymbol{B}$ 之间的合同关系,实质上是一种等价关系,满足:

（1）自反性　$A \backsimeq A$；因为 $A=E^{T}AE$.

（2）对称性　若 $A \backsimeq B$，则 $B \backsimeq A$；因为 $B=G^{T}AG$，G 可逆，所以 $A=(G^{-1})^{T}BG^{-1}$.

（3）传递性　若 $A \backsimeq B$，$B \backsimeq C$，则 $A \backsimeq C$.因为 $B=G^{T}AG$，$C=F^{T}BF$，G 和 F 可逆，所以 GF 也可逆，且 $C=F^{T}G^{T}AGF=(GF)^{T}A(GF)$.

三、二次型的标准形

定理 1　**任何二次型 $f=x^{T}Ax$ 经过可逆线性变换 $x=Cy$ 后仍是一个二次型，而且二次型的秩不变.**

证

$$f=x^{T}Ax=(Cy)^{T}A(Cy)=y^{T}(C^{T}AC)y=y^{T}By$$

其中 $B=C^{T}AC$.因为

$$B^{T}=(C^{T}AC)^{T}=C^{T}A^{T}(C^{T})^{T}=C^{T}AC=B$$

所以 B 是实对称矩阵，因而 $y^{T}By$ 是以 B 为矩阵的二次型.

由于 C 可逆，所以 C^{T} 也可逆，且

$$r(B)=r(C^{T}AC)=r(A)$$

从而二次型的秩不变.

注　从定理 1 的证明中可以注意到：

（1）与对称矩阵合同的矩阵仍是对称矩阵；

（2）一个二次型的矩阵与其经过可逆线性变换后所得二次型的矩阵合同，并且合同关系中的可逆矩阵就是可逆线性变换的变换矩阵.

例 5　求二次型 $f=3x_1^2+4x_1x_2+6x_2^2$ 经可逆线性变换

$$\begin{cases} x_1=\ \ y_1+y_2 \\ x_2=2y_1-y_2 \end{cases}$$

后的二次型.

解　记 $x=\begin{pmatrix} x_1 \\ x_2 \end{pmatrix}$，$y=\begin{pmatrix} y_1 \\ y_2 \end{pmatrix}$，则

$$f=x^{T}\begin{pmatrix} 3 & 2 \\ 2 & 6 \end{pmatrix}x, \quad x=\begin{pmatrix} 1 & 1 \\ 2 & -1 \end{pmatrix}y$$

于是

$$\begin{aligned} f&=x^{T}\begin{pmatrix} 3 & 2 \\ 2 & 6 \end{pmatrix}x=\left[\begin{pmatrix} 1 & 1 \\ 2 & -1 \end{pmatrix}y\right]^{T}\begin{pmatrix} 3 & 2 \\ 2 & 6 \end{pmatrix}\left[\begin{pmatrix} 1 & 1 \\ 2 & -1 \end{pmatrix}y\right] \\ &=y^{T}\begin{pmatrix} 1 & 1 \\ 2 & -1 \end{pmatrix}^{T}\begin{pmatrix} 3 & 2 \\ 2 & 6 \end{pmatrix}\begin{pmatrix} 1 & 1 \\ 2 & -1 \end{pmatrix}y \\ &=y^{T}\begin{pmatrix} 35 & -7 \\ -7 & 5 \end{pmatrix}y=35y_1^2-14y_1y_2+5y_2^2 \end{aligned}$$

例 6 求例 5 中二次型 f 经可逆线性变换

$$\begin{cases}x_1 = 2z_1 + z_2\\ x_2 = -z_1 + 2z_2\end{cases}$$

后的二次型.

解 记 $\boldsymbol{x}=\begin{pmatrix}x_1\\x_2\end{pmatrix}$, $\boldsymbol{z}=\begin{pmatrix}z_1\\z_2\end{pmatrix}$, 则 $\boldsymbol{x}=\begin{pmatrix}2&1\\-1&2\end{pmatrix}\boldsymbol{z}$. 于是

$$\begin{aligned}f=\boldsymbol{x}^{\mathrm{T}}\begin{pmatrix}3&2\\2&6\end{pmatrix}\boldsymbol{x}&=\left[\begin{pmatrix}2&1\\-1&2\end{pmatrix}\boldsymbol{z}\right]^{\mathrm{T}}\begin{pmatrix}3&2\\2&6\end{pmatrix}\left[\begin{pmatrix}2&1\\-1&2\end{pmatrix}\boldsymbol{z}\right]\\&=\boldsymbol{z}^{\mathrm{T}}\begin{pmatrix}2&1\\-1&2\end{pmatrix}^{\mathrm{T}}\begin{pmatrix}3&2\\2&6\end{pmatrix}\begin{pmatrix}2&1\\-1&2\end{pmatrix}\boldsymbol{z}\\&=\boldsymbol{z}^{\mathrm{T}}\begin{pmatrix}10&0\\0&35\end{pmatrix}\boldsymbol{z}=10z_1^2+35z_2^2\end{aligned}$$

从例 5 和例 6 的结果可以看出:一个二次型经过不同的可逆线性变换后可以变成不同形式的二次型.其中例 6 变换后的二次型的矩阵是对角矩阵,其展开式中只含变量的平方项,形式非常简单.

定义 4 如果二次型

$$f=\boldsymbol{x}^{\mathrm{T}}\boldsymbol{A}\boldsymbol{x} \tag{5}$$

经过可逆线性变换 $\boldsymbol{x}=\boldsymbol{C}\boldsymbol{y}$ 变成 $\boldsymbol{y}$ 的二次型

$$f=k_1y_1^2+k_2y_2^2+\cdots+k_ny_n^2 \tag{6}$$

则称二次型(6)是二次型(5)的一个**标准形**.

注 二次型的标准形的矩阵是对角矩阵

$$\boldsymbol{\Lambda}=\begin{pmatrix}k_1&&&\\&k_2&&\\&&\ddots&\\&&&k_n\end{pmatrix}$$

由此可知,一个二次型能否化为标准形,等价于该二次型的矩阵 $\boldsymbol{A}$ 能否与一个对角矩阵合同.

§5.3 化二次型为标准形的几种方法

一、正交变换法

由 §4.3 中定理 9 知,对任意的 n 阶实对称矩阵 $\boldsymbol{A}$,必存在正交矩阵 $\boldsymbol{P}$,使得 $\boldsymbol{P}^{-1}\boldsymbol{A}\boldsymbol{P}=\boldsymbol{P}^{\mathrm{T}}\boldsymbol{A}\boldsymbol{P}=\boldsymbol{\Lambda}$ 为对角矩阵,即实对称阵 $\boldsymbol{A}$ 既相似又合同于对角矩阵.将该结果用于二次型,就得以下定理.

定理 2 **对任何一个 n 元实二次型 $f=\boldsymbol{x}^{\mathrm{T}}\boldsymbol{A}\boldsymbol{x}$,总存在正交变换 $\boldsymbol{x}=\boldsymbol{P}\boldsymbol{y}$,将其化为标准形**

$$f=\lambda_1y_1^2+\lambda_2y_2^2+\cdots+\lambda_ny_n^2$$

其中 $\lambda_i(i=1,2,\cdots,n)$ 为 $\boldsymbol{A}$ 的全部特征值，$\boldsymbol{P}$ 的列向量是 $\boldsymbol{A}$ 中依次对应于特征值 $\lambda_1,\lambda_2,\cdots,\lambda_n$ 的标准正交特征向量.

根据这个定理和 § 4.3 中的方法可以得到用正交变换化二次型为标准形的步骤：

第一步　写出二次型 f 的矩阵 $\boldsymbol{A}$.

第二步　用 § 4.3 中求正交矩阵将实对称矩阵对角化的方法，求出实对称矩阵 $\boldsymbol{A}$ 的特征值 $\lambda_1,\lambda_2,\cdots,\lambda_n$ 和相应的正交矩阵 $\boldsymbol{P}$.

第三步　写出正交变换 $\boldsymbol{x}=\boldsymbol{P}\boldsymbol{y}$ 及二次型的标准形

$$f=\lambda_1y_1^2+\lambda_2y_2^2+\cdots+\lambda_ny_n^2$$

这种用正交变换化二次型为标准形的方法称为**正交变换法**.

例 7　求正交变换 $\boldsymbol{x}=\boldsymbol{P}\boldsymbol{y}$，把二次型 $f=6x_1^2+24x_1x_2-x_2^2$ 化为标准形.

解　二次型 f 的矩阵为

$$\boldsymbol{A}=\begin{pmatrix}6 & 12\\ 12 & -1\end{pmatrix}$$

矩阵 $\boldsymbol{A}$ 的特征方程为

$$|\lambda\boldsymbol{E}-\boldsymbol{A}|=\begin{vmatrix}\lambda-6 & -12\\ -12 & \lambda+1\end{vmatrix}=(\lambda+10)(\lambda-15)=0$$

所以 $\boldsymbol{A}$ 的特征值为 $\lambda_1=-10,\lambda_2=15$.

对于特征值 $\lambda_1=-10$，解齐次线性方程组

$$(-10\boldsymbol{E}-\boldsymbol{A})\boldsymbol{x}=\boldsymbol{0},\quad 即\begin{pmatrix}-16 & -12\\ -12 & -9\end{pmatrix}\begin{pmatrix}x_1\\ x_2\end{pmatrix}=\begin{pmatrix}0\\ 0\end{pmatrix}$$

得到矩阵 $\boldsymbol{A}$ 的属于特征值 $\lambda_1=-10$ 的特征向量 $\boldsymbol{p}_1=\begin{pmatrix}3\\ -4\end{pmatrix}$.

对于特征值 $\lambda_2=15$，解齐次线性方程组

$$(15\boldsymbol{E}-\boldsymbol{A})\boldsymbol{x}=\boldsymbol{0},\quad 即\begin{pmatrix}9 & -12\\ -12 & 16\end{pmatrix}\begin{pmatrix}x_1\\ x_2\end{pmatrix}=\begin{pmatrix}0\\ 0\end{pmatrix}$$

得到矩阵 $\boldsymbol{A}$ 的属于特征值 $\lambda_2=15$ 的特征向量 $\boldsymbol{p}_2=\begin{pmatrix}4\\ 3\end{pmatrix}$.

将 $\boldsymbol{p}_1,\boldsymbol{p}_2$ 单位化得

$$\boldsymbol{e}_1=\begin{pmatrix}\dfrac{3}{5}\\ -\dfrac{4}{5}\end{pmatrix},\quad \boldsymbol{e}_2=\begin{pmatrix}\dfrac{4}{5}\\ \dfrac{3}{5}\end{pmatrix}$$

则正交矩阵

$$P=(e_1,e_2)=\begin{pmatrix}\frac{3}{5} & \frac{4}{5}\\ -\frac{4}{5} & \frac{3}{5}\end{pmatrix}$$

所用的正交变换为

$$x=Py$$

即

$$\begin{pmatrix}x_1\\x_2\end{pmatrix}=\begin{pmatrix}\frac{3}{5} & \frac{4}{5}\\ -\frac{4}{5} & \frac{3}{5}\end{pmatrix}\begin{pmatrix}y_1\\y_2\end{pmatrix}$$

二次型的标准形为

$$f=-10y_1^2+15y_2^2$$

例 8 求正交变换 $x=Py$,把二次型 $f=2x_1x_2+2x_1x_3+2x_2x_3$ 化为标准形.

解 二次型 f 的矩阵为

$$A=\begin{pmatrix}0 & 1 & 1\\ 1 & 0 & 1\\ 1 & 1 & 0\end{pmatrix}$$

矩阵 A 的特征方程为

$$|\lambda E-A|=\begin{vmatrix}\lambda & -1 & -1\\ -1 & \lambda & -1\\ -1 & -1 & \lambda\end{vmatrix}=(\lambda+1)^2(\lambda-2)=0$$

所以 A 的特征值为 $\lambda_1=\lambda_2=-1,\lambda_3=2$.

对于特征值 $\lambda_1=\lambda_2=-1$,解齐次线性方程组

$$(-E-A)x=0,\quad 即\begin{pmatrix}-1 & -1 & -1\\ -1 & -1 & -1\\ -1 & -1 & -1\end{pmatrix}\begin{pmatrix}x_1\\x_2\\x_3\end{pmatrix}=\begin{pmatrix}0\\0\\0\end{pmatrix}$$

得到矩阵 A 的属于特征值 $\lambda_1=\lambda_2=-1$ 的两个线性无关的特征向量

$$p_1=\begin{pmatrix}-1\\1\\0\end{pmatrix},\quad p_2=\begin{pmatrix}-1\\0\\1\end{pmatrix}$$

由于 p_1 与 p_2 不正交,故将 p_1 与 p_2 正交化,有

$$\boldsymbol{\beta}_1=\boldsymbol{p}_1=\begin{pmatrix}-1\\1\\0\end{pmatrix},\quad \boldsymbol{\beta}_2=\boldsymbol{p}_2-\frac{(\boldsymbol{p}_2,\boldsymbol{\beta}_1)}{(\boldsymbol{\beta}_1,\boldsymbol{\beta}_1)}\boldsymbol{\beta}_1=\begin{pmatrix}-1\\0\\1\end{pmatrix}-\frac{1}{2}\begin{pmatrix}-1\\1\\0\end{pmatrix}=\begin{pmatrix}-\frac{1}{2}\\-\frac{1}{2}\\1\end{pmatrix}$$

将 $\boldsymbol{\beta}_1,\boldsymbol{\beta}_2$ 单位化得

$$\boldsymbol{e}_1=\begin{pmatrix}-\frac{1}{\sqrt{2}}\\\frac{1}{\sqrt{2}}\\0\end{pmatrix},\quad \boldsymbol{e}_2=\begin{pmatrix}-\frac{1}{\sqrt{6}}\\-\frac{1}{\sqrt{6}}\\\frac{2}{\sqrt{6}}\end{pmatrix}$$

对于特征值 $\lambda_3=2$,解齐次线性方程组

$$(2\boldsymbol{E}-\boldsymbol{A})\boldsymbol{x}=\boldsymbol{0},\quad 即\begin{pmatrix}2&-1&-1\\-1&2&-1\\-1&-1&2\end{pmatrix}\begin{pmatrix}x_1\\x_2\\x_3\end{pmatrix}=\begin{pmatrix}0\\0\\0\end{pmatrix}$$

得到矩阵 $\boldsymbol{A}$ 的属于特征值 $\lambda_3=2$ 的特征向量 $\boldsymbol{p}_3=\begin{pmatrix}1\\1\\1\end{pmatrix}$.

将 $\boldsymbol{p}_3$ 单位化得

$$\boldsymbol{e}_3=\begin{pmatrix}\frac{1}{\sqrt{3}}\\\frac{1}{\sqrt{3}}\\\frac{1}{\sqrt{3}}\end{pmatrix}$$

则正交矩阵

$$\boldsymbol{P}=(\boldsymbol{e}_1,\boldsymbol{e}_2,\boldsymbol{e}_3)=\begin{pmatrix}-\frac{1}{\sqrt{2}}&-\frac{1}{\sqrt{6}}&\frac{1}{\sqrt{3}}\\\frac{1}{\sqrt{2}}&-\frac{1}{\sqrt{6}}&\frac{1}{\sqrt{3}}\\0&\frac{2}{\sqrt{6}}&\frac{1}{\sqrt{3}}\end{pmatrix}$$

所用的正交变换为

$$\boldsymbol{x}=\boldsymbol{P}\boldsymbol{y}$$

即

$$\begin{pmatrix} x_1 \\ x_2 \\ x_3 \end{pmatrix} = \begin{pmatrix} -\frac{1}{\sqrt{2}} & -\frac{1}{\sqrt{6}} & \frac{1}{\sqrt{3}} \\ \frac{1}{\sqrt{2}} & -\frac{1}{\sqrt{6}} & \frac{1}{\sqrt{3}} \\ 0 & \frac{2}{\sqrt{6}} & \frac{1}{\sqrt{3}} \end{pmatrix} \begin{pmatrix} y_1 \\ y_2 \\ y_3 \end{pmatrix}$$

二次型的标准形为

$$f=-y_1^2-y_2^2+2y_3^2$$

注 **在正交变换法中,因为所求得的正交矩阵不唯一,所以正交变换也不唯一**.另外,在二次型的标准形中矩阵 $\boldsymbol{A}$ 的特征值的排列次序与正交矩阵 $\boldsymbol{P}$ 中特征向量的排列次序只要符合**对应原则**即可.例如在例 8 中,若二次型的标准形写成 $f=-y_1^2+2y_2^2-y_3^2$,则所用的正交变换应是

$$\begin{pmatrix} x_1 \\ x_2 \\ x_3 \end{pmatrix} = \begin{pmatrix} -\frac{1}{\sqrt{2}} & \frac{1}{\sqrt{3}} & -\frac{1}{\sqrt{6}} \\ \frac{1}{\sqrt{2}} & \frac{1}{\sqrt{3}} & -\frac{1}{\sqrt{6}} \\ 0 & \frac{1}{\sqrt{3}} & \frac{2}{\sqrt{6}} \end{pmatrix} \begin{pmatrix} y_1 \\ y_2 \\ y_3 \end{pmatrix}$$

二、拉格朗日配方法

在化二次型为标准形的过程中,如果不要求用正交变换,只要求用可逆线性变换,那么有多种方法可用.下面介绍拉格朗日配方法.

拉格朗日配方法是通过把变量配成完全平方化二次型为标准形的一种方法.例如,用配方法将二次型 $2x^2+xy$ 化为标准形,我们有

$$\begin{aligned} 2x^2+xy &= 2\left(x^2+\frac{xy}{2}\right) = 2\left[x^2+\frac{xy}{2}+\left(\frac{y}{4}\right)^2\right]-2\left(\frac{y}{4}\right)^2 \\ &= 2\left(x+\frac{y}{4}\right)^2-\frac{y^2}{8} = 2y_1^2-\frac{1}{8}y_2^2 \end{aligned}$$

其中 $y_1=x+\frac{y}{4}, y_2=y$.

定理 3 **任意二次型都可以通过可逆线性变换化为标准形.**

证明略.

由于二次型 f 与它的对称矩阵 $\boldsymbol{A}$ 有一一对应关系,所以定理 3 用矩阵表述,即是:

定理 4 **对于任何实对称矩阵 $\boldsymbol{A}$,总存在可逆矩阵 $\boldsymbol{C}$,使得 $\boldsymbol{C}^{\mathrm{T}}\boldsymbol{A}\boldsymbol{C}$ 成为对角矩阵,即实对称矩阵一定合同于一个对角矩阵.**

拉格朗日配方法的步骤:

第一步:若二次型中含有 x_i 的平方项 x_i^2 和乘积项 x_ix_j,则先把含 x_i 的项归并起来,然后配方,再对其余的变量重复上述过程直到将二次型化成只含平方项为止,经过可逆线性变换,就

得到标准形.

第二步:若二次型中不含平方项,但是 $a_{ij}\neq 0(i<j)$,则先作可逆线性变换

$$\begin{cases}x_i=y_i+y_j\\x_j=y_i-y_j\\x_k=y_k\quad (k=1,2,\cdots,n\text{ 且 }k\neq i,j)\end{cases}$$

化二次型为含有平方项的二次型,然后再按(1)中的方法配方.

注 配方法是一种可逆线性变换,平方项的系数与 $\boldsymbol{A}$ 的特征值无关.

例 9 用拉格朗日配方法把二次型

$$f=x_1^2+6x_1x_2+8x_2^2-2x_2x_3-5x_3^2$$

化为标准形,并求出所用的可逆线性变换.

解 由于 f 中含 x_1 的平方项和 x_1,x_2 的乘积项,故可先把所有含 x_1 的项归并在一起,按 x_1 配平方,可得

$$\begin{aligned}f&=(x_1^2+6x_1x_2)+8x_2^2-2x_2x_3-5x_3^2\\&=(x_1+3x_2)^2-9x_2^2+8x_2^2-2x_2x_3-5x_3^2\end{aligned}$$

上式右端除第一项外不再含 x_1,但含有 x_2 的平方项,将含 x_2 的所有项归并在一起,继续配方,得

$$\begin{aligned}f&=(x_1+3x_2)^2-(x_2^2+2x_2x_3)-5x_3^2\\&=(x_1+3x_2)^2-[(x_2+x_3)^2-x_3^2]-5x_3^2\\&=(x_1+3x_2)^2-(x_2+x_3)^2-4x_3^2\end{aligned}$$

作线性变换

$$\begin{cases}y_1=x_1+3x_2\\y_2=x_2+x_3\\y_3=x_3\end{cases}$$

即

$$\begin{cases}x_1=y_1-3y_2+3y_3\\x_2=y_2-y_3\\x_3=y_3\end{cases}\tag{7}$$

因为

$$\begin{vmatrix}1&-3&3\\0&1&-1\\0&0&1\end{vmatrix}=1\neq 0$$

所以式(7)是可逆线性变换.用可逆线性变换(7)把二次型 f 化为标准形

$$f=y_1^2-y_2^2-4y_3^2$$

例 10 用拉格朗日配方法把二次型

$$f=2x_1x_2+2x_1x_3-6x_2x_3$$

化为标准形,并求出所用的可逆线性变换.

解 与例 9 不同的是,在 f 中不含变量的平方项,但是含 x_1,x_2 的乘积项,所以对 f 作可逆

线性变换使其出现平方项,然后可按例 9 的方法进行配方.令

$$\begin{cases}x_1=y_1+y_2\\x_2=y_1-y_2,\\x_3=y_3\end{cases}\quad 即\quad \begin{pmatrix}x_1\\x_2\\x_3\end{pmatrix}=\begin{pmatrix}1&1&0\\1&-1&0\\0&0&1\end{pmatrix}\begin{pmatrix}y_1\\y_2\\y_3\end{pmatrix}\tag{8}$$

得

$$f=2y_1^2-2y_2^2-4y_1y_3+8y_2y_3$$

再配方得

$$\begin{aligned}f&=2(y_1^2-2y_1y_3+y_3^2)-2y_3^2-2y_2^2+8y_2y_3\\&=2(y_1-y_3)^2-2(y_2-2y_3)^2+6y_3^2\end{aligned}$$

作线性变换

$$\begin{cases}z_1=y_1-y_3\\z_2=y_2-2y_3\\z_3=y_3\end{cases}$$

即

$$\begin{cases}y_1=z_1+z_3\\y_2=z_2+2z_3,\\y_3=z_3\end{cases}\quad 即\quad \begin{pmatrix}y_1\\y_2\\y_3\end{pmatrix}=\begin{pmatrix}1&0&1\\0&1&2\\0&0&1\end{pmatrix}\begin{pmatrix}z_1\\z_2\\z_3\end{pmatrix}\tag{9}$$

得

$$f=2z_1^2-2z_2^2+6z_3^2\tag{10}$$

标准形(10)是对原二次型进行式(8)和式(9)两次线性变换的结果.将式(8)和式(9)两次线性变换合并成一个线性变换得

$$\begin{aligned}\begin{pmatrix}x_1\\x_2\\x_3\end{pmatrix}&=\begin{pmatrix}1&1&0\\1&-1&0\\0&0&1\end{pmatrix}\begin{pmatrix}y_1\\y_2\\y_3\end{pmatrix}=\begin{pmatrix}1&1&0\\1&-1&0\\0&0&1\end{pmatrix}\begin{pmatrix}1&0&1\\0&1&2\\0&0&1\end{pmatrix}\begin{pmatrix}z_1\\z_2\\z_3\end{pmatrix}\\&=\begin{pmatrix}1&1&3\\1&-1&-1\\0&0&1\end{pmatrix}\begin{pmatrix}z_1\\z_2\\z_3\end{pmatrix}\end{aligned}\tag{11}$$

由于

$$\begin{vmatrix}1&1&3\\1&-1&-1\\0&0&1\end{vmatrix}=-2\neq 0$$

所以线性变换(11)为可逆线性变换.原二次型经可逆线性变换(11)化为标准形(10).

三、初等变换法

由本章定理 4 知，任意实对称矩阵 $\boldsymbol{A}$ 必合同于对角矩阵 $\boldsymbol{\Lambda}$，即存在可逆矩阵 $\boldsymbol{C}$，使得

$$\boldsymbol{C}^{\mathrm{T}}\boldsymbol{A}\boldsymbol{C}=\boldsymbol{\Lambda} \tag{12}$$

由于 $\boldsymbol{C}$ 可逆，所以 $\boldsymbol{C}$ 等于有限个初等矩阵 $\boldsymbol{P}_1,\boldsymbol{P}_2,\cdots,\boldsymbol{P}_l$ 的乘积，即

$$\boldsymbol{C}=\boldsymbol{P}_1\boldsymbol{P}_2\cdots\boldsymbol{P}_l$$

因此式(12)可写为

$$(\boldsymbol{P}_1\boldsymbol{P}_2\cdots\boldsymbol{P}_l)^{\mathrm{T}}\boldsymbol{A}(\boldsymbol{P}_1\boldsymbol{P}_2\cdots\boldsymbol{P}_l)=\boldsymbol{\Lambda}$$

即

$$\boldsymbol{P}_l^{\mathrm{T}}\cdots(\boldsymbol{P}_2^{\mathrm{T}}(\boldsymbol{P}_1^{\mathrm{T}}\boldsymbol{A}\boldsymbol{P}_1)\boldsymbol{P}_2)\cdots\boldsymbol{P}_l=\boldsymbol{\Lambda} \tag{13}$$

由 $\boldsymbol{C}=\boldsymbol{P}_1\boldsymbol{P}_2\cdots\boldsymbol{P}_l$，得

$$\boldsymbol{E}\boldsymbol{P}_1\boldsymbol{P}_2\cdots\boldsymbol{P}_l=\boldsymbol{E}\boldsymbol{C}=\boldsymbol{C} \tag{14}$$

对任何初等矩阵 $\boldsymbol{P}_i(i=1,2,\cdots,l)$，$\boldsymbol{P}_i^{\mathrm{T}}$ 仍为同类型初等矩阵，$\boldsymbol{P}_i^{\mathrm{T}}\boldsymbol{A}\boldsymbol{P}_i$ 表示对 $\boldsymbol{A}$ 作一次初等行变换和一次相同的初等列变换，称这样的变换为对 $\boldsymbol{A}$ 作一次**成对的初等变换**.

式(13)、(14)表明，对 $\boldsymbol{A}$ 作一系列成对的初等变换化为对角矩阵的同时，其中的初等列变换将单位矩阵 $\boldsymbol{E}$ 化为矩阵 $\boldsymbol{C}$.

综上所述，可得用初等变换法将二次型 $f=\boldsymbol{x}^{\mathrm{T}}\boldsymbol{A}\boldsymbol{x}$ 化为标准形的步骤：

第一步：写出二次型的矩阵 $\boldsymbol{A}$，构造 $2n\times n$ 矩阵 $\begin{pmatrix}\boldsymbol{A}\\ \cdots\\ \boldsymbol{E}\end{pmatrix}$；

第二步：对 $\begin{pmatrix}\boldsymbol{A}\\ \cdots\\ \boldsymbol{E}\end{pmatrix}$ 作成对的初等变换，将 $\boldsymbol{A}$ 化为对角矩阵 $\boldsymbol{\Lambda}$，此时 $\boldsymbol{E}$ 就化成了使 $\boldsymbol{A}$ 合同于对角矩阵 $\boldsymbol{\Lambda}$ 的可逆矩阵 $\boldsymbol{C}$；

第三步：作可逆线性变换 $\boldsymbol{x}=\boldsymbol{C}\boldsymbol{y}$，二次型的标准形为 $f=\boldsymbol{y}^{\mathrm{T}}\boldsymbol{\Lambda}\boldsymbol{y}$.

上述**化二次型为标准形的初等变换法可图示为：**

$$\text{二次型 } f=\boldsymbol{x}^{\mathrm{T}}\boldsymbol{A}\boldsymbol{x}\Rightarrow\begin{pmatrix}\boldsymbol{A}\\ \cdots\\ \boldsymbol{E}\end{pmatrix}\xrightarrow[\text{目标是将 }\boldsymbol{A}\text{ 变换为对角矩阵 }\boldsymbol{\Lambda}]{\text{施以成对的初等变换}}\begin{pmatrix}\boldsymbol{\Lambda}\\ \cdots\\ \boldsymbol{C}\end{pmatrix}$$

$$\Rightarrow\text{可逆线性变换 }\boldsymbol{x}=\boldsymbol{C}\boldsymbol{y}$$

$$\Rightarrow\text{二次型 }f=\boldsymbol{x}^{\mathrm{T}}\boldsymbol{A}\boldsymbol{x}\text{ 的标准形为 }f=\boldsymbol{y}^{\mathrm{T}}\boldsymbol{\Lambda}\boldsymbol{y}$$

例 11 用初等变换法把二次型

$$f=x_1^2+2x_2^2+2x_3^2-2x_1x_2+4x_1x_3-6x_2x_3$$

化为标准形，并求出所用的可逆线性变换.

解 二次型 f 的矩阵为

$$\boldsymbol{A}=\begin{pmatrix}1&-1&2\\-1&2&-3\\2&-3&2\end{pmatrix}$$

于是

$$\begin{pmatrix} A \\ \hdashline E \end{pmatrix}=\begin{pmatrix} 1 & -1 & 2 \\ -1 & 2 & -3 \\ 2 & -3 & 2 \\ \hdashline 1 & 0 & 0 \\ 0 & 1 & 0 \\ 0 & 0 & 1 \end{pmatrix}\xrightarrow{c_2+c_1}\begin{pmatrix} 1 & 0 & 2 \\ -1 & 1 & -3 \\ 2 & -1 & 2 \\ \hdashline 1 & 1 & 0 \\ 0 & 1 & 0 \\ 0 & 0 & 1 \end{pmatrix}$$

$$\xrightarrow{r_2+r_1}\begin{pmatrix} 1 & 0 & 2 \\ 0 & 1 & -1 \\ 2 & -1 & 2 \\ \hdashline 1 & 1 & 0 \\ 0 & 1 & 0 \\ 0 & 0 & 1 \end{pmatrix}\xrightarrow{c_3+(-2)c_1}\begin{pmatrix} 1 & 0 & 0 \\ 0 & 1 & -1 \\ 2 & -1 & -2 \\ \hdashline 1 & 1 & -2 \\ 0 & 1 & 0 \\ 0 & 0 & 1 \end{pmatrix}\xrightarrow{r_3+(-2)r_1}\begin{pmatrix} 1 & 0 & 0 \\ 0 & 1 & -1 \\ 0 & -1 & -2 \\ \hdashline 1 & 1 & -2 \\ 0 & 1 & 0 \\ 0 & 0 & 1 \end{pmatrix}$$

$$\xrightarrow{c_3+c_2}\begin{pmatrix} 1 & 0 & 0 \\ 0 & 1 & 0 \\ 0 & -1 & -3 \\ \hdashline 1 & 1 & -1 \\ 0 & 1 & 1 \\ 0 & 0 & 1 \end{pmatrix}\xrightarrow{r_3+r_2}\begin{pmatrix} 1 & 0 & 0 \\ 0 & 1 & 0 \\ 0 & 0 & -3 \\ \hdashline 1 & 1 & -1 \\ 0 & 1 & 1 \\ 0 & 0 & 1 \end{pmatrix}=\begin{pmatrix} \Lambda \\ \hdashline C \end{pmatrix}$$

则

$$C=\begin{pmatrix} 1 & 1 & -1 \\ 0 & 1 & 1 \\ 0 & 0 & 1 \end{pmatrix}\quad (|C|\neq 0),\quad \Lambda=\begin{pmatrix} 1 & & \\ & 1 & \\ & & -3 \end{pmatrix}$$

所用的可逆线性变换为

$$x=Cy,\quad 即\quad \begin{pmatrix} x_1 \\ x_2 \\ x_3 \end{pmatrix}=\begin{pmatrix} 1 & 1 & -1 \\ 0 & 1 & 1 \\ 0 & 0 & 1 \end{pmatrix}\begin{pmatrix} y_1 \\ y_2 \\ y_3 \end{pmatrix}$$

二次型的标准形为

$$f=y^{\mathrm{T}}\Lambda y=y_1^2+y_2^2-3y_3^2$$

对不含平方项的二次型 $f=x^{\mathrm{T}}Ax$，利用初等变换化为标准形，首先是将 $\begin{pmatrix} A \\ \hdashline E \end{pmatrix}$ 中 a_{11} 的位置化为非零元.

例 12 用初等变换法将例 10 中的二次型

$$f=2x_1x_2+2x_1x_3-6x_2x_3$$

化为标准形,并求出所用的可逆线性变换.

解 二次型f的矩阵为

$$\boldsymbol{A}=\begin{pmatrix}0&1&1\\1&0&-3\\1&-3&0\end{pmatrix}$$

$$\begin{pmatrix}\boldsymbol{A}\\ \hdashline \boldsymbol{E}\end{pmatrix}=\begin{pmatrix}0&1&1\\1&0&-3\\1&-3&0\\ \hdashline 1&0&0\\0&1&0\\0&0&1\end{pmatrix}\xrightarrow{c_1+c_2}\begin{pmatrix}1&1&1\\1&0&-3\\-2&-3&0\\ \hdashline 1&0&0\\1&1&0\\0&0&1\end{pmatrix}$$

$$\xrightarrow{r_1+r_2}\begin{pmatrix}2&1&-2\\1&0&-3\\-2&-3&0\\ \hdashline 1&0&0\\1&1&0\\0&0&1\end{pmatrix}\xrightarrow{c_3+c_1}\begin{pmatrix}2&1&0\\1&0&-2\\-2&-3&-2\\ \hdashline 1&0&1\\1&1&1\\0&0&1\end{pmatrix}\xrightarrow{r_3+r_1}\begin{pmatrix}2&1&0\\1&0&-2\\0&-2&-2\\ \hdashline 1&0&1\\1&1&1\\0&0&1\end{pmatrix}$$

$$\xrightarrow[c_2+\left(-\frac{1}{2}\right)c_1]{}\begin{pmatrix}2&0&0\\1&-\frac{1}{2}&-2\\0&-2&-2\\ \hdashline 1&-\frac{1}{2}&1\\1&\frac{1}{2}&1\\0&0&1\end{pmatrix}\xrightarrow{r_2+\left(-\frac{1}{2}\right)r_1}\begin{pmatrix}2&0&0\\0&-\frac{1}{2}&-2\\0&-2&-2\\ \hdashline 1&-\frac{1}{2}&1\\1&\frac{1}{2}&1\\0&0&1\end{pmatrix}$$

$$\xrightarrow[c_3+(-4)c_2]{}\begin{pmatrix}2&0&0\\0&-\frac{1}{2}&0\\0&-2&6\\ \hdashline 1&-\frac{1}{2}&3\\1&\frac{1}{2}&-1\\0&0&1\end{pmatrix}\xrightarrow{r_3+(-4)r_2}\begin{pmatrix}2&0&0\\0&-\frac{1}{2}&0\\0&0&6\\ \hdashline 1&-\frac{1}{2}&3\\1&\frac{1}{2}&-1\\0&0&1\end{pmatrix}$$

$$\xrightarrow{2c_2}\begin{pmatrix}2&0&0\\0&-1&0\\0&0&6\\\hdashline 1&-1&3\\1&1&-1\\0&0&1\end{pmatrix}\xrightarrow{2r_2}\begin{pmatrix}2&0&0\\0&-2&0\\0&0&6\\\hdashline 1&-1&3\\1&1&-1\\0&0&1\end{pmatrix}=\begin{pmatrix}\boldsymbol{\Lambda}\\\hdashline \boldsymbol{C}\end{pmatrix}$$

则

$$\boldsymbol{C}=\begin{pmatrix}1&-1&3\\1&1&-1\\0&0&1\end{pmatrix}\quad(|\boldsymbol{C}|\neq 0),\quad \boldsymbol{\Lambda}=\begin{pmatrix}2&&\\&-2&\\&&6\end{pmatrix}$$

所用的可逆线性变换为

$$\boldsymbol{x}=\boldsymbol{C}\boldsymbol{y},\quad 即\begin{pmatrix}x_1\\x_2\\x_3\end{pmatrix}=\begin{pmatrix}1&-1&3\\1&1&-1\\0&0&1\end{pmatrix}\begin{pmatrix}y_1\\y_2\\y_3\end{pmatrix}$$

二次型的标准形为

$$f=\boldsymbol{y}^{\mathrm{T}}\boldsymbol{\Lambda}\boldsymbol{y}=2y_1^2-2y_2^2+6y_3^2$$

注 用初等变换法求标准形的优点是：在求出标准形的同时能求出所作的可逆线性变换的矩阵.

§5.4 二次型的规范形

由上节定理 3 可知：任意一个二次型都可以通过可逆线性变换化为标准形，那么二次型的标准形是否唯一呢？我们看下面的例 13.

例 13 求例 5 中的二次型 $f=3x_1^2+4x_1x_2+6x_2^2$ 经可逆线性变换 $\begin{cases}x_1=6w_1+2w_2\\x_2=-3w_1+4w_2\end{cases}$ 后的二次型.

解 记 $\boldsymbol{x}=\begin{pmatrix}x_1\\x_2\end{pmatrix}$，$\boldsymbol{w}=\begin{pmatrix}w_1\\w_2\end{pmatrix}$，则 $\boldsymbol{x}=\begin{pmatrix}6&2\\-3&4\end{pmatrix}\boldsymbol{w}$. 于是

$$\begin{aligned}f&=\boldsymbol{x}^{\mathrm{T}}\begin{pmatrix}3&2\\2&6\end{pmatrix}\boldsymbol{x}=\left[\begin{pmatrix}6&2\\-3&4\end{pmatrix}\boldsymbol{w}\right]^{\mathrm{T}}\begin{pmatrix}3&2\\2&6\end{pmatrix}\left[\begin{pmatrix}6&2\\-3&4\end{pmatrix}\boldsymbol{w}\right]\\&=\boldsymbol{w}^{\mathrm{T}}\begin{pmatrix}90&0\\0&140\end{pmatrix}\boldsymbol{w}\\&=90w_1^2+140w_2^2\end{aligned}$$

比较例 6 与例 13 的结果知：同一个二次型 $f=3x_1^2+4x_1x_2+6x_2^2$ 经可逆线性变换 $\begin{cases}x_1=2z_1+z_2\\x_2=-z_1+2z_2\end{cases}$ 后可化为标准形 $f=10z_1^2+35z_2^2$，经可逆线性变换 $\begin{cases}x_1=6w_1+2w_2\\x_2=-3w_1+4w_2\end{cases}$ 后可化为标准形 $f=90w_1^2+140w_2^2$. 这说明二次型的标准形不是唯一的. 但是，对同一个二次型，不同的标准形还是有一些共同特性的.

将 n 元二次型化为标准形后，如需要可交换变量的次序（相当于作一次可逆线性变换），使这个标准形为

$$f=d_1y_1^2+d_2y_2^2+\cdots+d_py_p^2-d_{p+1}y_{p+1}^2-\cdots-d_ry_r^2 \tag{15}$$

其中 $d_i>0(i=1,2,\cdots,r,r\leqslant n)$.

例如 $f=2x_1^2-2x_2^2+6x_3^2$，作可逆线性变换 $\begin{cases}x_1=y_1\\x_2=y_3\\x_3=y_2\end{cases}$，则二次型化为

$$f=2y_1^2+6y_2^2-2y_3^2$$

对式(15)继续作可逆线性变换，令 $\begin{cases}y_i=\dfrac{1}{\sqrt{d_i}}z_i & (i=1,2,\cdots,r)\\y_i=z_i & (i=r+1,\cdots,n)\end{cases}$，式(15)化为

$$f=z_1^2+z_2^2+\cdots+z_p^2-z_{p+1}^2-\cdots-z_r^2 \tag{16}$$

式(16)称为二次型的规范形(normal form).因此有下面的定理.

定理 5 **（惯性定理）任何二次型都可通过可逆线性变换化为规范形，且规范形是唯一的.**

证明略.

定义 5 设二次型 f 的秩为 r，在二次型 f 的标准形或规范形中，正平方项的个数 p 称为 f 的**正惯性指数**(positive index of inertia)；负平方项的个数 $q=r-p$ 称为 f 的**负惯性指数**(minus index of inertia)；它们的差，即 $p-q=2p-r$ 称为 f 的**符号差**(signature).

定理 5 用矩阵的语言叙述为

推论 1 任意实对称矩阵 $\boldsymbol{A}$ 都合同于形如

$$\begin{pmatrix}\boldsymbol{E}_p & & \\ & -\boldsymbol{E}_q & \\ & & \boldsymbol{O}\end{pmatrix}$$

的对角矩阵，其中 $p+q$ 等于 $\boldsymbol{A}$ 的秩，数 p 由 $\boldsymbol{A}$ 唯一确定，是 $\boldsymbol{A}$ 的正惯性指数，数 q 是 $\boldsymbol{A}$ 的负惯性指数.

推论 2 两个实对称矩阵合同的充分必要条件是它们的二次型具有相同的正惯性指数和秩.

例 14 将二次型 $f=2x_1^2-2x_2^2-\dfrac{1}{2}x_3^2$ 化为规范形，并求其秩及正惯性指数.

解 令

$$\begin{cases}y_1=\sqrt{2}x_1\\y_2=\sqrt{2}x_2\\y_3=\dfrac{1}{\sqrt{2}}x_3\end{cases}$$

即

$$\begin{cases} x_1 = \dfrac{1}{\sqrt{2}} y_1 \\ x_2 = \dfrac{1}{\sqrt{2}} y_2 \\ x_3 = \sqrt{2} y_3 \end{cases}$$

由于变换矩阵 $\boldsymbol{C}=\begin{pmatrix} \frac{1}{\sqrt{2}} & & \\ & \frac{1}{\sqrt{2}} & \\ & & \sqrt{2} \end{pmatrix}$，$|\boldsymbol{C}|\neq 0$，则二次型的规范形为 $f=y_1^2-y_2^2-y_3^2$. 秩 $r=3$，正惯性指数 $p=1$.

例 15 已知

$$\boldsymbol{A}=\begin{pmatrix} 1 & 1 & 1 \\ 1 & 1 & 1 \\ 1 & 1 & 1 \end{pmatrix},\quad \boldsymbol{B}=\begin{pmatrix} 1 & 0 & 0 \\ 0 & 0 & 0 \\ 0 & 0 & 0 \end{pmatrix},\quad \boldsymbol{C}=\begin{pmatrix} 3 & 0 & 0 \\ 0 & 0 & 0 \\ 0 & 0 & 0 \end{pmatrix}$$

判定矩阵 $\boldsymbol{A},\boldsymbol{B},\boldsymbol{C}$ 是否相似？是否合同？

解 因为 $\boldsymbol{A},\boldsymbol{B},\boldsymbol{C}$ 均为实对称矩阵，所以它们均可对角化，要判定它们是否相似，只要看特征值是否相同. 因为 $|\lambda\boldsymbol{E}-\boldsymbol{A}|=\lambda^3-3\lambda^2$，故 $\boldsymbol{A}$ 的特征值为 3，0，0. 显然 $\boldsymbol{B}$ 的特征值为 1，0，0. $\boldsymbol{C}$ 的特征值为 3，0，0. 所以 $\boldsymbol{A}\sim\boldsymbol{C}$.

从特征值知道，二次型 $\boldsymbol{x}^{\mathrm{T}}\boldsymbol{A}\boldsymbol{x}$，$\boldsymbol{x}^{\mathrm{T}}\boldsymbol{B}\boldsymbol{x}$，$\boldsymbol{x}^{\mathrm{T}}\boldsymbol{C}\boldsymbol{x}$ 的正惯性指数均为 $p=1$，负惯性指数均为 $q=0$，所以它们有相同的正惯性指数和秩，从而 $\boldsymbol{A}\backsimeq\boldsymbol{B}\backsimeq\boldsymbol{C}$.

§5.5 二次型的分类

一、二次型的分类

二次型的分类在几何和物理上都有重要应用，如在物理上，一个系统动能可变为二次型，实质就是正定性问题.

定义 6 设有二次型 $f=\boldsymbol{x}^{\mathrm{T}}\boldsymbol{A}\boldsymbol{x}$，若对任何 $\boldsymbol{x}\neq\boldsymbol{0}$，

（1）恒有 $f=\boldsymbol{x}^{\mathrm{T}}\boldsymbol{A}\boldsymbol{x}>0$，则称 f 为**正定二次型**（positive definite quadratic form），并称 $\boldsymbol{A}$ 为**正定矩阵**（positive definite matrix）；

（2）恒有 $f=\boldsymbol{x}^{\mathrm{T}}\boldsymbol{A}\boldsymbol{x}<0$，则称 f 为**负定二次型**（negative definite quadratic form），并称 $\boldsymbol{A}$ 为**负定矩阵**（negative definite matrix）；

（3）恒有 $f=\boldsymbol{x}^{\mathrm{T}}\boldsymbol{A}\boldsymbol{x}\geqslant 0$（或 $f\leqslant 0$），则称 f 为**半正定**（semi-positive definite）（或**半负定**（semi-negative definite））**二次型**，并称 $\boldsymbol{A}$ 为**半正定（或半负定）矩阵**.

注 二次型的正定（负定）、半正定（半负定）统称为二次型及其矩阵的**有定性**. 不具备有定性的二次型及其矩阵称为**不定的**（indefinite）.

例 16 设二次型 $f(x_1,x_2,\cdots,x_n)=x_1^2+x_2^2+\cdots+x_n^2$，当 $\boldsymbol{x}=(x_1,x_2,\cdots,x_n)^{\mathrm{T}}\neq\boldsymbol{0}$ 时，显然有 $f(x_1,x_2,\cdots,x_n)>0$，所以这个二次型是正定的，其矩阵 $\boldsymbol{E}_n$ 是正定矩阵.

例 17 设二次型 $f=-x_1^2-2x_1x_2+4x_1x_3-x_2^2+4x_2x_3-4x_3^2$，将其改写成

$$f(x_1,x_2,x_3)=-(x_1+x_2-2x_3)^2\leqslant 0$$

当 $x_1+x_2-2x_3=0$ 时，$f(x_1,x_2,x_3)=0$，故 $f(x_1,x_2,x_3)$ 是半负定的，其对应的矩阵 $\begin{pmatrix}-1&-1&2\\-1&-1&2\\2&2&-4\end{pmatrix}$ 是半负定矩阵.

例 18 $f(x_1,x_2)=x_1^2-2x_2^2$ 是不定二次型.因其符号有时为正有时为负，如

$$f(1,1)=-1<0,\quad f(2,1)=2>0$$

二、二次型和实对称矩阵的正定性

由于二次型 $f=\boldsymbol{x}^{\mathrm{T}}\boldsymbol{A}\boldsymbol{x}$ 与实对称矩阵 $\boldsymbol{A}$ 一一对应，所以讨论二次型 $f=\boldsymbol{x}^{\mathrm{T}}\boldsymbol{A}\boldsymbol{x}$ 的正定性与讨论实对称矩阵 $\boldsymbol{A}$ 的正定性是等价的.

定理 6 **可逆线性变换不改变二次型的正定性.**

证 设二次型 $f=\boldsymbol{x}^{\mathrm{T}}\boldsymbol{A}\boldsymbol{x}$，取任意可逆线性变换 $\boldsymbol{x}=\boldsymbol{C}\boldsymbol{y}$，将二次型 $f=\boldsymbol{x}^{\mathrm{T}}\boldsymbol{A}\boldsymbol{x}$ 变换为 $f=\boldsymbol{y}^{\mathrm{T}}\boldsymbol{B}\boldsymbol{y}$，其中 $\boldsymbol{B}=\boldsymbol{C}^{\mathrm{T}}\boldsymbol{A}\boldsymbol{C}$.

若 $f=\boldsymbol{x}^{\mathrm{T}}\boldsymbol{A}\boldsymbol{x}$ 正定，对任意 $\boldsymbol{y}\neq\boldsymbol{0}$，由 $\boldsymbol{C}$ 可逆知 $\boldsymbol{x}\neq\boldsymbol{0}$，故有

$$f=\boldsymbol{y}^{\mathrm{T}}\boldsymbol{B}\boldsymbol{y}=\boldsymbol{y}^{\mathrm{T}}(\boldsymbol{C}^{\mathrm{T}}\boldsymbol{A}\boldsymbol{C})\boldsymbol{y}=(\boldsymbol{C}\boldsymbol{y})^{\mathrm{T}}\boldsymbol{A}(\boldsymbol{C}\boldsymbol{y})=\boldsymbol{x}^{\mathrm{T}}\boldsymbol{A}\boldsymbol{x}>0$$

因此，二次型 $f=\boldsymbol{y}^{\mathrm{T}}\boldsymbol{B}\boldsymbol{y}$ 也是正定二次型.

类似可得，可逆线性变换也不改变二次型的半正定、负定、半负定性.

由于可逆线性变换不改变二次型的正定性，因此，讨论二次型的正定性只需讨论其标准形的正定性即可.

定理 7 **设 n 元二次型 $f=\boldsymbol{x}^{\mathrm{T}}\boldsymbol{A}\boldsymbol{x}$，则下列命题等价：**

(1) $f=\boldsymbol{x}^{\mathrm{T}}\boldsymbol{A}\boldsymbol{x}$ 是正定二次型（或 $\boldsymbol{A}$ 是正定矩阵）；

(2) f 的正惯性指数 $p=n$；

(3) 矩阵 $\boldsymbol{A}$ 的特征值均大于零；

(4) 存在可逆矩阵 $\boldsymbol{C}$，使得 $\boldsymbol{C}^{\mathrm{T}}\boldsymbol{A}\boldsymbol{C}=\boldsymbol{E}$，即 $\boldsymbol{A}$ 与单位矩阵 $\boldsymbol{E}$ 合同；

(5) 存在可逆矩阵 $\boldsymbol{P}$，使得 $\boldsymbol{A}=\boldsymbol{P}^{\mathrm{T}}\boldsymbol{P}$.

证 (1)⇒(2) 设二次型 $f=\boldsymbol{x}^{\mathrm{T}}\boldsymbol{A}\boldsymbol{x}$ 的标准形为

$$f=k_1y_1^2+k_2y_2^2+\cdots+k_ny_n^2$$

且 f 是正定二次型.现在要证明的是 $k_i>0(i=1,2,\cdots,n)$.

采用反证法，假设某个 $k_i\leqslant 0$，取向量

$\boldsymbol{y}=(0,\cdots,0,1,0,\cdots,0)^{\mathrm{T}}\neq\boldsymbol{0}$（第 i 个分量为 1，其余分量为 0）

代入标准形得

$$f=k_i\leqslant 0$$

这与 f 正定矛盾，因此 $k_i>0(i=1,2,\cdots,n)$，从而 f 的正惯性指数 $p=n$.

(2)⇒(3) 利用正交变换法把二次型 $f=\boldsymbol{x}^{\mathrm{T}}\boldsymbol{A}\boldsymbol{x}$ 化为标准形

$$f=\lambda_1 y_1^2+\lambda_2 y_2^2+\cdots+\lambda_n y_n^2$$

其中 $\lambda_i(i=1,2,\cdots,n)$ 是矩阵 $\boldsymbol{A}$ 的特征值. 由(2)知 f 的正惯性指数 $p=n$, 从而 $\lambda_i>0, i=1,2,\cdots,n$.

(3)⇒(4) 任意二次型 $f=\boldsymbol{x}^{\mathrm{T}}\boldsymbol{A}\boldsymbol{x}$ 都可经过正交线性变换 $\boldsymbol{x}=\boldsymbol{P}\boldsymbol{y}$ 化为标准形

$$f=\boldsymbol{y}^{\mathrm{T}}\boldsymbol{\Lambda}\boldsymbol{y}=\lambda_1 y_1^2+\lambda_2 y_2^2+\cdots+\lambda_n y_n^2$$

其中 $\lambda_1,\lambda_2,\cdots,\lambda_n$ 是矩阵 $\boldsymbol{A}$ 的全部特征值, 且

$$\boldsymbol{P}^{\mathrm{T}}\boldsymbol{A}\boldsymbol{P}=\boldsymbol{\Lambda}=\begin{pmatrix}\lambda_1 & & & \\ & \lambda_2 & & \\ & & \ddots & \\ & & & \lambda_n\end{pmatrix}$$

因为 $\lambda_i>0(i=1,2,\cdots,n)$, 所以令

$$\boldsymbol{Q}=\begin{pmatrix}\frac{1}{\sqrt{\lambda_1}} & & & \\ & \frac{1}{\sqrt{\lambda_2}} & & \\ & & \ddots & \\ & & & \frac{1}{\sqrt{\lambda_n}}\end{pmatrix}$$

则 $\boldsymbol{Q}$ 可逆, 且

$$\boldsymbol{Q}^{\mathrm{T}}\boldsymbol{\Lambda}\boldsymbol{Q}=\begin{pmatrix}\frac{1}{\sqrt{\lambda_1}} & & & \\ & \frac{1}{\sqrt{\lambda_2}} & & \\ & & \ddots & \\ & & & \frac{1}{\sqrt{\lambda_n}}\end{pmatrix}\begin{pmatrix}\lambda_1 & & & \\ & \lambda_2 & & \\ & & \ddots & \\ & & & \lambda_n\end{pmatrix}\begin{pmatrix}\frac{1}{\sqrt{\lambda_1}} & & & \\ & \frac{1}{\sqrt{\lambda_2}} & & \\ & & \ddots & \\ & & & \frac{1}{\sqrt{\lambda_n}}\end{pmatrix}$$

$$=\begin{pmatrix}1 & & & \\ & 1 & & \\ & & \ddots & \\ & & & 1\end{pmatrix}=\boldsymbol{E}$$

取 $\boldsymbol{C}=\boldsymbol{P}\boldsymbol{Q}$, 由 $\boldsymbol{P},\boldsymbol{Q}$ 可逆知 $\boldsymbol{C}$ 可逆, 且

$$\boldsymbol{C}^{\mathrm{T}}\boldsymbol{A}\boldsymbol{C}=(\boldsymbol{P}\boldsymbol{Q})^{\mathrm{T}}\boldsymbol{A}(\boldsymbol{P}\boldsymbol{Q})=\boldsymbol{Q}^{\mathrm{T}}(\boldsymbol{P}^{\mathrm{T}}\boldsymbol{A}\boldsymbol{P})\boldsymbol{Q}=\boldsymbol{Q}^{\mathrm{T}}\boldsymbol{\Lambda}\boldsymbol{Q}=\boldsymbol{E}$$

(4)⇒(5) 因为 $\boldsymbol{A}$ 与 $\boldsymbol{E}$ 合同, 所以存在可逆矩阵 $\boldsymbol{C}$, 使得

$$\boldsymbol{C}^{\mathrm{T}}\boldsymbol{A}\boldsymbol{C}=\boldsymbol{E},\quad 即\ \boldsymbol{A}=(\boldsymbol{C}^{\mathrm{T}})^{-1}\boldsymbol{E}\boldsymbol{C}^{-1}=(\boldsymbol{C}^{-1})^{\mathrm{T}}\boldsymbol{C}^{-1}$$

令 $\boldsymbol{P}=\boldsymbol{C}^{-1}$, 则 $\boldsymbol{A}=\boldsymbol{P}^{\mathrm{T}}\boldsymbol{P}$, $\boldsymbol{P}$ 为可逆矩阵.

(5)⇒(1) 对任意 $\boldsymbol{x}\neq\boldsymbol{0}$ 得 $\boldsymbol{P}\boldsymbol{x}\neq\boldsymbol{0}$, 所以

$$f=\boldsymbol{x}^{\mathrm{T}}\boldsymbol{A}\boldsymbol{x}=\boldsymbol{x}^{\mathrm{T}}\boldsymbol{P}^{\mathrm{T}}\boldsymbol{P}\boldsymbol{x}=(\boldsymbol{P}\boldsymbol{x})^{\mathrm{T}}(\boldsymbol{P}\boldsymbol{x})=\|\boldsymbol{P}\boldsymbol{x}\|^{2}>0$$

故 f 是正定二次型.

下面从实对称矩阵本身给出正定矩阵的性质和判别方法.

定理 8 设 $\boldsymbol{A}=(a_{ij})$ 为 n 阶正定矩阵,则

(1) $\boldsymbol{A}$ 的主对角元 $a_{ii}>0(i=1,2,\cdots,n)$;

(2) $\boldsymbol{A}$ 的行列式 $|\boldsymbol{A}|>0$.

证 (1) 因为 $\boldsymbol{A}$ 是正定矩阵,所以

$$f(x_1,x_2,\cdots,x_n)=\boldsymbol{x}^{\mathrm{T}}\boldsymbol{A}\boldsymbol{x}=\sum_{i=1}^{n}\sum_{j=1}^{n}a_{ij}x_ix_j$$

是正定二次型.

取 $\boldsymbol{x}=(0,\cdots,0,1,0,\cdots,0)^{\mathrm{T}}$(第 i 个分量为 1,其余分量为 0),则 $\boldsymbol{x}\neq\boldsymbol{0}$,且有

$$f=\boldsymbol{x}^{\mathrm{T}}\boldsymbol{A}\boldsymbol{x}=(0,\cdots,0,1,0,\cdots,0)\begin{pmatrix}a_{11}&a_{12}&\cdots&a_{1i}&\cdots&a_{1n}\\\vdots&\vdots&&\vdots&&\vdots\\a_{i1}&a_{i2}&\cdots&a_{ii}&\cdots&a_{in}\\\vdots&\vdots&&\vdots&&\vdots\\a_{n1}&a_{n2}&\cdots&a_{ni}&\cdots&a_{nn}\end{pmatrix}\begin{pmatrix}0\\\vdots\\0\\1\\0\\\vdots\\0\end{pmatrix}$$

$$=(a_{i1},a_{i2},\cdots,a_{ii},\cdots,a_{in})\begin{pmatrix}0\\\vdots\\0\\1\\0\\\vdots\\0\end{pmatrix}=a_{ii}>0\quad(i=1,2,\cdots,n)$$

(2) 因为 $\boldsymbol{A}$ 是正定矩阵,所以存在可逆矩阵 $\boldsymbol{P}$,使得

$$\boldsymbol{A}=\boldsymbol{P}^{\mathrm{T}}\boldsymbol{P}$$

因此

$$|\boldsymbol{A}|=|\boldsymbol{P}^{\mathrm{T}}||\boldsymbol{P}|=|\boldsymbol{P}|^{2}>0$$

因为定理 8 是矩阵 $\boldsymbol{A}$ 正定的必要条件,所以很容易确定下面的矩阵

$$\begin{pmatrix}0&2\\2&5\end{pmatrix},\quad\begin{pmatrix}-1&3\\3&2\end{pmatrix},\quad\begin{pmatrix}1&2\\2&4\end{pmatrix},\quad\begin{pmatrix}4&3\\3&2\end{pmatrix}$$

都不是正定矩阵.而对于矩阵

$$\boldsymbol{A}=\begin{pmatrix}1&2&0&0\\2&1&0&0\\0&0&1&2\\0&0&2&1\end{pmatrix}$$

虽然满足 $a_{ii}>0(i=1,2,3,4)$,且 $|\boldsymbol{A}|=9>0$,但容易验证 $\boldsymbol{A}$ 不是正定矩阵(-1 是其特征值).

定义 7 设 $\boldsymbol{A}=(a_{ij})$ 为 n 阶矩阵,称子式

$$D_k=\begin{vmatrix}a_{11}&a_{12}&\cdots&a_{1k}\\a_{21}&a_{22}&\cdots&a_{2k}\\\vdots&\vdots&&\vdots\\a_{k1}&a_{k2}&\cdots&a_{kk}\end{vmatrix}$$

为矩阵 $\boldsymbol{A}$ 的 k 阶**顺序主子式**(ordinal principal minor),$k=1,2,\cdots,n$.

由定义 7 知,n **阶矩阵共有** n **个顺序主子式.**

例如三阶矩阵

$$\boldsymbol{A}=\begin{pmatrix}1&-1&2\\-1&0&-1\\2&-1&2\end{pmatrix}$$

共有三个顺序主子式,它们是

$$D_1=|1|,\quad D_2=\begin{vmatrix}1&-1\\-1&0\end{vmatrix},\quad D_3=\begin{vmatrix}1&-1&2\\-1&0&-1\\2&-1&2\end{vmatrix}=|\boldsymbol{A}|$$

定理 9 二次型 $f=\boldsymbol{x}^{\mathrm{T}}\boldsymbol{A}\boldsymbol{x}$ 正定的充分必要条件是矩阵 $\boldsymbol{A}$ 的全部顺序主子式均大于零.

证明略.

由定义 6 知,二次型 f 负定的充分必要条件是 $-f$ 正定,所以根据上述对正定二次型的讨论结果,可得以下定理.

定理 10 设 n 元二次型 $f=\boldsymbol{x}^{\mathrm{T}}\boldsymbol{A}\boldsymbol{x}$,则下列命题等价:

(1) $f=\boldsymbol{x}^{\mathrm{T}}\boldsymbol{A}\boldsymbol{x}$ 是负定二次型(或 $\boldsymbol{A}$ 是负定矩阵);

(2) f 的负惯性指数 $q=n$;

(3) 矩阵 $\boldsymbol{A}$ 的特征值均小于零;

(4) 存在可逆矩阵 $\boldsymbol{C}$,使得 $\boldsymbol{C}^{\mathrm{T}}\boldsymbol{A}\boldsymbol{C}=-\boldsymbol{E}$,即 $\boldsymbol{A}$ 与数量矩阵 $-\boldsymbol{E}$ 合同;

(5) 存在可逆矩阵 $\boldsymbol{P}$,使得 $\boldsymbol{A}=-\boldsymbol{P}^{\mathrm{T}}\boldsymbol{P}$.

证明略.

定理 11 n 元二次型 $f=\boldsymbol{x}^{\mathrm{T}}\boldsymbol{A}\boldsymbol{x}$ 负定的充分必要条件是 $\boldsymbol{A}$ 的奇数阶顺序主子式为负,偶数阶顺序主子式为正,即

$$(-1)^kD_k>0\quad(k=1,2,\cdots,n)$$

证明略.

例 19　判断下列二次型的正定性:

(1) $f=5x_1^2+x_2^2+5x_3^2+4x_1x_2-8x_1x_3-4x_2x_3$;

(2) $f=-5x^2-6y^2-4z^2+4xy+4xz$.

解　(1) 二次型 f 的矩阵为

$$A=\begin{pmatrix}5&2&-4\\2&1&-2\\-4&-2&5\end{pmatrix}$$

它的顺序主子式为

$$D_1=|5|=5>0,\quad D_2=\begin{vmatrix}5&2\\2&1\end{vmatrix}=1>0$$

$$D_3=\begin{vmatrix}5&2&-4\\2&1&-2\\-4&-2&5\end{vmatrix}=1>0$$

所以 f 是正定的.

(2) 二次型 f 的矩阵为

$$A=\begin{pmatrix}-5&2&2\\2&-6&0\\2&0&-4\end{pmatrix}$$

它的顺序主子式为

$$D_1=|-5|=-5<0,\quad D_2=\begin{vmatrix}-5&2\\2&-6\end{vmatrix}=26>0$$

$$D_3=\begin{vmatrix}-5&2&2\\2&-6&0\\2&0&-4\end{vmatrix}=-80<0$$

所以 f 是负定的.

例 20　用两种方法判断矩阵 $A=\begin{pmatrix}2&1&1\\1&2&1\\1&1&2\end{pmatrix}$ 的正定性.

解　方法 1　矩阵 A 的三个顺序主子式为

$$D_1=|2|=2>0,\quad D_2=\begin{vmatrix}2&1\\1&2\end{vmatrix}=3>0,\quad D_3=\begin{vmatrix}2&1&1\\1&2&1\\1&1&2\end{vmatrix}=4>0$$

所以 A 是正定矩阵.

方法 2　矩阵 A 的特征方程为

$$|\lambda E-A|=\begin{vmatrix}\lambda-2&-1&-1\\-1&\lambda-2&-1\\-1&-1&\lambda-2\end{vmatrix}=(\lambda-1)^2(\lambda-4)=0$$

所以 $\boldsymbol{A}$ 的特征值 $\lambda_1=\lambda_2=1>0,\lambda_3=4>0$,故 $\boldsymbol{A}$ 是正定矩阵.

例 21 t 取何值时,二次型 $f=2x_1^2+2x_2^2+2x_3^2-2tx_1x_2-2tx_1x_3-2tx_2x_3$ 为正定二次型?

解 二次型 f 的矩阵为

$$\boldsymbol{A}=\begin{pmatrix}2 & -t & -t\\ -t & 2 & -t\\ -t & -t & 2\end{pmatrix}$$

要使 f 为正定,只需 $\boldsymbol{A}$ 的各阶顺序主子式都大于零,即

$$D_1=2>0,\quad D_2=\begin{vmatrix}2 & -t\\ -t & 2\end{vmatrix}=4-t^2>0$$

$$D_3=\begin{vmatrix}2 & -t & -t\\ -t & 2 & -t\\ -t & -t & 2\end{vmatrix}=2(1-t)(2+t)^2>0$$

也就是$\begin{cases}4-t^2>0\\1-t>0\end{cases}$,解得$\begin{cases}-2<t<2\\t<1\end{cases}$,所以当 $-2<t<1$ 时,f 为正定二次型.

例 22 如果 $\boldsymbol{A}$ 是正定矩阵,求证 $\boldsymbol{A}^{-1}$ 也是正定矩阵.

证 由 $\boldsymbol{A}$ 正定知 $|\boldsymbol{A}|>0$,故 $\boldsymbol{A}$ 可逆,且 $\boldsymbol{A}^{-1}$ 为实对称矩阵.

设 λ 是 $\boldsymbol{A}^{-1}$ 的任一特征值,则 $\lambda\neq 0$,且 $\dfrac{1}{\lambda}$ 是 $\boldsymbol{A}$ 的特征值.因为 $\boldsymbol{A}$ 正定,所以 $\dfrac{1}{\lambda}>0$,从而 $\lambda>0$.这说明 $\boldsymbol{A}^{-1}$ 的全部特征值都是正的,因此 $\boldsymbol{A}^{-1}$ 也是正定矩阵.

例 23 设 $\boldsymbol{A}$ 是 n 阶正定矩阵,试证 $\boldsymbol{A}^*$ 也是正定矩阵,其中 $\boldsymbol{A}^*$ 是矩阵 $\boldsymbol{A}$ 的伴随矩阵.

证 由 $\boldsymbol{A}$ 正定知 $|\boldsymbol{A}|>0$,故 $\boldsymbol{A}$ 可逆,$\boldsymbol{A}^{-1}=\dfrac{1}{|\boldsymbol{A}|}\boldsymbol{A}^*$,且 $\boldsymbol{A}^*$ 为实对称矩阵.

由例 22 知 $\boldsymbol{A}^{-1}$ 也是正定矩阵,故对任意 $\boldsymbol{x}=(x_1,x_2,\cdots,x_n)^{\mathrm{T}}\neq\boldsymbol{0}$,有

$$\boldsymbol{x}^{\mathrm{T}}\boldsymbol{A}^{-1}\boldsymbol{x}>0$$

因此

$$\boldsymbol{x}^{\mathrm{T}}\frac{1}{|\boldsymbol{A}|}\boldsymbol{A}^*\boldsymbol{x}>0,\quad \text{即}\ \frac{1}{|\boldsymbol{A}|}\boldsymbol{x}^{\mathrm{T}}\boldsymbol{A}^*\boldsymbol{x}>0$$

于是

$$\boldsymbol{x}^{\mathrm{T}}\boldsymbol{A}^*\boldsymbol{x}>0$$

所以 $\boldsymbol{A}^*$ 为正定矩阵.

为了进一步研究半正定矩阵的判别方法,现在引入方阵的主子式的概念.

定义 8 如果 n 阶矩阵 $\boldsymbol{A}$ 的某一子式的主对角元完全位于矩阵 $\boldsymbol{A}$ 的主对角线上,就称该子式为 $\boldsymbol{A}$ 的**主子式**(principal minor).

显然,矩阵 $\boldsymbol{A}$ 的顺序主子式都是 $\boldsymbol{A}$ 的主子式.

因为 $\mathrm{C}_n^1+\mathrm{C}_n^2+\cdots+\mathrm{C}_n^n=2^n-1$,所以一个 n 阶矩阵共有 2^n-1 个主子式.

定理 12 **设 n 元二次型 $f=\boldsymbol{x}^{\mathrm{T}}\boldsymbol{A}\boldsymbol{x}$,则下列命题等价:**

(1) $f=\boldsymbol{x}^{\mathrm{T}}\boldsymbol{A}\boldsymbol{x}$ 是半正定二次型(或 $\boldsymbol{A}$ 是半正定矩阵);

(2) f 的正惯性指数 p 等于它的秩,且 $p<n$;

(3) **矩阵 A 的特征值非负；**

(4) **矩阵 A 的全部主子式非负.**

证明略.

例 24 用两种方法判断矩阵

$$A=\begin{pmatrix}1&0&1\\0&1&1\\1&1&2\end{pmatrix}$$

的半正定性.

解 **方法 1** 矩阵 A 的三个一阶主子式为

$$|a_{11}|=1>0,\quad |a_{22}|=1>0,\quad |a_{33}|=2>0$$

矩阵 A 的三个二阶主子式为

$$\begin{vmatrix}a_{11}&a_{12}\\a_{21}&a_{22}\end{vmatrix}=\begin{vmatrix}1&0\\0&1\end{vmatrix}=1>0,\quad \begin{vmatrix}a_{11}&a_{13}\\a_{31}&a_{33}\end{vmatrix}=\begin{vmatrix}1&1\\1&2\end{vmatrix}=1>0$$

$$\begin{vmatrix}a_{22}&a_{23}\\a_{32}&a_{33}\end{vmatrix}=\begin{vmatrix}1&1\\1&2\end{vmatrix}=1>0$$

矩阵 A 的三阶主子式

$$|A|=0$$

故矩阵 A 为半正定矩阵.

方法 2 矩阵 A 的特征方程为

$$|\lambda E-A|=\begin{vmatrix}\lambda-1&0&-1\\0&\lambda-1&-1\\-1&-1&\lambda-2\end{vmatrix}=\lambda(\lambda-1)(\lambda-3)=0$$

所以 A 的特征值 $\lambda_1=0,\lambda_2=1>0,\lambda_3=3>0$,故矩阵 A 为半正定矩阵.

§5.6 应用实例

例 25 (n 元二次齐次函数的条件极值问题)求 n 元二次齐次函数 $f=x^{\mathrm{T}}Ax$ 在条件 $x_1^2+x_2^2+\cdots+x_n^2=1$ 下的最大值和最小值,其中 A 为实对称矩阵,$x^{\mathrm{T}}=(x_1,x_2,\cdots,x_n)^{\mathrm{T}}$.

解 这是一个微积分学中的函数条件极值问题,在此用线性代数的方法求解.

因为 A 为实对称矩阵,所以存在正交矩阵 P,使得

$$P^{-1}AP=P^{\mathrm{T}}AP=\begin{pmatrix}\lambda_1&&&\\&\lambda_2&&\\&&\ddots&\\&&&\lambda_n\end{pmatrix}\tag{17}$$

其中 $\lambda_1,\lambda_2,\cdots,\lambda_n$ 为矩阵 A 的特征值.

记

$$\boldsymbol{y}=\begin{pmatrix} y_1 \\ y_2 \\ \vdots \\ y_n \end{pmatrix}$$

对二次齐次函数 $f=\boldsymbol{x}^{\mathrm{T}}\boldsymbol{A}\boldsymbol{x}$ 作正交变换 $\boldsymbol{x}=\boldsymbol{P}\boldsymbol{y}$，由式(17)得

$$f=\boldsymbol{x}^{\mathrm{T}}\boldsymbol{A}\boldsymbol{x}=(\boldsymbol{P}\boldsymbol{y})^{\mathrm{T}}\boldsymbol{A}(\boldsymbol{P}\boldsymbol{y})=\boldsymbol{y}^{\mathrm{T}}(\boldsymbol{P}^{\mathrm{T}}\boldsymbol{A}\boldsymbol{P})\boldsymbol{y}=\lambda_1 y_1^2+\lambda_2 y_2^2+\cdots+\lambda_n y_n^2$$

故

$$\min_{1\leqslant i\leqslant n}\{\lambda_i\}\cdot(y_1^2+y_2^2+\cdots+y_n^2)\leqslant f\leqslant \max_{1\leqslant i\leqslant n}\{\lambda_i\}\cdot(y_1^2+y_2^2+\cdots+y_n^2)$$

由于 $\boldsymbol{x}=\boldsymbol{P}\boldsymbol{y}$ 为正交变换，所以 $\|\boldsymbol{x}\|=\|\boldsymbol{y}\|$，$y_1^2+y_2^2+\cdots+y_n^2=1$，因此

$$\min_{1\leqslant i\leqslant n}\{\lambda_i\}\leqslant f\leqslant \max_{1\leqslant i\leqslant n}\{\lambda_i\}$$

这说明在 $x_1^2+x_2^2+\cdots+x_n^2=1$ 的条件下，n 元二次齐次函数 $f=\boldsymbol{x}^{\mathrm{T}}\boldsymbol{A}\boldsymbol{x}$ 的最大值不超过矩阵 $\boldsymbol{A}$ 的最大特征值，最小值不小于矩阵 $\boldsymbol{A}$ 的最小特征值. n 元二次齐次函数 $f=\boldsymbol{x}^{\mathrm{T}}\boldsymbol{A}\boldsymbol{x}$ 的值能达到矩阵 $\boldsymbol{A}$ 的最大特征值和最小特征值吗？答案是肯定的.

记矩阵 $\boldsymbol{A}$ 的最大特征值为 $\lambda_{\max}$，对应的单位特征向量为 $\boldsymbol{e}_{\max}$；矩阵 $\boldsymbol{A}$ 的最小特征值为 $\lambda_{\min}$，对应的单位特征向量为 $\boldsymbol{e}_{\min}$，则

$$f=\boldsymbol{e}_{\max}^{\mathrm{T}}\boldsymbol{A}\boldsymbol{e}_{\max}=\boldsymbol{e}_{\max}^{\mathrm{T}}\lambda_{\max}\boldsymbol{e}_{\max}=\lambda_{\max} \tag{18}$$

$$f=\boldsymbol{e}_{\min}^{\mathrm{T}}\boldsymbol{A}\boldsymbol{e}_{\min}=\boldsymbol{e}_{\min}^{\mathrm{T}}\lambda_{\min}\boldsymbol{e}_{\min}=\lambda_{\min} \tag{19}$$

式(18)说明在 $x_1^2+x_2^2+\cdots+x_n^2=1$ 的条件下，n 元二次齐次函数 $f=\boldsymbol{x}^{\mathrm{T}}\boldsymbol{A}\boldsymbol{x}$ 在矩阵 $\boldsymbol{A}$ 的最大特征值 $\lambda_{\max}$ 对应的单位特征向量 $\boldsymbol{e}_{\max}$ 处可以取得其最大值 $\lambda_{\max}$. 式(19)说明在 $x_1^2+x_2^2+\cdots+x_n^2=1$ 的条件下，n 元二次齐次函数 $f=\boldsymbol{x}^{\mathrm{T}}\boldsymbol{A}\boldsymbol{x}$ 在矩阵 $\boldsymbol{A}$ 的最小特征值 $\lambda_{\min}$ 对应的单位特征向量 $\boldsymbol{e}_{\min}$ 处可以取得其最小值 $\lambda_{\min}$.

例 26 求二次齐次函数 $f=2x_1x_2+2x_1x_3+2x_2x_3$ 在条件 $x_1^2+x_2^2+x_3^2=1$ 下的最大值和最小值，并指明 x_1,x_2,x_3 取何值时，f 取得最大值和最小值.

解 二次齐次函数 f 的矩阵

$$\boldsymbol{A}=\begin{pmatrix} 0 & 1 & 1 \\ 1 & 0 & 1 \\ 1 & 1 & 0 \end{pmatrix}$$

由例 8 知矩阵 $\boldsymbol{A}$ 的特征值为 $\lambda_1=\lambda_2=-1$，$\lambda_3=2$，属于特征值 $\lambda_1=\lambda_2=-1$ 的两个线性无关的特征向量为

$$\boldsymbol{p}_1=\begin{pmatrix} -1 \\ 1 \\ 0 \end{pmatrix},\quad \boldsymbol{p}_2=\begin{pmatrix} -1 \\ 0 \\ 1 \end{pmatrix}$$

将 $\boldsymbol{p}_1,\boldsymbol{p}_2$ 正交化、单位化得

$$e_1=\begin{pmatrix}-\frac{1}{\sqrt{2}}\\ \frac{1}{\sqrt{2}}\\ 0\end{pmatrix},\quad e_2=\begin{pmatrix}-\frac{1}{\sqrt{6}}\\ -\frac{1}{\sqrt{6}}\\ \frac{2}{\sqrt{6}}\end{pmatrix}$$

特征值 $\lambda_3=2$ 对应的特征向量为

$$p_3=\begin{pmatrix}1\\1\\1\end{pmatrix}$$

将 p_3 单位化得

$$e_3=\begin{pmatrix}\frac{1}{\sqrt{3}}\\ \frac{1}{\sqrt{3}}\\ \frac{1}{\sqrt{3}}\end{pmatrix}$$

因为矩阵 A 的特征值中 $\lambda_3=2$ 最大，由例 25 知，在条件 $x_1^2+x_2^2+x_3^2=1$ 下，二次齐次函数 $f=2x_1x_2+2x_1x_3+2x_2x_3$ 的最大值为 2，并且在点 $\left(\frac{1}{\sqrt{3}},\frac{1}{\sqrt{3}},\frac{1}{\sqrt{3}}\right)$ 和 $\left(-\frac{1}{\sqrt{3}},-\frac{1}{\sqrt{3}},-\frac{1}{\sqrt{3}}\right)$ 处取得最大值.

又因为矩阵 A 的特征值中 $\lambda_1=\lambda_2=-1$ 最小，由例 25 知，在条件 $x_1^2+x_2^2+x_3^2=1$ 下，二次齐次函数 $f=2x_1x_2+2x_1x_3+2x_2x_3$ 的最小值为 -1，并且在点 $k_1\left(\frac{-1}{\sqrt{2}},\frac{1}{\sqrt{2}},0\right)+k_2\left(-\frac{1}{\sqrt{6}},-\frac{1}{\sqrt{6}},\frac{2}{\sqrt{6}}\right)$ $(k_1^2+k_2^2=1)$ 处取得最小值.

例 27 化简二次方程 $2x_1^2+x_2^2-4x_1x_2-4x_2x_3+6x_1-3x_3+1=0$，并判断其图形.

解 设

$$A=\begin{pmatrix}2&-2&0\\-2&1&-2\\0&-2&0\end{pmatrix},\quad \alpha=\begin{pmatrix}6\\0\\-3\end{pmatrix},\quad x=\begin{pmatrix}x_1\\x_2\\x_3\end{pmatrix}$$

则该二次方程可表示为

$$x^{\mathrm{T}}Ax+\alpha^{\mathrm{T}}x+1=0 \tag{20}$$

矩阵 A 为实对称矩阵，计算出其特征值为 $\lambda_1=1,\lambda_2=4,\lambda_3=-2$，对应的特征向量依次为

$$p_1=\begin{pmatrix}-2\\-1\\2\end{pmatrix},\quad p_2=\begin{pmatrix}2\\-2\\1\end{pmatrix},\quad p_3=\begin{pmatrix}1\\2\\2\end{pmatrix}$$

将 $\boldsymbol{p}_1,\boldsymbol{p}_2,\boldsymbol{p}_3$ 单位化，得

$$\boldsymbol{e}_1=\begin{pmatrix}-\frac{2}{3}\\-\frac{1}{3}\\\frac{2}{3}\end{pmatrix},\quad \boldsymbol{e}_2=\begin{pmatrix}\frac{2}{3}\\-\frac{2}{3}\\\frac{1}{3}\end{pmatrix},\quad \boldsymbol{e}_3=\begin{pmatrix}\frac{1}{3}\\\frac{2}{3}\\\frac{2}{3}\end{pmatrix}$$

则得正交矩阵

$$\boldsymbol{P}=(\boldsymbol{e}_1,\boldsymbol{e}_2,\boldsymbol{e}_3)=\begin{pmatrix}-\frac{2}{3}&\frac{2}{3}&\frac{1}{3}\\-\frac{1}{3}&-\frac{2}{3}&\frac{2}{3}\\\frac{2}{3}&\frac{1}{3}&\frac{2}{3}\end{pmatrix}$$

使得

$$\boldsymbol{P}^{\mathrm{T}}\boldsymbol{A}\boldsymbol{P}=\begin{pmatrix}1&&\\&4&\\&&-2\end{pmatrix}$$

记

$$\boldsymbol{y}=\begin{pmatrix}y_1\\y_2\\y_3\end{pmatrix}$$

对二次方程(20)作正交变换 $\boldsymbol{x}=\boldsymbol{P}\boldsymbol{y}$，得

$$(\boldsymbol{P}\boldsymbol{y})^{\mathrm{T}}\boldsymbol{A}(\boldsymbol{P}\boldsymbol{y})+\boldsymbol{\alpha}^{\mathrm{T}}\boldsymbol{P}\boldsymbol{y}+1=0$$

$$y_1^2+4y_2^2-2y_3^2-6y_1+3y_2+1=0$$

$$(y_1-3)^2+4\left(y_2+\frac{3}{8}\right)^2-2y_3^2=\frac{137}{16}\tag{21}$$

令

$$z_1=y_1-3,\quad z_2=y_2+\frac{3}{8},\quad z_3=y_3$$

则式(21)变换为

$$z_1^2+4z_2^2-2z_3^2=\frac{137}{16}$$

$$\frac{z_1^2}{\left(\frac{\sqrt{137}}{4}\right)^2}+\frac{z_2^2}{\left(\frac{\sqrt{137}}{8}\right)^2}-\frac{z_3^2}{\left(\frac{\sqrt{274}}{8}\right)^2}=1$$

因此，二次方程 $2x_1^2+x_2^2-4x_1x_2-4x_2x_3+6x_1-3x_3+1=0$ 的图形是单叶双曲面.

习 题 五

1. 求下列二次型的矩阵和秩：

（1）$f=3x_1x_2-6x_1x_3-x_2x_3-3x_3^2$；

（2）$f=-5x_1^2+2x_3^2+x_2x_3-5x_2x_4-10x_3x_4$.

2. 写出下列实对称矩阵 $\boldsymbol{A}$ 的二次型 f：

（1）$\boldsymbol{A}=\begin{pmatrix}2&1&-3\\1&0&4\\-3&4&-6\end{pmatrix}$；（2）$\boldsymbol{A}=\begin{pmatrix}-1&\sqrt{5}&0\\\sqrt{5}&3&-2\\0&-2&2\end{pmatrix}$.

3. 设 $\boldsymbol{A},\boldsymbol{B}$ 为可逆矩阵，且 $\boldsymbol{A}$ 与 $\boldsymbol{B}$ 合同，试证 $\boldsymbol{A}^{-1}$ 与 $\boldsymbol{B}^{-1}$ 也合同.

4. 求正交变换 $\boldsymbol{x}=\boldsymbol{P}\boldsymbol{y}$，把下列二次型化为标准形.

（1）$f=3x_1^2-12x_1x_2-2x_2^2$；

（2）$f=6x_1^2+4x_1x_2+9x_2^2$；

（3）$f=2x_1^2+3x_2^2+3x_3^2+4x_2x_3$；

（4）$f=x_1^2+x_2^2+x_3^2+4x_1x_2+4x_2x_3+4x_1x_3$.

5. 用拉格朗日配方法把下列二次型化为标准形，并求出所用的可逆线性变换.

（1）$f=x_1^2+2x_2^2+2x_1x_2-2x_1x_3+2x_2x_3$；

（2）$f=x_1x_2+x_1x_3+x_2x_3$；

（3）$f=2x_1x_2+3x_1x_3-x_2x_3$.

6. 用初等变换法化下列二次型为标准形，并求出所用的可逆线性变换.

（1）$f=x_1^2-x_2^2+x_3^2+4x_1x_2+4x_2x_3$；

（2）$f=3x_1^2+2x_2^2-x_3^2+6x_1x_2-12x_1x_3-8x_2x_3$；

（3）$f=2x_1x_2-2x_1x_3+x_2x_3$.

7. 设二次型

$$f=x_1^2+x_2^2+\cdots+x_{2n}^2+2x_1x_2+2x_3x_4+\cdots+2x_{2n-1}x_{2n}$$

求二次型 f 的秩.

8. 已知二次型 $f=5x_1^2+5x_2^2+cx_3^2-2x_1x_2+6x_1x_3-6x_2x_3$ 的秩为 2，求 c，并求 f 的矩阵的特征值.

9. 设二次型

$$f=x_1^2+x_2^2+x_3^2+2\alpha x_1x_2+2\beta x_2x_3+2x_1x_3$$

经正交变换 $\boldsymbol{x}=\boldsymbol{P}\boldsymbol{y}$ 化为 $f=y_2^2+2y_3^2$，求 α,β.

10. 已知二次型

$$f=2x_1^2+3x_2^2+3x_3^2+2ax_2x_3$$

可用正交变换化为 $f=y_1^2+2y_2^2+5y_3^2$，求 a 和所用的正交变换.

11. 写出第 4 题中各二次型的规范形，并求出各二次型的秩 r、正惯性指数 p、负惯性指数 q.

12. 判断下列二次型的正定性：

（1）$f=4x_1^2+2x_2^2+4x_3^2+2x_1x_2-4x_1x_3-2x_2x_3$；

（2）$f=-7x_1^2-4x_2^2-3x_3^2+10x_1x_2+2x_2x_3$；

（3）$f=2x_1^2+3x_2^2+2x_3^2+3x_4^2-2x_1x_2-4x_2x_3+x_3x_4$.

13. λ 满足什么条件时，二次型

$$f=x_1^2+4x_2^2+4x_3^2+2\lambda x_1x_2-2x_1x_3+4x_2x_3$$

正定？

14. 已知 $\boldsymbol{A}$ 是正定矩阵，证明 $|\boldsymbol{A}+\boldsymbol{E}|>1$.

15. 设 $\boldsymbol{A}=\begin{pmatrix}1&0&1\\0&2&0\\1&0&1\end{pmatrix}$，$\boldsymbol{B}=(\boldsymbol{A}+k\boldsymbol{E})^2$.

(1) 求对角矩阵 $\boldsymbol{\Lambda}$，使得 $\boldsymbol{B}\sim\boldsymbol{\Lambda}$；

(2) k 满足什么条件时 $\boldsymbol{B}$ 正定？

16. 设 $\boldsymbol{A},\boldsymbol{B}$ 都是 $m\times n$ 实矩阵，满足 $r(\boldsymbol{A}+\boldsymbol{B})=n$. 证明 $\boldsymbol{A}^{\mathrm{T}}\boldsymbol{A}+\boldsymbol{B}^{\mathrm{T}}\boldsymbol{B}$ 正定.

17. 设 $\boldsymbol{A}$ 是 m 阶正定矩阵，$\boldsymbol{B}$ 是 $m\times n$ 实矩阵. 试证 $\boldsymbol{B}^{\mathrm{T}}\boldsymbol{A}\boldsymbol{B}$ 正定的充分必要条件是 $r(\boldsymbol{B})=n$.

18. 判断下列二次型的类别：

(1) $f=x_1^2+9x_2^2+4x_3^2-6x_1x_2+4x_1x_3-12x_2x_3$；

(2) $f=-x_1^2-5x_2^2-3x_3^2+2x_1x_2-4x_2x_3$.

19. 用两种方法判断矩阵

$$\boldsymbol{A}=\begin{pmatrix}1&2&1\\2&6&-2\\1&-2&9\end{pmatrix}$$

的半正定性.

第五章部分习题讲解

第六章　线性空间与线性变换

线性空间与线性变换是线性代数中不可或缺的重要内容，它们是前面已经学过的向量、向量空间、线性变换等概念在理论上的概括、抽象和扩展，是代数学理论研究与应用的重要基础.

本章主要介绍线性空间与线性变换的定义和性质，以及一些与它们相关的重要概念.

§6.1　线性空间的定义及其性质

我们已经介绍过 n 维有序数组构成的向量空间及其有关性质，下面将这些概念加以推广，给出更一般的线性空间的概念.

一、线性空间的定义

定义 1　设 V 是任一非空集合，F 是一个数域.在 V 中定义**加法运算**：对于 V 中任意两个元素 $\boldsymbol{\alpha}$ 和 $\boldsymbol{\beta}$，在 V 中总有唯一确定的一个元素 $\boldsymbol{\delta}$ 与它们对应，$\boldsymbol{\delta}$ 称为 $\boldsymbol{\alpha}$ 与 $\boldsymbol{\beta}$ 的**和**，记作 $\boldsymbol{\delta}=\boldsymbol{\alpha}+\boldsymbol{\beta}$；在 V 中再定义**数量乘法运算**：对于 V 中任意元素 $\boldsymbol{\alpha}$ 和 F 中任意元素 k，在 V 中总有唯一确定的一个元素 $\boldsymbol{\gamma}$ 与它们对应，$\boldsymbol{\gamma}$ 称为 k 与 $\boldsymbol{\alpha}$ 的**数量乘积**，记作 $\boldsymbol{\gamma}=k\boldsymbol{\alpha}$.若对 V 中任意的 $\boldsymbol{\alpha},\boldsymbol{\beta},\boldsymbol{\gamma}$ 和 F 中任意的 k,l，所定义的加法运算和数量乘法运算满足下列**八条运算法则**：

（1）$\boldsymbol{\alpha}+\boldsymbol{\beta}=\boldsymbol{\beta}+\boldsymbol{\alpha}$；

（2）$(\boldsymbol{\alpha}+\boldsymbol{\beta})+\boldsymbol{\gamma}=\boldsymbol{\alpha}+(\boldsymbol{\beta}+\boldsymbol{\gamma})$；

（3）在 V 中存在一个元素 $\boldsymbol{\theta}$，对于 V 中任一元素 $\boldsymbol{\alpha}$，都有

$$\boldsymbol{\alpha}+\boldsymbol{\theta}=\boldsymbol{\alpha}\quad（具有这一性质的元素 \boldsymbol{\theta} 称为 V 的\textbf{零元素}）$$

（4）对于 V 中每一个元素 $\boldsymbol{\alpha}$，在 V 中都存在元素 $\boldsymbol{\beta}$，使得

$$\boldsymbol{\alpha}+\boldsymbol{\beta}=\boldsymbol{\theta}\quad（\boldsymbol{\beta} 称为 \boldsymbol{\alpha} 的\textbf{负元素}）$$

（5）$1\boldsymbol{\alpha}=\boldsymbol{\alpha}$；

（6）$k(l\boldsymbol{\alpha})=(kl)\boldsymbol{\alpha}$；

（7）$(k+l)\boldsymbol{\alpha}=k\boldsymbol{\alpha}+l\boldsymbol{\alpha}$；

（8）$k(\boldsymbol{\alpha}+\boldsymbol{\beta})=k\boldsymbol{\alpha}+k\boldsymbol{\beta}$，

则非空集合 V 称为数域 F 上的**线性空间**（liner space），所定义的加法运算和数量乘法运算统称为**线性运算**.

线性空间中的元素也称为**向量**，线性空间有时也称为**向量空间**.

定义中的数域 F 为实数域 $\mathbf{R}$ 时，就称 V 为实数域 $\mathbf{R}$ 上的线性空间，简称为**实线性空间**；定义中的数域 F 为复数域 $\mathbf{C}$ 时，就称 V 为复数域 $\mathbf{C}$ 上的线性空间，简称为**复线性空间**.

注　（1）若 $\forall\,\boldsymbol{\alpha},\boldsymbol{\beta}\in V,k\in F$，有 $\boldsymbol{\alpha}+\boldsymbol{\beta}\in V$，则称 V 对加法运算满足封闭性；若 $k\boldsymbol{\alpha}\in V$，则称 V 对数量乘法运算满足封闭性.

(2) 定义 1 中的向量(元素)已不再只是有序数组了,向量的概念有了很大推广.线性空间中的运算只要求满足八条运算法则,当然也就不一定是有序数组的加法及数乘运算了.

显然,所有 n 维实向量构成的集合 $\mathbf{R}^n$,按照已定义的向量加法运算和数与向量的乘积运算,构成实数域 $\mathbf{R}$ 上的线性空间,记作 $\mathbf{R}^n$.同样,所有实的 $m\times n$ 矩阵构成的集合 $\mathbf{R}^{m\times n}$,按照已定义的矩阵的加法运算和数与矩阵的乘积运算,构成实数域 $\mathbf{R}$ 上的线性空间,记作 $\mathbf{R}^{m\times n}$.

下面再举几个例子(容易验证,下述各例中规定的两种运算均满足封闭性和定义 1 中的八条运算法则).

例 1 全体实函数的集合,按照通常的函数的加法运算和实数与函数的乘积运算,构成实数域 $\mathbf{R}$ 上的线性空间.

例 2 定义在区间 $[a,b]$ 上的所有连续实函数的集合 $C[a,b]$,按照通常的函数的加法运算和实数与函数的乘积运算,构成实数域 $\mathbf{R}$ 上的线性空间,记作 $C[a,b]$.

例 3 次数不超过 n 的所有多项式的集合

$$P[x]_n=\{p(x)=a_nx^n+a_{n-1}x^{n-1}+\cdots+a_1x+a_0\mid a_n,a_{n-1},\cdots,a_1,a_0\in\mathbf{R}\}$$

按照通常的多项式的加法运算和实数与多项式的乘积运算,构成实数域 $\mathbf{R}$ 上的线性空间,记作 $P[x]_n$.

但是,所有 n 次多项式的集合

$$Q[x]_n=\{q(x)=a_nx^n+a_{n-1}x^{n-1}+\cdots+a_1x+a_0\mid a_n,a_{n-1},\cdots,a_1,a_0\in\mathbf{R},a_n\neq 0\}$$

按照通常的多项式的加法运算和实数与多项式的乘积运算,就不构成实数域 $\mathbf{R}$ 上的线性空间.因为 $0q(x)=0(a_nx^n+a_{n-1}x^{n-1}+\cdots+a_1x+a_0)\notin Q[x]_n$,即 $Q[x]_n$ 对数量乘法运算不满足封闭性.

例 4 实数域上齐次线性方程组 $\boldsymbol{Ax}=\mathbf{0}$ 的全体解向量的集合,按照已定义的向量加法运算和数与向量的乘积运算,构成实数域 $\mathbf{R}$ 上的线性空间,称为齐次线性方程组 $\boldsymbol{Ax}=\mathbf{0}$ 的解空间.

但是,实数域上非齐次线性方程组 $\boldsymbol{Ax}=\boldsymbol{b}(\boldsymbol{b}\neq\mathbf{0})$ 的全体解向量的集合,按照已定义的向量加法运算和数与向量的乘积运算,就不构成实数域 $\mathbf{R}$ 上的线性空间.因为方程组 $\boldsymbol{Ax}=\boldsymbol{b}$ 的两个解 $\boldsymbol{\eta}_1$ 和 $\boldsymbol{\eta}_2$ 相加后,并不是该方程组的解,即该集合对所定义的加法运算不封闭.

二、线性空间的性质

性质 1 线性空间 V 中的零元素是唯一的,记作 $\boldsymbol{\theta}$.

证 设 $\boldsymbol{\theta}$ 和 $\boldsymbol{\theta}_1$ 是线性空间 V 中的两个零元素,则由定义 1 知

$$\boldsymbol{\theta}=\boldsymbol{\theta}+\boldsymbol{\theta}_1=\boldsymbol{\theta}_1+\boldsymbol{\theta}=\boldsymbol{\theta}_1$$

故 V 中的零元素是唯一的.

性质 2 线性空间 V 中任一元素 $\boldsymbol{\alpha}$ 的负元素是唯一的,记作 $-\boldsymbol{\alpha}$.

证 设 $\boldsymbol{\alpha}$ 有两个负元素 $\boldsymbol{\beta}$ 和 $\boldsymbol{\beta}_1$,则由定义 1 知

$$\boldsymbol{\beta}=\boldsymbol{\beta}+\boldsymbol{\theta}=\boldsymbol{\beta}+(\boldsymbol{\alpha}+\boldsymbol{\beta}_1)=(\boldsymbol{\beta}+\boldsymbol{\alpha})+\boldsymbol{\beta}_1=\boldsymbol{\theta}+\boldsymbol{\beta}_1=\boldsymbol{\beta}_1$$

故 $\boldsymbol{\alpha}$ 的负元素是唯一的.

性质 3 对任意 $\boldsymbol{\alpha}\in V,k\in F$,有 $0\boldsymbol{\alpha}=\boldsymbol{\theta},k\boldsymbol{\theta}=\boldsymbol{\theta},(-1)\boldsymbol{\alpha}=-\boldsymbol{\alpha}$.

证

$$\boldsymbol{\alpha}+0\boldsymbol{\alpha}=1\boldsymbol{\alpha}+0\boldsymbol{\alpha}=(1+0)\boldsymbol{\alpha}=1\boldsymbol{\alpha}=\boldsymbol{\alpha}$$

故 $0\boldsymbol{\alpha}=\boldsymbol{\theta}$.

$$k\boldsymbol{\alpha}+k\boldsymbol{\theta}=k(\boldsymbol{\alpha}+\boldsymbol{\theta})=k\boldsymbol{\alpha}$$

故 $k\boldsymbol{\theta}=\boldsymbol{\theta}$.

$$\boldsymbol{\alpha}+(-1)\boldsymbol{\alpha}=1\boldsymbol{\alpha}+(-1)\boldsymbol{\alpha}=(1-1)\boldsymbol{\alpha}=0\boldsymbol{\alpha}=\boldsymbol{\theta}$$

故 $(-1)\boldsymbol{\alpha}=-\boldsymbol{\alpha}$.

性质 4 对于 $\boldsymbol{\alpha}\in V,k\in F$,若 $k\boldsymbol{\alpha}=\boldsymbol{\theta}$,则 $k=0$ 或 $\boldsymbol{\alpha}=\boldsymbol{\theta}$.

证 若 $k\neq 0$,由 $k\boldsymbol{\alpha}=\boldsymbol{\theta}$ 得

$$\frac{1}{k}(k\boldsymbol{\alpha})=\frac{1}{k}\boldsymbol{\theta}=\boldsymbol{\theta}$$

及

$$\frac{1}{k}(k\boldsymbol{\alpha})=\left(\frac{1}{k}k\right)\boldsymbol{\alpha}=1\boldsymbol{\alpha}=\boldsymbol{\alpha}$$

故 $\boldsymbol{\alpha}=\boldsymbol{\theta}$.

若 $k=0$,则由性质 3 知 $0\boldsymbol{\alpha}=\boldsymbol{\theta}$.

利用负元素在线性空间 V 中定义**减法运算**:

设 $\boldsymbol{\alpha},\boldsymbol{\beta}$ 为 V 中任意两个元素,定义 $\boldsymbol{\alpha}$ 与 $\boldsymbol{\beta}$ 的减法运算为

$$\boldsymbol{\alpha}-\boldsymbol{\beta}=\boldsymbol{\alpha}+(-1)\boldsymbol{\beta}=\boldsymbol{\alpha}+(-\boldsymbol{\beta})$$

例 5 设 $\mathbf{R}^+$是全体正实数的集合.在 $\mathbf{R}^+$上定义加法运算:$a\oplus b=ab$;在 $\mathbf{R}^+$上再定义数量乘法运算:$k\circ a=a^k$.证明 $\mathbf{R}^+$是实数域 $\mathbf{R}$ 上的线性空间.

证 设 a,b,c 为 $\mathbf{R}^+$中的任意元素,k,l 为 $\mathbf{R}$ 中的任意元素.因为

$$a\oplus b=ab\in\mathbf{R}^+,\quad k\circ a=a^k\in\mathbf{R}^+$$

故所定义的两种运算在 $\mathbf{R}^+$上满足封闭性.

现在验证所定义的两种运算满足定义 1 中的八条运算法则.

(1) $a\oplus b=ab=ba=b\oplus a$;

(2) $(a\oplus b)\oplus c=(ab)\oplus c=(ab)c=a(bc)=a\oplus(bc)=a\oplus(b\oplus c)$;

(3) 实数 1 是 $\mathbf{R}^+$中的零元素,因为对任意 $a\in\mathbf{R}^+$,有 $a\oplus 1=a1=a$;

(4) 对任意 $a\in\mathbf{R}^+$,有负元素$\frac{1}{a}\in\mathbf{R}^+$,满足 $a\oplus\frac{1}{a}=a\ \frac{1}{a}=1$;

(5) $1\circ a=a^1=a$;

(6) $k\circ(l\circ a)=k\circ a^l=(a^l)^k=a^{kl}=(kl)\circ a$;

(7) $(k+l)\circ a=a^{k+l}=a^ka^l=(k\circ a)(l\circ a)=(k\circ a)\oplus(l\circ a)$;

(8) $k\circ(a\oplus b)=k\circ(ab)=(ab)^k=a^kb^k=(a^k)\oplus(b^k)=(k\circ a)\oplus(k\circ b)$.

故 $\mathbf{R}^+$是实数域 $\mathbf{R}$ 上的线性空间.

§6.2 基、维数与坐标

如果一个线性空间只含有一个向量,则该向量只能是零元素 $\boldsymbol{\theta}$.这样的线性空间称为**零空间**,记作$\{\boldsymbol{\theta}\}$.此外的线性空间中一定都含有无穷多个向量,为了能用有限个向量将无穷多个向

量都线性表示出来，需要在线性空间中引入类似向量空间 $\mathbf{R}^n$ 中的线性表示、线性相关及线性无关等概念.

一、基与维数

在本节中设 V 是数域 F 上的线性空间，并且若无特殊说明，F 均指实数域 $\mathbf{R}$.

定义 2 设 $\boldsymbol{\beta}$ 和 $\boldsymbol{\alpha}_1,\boldsymbol{\alpha}_2,\cdots,\boldsymbol{\alpha}_s$ 是线性空间 V 中的向量.若存在一组数 $k_1,k_2,\cdots,k_s\in F$，使得

$$\boldsymbol{\beta}=k_1\boldsymbol{\alpha}_1+k_2\boldsymbol{\alpha}_2+\cdots+k_s\boldsymbol{\alpha}_s$$

则称 $\boldsymbol{\beta}$ 能由 $\boldsymbol{\alpha}_1,\boldsymbol{\alpha}_2,\cdots,\boldsymbol{\alpha}_s$ **线性表示**，或称 $\boldsymbol{\beta}$ 是 $\boldsymbol{\alpha}_1,\boldsymbol{\alpha}_2,\cdots,\boldsymbol{\alpha}_s$ 的**线性组合**.

定义 3 设

$$\boldsymbol{\alpha}_1,\boldsymbol{\alpha}_2,\cdots,\boldsymbol{\alpha}_r \tag{1}$$

$$\boldsymbol{\beta}_1,\boldsymbol{\beta}_2,\cdots,\boldsymbol{\beta}_s \tag{2}$$

是线性空间 V 中的两个向量组.如果向量组(1)中每个向量都能由向量组(2)线性表示，则称向量组(1)能由向量组(2)线性表示.如果向量组(1)与向量组(2)可以相互线性表示，则称**向量组(1)与向量组(2)等价**.

定义 4 对于线性空间 V 中的向量组 $\boldsymbol{\alpha}_1,\boldsymbol{\alpha}_2,\cdots,\boldsymbol{\alpha}_s$，若存在一组不全为零的数 $k_1,k_2,\cdots,k_s\in F$，使得

$$k_1\boldsymbol{\alpha}_1+k_2\boldsymbol{\alpha}_2+\cdots+k_s\boldsymbol{\alpha}_s=\boldsymbol{\theta}$$

则称 $\boldsymbol{\alpha}_1,\boldsymbol{\alpha}_2,\cdots,\boldsymbol{\alpha}_s$ 是**线性相关**的，否则称 $\boldsymbol{\alpha}_1,\boldsymbol{\alpha}_2,\cdots,\boldsymbol{\alpha}_s$ 是**线性无关**的.

上述定义是第三章中相应概念的重复，唯一的差别是第三章中的向量是 n 维实向量空间 $\mathbf{R}^n$ 中的向量，而现在的向量是线性空间 V 中的向量.不仅如此，在第三章中，从这些定义出发对 n 维实向量所作出的那些论证也完全可以搬到一般的线性空间 V 中来，并得出相同的结论.在此不重复这些论证，只把几个常用的结论叙述如下：

在数域 F 上的线性空间 V 中，

(1) 一个向量 $\boldsymbol{\alpha}$ 线性相关的充分必要条件是 $\boldsymbol{\alpha}=\boldsymbol{\theta}$；两个以上的向量 $\boldsymbol{\alpha}_1,\boldsymbol{\alpha}_2,\cdots,\boldsymbol{\alpha}_r$ 线性相关的充分必要条件是其中至少有一个向量是其余向量的线性组合.

(2) 如果向量组 $\boldsymbol{\alpha}_1,\boldsymbol{\alpha}_2,\cdots,\boldsymbol{\alpha}_r$ 线性无关，而且 $\boldsymbol{\alpha}_1,\boldsymbol{\alpha}_2,\cdots,\boldsymbol{\alpha}_r$ 能由 $\boldsymbol{\beta}_1,\boldsymbol{\beta}_2,\cdots,\boldsymbol{\beta}_s$ 线性表示，则 $r\leqslant s$.

由此推出，两个等价的线性无关的向量组必含有相同个数的向量.

(3) 如果向量组 $\boldsymbol{\alpha}_1,\boldsymbol{\alpha}_2,\cdots,\boldsymbol{\alpha}_r$ 线性无关，但向量组 $\boldsymbol{\alpha}_1,\boldsymbol{\alpha}_2,\cdots,\boldsymbol{\alpha}_r,\boldsymbol{\beta}$ 线性相关，则 $\boldsymbol{\beta}$ 可由 $\boldsymbol{\alpha}_1,\boldsymbol{\alpha}_2,\cdots,\boldsymbol{\alpha}_r$ 线性表示，而且表示法唯一.

(4) 向量组的极大无关组所含向量的个数称为这个向量组的秩.

定义 5 设 $\boldsymbol{\alpha}_1,\boldsymbol{\alpha}_2,\cdots,\boldsymbol{\alpha}_n$ 是线性空间 V 中的 n 个向量，且满足

(1) $\boldsymbol{\alpha}_1,\boldsymbol{\alpha}_2,\cdots,\boldsymbol{\alpha}_n$ 线性无关；

(2) V 中任一向量 $\boldsymbol{\beta}$ 都能由 $\boldsymbol{\alpha}_1,\boldsymbol{\alpha}_2,\cdots,\boldsymbol{\alpha}_n$ 线性表示，

则向量组 $\boldsymbol{\alpha}_1,\boldsymbol{\alpha}_2,\cdots,\boldsymbol{\alpha}_n$ 称为 V 的一个**基**(basis).

定理 1 **若线性空间 V 的一个基由 n 个向量构成，则 V 中任意 n 个线性无关的向量都构成 V 的一个基，而且 V 的任何一个基都恰有 n 个线性无关的向量.**

证　设 $\boldsymbol{\alpha}_1,\boldsymbol{\alpha}_2,\cdots,\boldsymbol{\alpha}_n$ 是 V 的一个基，$\boldsymbol{\beta}_1,\boldsymbol{\beta}_2,\cdots,\boldsymbol{\beta}_n$ 是 V 中 n 个线性无关的向量，且 $\boldsymbol{\alpha}_i,\boldsymbol{\beta}_i$ $(i=1,2,\cdots,n)$ 均为列向量.要证 $\boldsymbol{\beta}_1,\boldsymbol{\beta}_2,\cdots,\boldsymbol{\beta}_n$ 是 V 的一个基，只需证明 V 中任一向量 $\boldsymbol{\beta}$ 都能由 $\boldsymbol{\beta}_1,\boldsymbol{\beta}_2,\cdots,\boldsymbol{\beta}_n$ 线性表示.

由定理条件知，向量组 $\boldsymbol{\beta},\boldsymbol{\beta}_1,\boldsymbol{\beta}_2,\cdots,\boldsymbol{\beta}_n$ 可由基 $\boldsymbol{\alpha}_1,\boldsymbol{\alpha}_2,\cdots,\boldsymbol{\alpha}_n$ 线性表示，这可“形式地”写为

$$(\boldsymbol{\beta},\boldsymbol{\beta}_1,\boldsymbol{\beta}_2,\cdots,\boldsymbol{\beta}_n)=(\boldsymbol{\alpha}_1,\boldsymbol{\alpha}_2,\cdots,\boldsymbol{\alpha}_n)\boldsymbol{A} \tag{3}$$

其中 $\boldsymbol{A}$ 是 F 上的 $n\times(n+1)$ 矩阵.

由于 $r(\boldsymbol{A})\leqslant n<n+1$，所以齐次线性方程组 $\boldsymbol{Ax}=\boldsymbol{0}$ 有非零解

$$\boldsymbol{x}=\begin{pmatrix}x_1\\x_2\\\vdots\\x_{n+1}\end{pmatrix}\neq\boldsymbol{0}$$

将它右乘式(3)两端得

$$(\boldsymbol{\beta},\boldsymbol{\beta}_1,\boldsymbol{\beta}_2,\cdots,\boldsymbol{\beta}_n)\begin{pmatrix}x_1\\x_2\\\vdots\\x_{n+1}\end{pmatrix}=(\boldsymbol{\alpha}_1,\boldsymbol{\alpha}_2,\cdots,\boldsymbol{\alpha}_n)\boldsymbol{A}\begin{pmatrix}x_1\\x_2\\\vdots\\x_{n+1}\end{pmatrix}$$

$$=(\boldsymbol{\alpha}_1,\boldsymbol{\alpha}_2,\cdots,\boldsymbol{\alpha}_n)\begin{pmatrix}0\\0\\\vdots\\0\end{pmatrix}=\boldsymbol{\theta}$$

即

$$x_1\boldsymbol{\beta}+x_2\boldsymbol{\beta}_1+\cdots+x_{n+1}\boldsymbol{\beta}_n=\boldsymbol{\theta}$$

由于 $x_1,x_2,\cdots,x_{n+1}$ 不全为零，所以 $\boldsymbol{\beta},\boldsymbol{\beta}_1,\cdots,\boldsymbol{\beta}_n$ 线性相关.又 $\boldsymbol{\beta}_1,\boldsymbol{\beta}_2,\cdots,\boldsymbol{\beta}_n$ 线性无关，故 $\boldsymbol{\beta}$ 能由 $\boldsymbol{\beta}_1,\boldsymbol{\beta}_2,\cdots,\boldsymbol{\beta}_n$ 线性表示，从而 $\boldsymbol{\beta}_1,\boldsymbol{\beta}_2,\cdots,\boldsymbol{\beta}_n$ 构成了 V 的一个基.

现在设 $\boldsymbol{\gamma}_1,\boldsymbol{\gamma}_2,\cdots,\boldsymbol{\gamma}_m$ 也是 V 的一个基.由定义 5 知，向量组 $\boldsymbol{\gamma}_1,\boldsymbol{\gamma}_2,\cdots,\boldsymbol{\gamma}_m$ 与向量组 $\boldsymbol{\alpha}_1,\boldsymbol{\alpha}_2,\cdots,\boldsymbol{\alpha}_n$ 等价，故 $m=n$.

由定理 1 知，**线性空间的任何一个基中所含向量的个数是唯一确定的.**

定义 6　设线性空间 V 的基含有 n 个向量，则 n 称为线性空间 V 的**维数**，记作 $\dim V$.称 V 为 n 维线性空间，记作 V_n.

规定零空间的维数是 0，它没有基.

如果线性空间 V 中存在任意多个线性无关的向量，则称 V 是 F 上的**无限维线性空间**.而 0 维与 n 维的线性空间统称为**有限维线性空间**.

无限维线性空间与有限维线性空间有比较大的差别，它不是线性代数研究的对象，故本书

只讨论有限维的线性空间.

例 6 在线性空间 $\mathbf{R}^n$ 中,n 个向量 $\boldsymbol{\varepsilon}_1=(1,0,\cdots,0)^{\mathrm{T}},\boldsymbol{\varepsilon}_2=(0,1,0,\cdots,0)^{\mathrm{T}},\cdots,\boldsymbol{\varepsilon}_n=(0,0,\cdots,0,1)^{\mathrm{T}}$ 是 $\mathbf{R}^n$ 的一个基;n 个向量 $\boldsymbol{\eta}_1=(1,1,\cdots,1)^{\mathrm{T}},\boldsymbol{\eta}_2=(0,1,\cdots,1)^{\mathrm{T}},\cdots,\boldsymbol{\eta}_n=(0,0,\cdots,0,1)^{\mathrm{T}}$ 也是 $\mathbf{R}^n$ 的一个基.$\dim\mathbf{R}^n=n$.

例 7 在线性空间 $P[x]_n$ 中取 $n+1$ 个向量 $1,x,x^2,\cdots,x^n$.设

$$k_0 1+k_1x+k_2x^2+\cdots+k_nx^n=0\quad(k_0,k_1,\cdots,k_n\in\mathbf{R})\tag{4}$$

则只有 $k_0=k_1=\cdots=k_n=0$ 时,式(4)才成立,故向量 $1,x,x^2,\cdots,x^n$ 线性无关.

又因为 $P[x]_n$ 中任意向量 $p(x)$ 均可线性表示为

$$p(x)=a_0 1+a_1x+\cdots+a_{n-1}x^{n-1}+a_nx^n\quad(a_0,a_1,\cdots,a_n\in\mathbf{R})$$

故向量组 $1,x,x^2,\cdots,x^n$ 是线性空间 $P[x]_n$ 的一个基.$\dim P[x]_n=n+1$.

同样,利用泰勒公式可以证明 $P[x]_n$ 中的 $n+1$ 个向量 $1,(x-a),(x-a)^2,\cdots,(x-a)^n(a\neq 0)$ 也是 $P[x]_n$ 的一个基.

例 8 记 $\boldsymbol{E}_{ij}(i=1,2,\cdots,m;j=1,2,\cdots,n)$ 表示第 i 行第 j 列的元为 1,其余元均为零的 $m\times n$ 矩阵.设

$$\sum_{i=1}^{m}\sum_{j=1}^{n}k_{ij}\boldsymbol{E}_{ij}=\boldsymbol{O}\quad(k_{ij}\in\mathbf{R})\tag{5}$$

则只有 $k_{ij}=0(i=1,2,\cdots,m;j=1,2,\cdots,n)$ 时,式(5)才成立,故向量组 $\boldsymbol{E}_{ij}(i=1,2,\cdots,m;j=1,2,\cdots,n)$ 线性无关.

又因为线性空间 $\mathbf{R}^{m\times n}$ 中任一向量 $\boldsymbol{A}=(a_{ij})$ 均可线性表示为

$$\boldsymbol{A}=(a_{ij})=\sum_{i=1}^{m}\sum_{j=1}^{n}a_{ij}\boldsymbol{E}_{ij}$$

故向量组 $\boldsymbol{E}_{ij}(i=1,2,\cdots,m;j=1,2,\cdots,n)$ 是线性空间 $\mathbf{R}^{m\times n}$ 的一个基.$\dim\mathbf{R}^{m\times n}=mn$.

例 9 实数域上的齐次线性方程组 $\boldsymbol{Ax}=\boldsymbol{0}$ 的解空间是实数域 $\mathbf{R}$ 上的线性空间(例 4),而齐次线性方程组 $\boldsymbol{Ax}=\boldsymbol{0}$ 的任意一个基础解系都是该解空间的一个基.

二、坐标

定义 7 设 $\boldsymbol{\alpha}_1,\boldsymbol{\alpha}_2,\cdots,\boldsymbol{\alpha}_n$ 是 n 维线性空间 V 的一个基.由基的定义,对每一 $\boldsymbol{\alpha}\in V$,都有且仅有一组有序数 $x_1,x_2,\cdots,x_n\in F$,使得

$$\boldsymbol{\alpha}=x_1\boldsymbol{\alpha}_1+x_2\boldsymbol{\alpha}_2+\cdots+x_n\boldsymbol{\alpha}_n$$

这组有序数 $x_1,x_2,\cdots,x_n$ 构成的向量是分量属于数域 F 的 n 维列向量 $\begin{pmatrix}x_1\\x_2\\\vdots\\x_n\end{pmatrix}$ 或 n 维行向量$(x_1,x_2,\cdots,x_n)$,称之为向量 $\boldsymbol{\alpha}$ 在基 $\boldsymbol{\alpha}_1,\boldsymbol{\alpha}_2,\cdots,\boldsymbol{\alpha}_n$ 下的**坐标**(coordinates).

以后若无特殊说明,向量坐标均指列向量.

为了表达方便,我们引入一种"形式地"写法.把向量

$$\boldsymbol{\alpha}=x_1\boldsymbol{\alpha}_1+x_2\boldsymbol{\alpha}_2+\cdots+x_n\boldsymbol{\alpha}_n$$

写成

$$\boldsymbol{\alpha}=(\boldsymbol{\alpha}_1,\boldsymbol{\alpha}_2,\cdots,\boldsymbol{\alpha}_n)\begin{pmatrix}x_1\\x_2\\\vdots\\x_n\end{pmatrix}$$

由定义 7 可知,n **维线性空间** V **中的向量** $\boldsymbol{\alpha}$ **与其在基** $\boldsymbol{\alpha}_1,\boldsymbol{\alpha}_2,\cdots,\boldsymbol{\alpha}_n$ **下的坐标**$\begin{pmatrix}x_1\\x_2\\\vdots\\x_n\end{pmatrix}$**是一一对应的**.

例 10 求线性空间 $\mathbf{R}^{2\times2}$ 的一个基和维数,并求出向量$\begin{pmatrix}2&3\\4&5\end{pmatrix}$在这个基下的坐标.

解 由例 8 知,向量

$$\boldsymbol{E}_{11}=\begin{pmatrix}1&0\\0&0\end{pmatrix},\quad \boldsymbol{E}_{12}=\begin{pmatrix}0&1\\0&0\end{pmatrix},\quad \boldsymbol{E}_{21}=\begin{pmatrix}0&0\\1&0\end{pmatrix},\quad \boldsymbol{E}_{22}=\begin{pmatrix}0&0\\0&1\end{pmatrix}$$

是线性空间 $\mathbf{R}^{2\times2}$ 的一个基,$\dim\mathbf{R}^{2\times2}=4$.

又因为

$$\begin{pmatrix}2&3\\4&5\end{pmatrix}=2\boldsymbol{E}_{11}+3\boldsymbol{E}_{12}+4\boldsymbol{E}_{21}+5\boldsymbol{E}_{22}=(\boldsymbol{E}_{11},\boldsymbol{E}_{12},\boldsymbol{E}_{21},\boldsymbol{E}_{22})\begin{pmatrix}2\\3\\4\\5\end{pmatrix}$$

所以向量$\begin{pmatrix}2&3\\4&5\end{pmatrix}$在基 $\boldsymbol{E}_{11},\boldsymbol{E}_{12},\boldsymbol{E}_{21},\boldsymbol{E}_{22}$ 下的坐标为$\begin{pmatrix}2\\3\\4\\5\end{pmatrix}$.

若取另一基 $\boldsymbol{A}_1=\begin{pmatrix}1&0\\0&0\end{pmatrix},\boldsymbol{A}_2=\begin{pmatrix}1&1\\0&0\end{pmatrix},\boldsymbol{A}_3=\begin{pmatrix}1&1\\0&1\end{pmatrix},\boldsymbol{A}_4=\begin{pmatrix}1&1\\1&1\end{pmatrix}$,则有 $x_1\boldsymbol{A}_1+x_2\boldsymbol{A}_2+x_3\boldsymbol{A}_3+x_4\boldsymbol{A}_4=\begin{pmatrix}2&3\\4&5\end{pmatrix}$,即$\begin{pmatrix}x_1+x_2+x_3+x_4&x_2+x_3+x_4\\x_4&x_3+x_4\end{pmatrix}=\begin{pmatrix}2&3\\4&5\end{pmatrix}$,从而有 $x_1=-1,x_2=-2,x_3=1,x_4=4$,故向量$\begin{pmatrix}2&3\\4&5\end{pmatrix}$在基 $\boldsymbol{A}_1,\boldsymbol{A}_2,\boldsymbol{A}_3,\boldsymbol{A}_4$ 下的坐标为$\begin{pmatrix}-1\\-2\\1\\4\end{pmatrix}$.

例 11 分别求线性空间 $\mathbf{R}^n$ 中的向量$(a_1,a_2,\cdots,a_n)^{\mathrm{T}}$在例 6 中的两组基 $\boldsymbol{\varepsilon}_1,\boldsymbol{\varepsilon}_2,\cdots,\boldsymbol{\varepsilon}_n$ 与 $\boldsymbol{\eta}_1,\boldsymbol{\eta}_2,\cdots,\boldsymbol{\eta}_n$ 下的坐标.

解 因为

$$\begin{pmatrix} a_1 \\ a_2 \\ \vdots \\ a_n \end{pmatrix} = a_1\boldsymbol{\varepsilon}_1 + a_2\boldsymbol{\varepsilon}_2 + \cdots + a_n\boldsymbol{\varepsilon}_n = (\boldsymbol{\varepsilon}_1, \boldsymbol{\varepsilon}_2, \cdots, \boldsymbol{\varepsilon}_n)\begin{pmatrix} a_1 \\ a_2 \\ \vdots \\ a_n \end{pmatrix}$$

所以向量$\begin{pmatrix} a_1 \\ a_2 \\ \vdots \\ a_n \end{pmatrix}$在基 $\boldsymbol{\varepsilon}_1, \boldsymbol{\varepsilon}_2, \cdots, \boldsymbol{\varepsilon}_n$ 下的坐标为$\begin{pmatrix} a_1 \\ a_2 \\ \vdots \\ a_n \end{pmatrix}$.

又因为

$$\begin{aligned} \begin{pmatrix} a_1 \\ a_2 \\ \vdots \\ a_n \end{pmatrix} &= a_1\boldsymbol{\eta}_1 + (a_2 - a_1)\boldsymbol{\eta}_2 + \cdots + (a_n - a_{n-1})\boldsymbol{\eta}_n \\ &= (\boldsymbol{\eta}_1, \boldsymbol{\eta}_2, \cdots, \boldsymbol{\eta}_n)\begin{pmatrix} a_1 \\ a_2 - a_1 \\ \vdots \\ a_n - a_{n-1} \end{pmatrix} \end{aligned}$$

所以向量$\begin{pmatrix} a_1 \\ a_2 \\ \vdots \\ a_n \end{pmatrix}$在基 $\boldsymbol{\eta}_1, \boldsymbol{\eta}_2, \cdots, \boldsymbol{\eta}_n$ 下的坐标为$\begin{pmatrix} a_1 \\ a_2 - a_1 \\ \vdots \\ a_n - a_{n-1} \end{pmatrix}$.

例 12 分别求线性空间 $P[x]_n$ 中向量

$$p(x) = a_0 + a_1x + \cdots + a_{n-1}x^{n-1} + a_nx^n$$

在基 $1, x, x^2, \cdots, x^n$ 下和在基 $1, (x-a), (x-a)^2, \cdots, (x-a)^n (a \neq 0)$ 下的坐标.

解 因为

$$p(x) = a_0 + a_1x + \cdots + a_{n-1}x^{n-1} + a_nx^n = (1, x, x^2, \cdots, x^n)\begin{pmatrix} a_0 \\ a_1 \\ \vdots \\ a_n \end{pmatrix}$$

所以向量 $p(x)$ 在基 $1, x, x^2, \cdots, x^n$ 下的坐标为$\begin{pmatrix} a_0 \\ a_1 \\ \vdots \\ a_n \end{pmatrix}$.

由泰勒公式知

$$
\begin{aligned}
p(x)&=a_0+a_1x+\cdots+a_{n-1}x^{n-1}+a_nx^n\\
&=p(a)+p'(a)(x-a)+\frac{1}{2!}p''(a)(x-a)^2+\cdots+\frac{1}{n!}p^{(n)}(a)(x-a)^n\\
&=(1,(x-a),\cdots,(x-a)^n)\begin{pmatrix}p(a)\\p'(a)\\\vdots\\\frac{1}{n!}p^{(n)}(a)\end{pmatrix}
\end{aligned}
$$

所以向量 $p(x)$ 在基 $1,(x-a),\cdots,(x-a)^n$ 下的坐标为 $\begin{pmatrix}p(a)\\p'(a)\\\vdots\\\frac{1}{n!}p^{(n)}(a)\end{pmatrix}$.

注　由例 10、例 11 和例 12 可见，**同一个向量在不同基下的坐标一般是不相同的**.

定理 2　**n 维线性空间 V 中向量之间的线性相关性与其在同一个基下的坐标之间的线性相关性完全一致.**

证　设 V 是数域 F 上的 n 维线性空间，$\boldsymbol{\alpha}_1,\boldsymbol{\alpha}_2,\cdots,\boldsymbol{\alpha}_n$ 是 V 的任意一个基，$\boldsymbol{\beta}_1,\boldsymbol{\beta}_2,\cdots,\boldsymbol{\beta}_s$ 是 V 中的 s 个向量.

$\boldsymbol{\beta}_1,\boldsymbol{\beta}_2,\cdots,\boldsymbol{\beta}_s$ 在基 $\boldsymbol{\alpha}_1,\boldsymbol{\alpha}_2,\cdots,\boldsymbol{\alpha}_n$ 下的坐标依次是

$$
\boldsymbol{p}_1=\begin{pmatrix}a_{11}\\a_{21}\\\vdots\\a_{n1}\end{pmatrix},\boldsymbol{p}_2=\begin{pmatrix}a_{12}\\a_{22}\\\vdots\\a_{n2}\end{pmatrix},\cdots,\boldsymbol{p}_s=\begin{pmatrix}a_{1s}\\a_{2s}\\\vdots\\a_{ns}\end{pmatrix}
$$

则 $\boldsymbol{\beta}_1,\boldsymbol{\beta}_2,\cdots,\boldsymbol{\beta}_s$ 由基 $\boldsymbol{\alpha}_1,\boldsymbol{\alpha}_2,\cdots,\boldsymbol{\alpha}_n$ 线性表示的表示式为

$$
\begin{cases}\boldsymbol{\beta}_1=a_{11}\boldsymbol{\alpha}_1+a_{21}\boldsymbol{\alpha}_2+\cdots+a_{n1}\boldsymbol{\alpha}_n\\\boldsymbol{\beta}_2=a_{12}\boldsymbol{\alpha}_1+a_{22}\boldsymbol{\alpha}_2+\cdots+a_{n2}\boldsymbol{\alpha}_n\\\cdots\cdots\cdots\cdots\\\boldsymbol{\beta}_s=a_{1s}\boldsymbol{\alpha}_1+a_{2s}\boldsymbol{\alpha}_2+\cdots+a_{ns}\boldsymbol{\alpha}_n\end{cases}\tag{6}
$$

利用分块矩阵的乘法运算，可将式(6)“形式地”记为

$$
(\boldsymbol{\beta}_1,\boldsymbol{\beta}_2,\cdots,\boldsymbol{\beta}_s)=(\boldsymbol{\alpha}_1,\boldsymbol{\alpha}_2,\cdots,\boldsymbol{\alpha}_n)\boldsymbol{A}\tag{7}
$$

其中 $\boldsymbol{A}=\begin{pmatrix}a_{11}&a_{12}&\cdots&a_{1s}\\a_{21}&a_{22}&\cdots&a_{2s}\\\vdots&\vdots&&\vdots\\a_{n1}&a_{n2}&\cdots&a_{ns}\end{pmatrix}=(\boldsymbol{p}_1,\boldsymbol{p}_2,\cdots,\boldsymbol{p}_s)$.

设

$$
k_1\boldsymbol{\beta}_1+k_2\boldsymbol{\beta}_2+\cdots+k_s\boldsymbol{\beta}_s=\boldsymbol{\theta}\quad(k_1,k_2,\cdots,k_s\in F)\tag{8}
$$

即

$$(\boldsymbol{\beta}_1,\boldsymbol{\beta}_2,\cdots,\boldsymbol{\beta}_s)\begin{pmatrix}k_1\\k_2\\\vdots\\k_s\end{pmatrix}=\boldsymbol{\theta} \tag{9}$$

将式(7)代入式(9)得

$$(\boldsymbol{\alpha}_1,\boldsymbol{\alpha}_2,\cdots,\boldsymbol{\alpha}_n)\boldsymbol{A}\begin{pmatrix}k_1\\k_2\\\vdots\\k_s\end{pmatrix}=\boldsymbol{\theta}$$

由 $\boldsymbol{\alpha}_1,\boldsymbol{\alpha}_2,\cdots,\boldsymbol{\alpha}_n$ 线性无关知

$$\boldsymbol{A}\begin{pmatrix}k_1\\k_2\\\vdots\\k_s\end{pmatrix}=(\boldsymbol{p}_1,\boldsymbol{p}_2,\cdots,\boldsymbol{p}_s)\begin{pmatrix}k_1\\k_2\\\vdots\\k_s\end{pmatrix}=\boldsymbol{\theta}$$

即

$$k_1\boldsymbol{p}_1+k_2\boldsymbol{p}_2+\cdots+k_s\boldsymbol{p}_s=\boldsymbol{\theta} \tag{10}$$

由式(8)和式(10)可知,向量 $\boldsymbol{\beta}_1,\boldsymbol{\beta}_2,\cdots,\boldsymbol{\beta}_s$ 的线性相关性与向量 $\boldsymbol{p}_1,\boldsymbol{p}_2,\cdots,\boldsymbol{p}_s$ 的线性相关性完全一致,故定理 2 成立.

推论 1 n 维线性空间 V 中向量 $\boldsymbol{\beta}_1,\boldsymbol{\beta}_2,\cdots,\boldsymbol{\beta}_s(s\leqslant n)$ 线性无关的充分必要条件是它们在同一个基下的坐标作为一个矩阵的列向量所构成的矩阵的秩等于 s.

推论 2 n 维线性空间 V 中向量 $\boldsymbol{\alpha}_1,\boldsymbol{\alpha}_2,\cdots,\boldsymbol{\alpha}_n$ 构成一个基的充分必要条件是它们在同一个基下的坐标作为一个矩阵的列向量所构成的矩阵满秩.

注 定理 2 提供了一种讨论线性空间 V 中向量的线性相关性的新方法,即通过讨论向量坐标在 $\mathbf{R}^n$ 中的线性相关性来确定向量间的线性相关性.而向量坐标在 $\mathbf{R}^n$ 中的线性相关性的讨论,在第三章中已经作了详细的介绍.

例 13 讨论 $P[x]_3$ 中向量组

$$p_1(x)=2+3x+5x^3,\quad p_2(x)=x+x^2+4x^3,\quad p_3(x)=4+x-3x^3$$

的线性相关性.

解 取 $P[x]_3$ 的基 $1,x,x^2,x^3$,则向量组的坐标为

$$\boldsymbol{p}_1=(2,3,0,5)^{\mathrm{T}},\quad \boldsymbol{p}_2=(0,1,1,4)^{\mathrm{T}},\quad \boldsymbol{p}_3=(4,1,0,-3)^{\mathrm{T}}$$

$$\boldsymbol{A}=(\boldsymbol{p}_1,\boldsymbol{p}_2,\boldsymbol{p}_3)=\begin{pmatrix}2&0&4\\3&1&1\\0&1&0\\5&4&-3\end{pmatrix}$$

因 $r(\boldsymbol{A})=3$,所以 $\boldsymbol{p}_1,\boldsymbol{p}_2,\boldsymbol{p}_3$ 线性无关,即 $p_1(x),p_2(x),p_3(x)$ 线性无关.

§6.3 基变换与坐标变换

在 n 维线性空间中,任意 n 个线性无关的向量都可以取作空间的一个基,而同一个向量在不同基下的坐标一般是不相同的.那么,随着基的改变,向量的坐标又是怎样变化的呢?下面就来讨论这个问题.

一、基变换与过渡矩阵

在本节中设 V 是数域 F 上的线性空间,并且若无特殊说明,F 均指实数域 $\mathbf{R}$.

定义 8 设 n 维线性空间 V 中有两个基 $\boldsymbol{\alpha}_1,\boldsymbol{\alpha}_2,\cdots,\boldsymbol{\alpha}_n$ 与 $\boldsymbol{\beta}_1,\boldsymbol{\beta}_2,\cdots,\boldsymbol{\beta}_n$.基 $\boldsymbol{\beta}_1,\boldsymbol{\beta}_2,\cdots,\boldsymbol{\beta}_n$ 由基 $\boldsymbol{\alpha}_1,\boldsymbol{\alpha}_2,\cdots,\boldsymbol{\alpha}_n$ 线性表示的表达式为

$$\begin{cases}\boldsymbol{\beta}_1=p_{11}\boldsymbol{\alpha}_1+p_{21}\boldsymbol{\alpha}_2+\cdots+p_{n1}\boldsymbol{\alpha}_n\\ \boldsymbol{\beta}_2=p_{12}\boldsymbol{\alpha}_1+p_{22}\boldsymbol{\alpha}_2+\cdots+p_{n2}\boldsymbol{\alpha}_n\\ \cdots\cdots\cdots\cdots\\ \boldsymbol{\beta}_n=p_{1n}\boldsymbol{\alpha}_1+p_{2n}\boldsymbol{\alpha}_2+\cdots+p_{nn}\boldsymbol{\alpha}_n\end{cases}\tag{11}$$

式(11)称为线性空间 V 的由基 $\boldsymbol{\alpha}_1,\boldsymbol{\alpha}_2,\cdots,\boldsymbol{\alpha}_n$ 到基 $\boldsymbol{\beta}_1,\boldsymbol{\beta}_2,\cdots,\boldsymbol{\beta}_n$ 的**基变换**.

若记

$$\boldsymbol{P}=\begin{pmatrix}p_{11}&p_{12}&\cdots&p_{1n}\\p_{21}&p_{22}&\cdots&p_{2n}\\\vdots&\vdots&&\vdots\\p_{n1}&p_{n2}&\cdots&p_{nn}\end{pmatrix}$$

利用分块矩阵的乘法运算形式,可将式(11)“形式地”记为

$$(\boldsymbol{\beta}_1,\boldsymbol{\beta}_2,\cdots,\boldsymbol{\beta}_n)=(\boldsymbol{\alpha}_1,\boldsymbol{\alpha}_2,\cdots,\boldsymbol{\alpha}_n)\boldsymbol{P}\tag{12}$$

矩阵 $\boldsymbol{P}$ 称为由基 $\boldsymbol{\alpha}_1,\boldsymbol{\alpha}_2,\cdots,\boldsymbol{\alpha}_n$ 到基 $\boldsymbol{\beta}_1,\boldsymbol{\beta}_2,\cdots,\boldsymbol{\beta}_n$ 的**过渡矩阵**(transition matrix).

若记

$$\boldsymbol{P}=(\boldsymbol{p}_1,\boldsymbol{p}_2,\cdots,\boldsymbol{p}_n)$$

则 $\boldsymbol{p}_1,\boldsymbol{p}_2,\cdots,\boldsymbol{p}_n$ 恰好依次是基向量 $\boldsymbol{\beta}_1,\boldsymbol{\beta}_2,\cdots,\boldsymbol{\beta}_n$ 在基 $\boldsymbol{\alpha}_1,\boldsymbol{\alpha}_2,\cdots,\boldsymbol{\alpha}_n$ 下的坐标.由于 $\boldsymbol{\beta}_1,\boldsymbol{\beta}_2,\cdots,\boldsymbol{\beta}_n$ 线性无关,根据定理 2,矩阵 $\boldsymbol{P}$ 可逆.

二、坐标变换公式

定理 3 **设 n 维线性空间 V 中有两个基 $\boldsymbol{\alpha}_1,\boldsymbol{\alpha}_2,\cdots,\boldsymbol{\alpha}_n$ 与 $\boldsymbol{\beta}_1,\boldsymbol{\beta}_2,\cdots,\boldsymbol{\beta}_n$,由基 $\boldsymbol{\alpha}_1,\boldsymbol{\alpha}_2,\cdots,\boldsymbol{\alpha}_n$ 到基 $\boldsymbol{\beta}_1,\boldsymbol{\beta}_2,\cdots,\boldsymbol{\beta}_n$ 的过渡矩阵为 $\boldsymbol{P}$.若 V 中任一向量 $\boldsymbol{\alpha}$ 在基 $\boldsymbol{\alpha}_1,\boldsymbol{\alpha}_2,\cdots,\boldsymbol{\alpha}_n$ 下的坐标是 $(x_1,x_2,\cdots,x_n)^{\mathrm{T}}$,在基 $\boldsymbol{\beta}_1,\boldsymbol{\beta}_2,\cdots,\boldsymbol{\beta}_n$ 下的坐标是 $(y_1,y_2,\cdots,y_n)^{\mathrm{T}}$,则**

$$\begin{pmatrix}x_1\\x_2\\\vdots\\x_n\end{pmatrix}=\boldsymbol{P}\begin{pmatrix}y_1\\y_2\\\vdots\\y_n\end{pmatrix}\quad\text{或}\quad\begin{pmatrix}y_1\\y_2\\\vdots\\y_n\end{pmatrix}=\boldsymbol{P}^{-1}\begin{pmatrix}x_1\\x_2\\\vdots\\x_n\end{pmatrix}\tag{13}$$

证 由定理的条件知

$$(\boldsymbol{\beta}_1,\boldsymbol{\beta}_2,\cdots,\boldsymbol{\beta}_n)=(\boldsymbol{\alpha}_1,\boldsymbol{\alpha}_2,\cdots,\boldsymbol{\alpha}_n)\boldsymbol{P}$$

$$\boldsymbol{\alpha}=(\boldsymbol{\alpha}_1,\boldsymbol{\alpha}_2,\cdots,\boldsymbol{\alpha}_n)\begin{pmatrix}x_1\\x_2\\\vdots\\x_n\end{pmatrix}$$

$$\boldsymbol{\alpha}=(\boldsymbol{\beta}_1,\boldsymbol{\beta}_2,\cdots,\boldsymbol{\beta}_n)\begin{pmatrix}y_1\\y_2\\\vdots\\y_n\end{pmatrix}$$

故

$$\boldsymbol{\alpha}=(\boldsymbol{\alpha}_1,\boldsymbol{\alpha}_2,\cdots,\boldsymbol{\alpha}_n)\begin{pmatrix}x_1\\x_2\\\vdots\\x_n\end{pmatrix}=(\boldsymbol{\beta}_1,\boldsymbol{\beta}_2,\cdots,\boldsymbol{\beta}_n)\begin{pmatrix}y_1\\y_2\\\vdots\\y_n\end{pmatrix}$$

$$=(\boldsymbol{\alpha}_1,\boldsymbol{\alpha}_2,\cdots,\boldsymbol{\alpha}_n)\boldsymbol{P}\begin{pmatrix}y_1\\y_2\\\vdots\\y_n\end{pmatrix}$$

由于向量 $\boldsymbol{\alpha}$ 在基 $\boldsymbol{\alpha}_1,\boldsymbol{\alpha}_2,\cdots,\boldsymbol{\alpha}_n$ 下的坐标是唯一的，所以

$$\begin{pmatrix}x_1\\x_2\\\vdots\\x_n\end{pmatrix}=\boldsymbol{P}\begin{pmatrix}y_1\\y_2\\\vdots\\y_n\end{pmatrix}\quad\text{或}\quad\begin{pmatrix}y_1\\y_2\\\vdots\\y_n\end{pmatrix}=\boldsymbol{P}^{-1}\begin{pmatrix}x_1\\x_2\\\vdots\\x_n\end{pmatrix}$$

式(13)称为**坐标变换公式**，它揭示了同一个向量在不同基下坐标间的关系.

例 14 设实数域上四维线性空间 V 中有两个基 $\boldsymbol{\alpha}_1,\boldsymbol{\alpha}_2,\boldsymbol{\alpha}_3,\boldsymbol{\alpha}_4$ 与 $\boldsymbol{\beta}_1,\boldsymbol{\beta}_2,\boldsymbol{\beta}_3,\boldsymbol{\beta}_4$，由基 $\boldsymbol{\alpha}_1,\boldsymbol{\alpha}_2,\boldsymbol{\alpha}_3,\boldsymbol{\alpha}_4$ 到基 $\boldsymbol{\beta}_1,\boldsymbol{\beta}_2,\boldsymbol{\beta}_3,\boldsymbol{\beta}_4$ 的基变换为

$$\begin{cases}\boldsymbol{\beta}_1=\boldsymbol{\alpha}_1+3\boldsymbol{\alpha}_2-5\boldsymbol{\alpha}_3+7\boldsymbol{\alpha}_4\\\boldsymbol{\beta}_2=\boldsymbol{\alpha}_2+2\boldsymbol{\alpha}_3-3\boldsymbol{\alpha}_4\\\boldsymbol{\beta}_3=\boldsymbol{\alpha}_3+2\boldsymbol{\alpha}_4\\\boldsymbol{\beta}_4=\boldsymbol{\alpha}_4\end{cases}$$

(1) 求坐标变换公式；

(2) 向量 $\boldsymbol{\alpha}$ 在基 $\boldsymbol{\alpha}_1,\boldsymbol{\alpha}_2,\boldsymbol{\alpha}_3,\boldsymbol{\alpha}_4$ 下的坐标为 $(1,-2,3,-1)^{\mathrm{T}}$，求向量 $\boldsymbol{\alpha}$ 在基 $\boldsymbol{\beta}_1,\boldsymbol{\beta}_2,\boldsymbol{\beta}_3,\boldsymbol{\beta}_4$ 下的坐标.

解 (1) 依题设知，由基 $\boldsymbol{\alpha}_1,\boldsymbol{\alpha}_2,\boldsymbol{\alpha}_3,\boldsymbol{\alpha}_4$ 到基 $\boldsymbol{\beta}_1,\boldsymbol{\beta}_2,\boldsymbol{\beta}_3,\boldsymbol{\beta}_4$ 的过渡矩阵为

$$P=\begin{pmatrix}1&0&0&0\\3&1&0&0\\-5&2&1&0\\7&-3&2&1\end{pmatrix}$$

于是

$$P^{-1}=\begin{pmatrix}1&0&0&0\\-3&1&0&0\\11&-2&1&0\\-38&7&-2&1\end{pmatrix}$$

故坐标变换公式为

$$\begin{pmatrix}x_1\\x_2\\x_3\\x_4\end{pmatrix}=\begin{pmatrix}1&0&0&0\\3&1&0&0\\-5&2&1&0\\7&-3&2&1\end{pmatrix}\begin{pmatrix}y_1\\y_2\\y_3\\y_4\end{pmatrix}$$

或

$$\begin{pmatrix}y_1\\y_2\\y_3\\y_4\end{pmatrix}=\begin{pmatrix}1&0&0&0\\-3&1&0&0\\11&-2&1&0\\-38&7&-2&1\end{pmatrix}\begin{pmatrix}x_1\\x_2\\x_3\\x_4\end{pmatrix}$$

其中$(x_1,x_2,x_3,x_4)^{\mathrm{T}}$是 V 中向量 $\boldsymbol{\alpha}$ 在基 $\boldsymbol{\alpha}_1,\boldsymbol{\alpha}_2,\boldsymbol{\alpha}_3,\boldsymbol{\alpha}_4$ 下的坐标,$(y_1,y_2,y_3,y_4)^{\mathrm{T}}$是向量 $\boldsymbol{\alpha}$ 在基 $\boldsymbol{\beta}_1,\boldsymbol{\beta}_2,\boldsymbol{\beta}_3,\boldsymbol{\beta}_4$ 下的坐标.

(2) 将向量 $\boldsymbol{\alpha}$ 在基 $\boldsymbol{\alpha}_1,\boldsymbol{\alpha}_2,\boldsymbol{\alpha}_3,\boldsymbol{\alpha}_4$ 下的坐标$(1,-2,3,-1)^{\mathrm{T}}$代入上述坐标变换公式中的第二个公式,求得向量 $\boldsymbol{\alpha}$ 在基 $\boldsymbol{\beta}_1,\boldsymbol{\beta}_2,\boldsymbol{\beta}_3,\boldsymbol{\beta}_4$ 下的坐标为$(1,-5,18,-59)^{\mathrm{T}}$.

例 15 设四维线性空间 $P[x]_3$ 有两个基:

$$A:1,x,x^2,x^3$$
$$B:1,x-1,(x-1)^2,(x-1)^3$$

求由基 A 到基 B 的过渡矩阵 $\boldsymbol{P}$.

解 因为

$$1=1$$
$$x-1=-1+x$$
$$(x-1)^2=1-2x+x^2$$
$$(x-1)^3=-1+3x-3x^2+x^3$$

即

$$(1,x-1,(x-1)^2,(x-1)^3)=(1,x,x^2,x^3)\begin{pmatrix}1&-1&1&-1\\0&1&-2&3\\0&0&1&-3\\0&0&0&1\end{pmatrix}$$

故由基 A 到基 B 的过渡矩阵为

$$\boldsymbol{P}=\begin{pmatrix}1&-1&1&-1\\0&1&-2&3\\0&0&1&-3\\0&0&0&1\end{pmatrix}$$

§6.4 线性子空间

在第三章,我们已经介绍过 n 维向量空间 $\mathbf{R}^n$ 的子空间的概念,这个概念也可以平移到线性空间中来.

定义 9 设 V 是数域 F 上的线性空间,W 是 V 的非空子集.若 W 关于 V 的线性运算构成线性空间,则称 W 是 V 的**线性子空间**,简称为**子空间**(subspace).

定理 4 **线性空间 V 的一个非空子集 W 构成子空间的充分必要条件是:**

(1) **若 $\boldsymbol{\alpha},\boldsymbol{\beta}\in W$,则 $\boldsymbol{\alpha}+\boldsymbol{\beta}\in W$;**

(2) **若 $\boldsymbol{\alpha}\in W,k\in F$,则 $k\boldsymbol{\alpha}\in W$.**

证 条件的必要性是显然的,下面只证充分性.

假设 W 关于 V 的两种运算满足(1)和(2)两个条件,则这两种运算就是 W 的两种运算.此时 W 中的向量满足线性空间定义中(1)、(2)、(5)、(6)、(7)、(8)等运算法则是显然的,现在只需验证线性空间定义中的(3)、(4)两条运算法则在 W 中也成立.

由定理的条件(2)知,对任意 $\boldsymbol{\alpha}\in W$,有 $\boldsymbol{\theta}=0\boldsymbol{\alpha}\in W$,$-\boldsymbol{\alpha}=(-1)\boldsymbol{\alpha}\in W$,即 W 中有零元素和负元素.因此,对任意 $\boldsymbol{\alpha}\in W$,存在 $\boldsymbol{\theta}\in W$,使得 $\boldsymbol{\alpha}+\boldsymbol{\theta}=\boldsymbol{\alpha}\in W$;存在 $-\boldsymbol{\alpha}\in W$,使得 $\boldsymbol{\alpha}+(-\boldsymbol{\alpha})=\boldsymbol{\theta}\in W$.故线性空间定义中的运算法则(3)和(4)在 W 中也成立,所以 W 是线性空间,从而是 V 的子空间.

注 由定理 4 的证明过程可见,**若 W 是 V 的子空间,V 的零元素 $\boldsymbol{\theta}$ 就是 W 的零元素**.若 V 的子集 W 不包含 V 的零元素 $\boldsymbol{\theta}$,则 W 一定不是 V 的子空间.

任何线性空间 V 的零元素 $\boldsymbol{\theta}$ 本身构成线性空间,它是 V 的子空间,称为**零子空间**.V 本身也是 V 的子空间.V 本身和零子空间称为 V 的**平凡子空间**,V 的其他子空间称为 V 的**非平凡子空间**.

例 16 在线性空间 $\mathbf{R}^n$ 中,向量 $(0,a_2,a_3,\cdots,a_n)^{\mathrm{T}}(a_i\in\mathbf{R},i=2,3,\cdots,n)$ 的全体构成 $\mathbf{R}^n$ 的一个子空间.

例 17 在线性空间 $\mathbf{R}^n$ 中,实数域上的齐次线性方程组 $\boldsymbol{Ax}=\mathbf{0}$ 的解空间是 $\mathbf{R}^n$ 的一个子空间.

例 18 在线性空间 $P[x]_n$ 中,线性空间 $P[x]_{n-1},P[x]_{n-2},\cdots,P[x]_1$ 都是 $P[x]_n$ 的子空间.

由子空间的定义知,子空间 W 的维数不会超过 V 的维数.

定理 5 **设 $\boldsymbol{\alpha}_1,\boldsymbol{\alpha}_2,\cdots,\boldsymbol{\alpha}_m$ 是 F 上的线性空间 V 中的一组向量,则由 $\boldsymbol{\alpha}_1,\boldsymbol{\alpha}_2,\cdots,\boldsymbol{\alpha}_m$ 的一切线性组合**

$$x_1\boldsymbol{\alpha}_1+x_2\boldsymbol{\alpha}_2+\cdots+x_m\boldsymbol{\alpha}_m\quad(x_1,x_2,\cdots,x_m\in F)$$

组成的集合 W 是 V 的子空间，并且 W 的维数等于向量组 $\boldsymbol{\alpha}_1,\boldsymbol{\alpha}_2,\cdots,\boldsymbol{\alpha}_m$ 的秩.

证　集合 W 显然非空，并且是 V 的子集.由于 $\boldsymbol{\alpha}_1,\boldsymbol{\alpha}_2,\cdots,\boldsymbol{\alpha}_m$ 的任意两个线性组合 $\sum\limits_{i=1}^{m}k_i\boldsymbol{\alpha}_i$ 与 $\sum\limits_{i=1}^{m}l_i\boldsymbol{\alpha}_i$ 的和 $\sum\limits_{i=1}^{m}(k_i+l_i)\boldsymbol{\alpha}_i$ 仍是 $\boldsymbol{\alpha}_1,\boldsymbol{\alpha}_2,\cdots,\boldsymbol{\alpha}_m$ 的线性组合；对任意 $k\in F$，$k\sum\limits_{i=1}^{m}x_i\boldsymbol{\alpha}_i=\sum\limits_{i=1}^{m}(kx_i)\boldsymbol{\alpha}_i$ 仍是 $\boldsymbol{\alpha}_1,\boldsymbol{\alpha}_2,\cdots,\boldsymbol{\alpha}_m$ 的线性组合，故 W 是 V 的子空间.

设向量组 $\boldsymbol{\alpha}_1,\boldsymbol{\alpha}_2,\cdots,\boldsymbol{\alpha}_m$ 的秩为 r，且不妨设 $\boldsymbol{\alpha}_1,\boldsymbol{\alpha}_2,\cdots,\boldsymbol{\alpha}_r$ 是它的一个极大无关组，则 $\boldsymbol{\alpha}_{r+1},\cdots,\boldsymbol{\alpha}_m$ 都可由 $\boldsymbol{\alpha}_1,\boldsymbol{\alpha}_2,\cdots,\boldsymbol{\alpha}_r$ 线性表示，从而 W 中的任何一个向量都可由 $\boldsymbol{\alpha}_1,\boldsymbol{\alpha}_2,\cdots,\boldsymbol{\alpha}_r$ 线性表示.故 $\boldsymbol{\alpha}_1,\boldsymbol{\alpha}_2,\cdots,\boldsymbol{\alpha}_r$ 是 W 的一个基，因此 $\dim W=r$.

定理 5 中的子空间 W 称为**由 $\boldsymbol{\alpha}_1,\boldsymbol{\alpha}_2,\cdots,\boldsymbol{\alpha}_m$ 生成的子空间**，记作

$$L(\boldsymbol{\alpha}_1,\boldsymbol{\alpha}_2,\cdots,\boldsymbol{\alpha}_m)=\{\boldsymbol{\alpha}=x_1\boldsymbol{\alpha}_1+x_2\boldsymbol{\alpha}_2+\cdots+x_m\boldsymbol{\alpha}_m \mid x_1,x_2,\cdots,x_m\in F\}$$

向量组 $\boldsymbol{\alpha}_1,\boldsymbol{\alpha}_2,\cdots,\boldsymbol{\alpha}_m$ 的任何一个极大无关组都是生成子空间 $L(\boldsymbol{\alpha}_1,\boldsymbol{\alpha}_2,\cdots,\boldsymbol{\alpha}_m)$ 的一个基，称为**生成基**.

若 $\boldsymbol{\alpha}_1,\boldsymbol{\alpha}_2,\cdots,\boldsymbol{\alpha}_n$ 是数域 F 上的线性空间 V 的一个基，则

$$V=L(\boldsymbol{\alpha}_1,\boldsymbol{\alpha}_2,\cdots,\boldsymbol{\alpha}_n)=\{\boldsymbol{\alpha}=x_1\boldsymbol{\alpha}_1+x_2\boldsymbol{\alpha}_2+\cdots+x_n\boldsymbol{\alpha}_n \mid x_1,x_2,\cdots,x_n\in F\}$$

这说明**线性空间 V 是由它的一个基 $\boldsymbol{\alpha}_1,\boldsymbol{\alpha}_2,\cdots,\boldsymbol{\alpha}_n$ 生成的线性空间.**

定理 6　设 $\boldsymbol{\alpha}_1,\boldsymbol{\alpha}_2,\cdots,\boldsymbol{\alpha}_r$ 和 $\boldsymbol{\beta}_1,\boldsymbol{\beta}_2,\cdots,\boldsymbol{\beta}_s$ 是线性空间 V 中的两个向量组，则

$$L(\boldsymbol{\alpha}_1,\boldsymbol{\alpha}_2,\cdots,\boldsymbol{\alpha}_r)=L(\boldsymbol{\beta}_1,\boldsymbol{\beta}_2,\cdots,\boldsymbol{\beta}_s)$$

的充分必要条件是这两个向量组等价.

证　必要性.若 $L(\boldsymbol{\alpha}_1,\boldsymbol{\alpha}_2,\cdots,\boldsymbol{\alpha}_r)=L(\boldsymbol{\beta}_1,\boldsymbol{\beta}_2,\cdots,\boldsymbol{\beta}_s)$，则 $\boldsymbol{\alpha}_i\in L(\boldsymbol{\beta}_1,\boldsymbol{\beta}_2,\cdots,\boldsymbol{\beta}_s)$ $(i=1,2,\cdots,r)$，故每个 $\boldsymbol{\alpha}_i$ 都能由 $\boldsymbol{\beta}_1,\boldsymbol{\beta}_2,\cdots,\boldsymbol{\beta}_s$ 线性表示；同理 $\boldsymbol{\beta}_j\in L(\boldsymbol{\alpha}_1,\boldsymbol{\alpha}_2,\cdots,\boldsymbol{\alpha}_r)$ $(j=1,2,\cdots,s)$，每个 $\boldsymbol{\beta}_j$ 都能由 $\boldsymbol{\alpha}_1,\boldsymbol{\alpha}_2,\cdots,\boldsymbol{\alpha}_r$ 线性表示，所以这两个向量组等价.

充分性.若这两个向量组等价，则凡是能由 $\boldsymbol{\alpha}_1,\boldsymbol{\alpha}_2,\cdots,\boldsymbol{\alpha}_r$ 线性表示的向量一定能由 $\boldsymbol{\beta}_1,\boldsymbol{\beta}_2,\cdots,\boldsymbol{\beta}_s$ 线性表示；反过来也一样.因而 $L(\boldsymbol{\alpha}_1,\boldsymbol{\alpha}_2,\cdots,\boldsymbol{\alpha}_r)=L(\boldsymbol{\beta}_1,\boldsymbol{\beta}_2,\cdots,\boldsymbol{\beta}_s)$.

§6.5　线性空间的同构

线性空间中的向量以及向量的运算是多种多样的，为了深刻地揭示它们之间的内在联系，现在引入线性空间同构的概念.

一、线性空间同构的概念

定义 10　设 V 与 V' 是数域 F 上的两个线性空间.如果有一个由 V 到 V' 上的 1-1 映射（一一对应），记作

$$\sigma:\boldsymbol{\alpha}\mapsto\boldsymbol{\alpha}'=\sigma(\boldsymbol{\alpha})\quad(\boldsymbol{\alpha}\in V,\boldsymbol{\alpha}'\in V')$$

且 σ 具有以下性质：

(1) $\sigma(\boldsymbol{\alpha}+\boldsymbol{\beta})=\sigma(\boldsymbol{\alpha})+\sigma(\boldsymbol{\beta})$；

(2) $\sigma(k\boldsymbol{\alpha})=k\sigma(\boldsymbol{\alpha})$.

其中 $\boldsymbol{\alpha},\boldsymbol{\beta}\in V,k\in F$,则称 σ 为**同构映射**,并称线性空间 V 与 V'在 F 上**同构**(isomorphism).

对于实数域 $\mathbf{R}$ 上的 n 维线性空间 V,在取定一个基 $\boldsymbol{\alpha}_1,\boldsymbol{\alpha}_2,\cdots,\boldsymbol{\alpha}_n$ 后,V 中每一个向量 $\boldsymbol{\alpha}$ 在基 $\boldsymbol{\alpha}_1,\boldsymbol{\alpha}_2,\cdots,\boldsymbol{\alpha}_n$ 下的坐标 $(x_1,x_2,\cdots,x_n)^{\mathrm{T}}$ 都是 $\mathbf{R}^n$ 中的一个向量.因此,在 V 中取定一个基后,V 中的向量与它的坐标之间的对应,实质上是由 V 到 $\mathbf{R}^n$ 上的 1-1 映射,记作

$$\sigma:\boldsymbol{\alpha}\mapsto\boldsymbol{\alpha}'=\sigma(\boldsymbol{\alpha})=(x_1,x_2,\cdots,x_n)^{\mathrm{T}}$$

容易验证,这个 1-1 映射 σ 满足定义 10 中的性质(1)和(2).

事实上,设 $\boldsymbol{\alpha}$ 和 $\boldsymbol{\beta}$ 为 V 中任意向量,k 为 $\mathbf{R}$ 中任意实数,$\boldsymbol{\alpha}$ 和 $\boldsymbol{\beta}$ 在基 $\boldsymbol{\alpha}_1,\boldsymbol{\alpha}_2,\cdots,\boldsymbol{\alpha}_n$ 下的坐标依次为

$$\begin{pmatrix}x_1\\x_2\\\vdots\\x_n\end{pmatrix}\quad\text{和}\quad\begin{pmatrix}y_1\\y_2\\\vdots\\y_n\end{pmatrix}$$

由于

$$\boldsymbol{\alpha}+\boldsymbol{\beta}=(x_1+y_1)\boldsymbol{\alpha}_1+(x_2+y_2)\boldsymbol{\alpha}_2+\cdots+(x_n+y_n)\boldsymbol{\alpha}_n$$
$$k\boldsymbol{\alpha}=(kx_1)\boldsymbol{\alpha}_1+(kx_2)\boldsymbol{\alpha}_2+\cdots+(kx_n)\boldsymbol{\alpha}_n$$

故

$$\begin{aligned}\sigma(\boldsymbol{\alpha}+\boldsymbol{\beta})&=(x_1+y_1,x_2+y_2,\cdots,x_n+y_n)^{\mathrm{T}}\\&=(x_1,x_2,\cdots,x_n)^{\mathrm{T}}+(y_1,y_2,\cdots,y_n)^{\mathrm{T}}\\&=\sigma(\boldsymbol{\alpha})+\sigma(\boldsymbol{\beta})\end{aligned}$$

$$\begin{aligned}\sigma(k\boldsymbol{\alpha})&=(kx_1,kx_2,\cdots,kx_n)^{\mathrm{T}}\\&=k(x_1,x_2,\cdots,x_n)^{\mathrm{T}}\\&=k\sigma(\boldsymbol{\alpha})\end{aligned}$$

因此 σ 是 V 到 $\mathbf{R}^n$ 上的同构映射.故**实数域 $\mathbf{R}$ 上的任意一个 n 维线性空间 V 都与 $\mathbf{R}^n$ 同构**.

二、线性空间同构的性质

设 σ 是线性空间 V 与 V'之间的同构映射,我们有

性质 5 $\sigma(\boldsymbol{\theta})=\boldsymbol{\theta},\sigma(-\boldsymbol{\alpha})=-\sigma(\boldsymbol{\alpha})$.

对任意 $\boldsymbol{\alpha}\in V$,由定义 10 中的(2)知

$$\sigma(\boldsymbol{\theta})=\sigma(0\boldsymbol{\alpha})=0\sigma(\boldsymbol{\alpha})=\boldsymbol{\theta}$$
$$\sigma(-\boldsymbol{\alpha})=\sigma[(-1)\boldsymbol{\alpha}]=(-1)\sigma(\boldsymbol{\alpha})=-\sigma(\boldsymbol{\alpha})$$

性质 5 说明,在同构映射下,V 与 V'中的零元素和负元素必相互对应.

性质 6 对 V 中任意向量 $\boldsymbol{\alpha}_1,\boldsymbol{\alpha}_2,\cdots,\boldsymbol{\alpha}_r$ 和 F 中任意数 $k_1,k_2,\cdots,k_r$,有 $\sigma(k_1\boldsymbol{\alpha}_1+k_2\boldsymbol{\alpha}_2+\cdots+k_r\boldsymbol{\alpha}_r)=k_1\sigma(\boldsymbol{\alpha}_1)+k_2\sigma(\boldsymbol{\alpha}_2)+\cdots+k_r\sigma(\boldsymbol{\alpha}_r)$.

由定义 10 中的(1)和(2)知

$$\begin{aligned}\sigma(k_1\boldsymbol{\alpha}_1+k_2\boldsymbol{\alpha}_2+\cdots+k_r\boldsymbol{\alpha}_r)&=\sigma(k_1\boldsymbol{\alpha}_1)+\sigma(k_2\boldsymbol{\alpha}_2)+\cdots+\sigma(k_r\boldsymbol{\alpha}_r)\\&=k_1\sigma(\boldsymbol{\alpha}_1)+k_2\sigma(\boldsymbol{\alpha}_2)+\cdots+k_r\sigma(\boldsymbol{\alpha}_r)\end{aligned}$$

性质 6 说明,同构映射保持线性运算关系.

性质 7　V 中向量组 $\boldsymbol{\alpha}_1,\boldsymbol{\alpha}_2,\cdots,\boldsymbol{\alpha}_r$ 线性相(无)关的充分必要条件是它们的像 $\sigma(\boldsymbol{\alpha}_1)$, $\sigma(\boldsymbol{\alpha}_2),\cdots,\sigma(\boldsymbol{\alpha}_r)$ 线性相(无)关.

事实上,由

$$k_1\boldsymbol{\alpha}_1+k_2\boldsymbol{\alpha}_2+\cdots+k_r\boldsymbol{\alpha}_r=\boldsymbol{\theta}\quad(k_1,k_2,\cdots,k_r\in F)$$

得

$$\sigma(k_1\boldsymbol{\alpha}_1+k_2\boldsymbol{\alpha}_2+\cdots+k_r\boldsymbol{\alpha}_r)=\boldsymbol{\theta}$$
$$k_1\sigma(\boldsymbol{\alpha}_1)+k_2\sigma(\boldsymbol{\alpha}_2)+\cdots+k_r\sigma(\boldsymbol{\alpha}_r)=\boldsymbol{\theta}$$

反过来,由

$$k_1\sigma(\boldsymbol{\alpha}_1)+k_2\sigma(\boldsymbol{\alpha}_2)+\cdots+k_r\sigma(\boldsymbol{\alpha}_r)=\boldsymbol{\theta}$$

得

$$\sigma(k_1\boldsymbol{\alpha}_1+k_2\boldsymbol{\alpha}_2+\cdots+k_r\boldsymbol{\alpha}_r)=\boldsymbol{\theta}$$

而 σ 是 1-1 映射,只有 $\sigma(\boldsymbol{\theta})=\boldsymbol{\theta}$,所以

$$k_1\boldsymbol{\alpha}_1+k_2\boldsymbol{\alpha}_2+\cdots+k_r\boldsymbol{\alpha}_r=\boldsymbol{\theta}$$

定理 7　**数域 F 上的两个有限维线性空间 V 与 V' 同构的充分必要条件是它们的维数相等.**

证　必要性.设 V 与 V' 同构,令同构映射为 $\sigma:\boldsymbol{\alpha}\mapsto\sigma(\boldsymbol{\alpha})$.设 V 的维数为 n,$\boldsymbol{\alpha}_1,\boldsymbol{\alpha}_2,\cdots,\boldsymbol{\alpha}_n$ 为 V 的一个基.由性质 7 知,$\sigma(\boldsymbol{\alpha}_1),\sigma(\boldsymbol{\alpha}_2),\cdots,\sigma(\boldsymbol{\alpha}_n)$ 线性无关,又由性质 6 知 V' 中任一向量都可由 $\sigma(\boldsymbol{\alpha}_1),\sigma(\boldsymbol{\alpha}_2),\cdots,\sigma(\boldsymbol{\alpha}_n)$ 线性表示,所以 $\sigma(\boldsymbol{\alpha}_1),\sigma(\boldsymbol{\alpha}_2),\cdots,\sigma(\boldsymbol{\alpha}_n)$ 为 V' 的一个基,故 V 与 V' 的维数相等.

充分性.设 V 与 V' 的维数相等,且 $\dim V=\dim V'=n$.令 $\boldsymbol{\alpha}_1,\boldsymbol{\alpha}_2,\cdots,\boldsymbol{\alpha}_n$ 是 V 的一个基,$\boldsymbol{\alpha}_1',\boldsymbol{\alpha}_2',\cdots,\boldsymbol{\alpha}_n'$ 是 V' 的一个基.在 V 与 V' 之间建立如下对应关系:

$$\sigma:\boldsymbol{\alpha}=x_1\boldsymbol{\alpha}_1+x_2\boldsymbol{\alpha}_2+\cdots+x_n\boldsymbol{\alpha}_n\mapsto\sigma(\boldsymbol{\alpha})=x_1\boldsymbol{\alpha}_1'+x_2\boldsymbol{\alpha}_2'+\cdots+x_n\boldsymbol{\alpha}_n'\tag{14}$$

其中 $x_1,x_2,\cdots,x_n\in F$.容易验证映射(14)是 V 到 V' 上的一个同构映射.

首先根据线性空间的定义和向量与坐标间的一一对应关系知,映射(14)是 1-1 映射.

现在验证映射(14)满足定义 10 中的(1)和(2).

设 $\boldsymbol{\alpha},\boldsymbol{\beta}$ 是 V 中任意向量,且

$$\boldsymbol{\alpha}=x_1\boldsymbol{\alpha}_1+x_2\boldsymbol{\alpha}_2+\cdots+x_n\boldsymbol{\alpha}_n\quad(x_1,x_2,\cdots,x_n\in F)$$
$$\boldsymbol{\beta}=y_1\boldsymbol{\alpha}_1+y_2\boldsymbol{\alpha}_2+\cdots+y_n\boldsymbol{\alpha}_n\quad(y_1,y_2,\cdots,y_n\in F)$$

则

$$\boldsymbol{\alpha}+\boldsymbol{\beta}=(x_1+y_1)\boldsymbol{\alpha}_1+(x_2+y_2)\boldsymbol{\alpha}_2+\cdots+(x_n+y_n)\boldsymbol{\alpha}_n$$
$$k\boldsymbol{\alpha}=(kx_1)\boldsymbol{\alpha}_1+(kx_2)\boldsymbol{\alpha}_2+\cdots+(kx_n)\boldsymbol{\alpha}_n\quad(k\in F)$$

因此

$$\begin{aligned}\sigma(\boldsymbol{\alpha}+\boldsymbol{\beta})&=(x_1+y_1)\boldsymbol{\alpha}_1'+(x_2+y_2)\boldsymbol{\alpha}_2'+\cdots+(x_n+y_n)\boldsymbol{\alpha}_n'\\&=(x_1\boldsymbol{\alpha}_1'+x_2\boldsymbol{\alpha}_2'+\cdots+x_n\boldsymbol{\alpha}_n')+(y_1\boldsymbol{\alpha}_1'+y_2\boldsymbol{\alpha}_2'+\cdots+y_n\boldsymbol{\alpha}_n')\\&=\sigma(\boldsymbol{\alpha})+\sigma(\boldsymbol{\beta})\end{aligned}$$

$$\begin{aligned}\sigma(k\boldsymbol{\alpha})&=(kx_1)\boldsymbol{\alpha}_1'+(kx_2)\boldsymbol{\alpha}_2'+\cdots+(kx_n)\boldsymbol{\alpha}_n'\\&=k(x_1\boldsymbol{\alpha}_1'+x_2\boldsymbol{\alpha}_2'+\cdots+x_n\boldsymbol{\alpha}_n')\\&=k\sigma(\boldsymbol{\alpha})\end{aligned}$$

故映射(14)是 V 到 V' 上的同构映射,两个有限维线性空间 V 与 V' 在数域 F 上同构.

注　由上述讨论可知,维数相同的两个线性空间本质上是一样的.因此,对于数域 F 上的任何 n 维线性空间 V_n 的研究可转化为对某一特殊的 n 维线性空间的研究,例如转化为对分量属于实数域 $\mathbf{R}$ 的所有 n 维向量构成的向量空间 $\mathbf{R}^n$ 的研究,这样 V_n 中抽象的线性运算就可转化为 $\mathbf{R}^n$ 中的线性运算,并且 $\mathbf{R}^n$ 中凡是只涉及线性运算的性质就都适用于 V_n,因而就可以把对象不同而维数相同的线性空间统一来处理.

§6.6　线性变换的定义及其性质

从上节的讨论我们知道:任何一个 n 维线性空间 V_n 都与 $\mathbf{R}^n$ 同构.因此,我们基本上清楚了有限维线性空间的结构.而在线性空间中,元素之间的各种联系就反映为线性空间的变换(或映射).本节要讨论的线性变换是最基本、最常用的一种变换.

一、线性变换的概念

定义 11　如果有对应规则 σ,使得线性空间 V 中的每一个向量 $\boldsymbol{\alpha}$ 在 V 中总有唯一确定的向量 $\boldsymbol{\alpha}'$ 与之对应,记作

$$\sigma:\boldsymbol{\alpha}\mapsto\boldsymbol{\alpha}'=\sigma(\boldsymbol{\alpha})\quad(\boldsymbol{\alpha},\boldsymbol{\alpha}'\in V)$$

则称这个对应规则 σ 为线性空间 V 到其自身的变换,简称为线性空间 V 上的**变换**.$\boldsymbol{\alpha}'$ 称为 $\boldsymbol{\alpha}$ 的**像**,$\boldsymbol{\alpha}$ 称为 $\boldsymbol{\alpha}'$ 的**原像**(或**像源**).

从定义 11 可见,所谓线性空间 V 上的一个变换,实质上就是线性空间 V 到其自身的一个映射.

定义 12　设 σ 是线性空间 V 上的一个变换,如果对于任意的 $\boldsymbol{\alpha},\boldsymbol{\beta}\in V,k\in F$,有

(1) $\sigma(\boldsymbol{\alpha}+\boldsymbol{\beta})=\sigma(\boldsymbol{\alpha})+\sigma(\boldsymbol{\beta})$;

(2) $\sigma(k\boldsymbol{\alpha})=k\sigma(\boldsymbol{\alpha})$.

则称 σ 是线性空间 V 上的**线性变换**(linear transformation).

注　(1) 本章只讨论数域 F 上 n 维线性空间 V 上的线性变换.

(2) 由定义 12 可以看出,**一个变换 σ 为线性变换的充分必要条件是对任意 $\boldsymbol{\alpha},\boldsymbol{\beta}\in V$ 和任意 $k,l\in F$,有**

$$\sigma(k\boldsymbol{\alpha}+l\boldsymbol{\beta})=k\sigma(\boldsymbol{\alpha})+l\sigma(\boldsymbol{\beta})$$

容易验证,使 V 中任意向量都与零元素 $\boldsymbol{\theta}$ 对应的变换是一个线性变换,称为**零变换**,记作

$$o:\boldsymbol{\alpha}\mapsto\boldsymbol{\theta}=o(\boldsymbol{\alpha})\quad(\boldsymbol{\alpha}\in V)$$

使 V 中每个向量都与它自身对应的变换也是一个线性变换,称为**恒等变换**或**单位变换**,记作

$$\varepsilon:\boldsymbol{\alpha}\mapsto\boldsymbol{\alpha}=\varepsilon(\boldsymbol{\alpha})\quad(\boldsymbol{\alpha}\in V)$$

下面看几个线性变换的例子.

例 19　设 k 是数域 F 中的某个数,定义数域 F 上的线性空间 V 上的变换如下:

$$\boldsymbol{\alpha} \mapsto k\boldsymbol{\alpha} \quad (\boldsymbol{\alpha} \in V)$$

容易验证，这个变换是一个线性变换，称为数 k 决定的**数乘变换，**记作

$$k:\boldsymbol{\alpha} \mapsto k\boldsymbol{\alpha} = k(\boldsymbol{\alpha}) \quad (\boldsymbol{\alpha} \in V)$$

显然，当 $k=0$ 时，数乘变换就是零变换；当 $k=1$ 时，数乘变换就是恒等变换(单位变换).

例 20 在线性空间 $P[x]_n$ 上，求导数运算 D 是一个变换，记作

$$D:p(x) \mapsto \frac{\mathrm{d}}{\mathrm{d}x}p(x) = D[p(x)] \quad (p(x) \in P[x]_n)$$

根据导数运算法则，对于任意 $p_1(x), p_2(x) \in P[x]_n, k_1, k_2 \in \mathbf{R}$，有

$$\begin{aligned} D[k_1p_1(x)+k_2p_2(x)] &= \frac{\mathrm{d}}{\mathrm{d}x}[k_1p_1(x)+k_2p_2(x)] \\ &= k_1\frac{\mathrm{d}}{\mathrm{d}x}p_1(x)+k_2\frac{\mathrm{d}}{\mathrm{d}x}p_2(x) \\ &= k_1D[p_1(x)]+k_2D[p_2(x)] \end{aligned}$$

故 D 是 $P[x]_n$ 上的线性变换.

而线性空间 $P[x]_n$ 上的变换

$$T:p(x) \mapsto 1 = T[p(x)] \quad (p(x) \in P[x]_n)$$

就不是 $P[x]_n$ 上的线性变换.因为对于任意 $p_1(x), p_2(x) \in P[x]_n$，有

$$T[p_1(x)+p_2(x)] = 1, \quad T[p_1(x)]+T[p_2(x)] = 1+1 = 2$$

$$T[p_1(x)+p_2(x)] \neq T[p_1(x)]+T[p_2(x)]$$

例 21 设 $\boldsymbol{A}=(a_{ij})$ 为确定的 n 阶实矩阵，在 $\mathbf{R}^n$ 上建立一个变换

$$\sigma:\boldsymbol{\alpha} \mapsto \boldsymbol{A}\boldsymbol{\alpha} = \sigma(\boldsymbol{\alpha}) \quad (\boldsymbol{\alpha} \in \mathbf{R}^n)$$

则变换 σ 是 $\mathbf{R}^n$ 上的线性变换.

因为对于任意 $\boldsymbol{\alpha}, \boldsymbol{\beta} \in \mathbf{R}^n, k \in \mathbf{R}$，有

$$\sigma(\boldsymbol{\alpha}+\boldsymbol{\beta}) = \boldsymbol{A}(\boldsymbol{\alpha}+\boldsymbol{\beta}) = \boldsymbol{A}\boldsymbol{\alpha}+\boldsymbol{A}\boldsymbol{\beta} = \sigma(\boldsymbol{\alpha})+\sigma(\boldsymbol{\beta})$$

$$\sigma(k\boldsymbol{\alpha}) = \boldsymbol{A}(k\boldsymbol{\alpha}) = k\boldsymbol{A}\boldsymbol{\alpha} = k\sigma(\boldsymbol{\alpha})$$

故 σ 为 $\mathbf{R}^n$ 上的线性变换.

二、线性变换的性质

设 σ 是线性空间 V 上的线性变换.

性质 8 $\sigma(\boldsymbol{\theta}) = \boldsymbol{\theta}, \sigma(-\boldsymbol{\alpha}) = -\sigma(\boldsymbol{\alpha}) \quad (\boldsymbol{\alpha} \in V)$.

证 因为对任意 $k \in F, \boldsymbol{\alpha} \in V$，有 $\sigma(k\boldsymbol{\alpha}) = k\sigma(\boldsymbol{\alpha})$，所以

取 $k=0$ 时，得 $\sigma(0\boldsymbol{\alpha}) = 0\sigma(\boldsymbol{\alpha})$，即 $\sigma(\boldsymbol{\theta}) = \boldsymbol{\theta}$；

取 $k=-1$ 时，得 $\sigma[(-1)\boldsymbol{\alpha}] = (-1)\sigma(\boldsymbol{\alpha})$，即 $\sigma(-\boldsymbol{\alpha}) = -\sigma(\boldsymbol{\alpha})$.

性质 9 若 $\boldsymbol{\beta} = k_1\boldsymbol{\alpha}_1+k_2\boldsymbol{\alpha}_2+\cdots+k_s\boldsymbol{\alpha}_s$，则 $\sigma(\boldsymbol{\beta}) = k_1\sigma(\boldsymbol{\alpha}_1)+k_2\sigma(\boldsymbol{\alpha}_2)+\cdots+k_s\sigma(\boldsymbol{\alpha}_s)$，其中 $\boldsymbol{\alpha}_1, \boldsymbol{\alpha}_2, \cdots, \boldsymbol{\alpha}_s \in V, k_1, k_2, \cdots, k_s \in F$.

证 因为

$$\begin{aligned}\sigma(\boldsymbol{\beta}) &= \sigma(k_1\boldsymbol{\alpha}_1+k_2\boldsymbol{\alpha}_2+\cdots+k_s\boldsymbol{\alpha}_s)\\ &= \sigma(k_1\boldsymbol{\alpha}_1)+\sigma(k_2\boldsymbol{\alpha}_2)+\cdots+\sigma(k_s\boldsymbol{\alpha}_s)\\ &= k_1\sigma(\boldsymbol{\alpha}_1)+k_2\sigma(\boldsymbol{\alpha}_2)+\cdots+k_s\sigma(\boldsymbol{\alpha}_s)\end{aligned}$$

注 性质 9 说明线性变换保持向量之间的线性关系.

性质 10 若 V 中向量 $\boldsymbol{\alpha}_1,\boldsymbol{\alpha}_2,\cdots,\boldsymbol{\alpha}_s$ 线性相关,则 $\sigma(\boldsymbol{\alpha}_1),\sigma(\boldsymbol{\alpha}_2),\cdots,\sigma(\boldsymbol{\alpha}_s)$ 也线性相关.

证 设存在一组不全为零的数 $k_1,k_2,\cdots,k_s\in F$,使得

$$k_1\boldsymbol{\alpha}_1+k_2\boldsymbol{\alpha}_2+\cdots+k_s\boldsymbol{\alpha}_s=\boldsymbol{\theta}$$

则由性质 8 知

$$\sigma(k_1\boldsymbol{\alpha}_1+k_2\boldsymbol{\alpha}_2+\cdots+k_s\boldsymbol{\alpha}_s)=\boldsymbol{\theta}$$

由性质 9 知

$$\sigma(k_1\boldsymbol{\alpha}_1)+\sigma(k_2\boldsymbol{\alpha}_2)+\cdots+\sigma(k_s\boldsymbol{\alpha}_s)=\boldsymbol{\theta}$$

$$k_1\sigma(\boldsymbol{\alpha}_1)+k_2\sigma(\boldsymbol{\alpha}_2)+\cdots+k_s\sigma(\boldsymbol{\alpha}_s)=\boldsymbol{\theta}$$

由于 $k_1,k_2,\cdots,k_s$ 不全为零,所以 $\sigma(\boldsymbol{\alpha}_1),\sigma(\boldsymbol{\alpha}_2),\cdots,\sigma(\boldsymbol{\alpha}_s)$线性相关.

注 **性质 10 的否命题不成立**.即当 $\boldsymbol{\alpha}_1,\boldsymbol{\alpha}_2,\cdots,\boldsymbol{\alpha}_s$ 线性无关时,$\sigma(\boldsymbol{\alpha}_1),\sigma(\boldsymbol{\alpha}_2),\cdots,\sigma(\boldsymbol{\alpha}_s)$不一定线性无关.因为线性变换可能把线性无关的向量组变换为线性相关的向量组,例如零变换就是这样.因此,**线性变换不一定把基变换成基**.

性质 11 $N=\{\boldsymbol{\alpha}\in V|\sigma(\boldsymbol{\alpha})=\boldsymbol{\theta}\}$ 是 V 的子空间,称为 σ 的**核空间**;$W=\{\boldsymbol{\alpha}'\in V|$存在 $\boldsymbol{\alpha}\in V$,使得 $\sigma(\boldsymbol{\alpha})=\boldsymbol{\alpha}'\}$ 是 V 的子空间,称为 σ 的**像空间**.

证 由 $\boldsymbol{\theta}\in N(\sigma(\boldsymbol{\theta})=\boldsymbol{\theta})$知 N 是 V 的非空子集.设 $\boldsymbol{\alpha},\boldsymbol{\beta}\in N$,即 $\sigma(\boldsymbol{\alpha})=\boldsymbol{\theta},\sigma(\boldsymbol{\beta})=\boldsymbol{\theta}$,于是

$$\sigma(\boldsymbol{\alpha}+\boldsymbol{\beta})=\sigma(\boldsymbol{\alpha})+\sigma(\boldsymbol{\beta})=\boldsymbol{\theta}+\boldsymbol{\theta}=\boldsymbol{\theta}$$

$$\sigma(k\boldsymbol{\alpha})=k\sigma(\boldsymbol{\alpha})=k\boldsymbol{\theta}=\boldsymbol{\theta}\quad(k\in F)$$

因此 $\boldsymbol{\alpha}+\boldsymbol{\beta}\in N,k\boldsymbol{\alpha}\in N$,故 N 是 V 的子空间.

另外,W 是 V 的非空子集.设 $\boldsymbol{\alpha}',\boldsymbol{\beta}'\in W$,即存在 $\boldsymbol{\alpha},\boldsymbol{\beta}\in V$,使得 $\sigma(\boldsymbol{\alpha})=\boldsymbol{\alpha}',\sigma(\boldsymbol{\beta})=\boldsymbol{\beta}'$,于是

$$\boldsymbol{\alpha}'+\boldsymbol{\beta}'=\sigma(\boldsymbol{\alpha})+\sigma(\boldsymbol{\beta})=\sigma(\boldsymbol{\alpha}+\boldsymbol{\beta})$$

因为 $\boldsymbol{\alpha}+\boldsymbol{\beta}\in V$,所以 $\boldsymbol{\alpha}'+\boldsymbol{\beta}'\in W$.又因为

$$k\boldsymbol{\alpha}'=k\sigma(\boldsymbol{\alpha})=\sigma(k\boldsymbol{\alpha})\quad(k\in F)$$

$k\boldsymbol{\alpha}\in V$,所以 $k\boldsymbol{\alpha}'\in W$.故 W 是 V 的子空间.

定义 13 设 σ 和 δ 是线性空间 V 上的两个线性变换.若对 V 中任意向量 $\boldsymbol{\alpha}$ 都有 $\sigma(\boldsymbol{\alpha})=\delta(\boldsymbol{\alpha})$,则称这两个**线性变换相等**,记作 $\sigma=\delta$.

§6.7 线性变换的矩阵

一、线性变换在给定基下的矩阵

设 σ 是 n 维线性空间 V 的一个线性变换,$\boldsymbol{\alpha}_1,\boldsymbol{\alpha}_2,\cdots,\boldsymbol{\alpha}_n$ 是 V 的一个基,下面证明,一个 V

中的线性变换完全被 V 的一个基 $\boldsymbol{\alpha}_1,\boldsymbol{\alpha}_2,\cdots,\boldsymbol{\alpha}_n$ 及其像 $\sigma(\boldsymbol{\alpha}_1),\sigma(\boldsymbol{\alpha}_2),\cdots,\sigma(\boldsymbol{\alpha}_n)$ 所确定.

定理 8 **设 $\boldsymbol{\alpha}_1,\boldsymbol{\alpha}_2,\cdots,\boldsymbol{\alpha}_n$ 为 n 维线性空间 V 的一个基，σ 与 τ 为 V 的两个线性变换，且 $\sigma(\boldsymbol{\alpha}_i)=\tau(\boldsymbol{\alpha}_i)\ (i=1,2,\cdots,n)$，则 $\sigma=\tau$.**

证 任给 $\boldsymbol{\alpha}=x_1\boldsymbol{\alpha}_1+x_2\boldsymbol{\alpha}_2+\cdots+x_n\boldsymbol{\alpha}_n\in V$,

$$\begin{aligned}\sigma(\boldsymbol{\alpha})&=\sigma(x_1\boldsymbol{\alpha}_1+x_2\boldsymbol{\alpha}_2+\cdots+x_n\boldsymbol{\alpha}_n)=x_1\sigma(\boldsymbol{\alpha}_1)+x_2\sigma(\boldsymbol{\alpha}_2)+\cdots+x_n\sigma(\boldsymbol{\alpha}_n)\\&=x_1\tau(\boldsymbol{\alpha}_1)+x_2\tau(\boldsymbol{\alpha}_2)+\cdots+x_n\tau(\boldsymbol{\alpha}_n)\\&=\tau(x_1\boldsymbol{\alpha}_1+x_2\boldsymbol{\alpha}_2+\cdots+x_n\boldsymbol{\alpha}_n)=\tau(\boldsymbol{\alpha})\end{aligned}$$

由定义 13 知 $\sigma=\tau$.

下面讨论线性变换 σ 在 n 维线性空间 V 的一个基 $\boldsymbol{\alpha}_1,\boldsymbol{\alpha}_2,\cdots,\boldsymbol{\alpha}_n$ 下的矩阵表示.

定义 14（线性变换 σ 在一组基下的矩阵）

设 $\boldsymbol{\alpha}_1,\boldsymbol{\alpha}_2,\cdots,\boldsymbol{\alpha}_n$ 是数域 F 上的 n 维线性空间 V 的一个基，σ 是 V 的一个线性变换，则基向量的像 $\sigma(\boldsymbol{\alpha}_1),\sigma(\boldsymbol{\alpha}_2),\cdots,\sigma(\boldsymbol{\alpha}_n)$ 可由基唯一地线性表示为

$$\begin{cases}\sigma(\boldsymbol{\alpha}_1)=a_{11}\boldsymbol{\alpha}_1+a_{21}\boldsymbol{\alpha}_2+\cdots+a_{n1}\boldsymbol{\alpha}_n\\\sigma(\boldsymbol{\alpha}_2)=a_{12}\boldsymbol{\alpha}_1+a_{22}\boldsymbol{\alpha}_2+\cdots+a_{n2}\boldsymbol{\alpha}_n\\\qquad\cdots\cdots\cdots\cdots\\\sigma(\boldsymbol{\alpha}_n)=a_{1n}\boldsymbol{\alpha}_1+a_{2n}\boldsymbol{\alpha}_2+\cdots+a_{nn}\boldsymbol{\alpha}_n\end{cases}\tag{15}$$

令

$$\boldsymbol{A}=\begin{pmatrix}a_{11}&a_{12}&\cdots&a_{1n}\\a_{21}&a_{22}&\cdots&a_{2n}\\\vdots&\vdots&&\vdots\\a_{n1}&a_{n2}&\cdots&a_{nn}\end{pmatrix}$$

若记

$$\sigma(\boldsymbol{\alpha}_1,\boldsymbol{\alpha}_2,\cdots,\boldsymbol{\alpha}_n)=(\sigma(\boldsymbol{\alpha}_1),\sigma(\boldsymbol{\alpha}_2),\cdots,\sigma(\boldsymbol{\alpha}_n))$$

利用分块矩阵的乘法运算，可将式（15）"形式地"记为

$$\begin{aligned}&\sigma(\boldsymbol{\alpha}_1,\boldsymbol{\alpha}_2,\cdots,\boldsymbol{\alpha}_n)=(\sigma(\boldsymbol{\alpha}_1),\sigma(\boldsymbol{\alpha}_2),\cdots,\sigma(\boldsymbol{\alpha}_n))\\&=(\boldsymbol{\alpha}_1,\boldsymbol{\alpha}_2,\cdots,\boldsymbol{\alpha}_n)\boldsymbol{A}\end{aligned}\tag{16}$$

称 n 阶矩阵 $\boldsymbol{A}$ 为线性变换 σ 在基 $\boldsymbol{\alpha}_1,\boldsymbol{\alpha}_2,\cdots,\boldsymbol{\alpha}_n$ 下的矩阵.其中 $\boldsymbol{A}$ 的第 j 列元是基向量 $\boldsymbol{\alpha}_j$ 的像 $\sigma(\boldsymbol{\alpha}_j)$ 在基 $\boldsymbol{\alpha}_1,\boldsymbol{\alpha}_2,\cdots,\boldsymbol{\alpha}_n$ 下的坐标（$j=1,2,\cdots,n$）.

例 22 设 $\boldsymbol{B}=\begin{pmatrix}1&2\\3&4\end{pmatrix}$，则变换 $\sigma(\boldsymbol{\alpha})=\boldsymbol{B}\boldsymbol{\alpha}\ (\boldsymbol{\alpha}\in\mathbf{R}^2)$ 为 $\mathbf{R}^2$ 的一个线性变换.若取 $\mathbf{R}^2$ 的一个基：$\boldsymbol{\alpha}_1=(1,1)^{\mathrm{T}},\boldsymbol{\alpha}_2=(-1,0)^{\mathrm{T}}$，求 σ 在基 $\boldsymbol{\alpha}_1,\boldsymbol{\alpha}_2$ 下的矩阵.

解 由于 $\sigma(\boldsymbol{\alpha}_1)=\boldsymbol{B}\boldsymbol{\alpha}_1=\begin{pmatrix}1&2\\3&4\end{pmatrix}\begin{pmatrix}1\\1\end{pmatrix}=\begin{pmatrix}3\\7\end{pmatrix}=7\boldsymbol{\alpha}_1+4\boldsymbol{\alpha}_2$

$$\sigma(\boldsymbol{\alpha}_2)=\boldsymbol{B}\boldsymbol{\alpha}_2=\begin{pmatrix}1&2\\3&4\end{pmatrix}\begin{pmatrix}-1\\0\end{pmatrix}=\begin{pmatrix}-1\\-3\end{pmatrix}=-3\boldsymbol{\alpha}_1-2\boldsymbol{\alpha}_2$$

因此线性变换 σ 在基 $\boldsymbol{\alpha}_1,\boldsymbol{\alpha}_2$ 下的矩阵为

$$\boldsymbol{A}=\begin{pmatrix}7 & -3\\ 4 & -2\end{pmatrix}$$

以上讨论表明，n 维线性空间 V 上的任何一个线性变换，当 V 的基确定之后，都存在一个矩阵表示，即式(16)成立.反过来，当 V 的基确定之后，任何一个实矩阵 $\boldsymbol{A}=(a_{ij})_{n\times n}$ 能唯一地确定一个线性变换 σ 使式(16)成立吗？回答是肯定的.式(16)可以写成如下形式：

$$\sigma(\boldsymbol{\alpha}_1,\boldsymbol{\alpha}_2,\cdots,\boldsymbol{\alpha}_n)=(\boldsymbol{\alpha}_1,\boldsymbol{\alpha}_2,\cdots,\boldsymbol{\alpha}_n)\boldsymbol{A}=(\boldsymbol{\gamma}_1,\boldsymbol{\gamma}_2,\cdots,\boldsymbol{\gamma}_n)$$

在 V 的基确定之后，任给矩阵 $\boldsymbol{A}$ 等价于任给 n 个向量 $\boldsymbol{\gamma}_1,\boldsymbol{\gamma}_2,\cdots,\boldsymbol{\gamma}_n$.因此，上面提出的问题等价于如下问题：给定 V 的一个基 $\boldsymbol{\alpha}_1,\boldsymbol{\alpha}_2,\cdots,\boldsymbol{\alpha}_n$ 及 V 中 n 个向量 $\boldsymbol{\gamma}_1,\boldsymbol{\gamma}_2,\cdots,\boldsymbol{\gamma}_n$，是否存在 V 的线性变换 σ，使 $\sigma(\boldsymbol{\alpha}_i)=\boldsymbol{\gamma}_i(i=1,2,\cdots,n)$.下面的定理回答了这个问题.

定理 9　设 $\boldsymbol{\alpha}_1,\boldsymbol{\alpha}_2,\cdots,\boldsymbol{\alpha}_n$ 是 n 维线性空间 V 的一个基，$\boldsymbol{\gamma}_1,\boldsymbol{\gamma}_2,\cdots,\boldsymbol{\gamma}_n$ 是 V 中任意 n 个向量，则存在唯一的线性变换 σ，使得

$$\sigma(\boldsymbol{\alpha}_i)=\boldsymbol{\gamma}_i\quad(i=1,2,\cdots,n)$$

证　因为 V 中任意向量 $\boldsymbol{\alpha}$ 可唯一地表示为

$$\boldsymbol{\alpha}=x_1\boldsymbol{\alpha}_1+x_2\boldsymbol{\alpha}_2+\cdots+x_n\boldsymbol{\alpha}_n\quad(x_i\in F,i=1,2,\cdots,n)$$

定义变换 σ：

$$\sigma(\boldsymbol{\alpha})=x_1\boldsymbol{\gamma}_1+x_2\boldsymbol{\gamma}_2+\cdots+x_n\boldsymbol{\gamma}_n$$

现证明变换 σ 是 V 上的线性变换.

对于 V 中任意两个向量

$$\boldsymbol{\alpha}=a_1\boldsymbol{\alpha}_1+a_2\boldsymbol{\alpha}_2+\cdots+a_n\boldsymbol{\alpha}_n$$
$$\boldsymbol{\beta}=b_1\boldsymbol{\alpha}_1+b_2\boldsymbol{\alpha}_2+\cdots+b_n\boldsymbol{\alpha}_n$$

及数 $k\in F$，可知

$$\begin{aligned}\sigma(\boldsymbol{\alpha}+\boldsymbol{\beta})&=\sigma((a_1+b_1)\boldsymbol{\alpha}_1+(a_2+b_2)\boldsymbol{\alpha}_2+\cdots+(a_n+b_n)\boldsymbol{\alpha}_n)\\&=(a_1+b_1)\boldsymbol{\gamma}_1+(a_2+b_2)\boldsymbol{\gamma}_2+\cdots+(a_n+b_n)\boldsymbol{\gamma}_n\\&=(a_1\boldsymbol{\gamma}_1+a_2\boldsymbol{\gamma}_2+\cdots+a_n\boldsymbol{\gamma}_n)+(b_1\boldsymbol{\gamma}_1+b_2\boldsymbol{\gamma}_2+\cdots+b_n\boldsymbol{\gamma}_n)\\&=\sigma(\boldsymbol{\alpha})+\sigma(\boldsymbol{\beta})\end{aligned}$$

同理可证 $\sigma(k\boldsymbol{\alpha})=k\sigma(\boldsymbol{\alpha})$.所以 σ 是 V 上的线性变换.

又因为

$$\boldsymbol{\alpha}_i=0\boldsymbol{\alpha}_1+\cdots+0\boldsymbol{\alpha}_{i-1}+1\boldsymbol{\alpha}_i+0\boldsymbol{\alpha}_{i+1}+\cdots+0\boldsymbol{\alpha}_n$$

所以

$$\sigma(\boldsymbol{\alpha}_i)=0\boldsymbol{\gamma}_1+\cdots+0\boldsymbol{\gamma}_{i-1}+1\boldsymbol{\gamma}_i+0\boldsymbol{\gamma}_{i+1}+\cdots+0\boldsymbol{\gamma}_n=\boldsymbol{\gamma}_i\quad(i=1,2,\cdots,n)$$

这就证明了 σ 正是定理中所要求的线性变换.

由定理 8 可知，σ 是唯一的.

由定理 9 可得如下推论.

推论 3 设 $\boldsymbol{\alpha}_1,\boldsymbol{\alpha}_2,\cdots,\boldsymbol{\alpha}_n$ 是线性空间 V 的一个给定的基，则 V 上任意的线性变换和它在基 $\boldsymbol{\alpha}_1,\boldsymbol{\alpha}_2,\cdots,\boldsymbol{\alpha}_n$ 下的矩阵 $\boldsymbol{A}$ 是一一对应的.

当 σ 是零变换时，$o(\boldsymbol{\alpha}_i)=\boldsymbol{\theta}(i=1,2,\cdots,n)$，故它在任何基下的矩阵都是零矩阵 $\boldsymbol{O}$；当 σ 是单位变换时，$\varepsilon(\boldsymbol{\alpha}_i)=\boldsymbol{\alpha}_i(i=1,2,\cdots,n)$，故它在任何基下的矩阵都是单位矩阵 $\boldsymbol{E}$；当 σ 是数乘变换时，$k(\boldsymbol{\alpha}_i)=k\boldsymbol{\alpha}_i(i=1,2,\cdots,n)$，故它在任何基下的矩阵都是数量矩阵 $k\boldsymbol{E}=\mathrm{diag}(k,k,\cdots,k)$.

下面我们讨论线性变换的像 $\sigma(\boldsymbol{\alpha})$ 与 $\boldsymbol{\alpha}$ 的坐标之间的关系.

定理 10 **设 σ 是 n 维线性空间 V 上的一个线性变换，它在基 $\boldsymbol{\alpha}_1,\boldsymbol{\alpha}_2,\cdots,\boldsymbol{\alpha}_n$ 下的矩阵为 $\boldsymbol{A}=(a_{ij})_{n\times n}$.若 V 中任意向量 $\boldsymbol{\alpha}$ 与 $\sigma(\boldsymbol{\alpha})$ 在基 $\boldsymbol{\alpha}_1,\boldsymbol{\alpha}_2,\cdots,\boldsymbol{\alpha}_n$ 下的坐标分别是 $\boldsymbol{x}=(x_1,x_2,\cdots,x_n)^{\mathrm{T}}$ 与 $\boldsymbol{y}=(y_1,y_2,\cdots,y_n)^{\mathrm{T}}$，则**

$$\boldsymbol{y}=\boldsymbol{A}\boldsymbol{x}$$

证 由于 σ 为线性变换，$\boldsymbol{\alpha}=\sum_{i=1}^{n}x_i\boldsymbol{\alpha}_i$，于是

$$\begin{aligned}\sigma(\boldsymbol{\alpha})&=(\sigma(\boldsymbol{\alpha}_1),\sigma(\boldsymbol{\alpha}_2),\cdots,\sigma(\boldsymbol{\alpha}_n))\begin{pmatrix}x_1\\x_2\\\vdots\\x_n\end{pmatrix}\\&=(\boldsymbol{\alpha}_1,\boldsymbol{\alpha}_2,\cdots,\boldsymbol{\alpha}_n)\boldsymbol{A}\begin{pmatrix}x_1\\x_2\\\vdots\\x_n\end{pmatrix}\end{aligned}$$

又由定理条件

$$\sigma(\boldsymbol{\alpha})=\sum_{i=1}^{n}y_i\boldsymbol{\alpha}_i$$

得

$$\sigma(\boldsymbol{\alpha})=(\boldsymbol{\alpha}_1,\boldsymbol{\alpha}_2,\cdots,\boldsymbol{\alpha}_n)\begin{pmatrix}y_1\\y_2\\\vdots\\y_n\end{pmatrix}$$

根据在基 $\boldsymbol{\alpha}_1,\boldsymbol{\alpha}_2,\cdots,\boldsymbol{\alpha}_n$ 下坐标的唯一性，得

$$\begin{pmatrix}y_1\\y_2\\\vdots\\y_n\end{pmatrix}=\boldsymbol{A}\begin{pmatrix}x_1\\x_2\\\vdots\\x_n\end{pmatrix}$$

即

$$y=Ax$$

注 需注意上述定理结论与§6.3中坐标变换概念的区别.

例 23 在线性空间 $P[x]_3$ 上,D 是求导数的线性变换.试求 D 在基 $1,x,x^2,x^3$ 下和在基 $1,x,\frac{x^2}{2!},\frac{x^3}{3!}$ 下的矩阵.

解 因为

$$D(1)=0=0\times1+0x+0x^2+0x^3$$

$$D(x)=1=1\times1+0x+0x^2+0x^3$$

$$D(x^2)=2x=0\times1+2x+0x^2+0x^3$$

$$D(x^3)=3x^2=0\times1+0x+3x^2+0x^3$$

所以 D 在基 $1,x,x^2,x^3$ 下的矩阵为

$$A=\begin{pmatrix}0&1&0&0\\0&0&2&0\\0&0&0&3\\0&0&0&0\end{pmatrix}$$

又因为

$$D(1)=0=0\times1+0x+0\frac{x^2}{2!}+0\frac{x^3}{3!}$$

$$D(x)=1=1\times1+0x+0\frac{x^2}{2!}+0\frac{x^3}{3!}$$

$$D\left(\frac{x^2}{2!}\right)=x=0\times1+1x+0\frac{x^2}{2!}+0\frac{x^3}{3!}$$

$$D\left(\frac{x^3}{3!}\right)=\frac{1}{2!}x^2=0\times1+0x+1\frac{x^2}{2!}+0\frac{x^3}{3!}$$

所以 D 在基 $1,x,\frac{x^2}{2!},\frac{x^3}{3!}$ 下的矩阵为

$$B=\begin{pmatrix}0&1&0&0\\0&0&1&0\\0&0&0&1\\0&0&0&0\end{pmatrix}$$

二、线性变换在不同基下的矩阵

由例 23 知,线性变换的矩阵与线性空间的基有关,即**同一个线性变换在不同基下的矩阵一般是不同的**.那么不同的矩阵之间有何关系呢?

定理 11 **设 n 维线性空间 V 上的线性变换 σ 在两个基 $\boldsymbol{\alpha}_1,\boldsymbol{\alpha}_2,\cdots,\boldsymbol{\alpha}_n$ 和 $\boldsymbol{\beta}_1,\boldsymbol{\beta}_2,\cdots,\boldsymbol{\beta}_n$ 下的矩阵依次为 $\boldsymbol{A}=(a_{ij})$ 和 $\boldsymbol{B}=(b_{ij})$,并且由基 $\boldsymbol{\alpha}_1,\boldsymbol{\alpha}_2,\cdots,\boldsymbol{\alpha}_n$ 到基 $\boldsymbol{\beta}_1,\boldsymbol{\beta}_2,\cdots,\boldsymbol{\beta}_n$ 的过渡矩阵为 $\boldsymbol{P}=(p_{ij})$,则**

$$\boldsymbol{B}=\boldsymbol{P}^{-1}\boldsymbol{A}\boldsymbol{P}$$

证 由定理假设得

$$(\sigma(\boldsymbol{\alpha}_1),\sigma(\boldsymbol{\alpha}_2),\cdots,\sigma(\boldsymbol{\alpha}_n))=(\boldsymbol{\alpha}_1,\boldsymbol{\alpha}_2,\cdots,\boldsymbol{\alpha}_n)\boldsymbol{A}$$

$$(\sigma(\boldsymbol{\beta}_1),\sigma(\boldsymbol{\beta}_2),\cdots,\sigma(\boldsymbol{\beta}_n))=(\boldsymbol{\beta}_1,\boldsymbol{\beta}_2,\cdots,\boldsymbol{\beta}_n)\boldsymbol{B}$$

$$(\boldsymbol{\beta}_1,\boldsymbol{\beta}_2,\cdots,\boldsymbol{\beta}_n)=(\boldsymbol{\alpha}_1,\boldsymbol{\alpha}_2,\cdots,\boldsymbol{\alpha}_n)\boldsymbol{P}$$

$$(\boldsymbol{\alpha}_1,\boldsymbol{\alpha}_2,\cdots,\boldsymbol{\alpha}_n)=(\boldsymbol{\beta}_1,\boldsymbol{\beta}_2,\cdots,\boldsymbol{\beta}_n)\boldsymbol{P}^{-1}$$

从而

$$\begin{aligned}(\boldsymbol{\beta}_1,\boldsymbol{\beta}_2,\cdots,\boldsymbol{\beta}_n)\boldsymbol{B}&=(\sigma(\boldsymbol{\beta}_1),\sigma(\boldsymbol{\beta}_2),\cdots,\sigma(\boldsymbol{\beta}_n))\\&=\sigma(\boldsymbol{\beta}_1,\boldsymbol{\beta}_2,\cdots,\boldsymbol{\beta}_n)\\&=\sigma((\boldsymbol{\alpha}_1,\boldsymbol{\alpha}_2,\cdots,\boldsymbol{\alpha}_n)\boldsymbol{P})\\&=(\sigma(\boldsymbol{\alpha}_1),\sigma(\boldsymbol{\alpha}_2),\cdots,\sigma(\boldsymbol{\alpha}_n))\boldsymbol{P}\\&=(\boldsymbol{\alpha}_1,\boldsymbol{\alpha}_2,\cdots,\boldsymbol{\alpha}_n)\boldsymbol{A}\boldsymbol{P}\\&=(\boldsymbol{\beta}_1,\boldsymbol{\beta}_2,\cdots,\boldsymbol{\beta}_n)\boldsymbol{P}^{-1}\boldsymbol{A}\boldsymbol{P}\end{aligned}$$

因为 $\boldsymbol{\beta}_1,\boldsymbol{\beta}_2,\cdots,\boldsymbol{\beta}_n$ 线性无关,所以

$$\boldsymbol{B}=\boldsymbol{P}^{-1}\boldsymbol{A}\boldsymbol{P}$$

注 定理 11 表明,**同一个线性变换在两个不同基下的矩阵是相似的,且两个基之间的过渡矩阵 $\boldsymbol{P}$ 就是其相似变换矩阵**.

例 24 设 $\boldsymbol{\alpha}_1,\boldsymbol{\alpha}_2,\boldsymbol{\alpha}_3$ 是三维线性空间 V 的一个基,线性变换 σ 在基 $\boldsymbol{\alpha}_1,\boldsymbol{\alpha}_2,\boldsymbol{\alpha}_3$ 下的矩阵为

$$\boldsymbol{A}=\begin{pmatrix}1&2&3\\-1&0&3\\2&1&5\end{pmatrix}$$

求线性变换 σ 在基 $\boldsymbol{\beta}_1=\boldsymbol{\alpha}_1,\boldsymbol{\beta}_2=\boldsymbol{\alpha}_1+\boldsymbol{\alpha}_2,\boldsymbol{\beta}_3=\boldsymbol{\alpha}_1+\boldsymbol{\alpha}_2+\boldsymbol{\alpha}_3$ 下的矩阵 $\boldsymbol{B}$.

解 因为

$$(\boldsymbol{\beta}_1,\boldsymbol{\beta}_2,\boldsymbol{\beta}_3)=(\boldsymbol{\alpha}_1,\boldsymbol{\alpha}_2,\boldsymbol{\alpha}_3)\begin{pmatrix}1&1&1\\0&1&1\\0&0&1\end{pmatrix}$$

所以由基 $\boldsymbol{\alpha}_1,\boldsymbol{\alpha}_2,\boldsymbol{\alpha}_3$ 到基 $\boldsymbol{\beta}_1,\boldsymbol{\beta}_2,\boldsymbol{\beta}_3$ 的过渡矩阵

$$\boldsymbol{P}=\begin{pmatrix}1&1&1\\0&1&1\\0&0&1\end{pmatrix}$$

于是

$$\boldsymbol{P}^{-1}=\begin{pmatrix}1&-1&0\\0&1&-1\\0&0&1\end{pmatrix}$$

故线性变换 σ 在基 $\boldsymbol{\beta}_1,\boldsymbol{\beta}_2,\boldsymbol{\beta}_3$ 下的矩阵为

$$\boldsymbol{B}=\boldsymbol{P}^{-1}\boldsymbol{A}\boldsymbol{P}=\begin{pmatrix}1&-1&0\\0&1&-1\\0&0&1\end{pmatrix}\begin{pmatrix}1&2&3\\-1&0&3\\2&1&5\end{pmatrix}\begin{pmatrix}1&1&1\\0&1&1\\0&0&1\end{pmatrix}=\begin{pmatrix}2&4&4\\-3&-4&-6\\2&3&8\end{pmatrix}$$

例 25 设线性空间 $\mathbf{R}^3$ 有两个基：

$$A_0:\boldsymbol{\alpha}_1=\begin{pmatrix}1\\0\\0\end{pmatrix},\boldsymbol{\alpha}_2=\begin{pmatrix}1\\1\\0\end{pmatrix},\boldsymbol{\alpha}_3=\begin{pmatrix}1\\1\\1\end{pmatrix}$$

$$B_0:\boldsymbol{\beta}_1=\begin{pmatrix}1\\-2\\1\end{pmatrix},\boldsymbol{\beta}_2=\begin{pmatrix}2\\1\\0\end{pmatrix},\boldsymbol{\beta}_3=\begin{pmatrix}0\\1\\2\end{pmatrix}$$

求线性变换

$$\sigma\left(\begin{pmatrix}x_1\\x_2\\x_3\end{pmatrix}\right)=\begin{pmatrix}x_1\\x_2\\0\end{pmatrix}$$

在基 A_0 和基 B_0 下的矩阵 $\boldsymbol{A}$ 和 $\boldsymbol{B}$.

解 求线性变换 σ 在基 A_0 下的矩阵.因为

$$\sigma(\boldsymbol{\alpha}_1)=\begin{pmatrix}1\\0\\0\end{pmatrix}=1\boldsymbol{\alpha}_1+0\boldsymbol{\alpha}_2+0\boldsymbol{\alpha}_3$$

$$\sigma(\boldsymbol{\alpha}_2)=\begin{pmatrix}1\\1\\0\end{pmatrix}=0\boldsymbol{\alpha}_1+1\boldsymbol{\alpha}_2+0\boldsymbol{\alpha}_3$$

$$\sigma(\boldsymbol{\alpha}_3)=\begin{pmatrix}1\\1\\0\end{pmatrix}=0\boldsymbol{\alpha}_1+1\boldsymbol{\alpha}_2+0\boldsymbol{\alpha}_3$$

所以线性变换 σ 在基 A_0 下的矩阵为

$$\boldsymbol{A}=\begin{pmatrix}1&0&0\\0&1&1\\0&0&0\end{pmatrix}$$

求线性变换 σ 在基 B_0 下的矩阵有两种方法.

方法 1 先求由基 A_0 到基 B_0 的过渡矩阵 $\boldsymbol{P}$,即从

$$(\boldsymbol{\beta}_1,\boldsymbol{\beta}_2,\boldsymbol{\beta}_3)=(\boldsymbol{\alpha}_1,\boldsymbol{\alpha}_2,\boldsymbol{\alpha}_3)\boldsymbol{P}$$

中求 $\boldsymbol{P}$.

利用初等变换方法

$$\left(\begin{array}{ccc:ccc}1&1&1&1&2&0\\0&1&1&-2&1&1\\0&0&1&1&0&2\end{array}\right)\to\left(\begin{array}{ccc:ccc}1&0&0&3&1&-1\\0&1&0&-3&1&-1\\0&0&1&1&0&2\end{array}\right)$$

得到 $\boldsymbol{P}$,再求出 $\boldsymbol{P}^{-1}$,有

$$\boldsymbol{P}=\begin{pmatrix}3&1&-1\\-3&1&-1\\1&0&2\end{pmatrix},\quad \boldsymbol{P}^{-1}=\frac{1}{12}\begin{pmatrix}2&-2&0\\5&7&6\\-1&1&6\end{pmatrix}$$

所以

$$\boldsymbol{B}=\boldsymbol{P}^{-1}\boldsymbol{A}\boldsymbol{P}=\frac{1}{12}\begin{pmatrix}10&0&-4\\1&12&2\\-5&0&2\end{pmatrix}=\begin{pmatrix}\frac{5}{6}&0&-\frac{1}{3}\\\frac{1}{12}&1&\frac{1}{6}\\-\frac{5}{12}&0&\frac{1}{6}\end{pmatrix}$$

方法 2 从$(\sigma(\boldsymbol{\beta}_1),\sigma(\boldsymbol{\beta}_2),\sigma(\boldsymbol{\beta}_3))=(\boldsymbol{\beta}_1,\boldsymbol{\beta}_2,\boldsymbol{\beta}_3)\boldsymbol{B}$中求$\boldsymbol{B}$.由于

$$\sigma(\boldsymbol{\beta}_1)=\begin{pmatrix}1\\-2\\0\end{pmatrix},\quad \sigma(\boldsymbol{\beta}_2)=\begin{pmatrix}2\\1\\0\end{pmatrix},\quad \sigma(\boldsymbol{\beta}_3)=\begin{pmatrix}0\\1\\0\end{pmatrix}$$

利用初等变换方法,有

$$\left(\begin{array}{ccc:ccc}1&2&0&1&2&0\\-2&1&1&-2&1&1\\1&0&2&0&0&0\end{array}\right)\rightarrow\left(\begin{array}{ccc:ccc}1&0&0&\frac{5}{6}&0&-\frac{1}{3}\\0&1&0&\frac{1}{12}&1&\frac{1}{6}\\0&0&1&-\frac{5}{12}&0&\frac{1}{6}\end{array}\right)$$

所以

$$\boldsymbol{B}=\begin{pmatrix}\frac{5}{6}&0&-\frac{1}{3}\\\frac{1}{12}&1&\frac{1}{6}\\-\frac{5}{12}&0&\frac{1}{6}\end{pmatrix}$$

§6.8 应用实例

例 26(数列的通项公式问题) 全体实数列的集合记为

$$V=\{\{a_n\}\mid a_n\in\mathbf{R}\}$$

不难验证,按照数列的加法和数乘运算

$$\{a_n\}+\{b_n\}=\{a_n+b_n\},\quad k\{a_n\}=\{ka_n\}(\{a_n\},\{b_n\}\in V,k\in\mathbf{R})$$

V构成实线性空间,且是一个无限维线性空间.

令

$$W=\{\{a_n\}\mid a_n=a_{n-1}+a_{n-2}(n\geqslant 3),a_n\in\mathbf{R}\}$$

则W是V的线性子空间.由于W中每个数列都是由它的前两项a_1,a_2唯一确定,因此W是二维线性空间,求W中数列的通项公式.

假设W中有等比数列$\{a_n\}$满足$a_n=a_1q^{n-1}(a_1\neq 0,q\neq 0,n=1,2,\cdots)$,则当$n\geqslant 3$时有

$$a_1q^{n-1}=a_1q^{n-2}+a_1q^{n-3}\tag{17}$$

$$q^{n-1}=q^{n-2}+q^{n-3}$$

取 $n=3$ 得

$$q^2=q+1$$

解得

$$q_1=\frac{1+\sqrt{5}}{2},\quad q_2=\frac{1-\sqrt{5}}{2}$$

由式(17)知,当 $n\geqslant 3$ 时有

$$a_1q_i^{n-1}=a_1q_i^{n-2}+a_1q_i^{n-3}\quad (i=1,2)$$

这说明 W 中确实存在分别以 q_1,q_2 为公比的等比数列 $\{a_1q_1^{n-1}\}$ 和 $\{a_1q_2^{n-1}\}$.因为 $q_1\neq q_2$,所以这两个数列构成了 W 的一个基.故对于任何 $\{a_n\}\in W$,都存在两个实数 c 和 d,使得

$$\{a_n\}=c\{a_1q_1^{n-1}\}+d\{a_1q_2^{n-1}\}\tag{18}$$

先后令 $n=1$ 和 $n=2$ 得

$$\begin{cases}c+d=1\\ ca_1q_1+da_1q_2=a_2\end{cases}$$

解得

$$c=\frac{1}{2}+\frac{2a_2-a_1}{2\sqrt{5}a_1},\quad d=\frac{1}{2}-\frac{2a_2-a_1}{2\sqrt{5}a_1}\tag{19}$$

由式(18)和式(19)知,V 的线性子空间 W 中数列的通项公式为

$$a_n=\left(\frac{1}{2}+\frac{2a_2-a_1}{2\sqrt{5}a_1}\right)a_1\left(\frac{1+\sqrt{5}}{2}\right)^{n-1}+\left(\frac{1}{2}-\frac{2a_2-a_1}{2\sqrt{5}a_1}\right)a_1\left(\frac{1-\sqrt{5}}{2}\right)^{n-1}\ (n\geqslant 3)$$

即

$$a_n=\frac{(\sqrt{5}-1)a_1+2a_2}{2\sqrt{5}}\left(\frac{1+\sqrt{5}}{2}\right)^{n-1}+\frac{(\sqrt{5}+1)a_1-2a_2}{2\sqrt{5}}\left(\frac{1-\sqrt{5}}{2}\right)^{n-1}\ (n\geqslant 3)$$

例 27(斐波那契(Fibonacci)数列的通项公式问题) 1202 年意大利数学家斐波那契提出了一个有趣的兔子问题:某人在一处四周有围墙的地方养了一对新出生的小兔子,假定每对小兔子出生两个月就长成大兔子(具有繁殖能力),而一对大兔子每个月生一对小兔子.在不考虑兔子死亡的情况下,第 n 个月后兔子的对数 $F(n)$ 称为斐波那契数,求斐波那契数列的通项公式.

解 第一个月后兔子的对数是 1;第二个月后兔子的对数等于第一个月后兔子的对数再加上新出生的一对小兔子,共 2 对;第三个月后兔子的对数等于第二个月后兔子的对数再加上第一个月出生的大兔子在第三个月里生的一对小兔子,共 3 对;第四个月后兔子的对数等于第

三个月后兔子的对数再加上前两个月出生的大兔子在第四个月里生的两对小兔子，共 5 对. 第 n 个月后兔子的对数 $F(n)$ 等于第 $n-1$ 个月后兔子的对数 $F(n-1)$ 再加上前 $n-2$ 个月出生的大兔子在第 n 个月生的小兔子对数 $F(n-2)$，即

$$F(n)=F(n-1)+F(n-2)\ (n\geqslant 3),\quad F(1)=1,\quad F(2)=2 \tag{20}$$

由式(20)得到斐波那契数列

$$1,2,3,5,8,13,21,34,55,\cdots$$

斐波那契数列是一个实数列，若记其为数列 $\{a_n\}$，则数列 $\{a_n\}$ 具有以下特点

$$a_n=a_{n-1}+a_{n-2}\ (n\geqslant 3),\ a_1=1,\ a_2=2$$

由例 26 知，当 $n\geqslant 3$ 时数列 $\{a_n\}$ 的通项公式为

$$a_n=\frac{1}{\sqrt{5}}\left[\left(\frac{1+\sqrt{5}}{2}\right)^{n+1}-\left(\frac{1-\sqrt{5}}{2}\right)^{n+1}\right]\ (n\geqslant 3) \tag{21}$$

先后令式(21)中 $n=1$ 和 $n=2$ 得

$$a_1=\frac{1}{\sqrt{5}}\left[\left(\frac{1+\sqrt{5}}{2}\right)^{2}-\left(\frac{1-\sqrt{5}}{2}\right)^{2}\right]=1$$

$$a_2=\frac{1}{\sqrt{5}}\left[\left(\frac{1+\sqrt{5}}{2}\right)^{3}-\left(\frac{1-\sqrt{5}}{2}\right)^{3}\right]=2$$

因此数列 $\{a_n\}$ 的通项公式为

$$a_n=\frac{1}{\sqrt{5}}\left[\left(\frac{1+\sqrt{5}}{2}\right)^{n+1}-\left(\frac{1-\sqrt{5}}{2}\right)^{n+1}\right]\ (n=1,2,\cdots)$$

即斐波那契数列的通项公式为

$$F(n)=\frac{1}{\sqrt{5}}\left[\left(\frac{1+\sqrt{5}}{2}\right)^{n+1}-\left(\frac{1-\sqrt{5}}{2}\right)^{n+1}\right]\ (n=1,2,\cdots)$$

习 题 六

1. 判断下列各集合关于指定运算是否构成实数域 $\mathbf{R}$ 上的线性空间.

(1) 主对角线上的元之和等于 0 的二阶实矩阵全体 $\mathbf{R}_0^{2\times 2}$ 关于通常的矩阵加法和数与矩阵的乘积运算；

(2) $V=\{\boldsymbol{\alpha}=(a,a,0)^{\mathrm{T}}\mid a\in\mathbf{R}\}$ 关于通常的向量加法和数与向量的乘积运算；

(3) n 阶上三角形矩阵全体 $\mathbf{R}_s^{n\times n}$ 关于通常的矩阵加法和数与矩阵的乘积运算；

(4) 次数不超过 n 且系数之和为 1 的全体实多项式 $P[x]$ 关于通常的多项式加法和数与多项式的乘积运算；

(5) n 阶实对称矩阵的全体关于通常的矩阵加法和数与矩阵的乘积运算.

2. 证明实数域 $\mathbf{R}$ 按照本身的加法和乘法运算构成一个它自身上的线性空间.

3. 求 $\mathbf{R}^3$ 中向量 $\boldsymbol{\alpha}=(6,2,-7)^{\mathrm{T}}$ 在基 $\boldsymbol{\alpha}_1=(2,1,-3)^{\mathrm{T}},\boldsymbol{\alpha}_2=(3,2,-5)^{\mathrm{T}},\boldsymbol{\alpha}_3=(1,-1,1)^{\mathrm{T}}$ 下的坐标.

4. 在 $\mathbf{R}^4$ 中,求由齐次线性方程组

$$\begin{cases} x_1+x_2-3x_3-x_4=0 \\ 3x_1-x_2-3x_3+4x_4=0 \\ x_1+5x_2-9x_3-8x_4=0 \end{cases}$$

确定的解空间的一个基和维数.

5. 试证 $\boldsymbol{E}_1=\begin{pmatrix}0&1\\1&1\end{pmatrix},\boldsymbol{E}_2=\begin{pmatrix}1&0\\1&1\end{pmatrix},\boldsymbol{E}_3=\begin{pmatrix}1&1\\0&1\end{pmatrix},\boldsymbol{E}_4=\begin{pmatrix}1&1\\1&0\end{pmatrix}$是线性空间 $\mathbf{R}^{2\times2}$ 的一个基,并求矩阵 $\begin{pmatrix}1&2\\3&4\end{pmatrix}$在这个基下的坐标.

6. 试证 $1,x,\dfrac{1}{2}(3x^2-1),\dfrac{1}{2}(5x^3-3x)$是线性空间 $P[x]_3$ 的一个基,并求多项式 $1+x+x^2+x^3$ 在这个基下的坐标.

7. 设线性空间 $\mathbf{R}^3$ 有两个基:

$$A:\boldsymbol{\alpha}_1=(1,2,1)^{\mathrm{T}},\boldsymbol{\alpha}_2=(2,3,3)^{\mathrm{T}},\boldsymbol{\alpha}_3=(3,7,1)^{\mathrm{T}}$$

$$B:\boldsymbol{\beta}_1=(3,1,4)^{\mathrm{T}},\boldsymbol{\beta}_2=(5,2,1)^{\mathrm{T}},\boldsymbol{\beta}_3=(1,1,-6)^{\mathrm{T}}$$

$\mathbf{R}^3$ 中向量 $\boldsymbol{\alpha}$ 在基 A 和基 B 下的坐标分别为$(x_1,x_2,x_3)^{\mathrm{T}}$ 和$(y_1,y_2,y_3)^{\mathrm{T}}$.求坐标$(x_1,x_2,x_3)^{\mathrm{T}}$ 与坐标$(y_1,y_2,y_3)^{\mathrm{T}}$ 之间的关系.

8. 设 $\mathbf{R}^{2\times2}$有三个基:

$$A:\begin{pmatrix}1&0\\0&0\end{pmatrix},\begin{pmatrix}1&0\\0&1\end{pmatrix},\begin{pmatrix}1&0\\1&0\end{pmatrix},\begin{pmatrix}0&1\\1&1\end{pmatrix}$$

$$B:\begin{pmatrix}0&0\\0&1\end{pmatrix},\begin{pmatrix}0&1\\1&0\end{pmatrix},\begin{pmatrix}0&1\\0&1\end{pmatrix},\begin{pmatrix}1&1\\1&0\end{pmatrix}$$

$$E:\begin{pmatrix}1&0\\0&0\end{pmatrix},\begin{pmatrix}0&1\\0&0\end{pmatrix},\begin{pmatrix}0&0\\1&0\end{pmatrix},\begin{pmatrix}0&0\\0&1\end{pmatrix}$$

求以下过渡矩阵:

(1) 由基 E 到基 A 的过渡矩阵 $\boldsymbol{P}_1$;

(2) 由基 E 到基 B 的过渡矩阵 $\boldsymbol{P}_2$;

(3) 由基 A 到基 B 的过渡矩阵 $\boldsymbol{P}_3$;

(4) 由基 B 到基 A 的过渡矩阵 $\boldsymbol{P}_4$.

9. 设 $\mathbf{R}^{2\times2}$有三个基,即第 8 题中的基 A、基 B、基 E.

(1) 求矩阵$\begin{pmatrix}5&-1\\-2&3\end{pmatrix}$在基 A 和基 B 下的坐标;

(2) 设 $\mathbf{R}^{2\times2}$中矩阵 $\boldsymbol{C}$ 在基 A 下的坐标为$(2,3,-1,5)^{\mathrm{T}}$,求 $\boldsymbol{C}$ 在基 B 下的坐标;

(3) 设 $\mathbf{R}^{2\times2}$中矩阵 $\boldsymbol{D}$ 在基 B 下的坐标为$(4,-1,-5,6)^{\mathrm{T}}$,求 $\boldsymbol{D}$ 在基 A 下的坐标.

10. 设 $P[x]_3$ 有三个基:

$$A:1,1+x,1+x^2,1+x^3$$

$$B:1,x-2,x^2-3x,x^3-4x^2$$

$$E:1,x,x^2,x^3$$

求以下过渡矩阵：

(1) 由基 E 到基 A 的过渡矩阵 $\boldsymbol{P}_1$；

(2) 由基 E 到基 B 的过渡矩阵 $\boldsymbol{P}_2$；

(3) 由基 A 到基 B 的过渡矩阵 $\boldsymbol{P}_3$；

(4) 由基 B 到基 A 的过渡矩阵 $\boldsymbol{P}_4$.

11. 设 $P[x]_3$ 有三个基，即第 10 题中的基 A、基 B、基 E.

(1) 求多项式 $2+4x-7x^2-x^3$ 在基 A 和基 B 下的坐标；

(2) 设 $P[x]_3$ 中多项式 $p_1(x)$ 在基 A 下的坐标为 $(5,-2,-3,1)^{\mathrm{T}}$，求 $p_1(x)$ 在基 B 下的坐标；

(3) 设 $P[x]_3$ 中多项式 $p_2(x)$ 在基 B 下的坐标为 $(-1,4,3,5)^{\mathrm{T}}$，求 $p_2(x)$ 在基 A 下的坐标.

12. 在线性空间 $\mathbf{R}^3$ 的下列子集 W 中，哪些是 $\mathbf{R}^3$ 的子空间？

(1) $W=\{\boldsymbol{\alpha}=(a_1,a_2,0)^{\mathrm{T}}\mid a_1,a_2\in\mathbf{R}\}$；

(2) $W=\{\boldsymbol{\alpha}=(2a_1,4a_1,a_2)^{\mathrm{T}}\mid a_1,a_2\in\mathbf{R}\}$；

(3) $W=\{\boldsymbol{\alpha}=(a_1,a_2,a_3)^{\mathrm{T}}\mid a_1-a_2+a_3=0,a_1,a_2,a_3\in\mathbf{R}\}$；

(4) $W=\{\boldsymbol{\alpha}=(a_1,a_2,a_3)^{\mathrm{T}}\mid a_1+a_2=1,a_1,a_2,a_3\in\mathbf{R}\}$.

13. 判断：

(1) $W=\{\boldsymbol{\alpha}=(a_1,a_2,\cdots,a_n)^{\mathrm{T}}\mid a_1a_2\cdots a_n=0,\boldsymbol{\alpha}\in\mathbf{R}^n\}$ 是否为线性空间 $\mathbf{R}^n$ 的子空间；

(2) n 阶实对称矩阵全体 $\mathbf{R}_t^{n\times n}$ 是否为线性空间 $\mathbf{R}^{n\times n}$ 的子空间；

(3) 次数不超过 n 的整系数多项式 $P[x]_q$ 是否为线性空间 $P[x]_n$ 的子空间；

(4) 区间 $[a,b]$ 上满足 $f(a)=f(b)$ 的全体连续实函数 $C[a,b]_e$ 是否为线性空间 $C[a,b]$ 的子空间.

14. 在 $\mathbf{R}^4$ 中求下列向量所生成子空间的一个基和维数.

(1) $\boldsymbol{\alpha}_1=\begin{pmatrix}2\\1\\3\\1\end{pmatrix},\boldsymbol{\alpha}_2=\begin{pmatrix}1\\2\\0\\1\end{pmatrix},\boldsymbol{\alpha}_3=\begin{pmatrix}-1\\1\\-3\\0\end{pmatrix},\boldsymbol{\alpha}_4=\begin{pmatrix}1\\1\\1\\1\end{pmatrix}$；

(2) $\boldsymbol{\alpha}_1=\begin{pmatrix}1\\0\\0\\-1\end{pmatrix},\boldsymbol{\alpha}_2=\begin{pmatrix}2\\1\\1\\0\end{pmatrix},\boldsymbol{\alpha}_3=\begin{pmatrix}1\\1\\1\\1\end{pmatrix},\boldsymbol{\alpha}_4=\begin{pmatrix}1\\2\\3\\4\end{pmatrix},\boldsymbol{\alpha}_5=\begin{pmatrix}0\\1\\2\\3\end{pmatrix}$.

15. 试证在 $\mathbf{R}^4$ 中由 $\boldsymbol{\alpha}_1=\begin{pmatrix}1\\1\\0\\0\end{pmatrix},\boldsymbol{\alpha}_2=\begin{pmatrix}1\\0\\1\\1\end{pmatrix}$ 生成的子空间与由 $\boldsymbol{\beta}_1=\begin{pmatrix}2\\-1\\3\\3\end{pmatrix},\boldsymbol{\beta}_2=\begin{pmatrix}0\\1\\-1\\-1\end{pmatrix}$ 生成的子空间相等.

16. 设 W_1,W_2 是线性空间 V 的两个子空间，试证 $W=W_1\cap W_2$ 也是 V 的子空间.

17. 如果 $\boldsymbol{\alpha}_1,\boldsymbol{\alpha}_2,\boldsymbol{\alpha}_3$ 是 $\mathbf{R}^3$ 的一个基，试求由向量

$$\boldsymbol{\beta}_1=\boldsymbol{\alpha}_1-2\boldsymbol{\alpha}_2+3\boldsymbol{\alpha}_3,\quad \boldsymbol{\beta}_2=2\boldsymbol{\alpha}_1+3\boldsymbol{\alpha}_2+2\boldsymbol{\alpha}_3,\quad \boldsymbol{\beta}_3=4\boldsymbol{\alpha}_1+13\boldsymbol{\alpha}_2$$

生成的子空间 $L(\boldsymbol{\beta}_1,\boldsymbol{\beta}_2,\boldsymbol{\beta}_3)$ 的一个基.

18. 设 W 是线性空间 V 的一个子空间.试证如果 W 与 V 的维数相等,则 $W=V$.

19. 证明实数域作为它自身上的线性空间与本章例 5 中线性空间 $\mathbf{R}^+$ 同构.(提示:取定一个实数 $a>1$,定义 $\mathbf{R}$ 到 $\mathbf{R}^+$ 上的映射 $\sigma: x \mapsto a^x=\sigma(x), x \in \mathbf{R}$.)

20. 判断下列变换是不是线性变换:

(1) 在数域 F 上的线性空间 V 上,$\sigma: \boldsymbol{\alpha} \mapsto \boldsymbol{\alpha}+\boldsymbol{\alpha}_0=\sigma(\boldsymbol{\alpha})(\boldsymbol{\alpha} \in V)$,其中 $\boldsymbol{\alpha}_0$ 是 V 中一个确定的向量;

(2) 在 $\mathbf{R}^3$ 上,$\sigma:(x_1, x_2, x_3)^{\mathrm{T}} \mapsto(2x_1-x_2, x_2+x_3, x_1)^{\mathrm{T}}=\sigma[(x_1, x_2, x_3)^{\mathrm{T}}],(x_1, x_2, x_3)^{\mathrm{T}} \in \mathbf{R}^3$;

(3) 在 $\mathbf{R}^{n \times n}$ 上,$\sigma: \boldsymbol{X} \mapsto \boldsymbol{AXB}=\sigma(\boldsymbol{X})(\boldsymbol{X} \in \mathbf{R}^{n \times n})$,其中 $\boldsymbol{A}, \boldsymbol{B}$ 是 $\mathbf{R}^{n \times n}$ 中两个确定的矩阵.

21. 在 $\mathbf{R}^3$ 上定义变换

$$\sigma:\begin{pmatrix}x\\y\\z\end{pmatrix} \mapsto \begin{pmatrix}x-y\\y-z\\z-x\end{pmatrix}=\sigma\left(\begin{pmatrix}x\\y\\z\end{pmatrix}\right), \quad (x, y, z)^{\mathrm{T}} \in \mathbf{R}^3$$

(1) 证明 σ 是线性变换;

(2) 求 σ 在 $\mathbf{R}^3$ 的基 $\boldsymbol{\varepsilon}_1=\begin{pmatrix}1\\0\\0\end{pmatrix}, \boldsymbol{\varepsilon}_2=\begin{pmatrix}0\\1\\0\end{pmatrix}, \boldsymbol{\varepsilon}_3=\begin{pmatrix}0\\0\\1\end{pmatrix}$ 下的矩阵 $\boldsymbol{A}$.

22. 在 $\mathbf{R}^{2\times 2}$ 上定义变换

$$\sigma:\begin{pmatrix}a & b\\c & d\end{pmatrix} \mapsto \begin{pmatrix}d & -b\\-c & a\end{pmatrix}=\sigma\left(\begin{pmatrix}a & b\\c & d\end{pmatrix}\right), \quad \begin{pmatrix}a & b\\c & d\end{pmatrix} \in \mathbf{R}^{2\times 2}$$

(1) 试证 σ 是线性变换;

(2) 求 σ 在基 $\begin{pmatrix}1 & 0\\0 & 0\end{pmatrix},\begin{pmatrix}0 & 1\\0 & 0\end{pmatrix},\begin{pmatrix}0 & 0\\1 & 0\end{pmatrix},\begin{pmatrix}0 & 0\\0 & 1\end{pmatrix}$ 下的矩阵 $\boldsymbol{A}$;

(3) 求 σ 在基 $\begin{pmatrix}1 & 0\\0 & 0\end{pmatrix},\begin{pmatrix}1 & 1\\0 & 0\end{pmatrix},\begin{pmatrix}1 & 1\\1 & 0\end{pmatrix},\begin{pmatrix}1 & 1\\1 & 1\end{pmatrix}$ 下的矩阵 $\boldsymbol{B}$.

23. 已知 $P[x]_3$ 上的线性变换 σ 在基 $3, x+2,(x+1)^2, x^3$ 下的矩阵为

$$\boldsymbol{A}=\begin{pmatrix}0 & 3 & -1 & 4\\0 & -4 & 3 & 1\\2 & 2 & -1 & 0\\1 & 1 & 0 & -2\end{pmatrix}$$

求向量 $\sigma(3+6x+4x^2-x^3)$ 在基 $3, x+2,(x+1)^2, x^3$ 下的坐标.

24. 设 $\mathbf{R}^3$ 上线性变换 σ 在基 $\boldsymbol{\alpha}_1, \boldsymbol{\alpha}_2, \boldsymbol{\alpha}_3$ 下的矩阵

$$\boldsymbol{A}=\begin{pmatrix}1 & -2 & 0\\0 & 1 & 4\\-1 & 3 & 3\end{pmatrix}$$

求 σ 在基 $\boldsymbol{\beta}_1=\boldsymbol{\alpha}_1+2\boldsymbol{\alpha}_2, \boldsymbol{\beta}_2=3\boldsymbol{\alpha}_2+2\boldsymbol{\alpha}_3, \boldsymbol{\beta}_3=5\boldsymbol{\alpha}_3-4\boldsymbol{\alpha}_1$ 下的矩阵 $\boldsymbol{B}$.

25. 已知 $\mathbf{R}^3$ 上的线性变换 σ 在基 $\boldsymbol{\alpha}_1=\begin{pmatrix}-1\\1\\1\end{pmatrix}, \boldsymbol{\alpha}_2=\begin{pmatrix}1\\0\\-1\end{pmatrix}, \boldsymbol{\alpha}_3=\begin{pmatrix}0\\1\\1\end{pmatrix}$ 下的矩阵为

$$A=\begin{pmatrix}1&0&1\\1&1&0\\-1&2&1\end{pmatrix}$$

求 σ 在基 $\boldsymbol{\varepsilon}_1=\begin{pmatrix}1\\0\\0\end{pmatrix},\boldsymbol{\varepsilon}_2=\begin{pmatrix}0\\1\\0\end{pmatrix},\boldsymbol{\varepsilon}_3=\begin{pmatrix}0\\0\\1\end{pmatrix}$ 下的矩阵 $\boldsymbol{B}$.

第七章　线性代数在 Python 中的实现

线性代数是研究向量空间及其上的线性变换、矩阵和线性方程组等代数结构及其性质的一个数学分支，涉及大量复杂的数学运算，通常需要借助于数学软件来实现，常用的数学软件有 MATLAB、Mathematica、Maple、Python 等，其中 Python 是开源的免费软件，其语法简单，易于上手，并且自带很多成熟的软件包，深受广大用户的喜爱.本章主要介绍利用 Python 软件实现线性代数的相关运算.

§7.1　Python 简介

1989 年，荷兰数学和计算机科学研究学会的吉多・范罗苏姆(Guido van Rossum)开发了一个新的脚本解释程序，命名为 Python，其最初版本于 1991 年发布. 其实 Python 也是由诸多其他语言发展而来，并且借鉴了 ABC、Modula-3、C、C++、Algol-68、SmallTalk、Unix shell 和其他脚本语言的诸多优点.相比其他脚本语言，Python 具有如下特点：

(1) 易于学习和阅读：Python 语言对新手来说非常友好，它的语法简洁明了，代码看起来更像是英语句子而不是晦涩难懂的编程语言.

(2) 拥有丰富的库和框架：Python 拥有广泛的第三方库，如 numpy、pandas、matplotlib、scikit-learn 等，支持各种各样的任务，如数据分析、图像处理和机器学习等.这些库使得 Python 更加强大和高效，缩短了开发人员的开发时间和成本.

(3) 面向对象编程：Python 是完全面向对象的语言，函数、模块、数字、字符串都是对象，并且完全支持继承、重载、派生、多继承，有益于增强源代码的复用性.

(4) 可扩展性强：Python 语言可以与其他编程语言进行混合编程.Python 语言与 C 语言的结合可以快速实现性能强大的代码，并且 Python 语言还提供了 C 语言的接口以扩展其功能，例如 Cython.

(5) 跨平台兼容性强：Python 语言可以在不同的操作系统中运行，比如 Windows、Linux、MacOS 等.可以通过安装 Python 解释器来解释代码文件，因此程序可以在多个系统上运行.这种跨平台性质可以显著地减少开发周期，因为不需要为不同的平台编写多个代码版本，可以提高代码的可重用性.

§7.2　Python 开发环境

用户在开始学习使用 Python 之前，需要选择一个合适的集成开发环境(integrated development environment，简写为 IDE)，用来编写程序、保存程序文档、调试代码、运行并查看结果等.常用的 Python IDE 工具有 IDLE、PyCharm、Anaconda、Jupyter Notebook、Sublime Text 等，这里推荐使用 Anaconda.

Anaconda 是由特拉维斯·奥里芬特(Travis Oliphant)领导设计的一个 Python 科学计算环境,特拉维斯·奥里芬特同时也是 SciPy 库和 NumPy 库的作者之一. Anaconda 本身并不是一个开发和调试环境,而是一个集成各类 Python 工具的集成平台,不仅包含了 Python 解释器、开发环境(如 Spyder 和 Jupyter Notebook),还整合了众多科学计算的包,如 Numpy、Scipy、Pandas 和 Matplotlib 等,以及机器学习、生物医学和天体物理学计算等众多的包或模块,如 Scikit-learn、BioPython、Scikit-Bio 和 Astropy 等.

集成在 Anaconda 中的 Spyder 是一个非常优秀的编写和调试 Python 代码的第三方工具,用户安装完成 Anaconda 后,单击 Windows 开始菜单,依次选择 Anaconda3 --> Spyder 即可启动 Spyder,其工作界面布局如图 7-1 所示.Spyder 工作界面的左侧空白区域为代码编辑区,右上方空白区域为帮助、变量、绘图和文件浏览区,右下方空白区域为 IPython 控制台和历史命令浏览区,IPython 控制台可用来运行代码并查看代码运行结果.

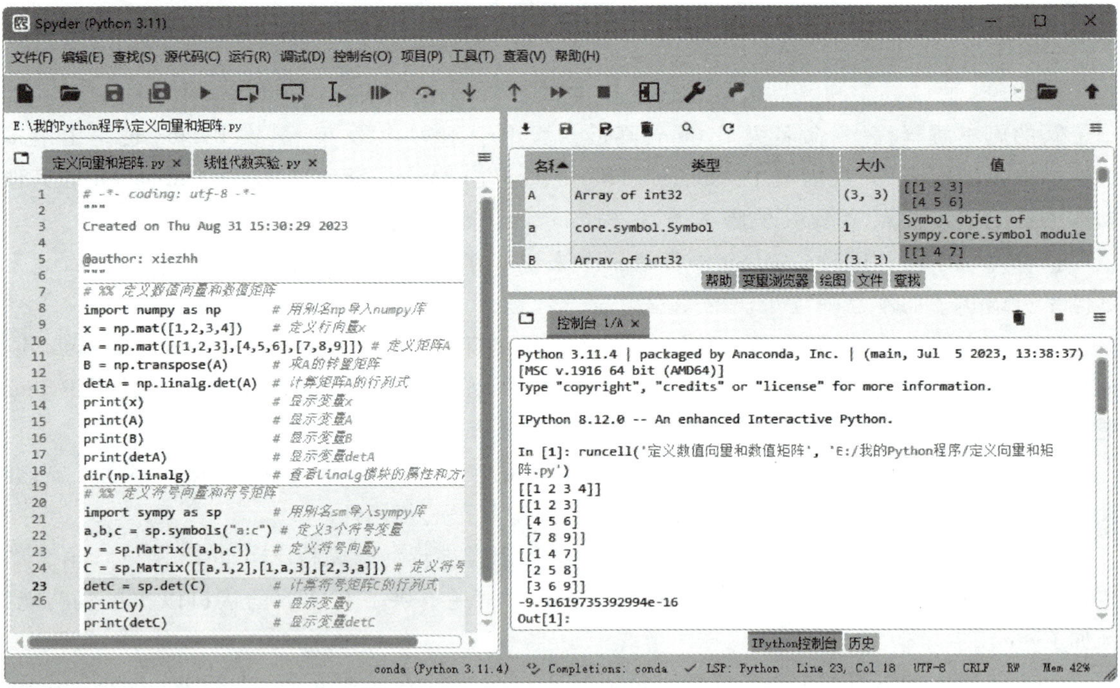

图 7-1

§7.3 向量和矩阵的定义

向量和矩阵在线性代数中有着非常重要的应用,本节首先介绍 NumPy 和 SymPy 库,然后基于这两个库定义向量和矩阵.

一、NumPy 库

NumPy 是 Numerical Python 的简写,NumPy 库是 Python 数值计算的基石,支持高维数组与矩阵运算,针对数组运算提供了大量的数学函数.特别地,NumPy 中的 linalg 模块提供了求解线性代数问题的函数,可用于求逆矩阵、求特征值、解线性方程组以及求行列式等.

1. 导入 NumPy

在调用 NumPy 库中的函数之前,应先导入 NumPy,命令如下:

```
#用别名 np 导入 numpy 库
import numpy as np
dir(np.linalg)                                # 查看 linalg 模块的属性和方法
```

输出结果:

```
['LinAlgError',
'__all__',
'__builtins__',
'__cached__',
'__doc__',
'__file__',
'__loader__',
'__name__',
'__package__',
'__path__',
'__spec__',
'_umath_linalg',
'cholesky',
'cond',
'det',
'eig',
'eigh',
'eigvals',
'eigvalsh',
'inv',
'linalg',
'lstsq',
'matrix_power',
'matrix_rank',
'multi_dot',
'norm',
'pinv',
'qr',
'slogdet',
'solve',
'svd',
'tensorinv',
'tensorsolve',
'test']
```

2. 定义数值向量和数值矩阵

NumPy 库中的 array 函数用来定义一维或多维数组，mat 函数用来定义矩阵(二维数组)，ones 函数用来定义元素全为 1 的数组，zeros 函数用来定义元素全为 0 的数组，diag 函数用来定义对角矩阵型数组，eye 函数用来定义单位矩阵型数组.

例 1 定义向量 $\boldsymbol{x}=(1,2,3)$.

解 在 Spyder 中运行如下代码：

```
x=np.mat([1,2,3])                        # 定义行向量 x
print(x)                                 # 显示变量 x
```

输出结果：

```
[[1 2 3]]
```

例 2 定义矩阵 $\boldsymbol{A}=\begin{pmatrix}1&2&3\\4&5&6\\7&8&9\end{pmatrix}$.

解 在 Spyder 中运行如下代码：

```
A=np.mat([[1,2,3],[4,5,6],[7,8,9]])      # 定义矩阵 A
print(A)                                 # 显示变量 A
```

输出结果：

```
[[1 2 3]
[4 5 6]
[7 8 9]]
```

例 3 定义从 0 起始，到 6 终止，步长为 2 的等间隔向量.

解 在 Spyder 中运行如下代码：

```
y=np.mat(np.arange(0,6,2))               # 定义指定步长的等间隔向量
print(y)                                 # 显示变量 y
```

输出结果：

```
[[0 2 4]]
```

注 arange 函数用来根据指定的始值、终值和步长创建等间隔数组，所创建的数组并不包含终值.

例 4 定义从 0 起始，到 5 终止，包含 6 个元素的等间隔向量，并将其转为 2 行 3 列的矩阵.

解 在 Spyder 中运行如下代码：

```
z=np.linspace(0,5,6)                     # 定义指定长度的等间隔向量
B=np.reshape(z,(2,3))                    # 向量转为矩阵
print(z)                                 # 显示变量 z
print(B)                                 # 显示变量 B
```

输出结果：

```
[0 1 2 3 4 5]
[[0 1 2]
[3 4 5]]
```

例 5　定义三阶零矩阵.

解　在 Spyder 中运行如下代码:

```
print(np.mat(np.zeros([3,3])))          # 定义三阶零矩阵
```

输出结果:

```
[[0 0 0]
[0 0 0]
[0 0 0]]
```

例 6　定义三阶单位矩阵 $\boldsymbol{E}=\begin{pmatrix}1&0&0\\0&1&0\\0&0&1\end{pmatrix}$.

解　在 Spyder 中运行如下代码:

```
E=np.mat(np.eye(3))                     # 定义三阶单位矩阵
print(E)                                # 显示变量 E
```

输出结果:

```
[[1 0 0]
[0 1 0]
[0 0 1]]
```

例 7　定义对角矩阵 $\boldsymbol{A}=\begin{pmatrix}1&0&0\\0&2&0\\0&0&3\end{pmatrix}$.

解　在 Spyder 中运行如下代码:

```
A=np.mat(np.diag([1,2,3]))              # 定义对角矩阵
print(A)                                # 显示变量 A
```

输出结果:

```
[[1 0 0]
[0 2 0]
[0 0 3]]
```

二、SymPy 库

在 Python 中,用于符号计算的库是 SymPy(Symbol Python 的简写).利用这个库可以进行符号表达式的加减乘除等四则运算、符号化简、求导、积分、极限、解方程(组)、解微分方程(组)等.

1. 导入 SymPy

导入 SymPy 的命令如下:

```
import sympy as sp                      # 用别名 sp 导入 sympy 库
```

2. 定义符号向量和符号矩阵

SymPy 库中的 symbols 函数用来定义符号变量,Matrix 函数用来定义符号矩阵.

例 8　定义符号向量 $\boldsymbol{x}=(a,b,c)$.

解　在 Spyder 中运行如下代码:

```
a,b,c=sp.symbols('a:c')                      # 定义 3 个符号变量
x=sp.Matrix([a,b,c])                         # 定义符号向量 x
print(x)                                     # 显示变量 x
```

输出结果：

```
Matrix([[a], [b], [c]])
```

例 9 定义符号矩阵 $\boldsymbol{A}=\begin{pmatrix} a_{11} & a_{12} & a_{13} \\ a_{21} & a_{22} & a_{23} \\ a_{31} & a_{32} & a_{33} \end{pmatrix}$.

解 方法 1

在 Spyder 中运行如下代码：

```
A=sp.MatrixSymbol('a', 3, 3)                 # 定义抽象矩阵
A=sp.Matrix(A)                               # 转为符号矩阵
print(A)                                     # 显示变量 A
```

输出结果：

```
Matrix([[a[0, 0], a[0, 1], a[0, 2]], [a[1, 0], a[1, 1], a[1, 2]], [a[2, 0], a[2, 1], a[2, 2]]])
```

方法 2

在 Spyder 中运行如下代码：

```
A=sp.zeros(3,3)                              # 定义三阶零矩阵
a='a'
# 通过两层循环为矩阵元素赋值
for i in range(3):
    for j in range(3):
        exec('A[i,j]=a+str(i+1)+str(j+1)')
print(A)                                     # 显示变量 A
```

输出结果：

```
Matrix([[a11, a12, a13], [a21, a22, a23], [a31, a32, a33]])
```

三、数组索引

数组索引是指根据指定的条件访问数组元素，这里的条件可以是具体的索引下标，也可以是逻辑索引数组.Python 中的索引下标是从 0 开始的，即第一个元素的索引下标为 0，第二个元素的索引下标为 1，以此类推.同时，Python 还支持负数索引下标，例如 -1 表示最后一个元素，-2 表示倒数第二个元素，以此类推.

例 10 定义一个 3 行 4 列的随机矩阵，用不同的方式索引矩阵元素.

解 首先调用 NumPy 库中 random 模块里的 rand 函数定义一个 3 行 4 列的随机矩阵.在 Spyder 中运行如下代码：

```
# 设置随机数生成器的初始种子为 5
np.random.seed(5)
A=np.random.rand(3,4)                        # 定义随机矩阵
A=np.round(A,2)                              # 保留 2 位小数
```

```
print(A)                                    # 显示随机矩阵
```

输出结果：

```
[[0.22 0.87 0.21 0.92]
 [0.49 0.61 0.77 0.52]
 [0.3  0.19 0.08 0.74]]
```

由上述输出结果可知生成的随机矩阵为 $\boldsymbol{A}=\begin{pmatrix}0.22 & 0.87 & 0.21 & 0.92\\ 0.49 & 0.61 & 0.77 & 0.52\\ 0.3 & 0.19 & 0.08 & 0.74\end{pmatrix}$.接下来用不同的方式索引矩阵元素.

(1) 访问单个元素

通过指定具体的行标和列标(形如 A[i,j])可以访问数组的单个元素.在 Spyder 中运行如下代码即可访问矩阵 $\boldsymbol{A}$ 的第 1 行第 3 列的元素：

```
a13=A[0,2]                                  # 访问 A 的第 1 行第 3 列的元素
print(a13)                                  # 显示结果
```

输出结果：

```
0.21
```

(2) 访问多行和多列交叉位置的子数组

通过指定切片(形如 start:stop:step)可以访问数组的多行和多列交叉位置的子数组,其中 start 为起始索引,stop 为终止索引,step 为步长,如果以上 3 个参数都未指定,则取其默认值：start=0、stop=数组维数大小、step=1.

- 访问矩阵 $\boldsymbol{A}$ 的前两行和前两列交叉位置的子数组,代码如下：

```
print(A[:2,:2])
```

输出结果：

```
[[0.22 0.87]
 [0.49 0.61]]
```

- 访问矩阵 $\boldsymbol{A}$ 的第 1,3 行和第 1,3 列交叉位置的子数组,代码如下：

```
print(A[0:3:2,0:3:2])
```

输出结果：

```
[[0.22 0.21]
 [0.3  0.08]]
```

(3) 访问整行或整列

- 访问矩阵 $\boldsymbol{A}$ 的第 1 行元素,代码如下：

```
print(A[0,:])                               # 显示 A 的第 1 行元素
```

输出结果：

```
[0.22 0.87 0.21 0.92]
```

- 访问矩阵 $\boldsymbol{A}$ 的倒数第 1 行元素,代码如下：

```
print(A[-1,:])                              # 显示 A 的倒数第 1 行元素
```

输出结果：

```
[0.3 0.19 0.08 0.74]
```

- 访问矩阵 $\boldsymbol{A}$ 的第 1、3 和 4 列元素,代码如下：

```
print(A[:,[0,2,3]])                    # 显示 A 的第 1,3,4 列元素
```

输出结果：

```
[[0.22 0.21 0.92]
[0.49 0.77 0.52]
[0.3  0.08 0.74]]
```

- 访问矩阵 $\boldsymbol{A}$ 的每隔 1 列的元素，代码如下：

```
print(A[:,::2])                        # 所有行,每隔一列
```

输出结果：

```
[[0.22 0.21]
[0.49 0.77]
[0.3  0.08]]
```

(4)通过逻辑索引访问数组元素

访问矩阵 $\boldsymbol{A}$ 的大于 0.5 的元素，代码如下：

```
ID=A>0.5                               # 生成逻辑索引数组
print(A[ID])                           # 显示满足条件的元素
```

输出结果：

```
[0.87 0.92 0.61 0.77 0.52 0.74]
```

§7.4 计算行列式

一、调用 det 函数计算行列式

NumPy 的 linalg 模块和 SymPy 库中均提供了 det 函数，用来计算方阵的行列式.

例 11 计算行列式 $\begin{vmatrix} 2 & 4 & 3 & 7 & -9 & 0 & 8 \\ -9 & 8 & 12 & -7 & 8 & 9 & 0 \\ -6 & -4 & 9 & -1 & 0 & -7 & 9 \\ 6 & 3 & 2 & 1 & 5 & -8 & 0 \\ -9 & -6 & -8 & 8 & 7 & 6 & 5 \\ -8 & 6 & 5 & 4 & 3 & 7 & 9 \\ -9 & 7 & 5 & 3 & 3 & 2 & 1 \end{vmatrix}$.

解　方法 1

在 Spyder 中运行如下代码：

```
import numpy as np                     # 用别名 np 导入 numpy 库
# 定义数值矩阵 A
A=np.mat([[2,4,3,7,-9,0,8],
          [-9,8,12,-7,8,9,0],
          [-6,-4,9,-1,0,-7,9],
          [6,3,2,1,5,-8,0],
          [-9,-6,-8,8,7,6,5],
          [-8,6,5,4,3,7,9],
```

```
                  [-9,7,5,3,3,2,1]])
    print(np.linalg.det(A))                        # 显示计算结果
```
输出结果：
```
    -9659803.999999998
```
方法 2

在 Spyder 中运行如下代码：
```
    import sympy as sp                             # 用别名 sp 导入 sympy 库
    # 定义符号矩阵 A
    A=sp.Matrix([[2,4,3,7,-9,0,8],
                 [-9,8,12,-7,8,9,0],
                 [-6,-4,9,-1,0,-7,9],
                 [6,3,2,1,5,-8,0],
                 [-9,-6,-8,8,7,6,5],
                 [-8,6,5,4,3,7,9],
                 [-9,7,5,3,3,2,1]])
    print(sp.det(A))                               # 显示计算结果
```
输出结果：
```
    -9659804
```
显然两种方法得到的计算结果并不完全一致，这是因为受计算机浮点数位数限制，数值计算有舍入误差，而符号计算则是精确计算.

例 12 计算行列式 $\begin{vmatrix} x & 0 & 6 & 7 \\ 2 & x+1 & 6 & 4 \\ 7 & 0 & x^2 & 3 \\ 0 & 8 & 5 & x-4 \end{vmatrix}$.

解 在 Spyder 中运行如下代码：
```
    import sympy as sp                             # 用别名 sp 导入 sympy 库
    x=sp.symbols('x')                              #定义"x"为符号变量
    # 定义符号矩阵 B
    B=sp.Matrix([[x,0,6,7],[2,x+1,6,4],
                 [7,0,x**2,3],[0,8,5,x-4]])
    print(sp.det(B))                               # 显示计算结果
```
输出结果：
```
    x**5-3*x**4-36*x**3+55*x**2+500*x-883
```
由输出结果可知行列式的值为 $x^5-3x^4-36x^3+55x^2+500x-883$.

二、利用克拉默法则求解线性方程组

例 13 用克拉默法则求线性方程组 $\begin{cases} x_1-2x_2-x_3-2x_4=2 \\ 4x_1+2x_2+2x_3+x_4=3 \\ 2x_1+5x_2+4x_3-x_4=0 \\ x_1+x_2+x_3+x_4=\dfrac{1}{3} \end{cases}$ 的解.

解 在 Spyder 中运行如下代码：

```
import sympy as sp                                 # 用别名 sp 导入 sympy 库
A=sp.Matrix([[1,-2,-1,-2],[4,2,2,1],
             [2,5,4,-1],[1,1,1,1]])                #定义系数矩阵
b=sp.Matrix([2,3,0,1/3])                           #定义常数向量
# for 循环,遍历矩阵的每一列
for i in range(4):
    Ai=A.copy()                                    #复制矩阵 A 到 Ai
    Ai[:,i]=b                                      #用常数向量 b 替换矩阵 Ai 的第 i 列
    print(f'x{i+1}={Ai.det()/A.det()}')  #利用克拉默法则求解
```

输出结果：

```
x1=1.08333333333333
x2=0
x3=-0.583333333333334
x4=-0.166666666666667
```

由输出结果可知方程组的唯一解为$\begin{cases} x_1 = 1.083\ 3 \\ x_2 = 0 \\ x_3 = -0.583\ 3 \\ x_4 = -0.166\ 7 \end{cases}$.

§7.5 矩阵运算

本节介绍矩阵的基本运算,包括矩阵的加法、数乘、乘法、方阵的幂及多项式矩阵、转置、方阵的逆矩阵、矩阵的初等行变换、矩阵的秩等.

一、矩阵的线性运算

例 14 已知 $\boldsymbol{A}=\begin{pmatrix} 1 & 2 & 3 \\ 4 & 5 & 6 \end{pmatrix}$,$\boldsymbol{B}=\begin{pmatrix} 1 & -2 & 3 \\ -1 & 2 & -3 \end{pmatrix}$,求 $2\boldsymbol{A}+\boldsymbol{B}$.

解 在 Spyder 中运行如下代码：

```
import sympy as sp                        # 用别名 sp 导入 sympy 库
A=sp.Matrix([[1,2,3],[4,5,6]])            # 定义矩阵 A
B=sp.Matrix([[1,-2,3],[-1,2,-3]])         # 定义矩阵 B
C=2 * A+B                                 # 计算 2A+B
print(C)                                  # 显示计算结果
```

输出结果：

```
Matrix([[3, 2, 9], [7, 12, 9]])
```

由输出结果可知 $2\boldsymbol{A}+\boldsymbol{B}=\begin{pmatrix} 3 & 2 & 9 \\ 7 & 12 & 9 \end{pmatrix}$.

二、矩阵的乘法

例 15 求矩阵 $\boldsymbol{A}=\begin{pmatrix}1 & 3 & 0\\ -2 & -1 & 1\end{pmatrix}$ 与 $\boldsymbol{B}=\begin{pmatrix}1 & 3 & -1 & 0\\ 0 & -1 & 2 & 1\\ 2 & 4 & 0 & 1\end{pmatrix}$ 的乘积 $\boldsymbol{AB}$.

解 在 Spyder 中运行如下代码：

```
import sympy as sp                              # 用别名 sp 导入 sympy 库
A=sp.Matrix([[1,3,0],[-2,-1,1]])                # 定义矩阵 A
B=sp.Matrix([[1,3,-1,0],[0,-1,2,1],
          [2,4,0,1]])                           # 定义矩阵 B
C=A*B                                           # 计算 AB
print(C)                                        # 显示计算结果
```

输出结果：

```
Matrix([[1, 0, 5, 3], [0, -1, 0, 0]])
```

由输出结果可知 $\boldsymbol{AB}=\begin{pmatrix}1 & 0 & 5 & 3\\ 0 & -1 & 0 & 0\end{pmatrix}$.

例 16 求向量(a,b,c)与(d,e,f)的内积.

解 在 Spyder 中运行如下代码：

```
import sympy as sp                              # 用别名 sp 导入 sympy 库
a,b,c,d,e,f=sp.symbols('a:f')                   # 定义符号变量
x=sp.Matrix([a,b,c])                            # 定义向量 x
y=sp.Matrix([d,e,f])                            # 定义向量 y
z=x.dot(y)                                      # 计算向量 x 和 y 的内积
print(z)                                        # 显示计算结果
```

输出结果：

```
a*d+b*e+c*f
```

三、方阵的幂和多项式矩阵

例 17 已知 $\boldsymbol{A}=\begin{pmatrix}-12 & 6 & -9\\ 8 & -4 & 6\\ 20 & -10 & 15\end{pmatrix}$，求 $\boldsymbol{A}^{2\,025}$.

解 在 Spyder 中运行如下代码：

```
import sympy as sp                              # 用别名 sp 导入 sympy 库
A=sp.Matrix([[-12,6,-9],[8,-4,6],
          [20,-10,15]])                         # 定义矩阵 A
B=A**2025                                       # 求 A 的 2025 次方
print(B)                                        # 显示计算结果
```

输出结果：

```
Matrix([[-12, 6, -9], [8, -4, 6], [20, -10, 15]])
```

由输出结果可知 $A^{2\,025}=\begin{pmatrix}-12 & 6 & -9\\ 8 & -4 & 6\\ 20 & -10 & 15\end{pmatrix}$.

例 18 设 $f(x)=2x^2-3x+1$, $A=\begin{pmatrix}2 & 1\\ 3 & -1\end{pmatrix}$, 求 $f(A)$.

解 在 Spyder 中运行如下代码：

```
import sympy as sp                          # 用别名 sp 导入 sympy 库
A=sp.Matrix([[2,1],[3,-1]])                 # 定义矩阵 A
B=2*A**2-3*A+sp.eye(2)                      # 求 A 的多项式矩阵
print(B)                                    # 显示计算结果
```

输出结果：

```
Matrix([[9, -1], [-3, 12]])
```

由输出结果可知 $f(A)=\begin{pmatrix}9 & -1\\ -3 & 12\end{pmatrix}$.

四、矩阵的转置

例 19 求矩阵 $A=\begin{pmatrix}1 & 2 & 3 & 4\\ 2 & 3 & 4 & 5\\ 3 & 4 & 5 & 6\end{pmatrix}$ 的转置.

解 在 Spyder 中运行如下代码：

```
import sympy as sp                          # 用别名 sp 导入 sympy 库
A=sp.Matrix([[1,2,3,4],[2,3,4,5],
             [3,4,5,6]])                    # 定义矩阵 A
B=A.T                                       # 或者 B=sp.transpose(A)
print(B)                                    # 显示计算结果
```

输出结果：

```
Matrix([[1, 2, 3], [2, 3, 4], [3, 4, 5], [4, 5, 6]])
```

命令“A.T”和“sp.transpose(A)”均可实现求矩阵 A 的转置.

五、方阵的逆矩阵

例 20 求矩阵 $A=\begin{pmatrix}1 & 2 & 0 & 4\\ -3 & 2 & 5 & 1\\ 0 & 4 & -1 & 3\\ 6 & 1 & 5 & 2\end{pmatrix}$ 的逆矩阵.

解 在 Spyder 中运行如下代码：

```
import sympy as sp                          # 用别名 sp 导入 sympy 库
A=sp.Matrix([[1,2,0,4],
             [-3,2,5,1],
             [0,4,-1,3],
```

```
            [6,1,5,2]])                              # 定义矩阵 A
    B=A.inv()                                        # 求矩阵 A 的逆矩阵
    print(B)                                         # 显示计算结果
```

输出结果：

```
Matrix([[-19/224, -25/224, 15/224, 1/8], [-21/64, 1/64, 25/64, 1/16], [-3/448, 55/448, -33/448, 1/16], [195/448, 9/448, -95/448, -1/16]])
```

除了用 inv 函数求逆矩阵之外，还可以用命令“A ∗ ∗ -1”求矩阵 $\boldsymbol{A}$ 的逆矩阵. 由输出结果可知 $\boldsymbol{A}$ 的逆矩阵为

$$\boldsymbol{A}^{-1}=\begin{pmatrix}-19/224 & -25/224 & 15/224 & 1/8\\ -21/64 & 1/64 & 25/64 & 1/16\\ -3/448 & 55/448 & -33/448 & 1/16\\ 195/448 & 9/448 & -95/448 & -1/16\end{pmatrix}$$

六、矩阵的初等变换

SymPy 库中提供了 rref 函数，用来对矩阵进行初等行变换，把矩阵化为行最简形矩阵.

例 21 求出与 $\boldsymbol{A}=\begin{pmatrix}1 & 3 & -1 & 0\\ 0 & -1 & 2 & 1\\ 2 & 4 & 0 & 1\end{pmatrix}$ 等价的行最简形矩阵.

解 在 Spyder 中运行如下代码：

```
    import sympy as sp                               # 用别名 sp 导入 sympy 库
    A=sp.Matrix([[1,3,-1,0],
                [0,-1,2,1],
                [2,4,0,1]])                          # 定义矩阵 A
    B=A.rref()                                       # 化矩阵 A 为行最简形矩阵
    print(B)                                         # 显示计算结果
```

输出结果：

```
    (Matrix([
    [1, 0, 0, 1/2],
    [0, 1, 0, 0],
    [0, 0, 1, 1/2]]), (0, 1, 2))
```

由输出结果可知矩阵 $\boldsymbol{A}$ 的行最简形矩阵为 $\begin{pmatrix}1 & 0 & 0 & 1/2\\ 0 & 1 & 0 & 0\\ 0 & 0 & 1 & 1/2\end{pmatrix}$.

注 上述输出结果是一个包含两个元素的元组，其中第一个元素是行最简形矩阵，第二个元素(0, 1, 2)是主元(行最简形矩阵中每一行的第一个非零元素)所在的列索引，即各行的主元分别在第 1,2,3 列.

例 22 用初等行变换法求矩阵 $\boldsymbol{A}=\begin{pmatrix}1 & 2 & 3\\ 2 & 2 & 1\\ 3 & 4 & 3\end{pmatrix}$ 的逆矩阵.

解 在 Spyder 中运行如下代码：

```python
import numpy as np                              # 用别名 np 导入 numpy 库
import sympy as sp                              # 用别名 sp 导入 sympy 库
A=np.mat([[1,2,3],[2,2,1],[3,4,3]])            # 定义矩阵 A
E=np.eye(3)                                     # 定义三阶单位矩阵
AE=np.hstack((A,E))                             # 将 A 和 E 水平拼接构造矩阵 AE
AE=sp.Matrix(AE)                                # 把 AE 转为符号矩阵
B=AE.rref()                                     # 化矩阵 AE 为行最简形矩阵
print(B)                                        # 显示计算结果
```

输出结果：

```
(Matrix([
[1, 0, 0, 1.0, 3.0, -2.0],
[0, 1, 0, -1.5, -3.0, 2.5],
[0, 0, 1, 1.0, 1.0, -1.0]]), (0, 1, 2))
```

由输出结果可知 $\boldsymbol{A}^{-1}=\begin{pmatrix}1 & 3 & -2\\ -1.5 & -3 & 2.5\\ 1 & 1 & -1\end{pmatrix}$.

七、矩阵的秩

例 23 求矩阵 $\boldsymbol{A}=\begin{pmatrix}2 & 4 & 3 & 7 & -9 & 0 & 8\\ -9 & 8 & 12 & -7 & 8 & 9 & 0\\ -6 & -4 & 9 & -1 & 0 & -7 & 9\\ 6 & 3 & 2 & 1 & 5 & -8 & 0\\ -9 & -6 & -8 & 8 & 7 & 6 & 5\\ 0 & -1 & 11 & 0 & 5 & -15 & 9\\ -7 & 12 & 15 & 0 & -1 & 9 & 8\end{pmatrix}$的秩.

解 在 Spyder 中运行如下代码：

```python
import sympy as sp                              # 用别名 sp 导入 sympy 库
A=sp.Matrix([[2,4,3,7,-9,0,8],
             [-9,8,12,-7,8,9,0],
             [-6,-4,9,-1,0,-7,9],
             [6,3,2,1,5,-8,0],
             [-9,-6,-8,8,7,6,5],
             [0,-1,11,0,5,-15,9],
             [-7,12,15,0,-1,9,8]])              # 定义矩阵 A
print(A.rank())                                 # 显示矩阵的秩
```

输出结果：

```
5
```

§7.6 求解线性方程组

本节介绍齐次和非齐次线性方程组的解法、向量组线性表示的判定、向量组线性相关性的判定、向量组极大无关组的求解、线性无关向量组的正交化等.

一、齐次和非齐次线性方程组的解法

例 24 求齐次线性方程组$\begin{cases}x_1+x_2-x_3-2x_4=0\\2x_1-x_2+3x_3+x_4=0\\x_1+2x_2-x_3-x_4=0\end{cases}$的基础解系和通解.

解 在 Spyder 中运行如下代码:

```
import sympy as sp                          # 用别名 sp 导入 sympy 库
A=sp.Matrix([[1,1,-1,-2],
             [2,-1,3,1],
             [1,2,-1,-1]])                  # 定义系数矩阵
# 返回 Ax=0 的基础解系
x=A.nullspace()
print(x)                                    # 显示计算结果
```

输出结果:

```
[Matrix([
[ 7/5],
[  -1],
[-8/5],
[   1]])]
```

由输出结果可知齐次线性方程组的基础解系为 $\boldsymbol{\xi}=\begin{pmatrix}7/5\\-1\\-8/5\\1\end{pmatrix}$,通解为 $\boldsymbol{x}=k\begin{pmatrix}7/5\\-1\\-8/5\\1\end{pmatrix}$, $k\in\mathbf{R}$.

例 25 求非齐次线性方程组$\begin{cases}x_1+x_2-3x_3-x_4=1\\3x_1-x_2-3x_3+4x_4=4\\x_1+5x_2-9x_3-8x_4=0\end{cases}$的通解.

解 **方法 1** 直接调用 linsolve 函数求非齐次线性方程组的通解.在 Spyder 中运行如下代码:

```
import sympy as sp                          # 用别名 sp 导入 sympy 库
A=sp.Matrix([[1,1,-3,-1],
             [3,-1,-3,4],
             [1,5,-9,-8]])                  # 定义系数矩阵
b=sp.Matrix([1,4,0])                        # 定义常数向量
x=sp.linsolve((A,b))                        # 求解非齐次线性方程组
print(x)                                    # 显示计算结果
```

输出结果:

```
{(3*tau0/2-3*tau1/4+5/4, 3*tau0/2+7*tau1/4-1/4, tau0, tau1)}
```

由输出结果可知非齐次线性方程组的通解为

$$x=\begin{pmatrix}3\tau_0/2-3\tau_1/4+5/4\\3\tau_0/2+7\tau_1/4-1/4\\\tau_0\\\tau_1\end{pmatrix}=\tau_0\begin{pmatrix}3/2\\3/2\\1\\0\end{pmatrix}+\tau_1\begin{pmatrix}-3/4\\7/4\\0\\1\end{pmatrix}+\begin{pmatrix}5/4\\-1/4\\0\\0\end{pmatrix},\tau_0,\tau_1\in\mathbf{R}$$

方法 2　先调用 reff 函数把非齐次线性方程组的增广矩阵化为行最简形矩阵,然后求出齐次线性方程组的一个基础解系(也可以调用 nullspace 函数求基础解系),以及非齐次线性方程组的一个特解,最后写出非齐次线性方程组的通解.

(1) 构造及化简增广矩阵

在 Spyder 中运行如下代码:

```
import sympy as sp                    # 用别名 sp 导入 sympy 库
A=sp.Matrix([[1,1,-3,-1],
         [3,-1,-3,4],
         [1,5,-9,-8]])                # 定义系数矩阵
b=sp.Matrix([1,4,0])                  # 定义常数向量
# 在 A 的右边插入新列 b,构造增广矩阵
Ab=A.col_insert(4,b)
print(Ab.rref())                      # 把增广矩阵化为行最简形矩阵
```

输出结果:

```
(Matrix([
[1, 0, -3/2, 3/4, 5/4],
[0, 1, -3/2, -7/4, -1/4],
[0, 0, 0, 0, 0]]), (0, 1))
```

(2) 求齐次线性方程组的基础解系

在 Spyder 中运行如下代码:

```
print(A.nullspace())                  # 求齐次线性方程组的基础解系
```

输出结果:

```
[Matrix([
[3/2],
[3/2],
[  1],
[  0]]), Matrix([
[-3/4],
[ 7/4],
[   0],
[   1]])]
```

由上述输出结果可知增广矩阵的行最简形矩阵为

$$\begin{pmatrix}1&0&-3/2&3/4&5/4\\0&1&-3/2&-7/4&-1/4\\0&0&0&0&0\end{pmatrix}$$

齐次线性方程组的一个基础解系为

$$\boldsymbol{\xi}_1=\begin{pmatrix}3/2\\3/2\\1\\0\end{pmatrix},\quad \boldsymbol{\xi}_2=\begin{pmatrix}-3/4\\7/4\\0\\1\end{pmatrix}$$

非齐次线性方程组的一个特解为

$$\boldsymbol{\eta}=\begin{pmatrix}5/4\\-1/4\\0\\0\end{pmatrix}$$

所以非齐次线性方程组的通解为

$$\boldsymbol{x}=k_1\begin{pmatrix}3/2\\3/2\\1\\0\end{pmatrix}+k_2\begin{pmatrix}-3/4\\7/4\\0\\1\end{pmatrix}+\begin{pmatrix}5/4\\-1/4\\0\\0\end{pmatrix},k_1,k_2\in\mathbf{R}$$

以上两种方法求出的通解是相同的.

二、向量组线性表示的判定

例 26 判断向量 $\boldsymbol{\beta}=\begin{pmatrix}0\\-2\\7\end{pmatrix}$ 能否由向量组 $\boldsymbol{\alpha}_1=\begin{pmatrix}1\\3\\-5\end{pmatrix},\boldsymbol{\alpha}_2=\begin{pmatrix}2\\-1\\4\end{pmatrix},\boldsymbol{\alpha}_3=\begin{pmatrix}-3\\2\\-3\end{pmatrix}$ 线性表示.

解 令 $\boldsymbol{A}=(\boldsymbol{\alpha}_1,\boldsymbol{\alpha}_2,\boldsymbol{\alpha}_3,\boldsymbol{\beta})=\begin{pmatrix}1&2&-3&0\\3&-1&2&-2\\-5&4&-3&7\end{pmatrix}$,先求 $\boldsymbol{A}$ 的行最简形矩阵.在 Spyder 中运行如下代码:

```
import sympy as sp                          # 用别名 sp 导入 sympy 库
A=sp.Matrix([[1,2,-3,0],
             [3,-1,2,-2],
             [-5,4,-3,7]])                  # 定义矩阵
print(A.rref())                             # 显示 A 的行最简形矩阵
```

输出结果:

```
(Matrix([
[1, 0, 0, -19/28],
[0, 1, 0, 41/28],
[0, 0, 1, 3/4]]), (0, 1, 2))
```

由输出结果可知 $\boldsymbol{A}$ 的行最简形矩阵为 $\begin{pmatrix}1&0&0&-19/28\\0&1&0&41/28\\0&0&1&3/4\end{pmatrix}$,所以向量 $\boldsymbol{\beta}$ 可由向量组 $\boldsymbol{\alpha}_1$,$\boldsymbol{\alpha}_2,\boldsymbol{\alpha}_3$ 线性表示,并且 $\boldsymbol{\beta}=-\frac{19}{28}\boldsymbol{\alpha}_1+\frac{41}{28}\boldsymbol{\alpha}_2+\frac{3}{4}\boldsymbol{\alpha}_3$.

三、向量组线性相关性的判定

例 27　判断向量组 $\boldsymbol{\alpha}_1=\begin{pmatrix}1\\-2\\2\\1\end{pmatrix},\boldsymbol{\alpha}_2=\begin{pmatrix}-1\\3\\2\\5\end{pmatrix},\boldsymbol{\alpha}_3=\begin{pmatrix}2\\-5\\0\\-4\end{pmatrix},\boldsymbol{\alpha}_4=\begin{pmatrix}-3\\4\\1\\-3\end{pmatrix}$的线性相关性.

解　令 $\boldsymbol{A}=(\boldsymbol{\alpha}_1,\boldsymbol{\alpha}_2,\boldsymbol{\alpha}_3,\boldsymbol{\alpha}_4)=\begin{pmatrix}1&-1&2&-3\\-2&3&-5&4\\2&2&0&1\\1&5&-4&-3\end{pmatrix}$,先求 $\boldsymbol{A}$ 的秩.在 Spyder 中运行如下代码:

```
import sympy as sp                    # 用别名 sp 导入 sympy 库
A=sp.Matrix([[1,-1,2,-3],
             [-2,3,-5,4],
             [2,2,0,1],
             [1,5,-4,-3]])            # 定义矩阵 A
print(A.rank())                       # 显示矩阵的秩
```

输出结果:

```
3
```

由输出结果可知 $r(\boldsymbol{A})=3<4$,所以 $\boldsymbol{\alpha}_1,\boldsymbol{\alpha}_2,\boldsymbol{\alpha}_3,\boldsymbol{\alpha}_4$ 线性相关.

四、求向量组的极大无关组

例 28　求向量组 $\boldsymbol{\alpha}_1=\begin{pmatrix}1\\-2\\2\\1\end{pmatrix},\boldsymbol{\alpha}_2=\begin{pmatrix}-1\\3\\2\\5\end{pmatrix},\boldsymbol{\alpha}_3=\begin{pmatrix}2\\-5\\0\\-4\end{pmatrix},\boldsymbol{\alpha}_4=\begin{pmatrix}-3\\4\\1\\-3\end{pmatrix},\boldsymbol{\alpha}_5=\begin{pmatrix}1\\-5\\5\\-5\end{pmatrix}$的一个极大无关组,并用该极大无关组表示其余向量.

解　令 $\boldsymbol{A}=(\boldsymbol{\alpha}_1,\boldsymbol{\alpha}_2,\boldsymbol{\alpha}_3,\boldsymbol{\alpha}_4,\boldsymbol{\alpha}_5)=\begin{pmatrix}1&-1&2&-3&1\\-2&3&-5&4&-5\\2&2&0&1&5\\1&5&-4&-3&-5\end{pmatrix}$,先求 $\boldsymbol{A}$ 的行最简形矩阵.在 Spyder 中运行如下代码:

```
import sympy as sp                    # 用别名 sp 导入 sympy 库
A=sp.Matrix([[1,-1,2,-3,1],
             [-2,3,-5,4,-5],
             [2,2,0,1,5],
             [1,5,-4,-3,-5]])         # 定义矩阵 A
print(A.rref())                       # 显示 A 的行最简形矩阵
```

输出结果:

```
(Matrix([
[1, 0, 1, 0, 3],
[0, 1, -1, 0, -1],
[0, 0, 0, 1, 1],
[0, 0, 0, 0, 0]]), (0, 1, 3))
```

由输出结果可知 $\boldsymbol{A}$ 的行最简形矩阵为$\begin{pmatrix}1&0&1&0&3\\0&1&-1&0&-1\\0&0&0&1&1\\0&0&0&0&0\end{pmatrix}$，从而可知 $\boldsymbol{\alpha}_1,\boldsymbol{\alpha}_2,\boldsymbol{\alpha}_4$ 是一个极大无关组，并且 $\boldsymbol{\alpha}_3=\boldsymbol{\alpha}_1-\boldsymbol{\alpha}_2,\boldsymbol{\alpha}_5=3\boldsymbol{\alpha}_1-\boldsymbol{\alpha}_2+\boldsymbol{\alpha}_4$.

五、线性无关向量组的正交化

例 29 把线性无关向量组 $\boldsymbol{\alpha}_1=\begin{pmatrix}1\\2\\-1\end{pmatrix},\boldsymbol{\alpha}_2=\begin{pmatrix}-1\\3\\1\end{pmatrix},\boldsymbol{\alpha}_3=\begin{pmatrix}4\\-1\\0\end{pmatrix}$化为标准正交向量组.

解 在 Spyder 中运行如下代码：

```
# 从 sympy.matrices 导入计算所需函数
from sympy.matrices import Matrix, GramSchmidt
A=[Matrix([1,2,-1]),
    Matrix([-1,3,1]),
    Matrix([4,-1,0])]                          # 定义矩阵 A
# 施密特规范正交化
B=GramSchmidt(A,orthonormal=True)
print(B)                                       # 显示计算结果
```

输出结果：

```
[Matrix([
[ sqrt(6)/6],
[ sqrt(6)/3],
[-sqrt(6)/6]]),
Matrix([
[-sqrt(3)/3],
[ sqrt(3)/3],
[ sqrt(3)/3]]),
Matrix([
[sqrt(2)/2],
[        0],
[sqrt(2)/2]])]
```

由输出结果可知所求标准正交向量组为 $\boldsymbol{\gamma}_1=\begin{pmatrix}\sqrt{6}/6\\\sqrt{6}/3\\-\sqrt{6}/6\end{pmatrix},\boldsymbol{\gamma}_2=\begin{pmatrix}-\sqrt{3}/3\\\sqrt{3}/3\\\sqrt{3}/3\end{pmatrix},\boldsymbol{\gamma}_3=\begin{pmatrix}\sqrt{2}/2\\0\\\sqrt{2}/2\end{pmatrix}$.

§7.7 矩阵的特征值与特征向量

本节介绍矩阵的特征值与特征向量的求解方法以及矩阵的对角化.

一、求矩阵的特征值与特征向量

NumPy 库的 linalg 模块提供了 eig 函数,用来求解矩阵的特征值与特征向量;SymPy 库的 Matrix 模块提供了 eigenvals 和 eigenvects 函数,分别用来求解矩阵的特征值和特征向量.

例 30 求矩阵 $\boldsymbol{A}=\begin{pmatrix}2&2&-2\\2&5&-4\\-2&-4&5\end{pmatrix}$ 的特征值与特征向量.

解 **方法 1** 用 eig 函数求解.在 Spyder 中运行如下代码:

```
import numpy as np                      # 用别名 np 导入 numpy 库
A=np.mat([[2,2,-2],
        [2,5,-4],
        [-2,-4,5]])                     # 定义矩阵 A
d,v=np.linalg.eig(A)                    #计算矩阵 A 的特征值、特征向量
print(d)                                # 显示特征值
print(np.round(v,4))                    # 显示特征向量
```

输出结果:

```
[ 1. 10.  1.]
[[-0.942 8  0.333 3  0.312 ]
[ 0.235 7  0.666 7  0.589 3]
[-0.235 7 -0.666 7  0.745 3]]
```

由输出结果可知矩阵 $\boldsymbol{A}$ 的特征值为 $\lambda_1=1,\lambda_2=10,\lambda_3=1$,对应的标准正交化特征向量分别为

$$\boldsymbol{x}_1=\begin{pmatrix}-0.942\ 8\\0.235\ 7\\-0.235\ 7\end{pmatrix},\quad \boldsymbol{x}_2=\begin{pmatrix}0.333\ 3\\0.666\ 7\\-0.666\ 7\end{pmatrix},\quad \boldsymbol{x}_3=\begin{pmatrix}0.312\\0.589\ 3\\0.745\ 3\end{pmatrix}$$

方法 2 用 eigenvals 和 eigenvects 函数求解.在 Spyder 中运行如下代码:

```
import sympy as sp                      # 用别名 sp 导入 sympy 库
A=sp.Matrix([[2,2,-2],
          [2,5,-4],
          [-2,-4,5]])                   # 定义矩阵 A
print(A.eigenvals())                    # 显示 A 的特征值
print(A.eigenvects())                   # 显示 A 的特征向量
```

输出结果:

```
{10: 1, 1: 2}
[(1,
  2,
```

```
  [Matrix([
  [-2],
  [ 1],
  [ 0]]),
  Matrix([
  [2],
  [0],
  [1]])]),
(10,
  1,
  [Matrix([
  [-1/2],
  [  -1],
  [   1]])])]
```

由输出结果可知 $\boldsymbol{A}$ 有 2 重特征值 $\lambda_1=\lambda_2=1$ 和 1 重特征值 $\lambda_3=10$，与 2 重特征值 $\lambda_1=\lambda_2=1$ 对应的两个线性无关的特征向量分别为 $\boldsymbol{p}_1=\begin{pmatrix}-2\\1\\0\end{pmatrix}$ 和 $\boldsymbol{p}_2=\begin{pmatrix}2\\0\\1\end{pmatrix}$，与 1 重特征值 $\lambda_3=10$ 对应的一个特征向量为 $\boldsymbol{p}_3=\begin{pmatrix}-1/2\\-1\\1\end{pmatrix}$.

所以矩阵 $\boldsymbol{A}$ 的属于特征值 $\lambda_1=\lambda_2=1$ 的全部特征向量为

$$\boldsymbol{x}=k_1\begin{pmatrix}-2\\1\\0\end{pmatrix}+k_2\begin{pmatrix}2\\0\\1\end{pmatrix},\quad k_1,k_2 \text{ 不同时为 } 0$$

矩阵 $\boldsymbol{A}$ 的属于特征值 $\lambda_3=10$ 的全部特征向量为

$$\boldsymbol{x}=k_3\begin{pmatrix}-1/2\\-1\\1\end{pmatrix},\quad k_3\neq 0$$

二、矩阵的对角化

例 31 已知矩阵 $\boldsymbol{A}=\begin{pmatrix}-2&1&1\\0&2&0\\-4&1&3\end{pmatrix}$，求可逆变换矩阵 $\boldsymbol{P}$，使得 $\boldsymbol{P}^{-1}\boldsymbol{AP}$ 为对角矩阵.

解 在 Spyder 中运行如下代码：

```
import sympy as sp                          # 用别名 sp 导入 sympy 库
A=sp.Matrix([[-2,1,1],
             [0,2,0],
             [-4,1,3]])                     # 定义矩阵 A
# 把 A 对角化，输出参数 P 是由特征向量构成的可逆矩阵
```

```
# 输出参数 D 是以特征值为主对角元的对角矩阵
P, D=A.diagonalize()
print(P)                                # 显示用于对角化的可逆矩阵
print(D)                                # 显示对角矩阵
```

输出结果：

```
Matrix([[1, 1, 1], [0, 4, 0], [1, 0, 4]])
Matrix([[-1, 0, 0], [0, 2, 0], [0, 0, 2]])
```

由输出结果可知所求可逆矩阵 $\boldsymbol{P}=\begin{pmatrix}1&1&1\\0&4&0\\1&0&4\end{pmatrix}$，并且 $\boldsymbol{P}^{-1}\boldsymbol{AP}=\begin{pmatrix}-1&0&0\\0&2&0\\0&0&2\end{pmatrix}$.

例 32 已知 2 是矩阵 $\boldsymbol{A}=\begin{pmatrix}3&0&0\\1&t&3\\1&2&3\end{pmatrix}$ 的一个特征值，求未知参数 t.

解 由于 2 是矩阵 $\boldsymbol{A}$ 的特征值，可知 $|2\boldsymbol{E}-\boldsymbol{A}|=0$，由此可解得未知参数 t.在 Spyder 中运行如下代码：

```
import sympy as sp                      # 用别名 sp 导入 sympy 库
t=sp.symbols('t')                       # 定义符号变量
A=sp.Matrix([[3,0,0],
        [1,t,3],
        [1,2,3]])                       # 定义矩阵 A
B=2 * sp.eye(3)-A                       # 定义矩阵 2E-A
t=sp.solve(B.det(),t)                   # 求解方程 |2E-A|=0
print(t)                                # 显示计算结果
```

输出结果：

```
[8]
```

由输出结果可知 $t=8$.

§7.8 二 次 型

本节介绍二次型的相关计算，包括化二次型为标准形、求二次型的正（负）惯性指数、判断二次型的正定性等.

例 33 求实对称矩阵 $\boldsymbol{A}=\begin{pmatrix}1&-2&3\\-2&4&0\\3&0&5\end{pmatrix}$ 的二次型.

解 在 Spyder 中运行如下代码：

```
import sympy as sp                      # 用别名 sp 导入 sympy 库
x1,x2,x3=sp.symbols('x1,x2,x3')         # 定义符号变量
x=sp.Matrix([x1,x2,x3])                 # 定义符号向量
A=sp.Matrix([[1,-2,3],
          [-2,4,0],
```

```
             [3,0,5]])                          # 定义矩阵
f=sp.expand((x.T*A).dot(x))                     # 计算二次型 f=x^T Ax
print(f)                                        # 显示计算结果
```

输出结果：

```
x1**2-4*x1*x2+6*x1*x3+4*x2**2+5*x3**2
```

由输出结果可知矩阵 **A** 的二次型为 $f(x_1,x_2,x_3)=x_1^2-4x_1x_2+6x_1x_3+4x_2^2+5x_3^2$.

例 34 已知二次型 $f(x_1,x_2,x_3)=x_1^2-2x_2^2+x_3^2+2x_1x_2-4x_1x_3+2x_2x_3$，

(1) 求标准形；(2) 求正惯性指数；(3) 判定二次型是否正定.

解 二次型 $f(x_1,x_2,x_3)=x_1^2-2x_2^2+x_3^2+2x_1x_2-4x_1x_3+2x_2x_3$ 的矩阵为 $\boldsymbol{A}=\begin{pmatrix}1&1&-2\\1&-2&1\\-2&1&1\end{pmatrix}$，只需求出矩阵 **A** 的特征值，即可解决以上三个问题.求矩阵 **A** 的特征值的代码如下：

```
import sympy as sp                              # 用别名 sp 导入 sympy 库
A=sp.Matrix([[1,1,-2],
             [1,-2,1],
             [-2,1,1]])                         # 定义矩阵 A
print(A.eigenvals())                            # 显示 A 的特征值
```

输出结果：

```
{-3: 1, 3: 1, 0: 1}
```

由输出结果可知 **A** 的特征值为 $\lambda_1=-3,\lambda_2=3,\lambda_3=0$，所以二次型的标准形为 $f=-3y_1^2+3y_2^2$；正惯性指数为 1，它不是正定二次型.

例 35 已知二次型 $f(x_1,x_2,x_3)=2x_1x_2+2x_1x_3+2x_2x_3$，用正交变换将其化为标准形.

解 二次型 $f(x_1,x_2,x_3)=2x_1x_2+2x_1x_3+2x_2x_3$ 的矩阵为 $\boldsymbol{A}=\begin{pmatrix}0&1&1\\1&0&1\\1&1&0\end{pmatrix}$，只需求正交变换矩阵 **P**，使得 $\boldsymbol{P}^{-1}\boldsymbol{AP}$ 为对角矩阵，即可通过正交变换 $\boldsymbol{y}=\boldsymbol{Px}$ 将二次型化为标准形.

在 Spyder 中运行如下代码：

```
import sympy as sp                              # 用别名 sp 导入 sympy 库
A=sp.Matrix([[0,1,1],
          [1,0,1],
          [1,1,0]])                             # 定义矩阵 A
# 把 A 对角化，输出参数 V 是由特征向量构成的可逆矩阵，
# 输出参数 D 是以特征值为主对角元的对角矩阵
V, D=A.diagonalize()
# 将矩阵 V 的列向量标准正交化
P=sp.GramSchmidt([V.col(0),V.col(1),V.col(2)],True)
print(P)                                        # 显示正交变换矩阵 P
print(D)                                        # 显示对角矩阵 D
```

输出结果：

```
[Matrix([
```

```
[-sqrt(2)/2],
[ sqrt(2)/2],
[        0]]),
Matrix([
[-sqrt(6)/6],
[-sqrt(6)/6],
[ sqrt(6)/3]]),
Matrix([
[sqrt(3)/3],
[sqrt(3)/3],
[sqrt(3)/3]])]
Matrix([[-1, 0, 0], [0, -1, 0], [0, 0, 2]])
```

由输出结果可知正交变换矩阵 $\boldsymbol{P}=\begin{pmatrix} -\sqrt{2}/2 & -\sqrt{6}/6 & \sqrt{3}/3 \\ \sqrt{2}/2 & -\sqrt{6}/6 & \sqrt{3}/3 \\ 0 & \sqrt{6}/3 & \sqrt{3}/3 \end{pmatrix}$，对角矩阵 $\boldsymbol{\Lambda}=\begin{pmatrix} -1 & 0 & 0 \\ 0 & -1 & 0 \\ 0 & 0 & 2 \end{pmatrix}$.
所以用正交变换 $\boldsymbol{y}=\boldsymbol{P}\boldsymbol{x}$ 可将二次型化为标准形 $f=-y_1^2-y_2^2+2y_3^2$.

附录　部分习题参考答案

习　题　一

1. (1) 4； (2) 7； (3) $\dfrac{n(n-1)}{2}$.

2. (1) -40； (2) $(a-b)(b-c)(c-a)$； (3) $-x^3$.

3. 2 000.

4. (1) 0； (2) 126； (3) -11； (4) 144； (5) $(a+4x)(a-x)^4$.

5. -4.

6. (1) -156； (2) $[(a+b)^2-(c+d)^2][(a-b)^2-(c-d)^2]$.

7. 24.

9. (1) $a^{n-2}(a^2-1)$； (2) $a_1a_2\cdots a_n(n+1)$；

(3) $\prod\limits_{i=1}^{n} i!$； (4) $(a_1a_2\cdots a_n)\left(1+\sum\limits_{i=1}^{n}\dfrac{1}{a_i}\right)$.

10. (1) $x=3,y=-2,z=2$； (2) $x_1=-8,x_2=3,x_3=6,x_4=0$.

11. (1) $a=1$ 或 $b=0$； (2) $(a+1)^2=4b$.

习　题　二

1. $$\begin{array}{c} \\ 1\\2\\3\\4\\5\\6 \end{array}\begin{array}{c} \begin{array}{cccccc} 1 & 2 & 3 & 4 & 5 & 6 \end{array} \\ \begin{pmatrix} -1 & 1 & 0 & 1 & 1 & 1 \\ 0 & -1 & 0 & 1 & 1 & 1 \\ 1 & 1 & -1 & 1 & 0 & 0 \\ 0 & 0 & 0 & -1 & 1 & 1 \\ 0 & 0 & 1 & 0 & -1 & 1 \\ 0 & 0 & 1 & 0 & 0 & -1 \end{pmatrix} \end{array}$$,选手按胜多负少排序为 123456.

2. $\begin{pmatrix} -2 & 7 & 8 & 0 \\ 7 & 9 & 5 & -8 \end{pmatrix}$.

3. (1) $\begin{pmatrix} -1 & 3 & 1 & 5 \\ 8 & 2 & 8 & 2 \\ 3 & 7 & 9 & 13 \end{pmatrix}$； (2) $\begin{pmatrix} 14 & 13 & 8 & 7 \\ -2 & 5 & -2 & 5 \\ 2 & 1 & 6 & 5 \end{pmatrix}$； (3) $\begin{pmatrix} 3 & 1 & 1 & -1 \\ -4 & 0 & -4 & 0 \\ -1 & -3 & -3 & -5 \end{pmatrix}$.

4. (1) $\begin{pmatrix} -1 & 2 \\ 2 & -4 \\ -3 & 6 \end{pmatrix}$； (2) -5； (3) $\begin{pmatrix} 1 & -3 & -3 & -2 \\ 6 & 2 & 20 & 19 \\ -7 & -2 & -35 & 1 \end{pmatrix}$； (4) $\begin{pmatrix} 4 & -9 & 8 \\ 8 & 7 & 6 \end{pmatrix}$；

(5) $a_{11}x_1^2+a_{22}x_2^2+a_{33}x_3^2+2a_{12}x_1x_2+2a_{13}x_1x_3+2a_{23}x_2x_3$.

5. $\begin{pmatrix}3&-2&3\\-2&1&-4\\-3&3&1\end{pmatrix}\begin{pmatrix}x_1\\x_2\\x_3\end{pmatrix}=\begin{pmatrix}2\\3\\1\end{pmatrix}$; $x_1\begin{pmatrix}3\\-2\\-3\end{pmatrix}+x_2\begin{pmatrix}-2\\1\\3\end{pmatrix}+x_3\begin{pmatrix}3\\-4\\1\end{pmatrix}=\begin{pmatrix}2\\3\\1\end{pmatrix}$.

6. $\begin{pmatrix}11&4&-4\\-1&9&5\\6&-8&3\end{pmatrix}$.

7. $\begin{pmatrix}\lambda^k&k\lambda^{k-1}&\frac{k(k-1)}{2}\lambda^{k-2}\\0&\lambda^k&k\lambda^{k-1}\\0&0&\lambda^k\end{pmatrix}$.

8. $\begin{pmatrix}1&0&0\\50&1&0\\50&0&1\end{pmatrix}$.

9. $\begin{pmatrix}12&-6&9\\-8&4&-6\\-20&10&-15\end{pmatrix}$.

10. $\begin{pmatrix}1&7\\0&2\\-9&2\end{pmatrix}$.

12. $\begin{pmatrix}-4&-2&-3\\16&26&25\\2&10&8\end{pmatrix}$, $\begin{pmatrix}2&14\\14&28\end{pmatrix}$, $\begin{pmatrix}2&14\\14&28\end{pmatrix}$.

13. $-m^4$.

14. $f(\lambda)=\begin{vmatrix}\lambda-a&-b\\-c&\lambda-d\end{vmatrix}=\lambda^2-(a+d)\lambda+(ad-bc)$.

15. (1) $\frac{1}{13}\begin{pmatrix}-7&2\\3&1\end{pmatrix}$; (2) $\begin{pmatrix}\cos\alpha&-\sin\alpha\\\sin\alpha&\cos\alpha\end{pmatrix}$; (3) $\begin{pmatrix}-2&1&0\\-\frac{13}{2}&3&-\frac{1}{2}\\-16&7&-1\end{pmatrix}$;

(4) $\frac{1}{12}\begin{pmatrix}0&0&0&3\\0&0&4&2\\0&6&4&2\\12&12&8&1\end{pmatrix}$; (5) $\begin{pmatrix}1&-1&&&\\&1&-1&&\\&&\ddots&\ddots&\\&&&1&-1\\&&&&1\end{pmatrix}$.

16. (1) $\begin{pmatrix}1&2\\3&4\end{pmatrix}$; (2) $\begin{pmatrix}3&4\\-2&-3\\1&2\end{pmatrix}$; (3) $\begin{pmatrix}1&5&0\\5&4&1\end{pmatrix}$.

17. $\begin{pmatrix}3&0&0\\0&2&0\\0&0&1\end{pmatrix}$.

18. $-1\ 296$.

19. $(\boldsymbol{A}+2\boldsymbol{E})^{-1}=\boldsymbol{E}-\frac{1}{5}\boldsymbol{A}$； $(\boldsymbol{A}-7\boldsymbol{E})^{-1}=-\frac{1}{23}(\boldsymbol{A}+4\boldsymbol{E})$.

20. -3.

21. $\frac{1}{48}$.

23. 40.

24. $\boldsymbol{B}(\boldsymbol{A}+\boldsymbol{B})^{-1}\boldsymbol{A}$.

25. (1) $\begin{pmatrix} 3 & -1 & 0 & 0 \\ -5 & 2 & 0 & 0 \\ 0 & 0 & \frac{3}{2} & \frac{7}{2} \\ 0 & 0 & 1 & 2 \end{pmatrix}$； (2) $\begin{pmatrix} -3 & -2 & 7 & 21 \\ -2 & -1 & 5 & 15 \\ 0 & 0 & 2 & 5 \\ 0 & 0 & 3 & 7 \end{pmatrix}$.

26. (1) $\begin{pmatrix} \boldsymbol{O} & \boldsymbol{B}^{-1} \\ \boldsymbol{A}^{-1} & \boldsymbol{O} \end{pmatrix}$； (2) $\begin{pmatrix} 0 & 0 & -3 & 5 \\ 0 & 0 & 2 & -3 \\ 3 & -1 & 0 & 0 \\ -2 & 1 & 0 & 0 \end{pmatrix}$.

27. (1) $\begin{pmatrix} 1 & -1 & 0 & 2 & -3 \\ 0 & 0 & 1 & -2 & 2 \\ 0 & 0 & 0 & 0 & 0 \\ 0 & 0 & 0 & 0 & 0 \end{pmatrix}$； (2) $\begin{pmatrix} 1 & 0 & 2 & 0 & -2 \\ 0 & 1 & -1 & 0 & 3 \\ 0 & 0 & 0 & 1 & 4 \\ 0 & 0 & 0 & 0 & 0 \end{pmatrix}$.

28. (1) $\begin{pmatrix} 1 & 0 & 0 \\ -\frac{1}{2} & \frac{1}{2} & 0 \\ 0 & -\frac{1}{3} & \frac{1}{3} \end{pmatrix}$； (2) $\begin{pmatrix} \frac{2}{3} & \frac{2}{9} & -\frac{1}{9} \\ -\frac{1}{3} & -\frac{1}{6} & \frac{1}{6} \\ -\frac{1}{3} & \frac{1}{9} & \frac{1}{9} \end{pmatrix}$； (3) $\begin{pmatrix} \frac{7}{6} & \frac{2}{3} & -\frac{3}{2} \\ -1 & -1 & 2 \\ -\frac{1}{2} & 0 & \frac{1}{2} \end{pmatrix}$；

(4) $\begin{pmatrix} 1 & 1 & -2 & -4 \\ 0 & 1 & 0 & -1 \\ -1 & -1 & 3 & 6 \\ 2 & 1 & -6 & -10 \end{pmatrix}$.

29. (1) $\begin{pmatrix} 10 & 2 \\ -15 & -3 \\ 12 & 4 \end{pmatrix}$； (2) $\begin{pmatrix} 2 & -1 & -1 \\ -4 & 7 & 4 \end{pmatrix}$； (3) $\begin{pmatrix} 0 & 1 & -1 \\ -1 & 0 & 1 \\ 1 & -1 & 0 \end{pmatrix}$； (4) $\begin{pmatrix} 2 & 0 & -1 \\ -7 & -4 & 3 \\ -4 & -2 & 1 \end{pmatrix}$.

30. $\begin{pmatrix} 1 & 2 & 5 \\ 0 & 1 & 2 \\ 0 & 0 & 1 \end{pmatrix}$.

31. (1) $r(\boldsymbol{A})=2$； (2) $r(\boldsymbol{B})=4$； (3) $r(\boldsymbol{C})=3$； (4) $r(\boldsymbol{D})=3$.

32. $\lambda=5$ 或 $\lambda=-\frac{10}{3}$.

35. $\begin{pmatrix} 1 & 0 & 1 & 0 & 0 \\ 1 & -1 & 0 & 0 & 0 \\ 0 & 0 & 1 & 0 & 0 \\ 0 & 0 & 0 & 1 & 0 \end{pmatrix}$(所求矩阵不唯一).

习 题 三

1. （1）D； （2）D； （3）C.

2. （1）无解； （2）$k\begin{pmatrix}-2\\1\\1\end{pmatrix}+\begin{pmatrix}-1\\2\\0\end{pmatrix},k\in\mathbf{R}$；

（3）$k_1\begin{pmatrix}-\frac{1}{2}\\1\\0\\0\end{pmatrix}+k_2\begin{pmatrix}\frac{1}{2}\\0\\1\\0\end{pmatrix}+\begin{pmatrix}\frac{1}{2}\\0\\0\\0\end{pmatrix},k_1,k_2\in\mathbf{R}$；

（4）$k_1\begin{pmatrix}\frac{1}{7}\\\frac{5}{7}\\1\\0\end{pmatrix}+k_2\begin{pmatrix}\frac{1}{7}\\-\frac{9}{7}\\0\\1\end{pmatrix}+\begin{pmatrix}\frac{6}{7}\\-\frac{5}{7}\\0\\0\end{pmatrix},k_1,k_2\in\mathbf{R}$.

3. （1）$\begin{cases}x_1=-2c\\x_2=c，\\x_3=0\end{cases}$ 其中 c 为任意实数；

（2）零解；

（3）$k\begin{pmatrix}\frac{4}{3}\\-3\\\frac{4}{3}\\1\end{pmatrix},k\in\mathbf{R}$；

（4）$k_1\begin{pmatrix}-2\\1\\0\\0\end{pmatrix}+k_2\begin{pmatrix}1\\0\\0\\1\end{pmatrix},k_1,k_2\in\mathbf{R}$.

4. （1）$\lambda\neq1,-2$； （2）$\lambda=-2$； （3）$\lambda=1$.

5. $\lambda=1$ 时有解，解为 $k\begin{pmatrix}1\\1\\1\end{pmatrix}+\begin{pmatrix}1\\0\\0\end{pmatrix},k\in\mathbf{R}$； $\lambda=-2$ 时有解，解为 $k\begin{pmatrix}1\\1\\1\end{pmatrix}+\begin{pmatrix}2\\2\\0\end{pmatrix},k\in\mathbf{R}$.

6. $\boldsymbol{\alpha}=a_1\boldsymbol{\alpha}_1+(a_2-a_1)\boldsymbol{\alpha}_2+(a_3-a_2)\boldsymbol{\alpha}_3+(a_4-a_3)\boldsymbol{\alpha}_4$.

8. $\begin{pmatrix}7\\5\\2\end{pmatrix}$.

9. （1）错误； （2）正确； （3）错误； （4）错误； （5）正确； （6）错误.

10. （1）相关； （2）无关； （3）相关； （4）无关.

14. -17.

15. （1）第 1,2,3 列； （2）第 1,2,3 列.

16. （1）秩为 $\boldsymbol{\alpha}_1,\boldsymbol{\alpha}_2$； （2）秩为 $\boldsymbol{\alpha}_1^{\mathrm{T}},\boldsymbol{\alpha}_2^{\mathrm{T}}$； （3）秩为 $\boldsymbol{\alpha}_1,\boldsymbol{\alpha}_3$.

17. 1.

18. （1）$\boldsymbol{\alpha}_1,\boldsymbol{\alpha}_2$ 为极大无关组，$\boldsymbol{\alpha}_3=-2\boldsymbol{\alpha}_1+\boldsymbol{\alpha}_2$，$\boldsymbol{\alpha}_4=-2\boldsymbol{\alpha}_1+3\boldsymbol{\alpha}_2$；

（2）$\boldsymbol{\alpha}_1,\boldsymbol{\alpha}_2,\boldsymbol{\alpha}_4$ 为极大无关组，$\boldsymbol{\alpha}_3=\dfrac{3}{2}\boldsymbol{\alpha}_1+\dfrac{1}{2}\boldsymbol{\alpha}_2$，$\boldsymbol{\alpha}_5=-2\boldsymbol{\alpha}_1-\boldsymbol{\alpha}_2+2\boldsymbol{\alpha}_4$.

20. V_1 是向量空间，V_2 不是向量空间.

21. 维数为 $n-1$，$\boldsymbol{\varepsilon}_2,\boldsymbol{\varepsilon}_3,\cdots,\boldsymbol{\varepsilon}_n$ 为一个基，其中 $\boldsymbol{\varepsilon}_i$ 的第 i 个分量为 1，其余分量为 0.

22. （2）$3\boldsymbol{\alpha}_1-2\boldsymbol{\alpha}_2+2\boldsymbol{\alpha}_3$.

23. （1）$\boldsymbol{\xi}_1=\begin{pmatrix}-4\\0\\1\\-3\end{pmatrix},\boldsymbol{\xi}_2=\begin{pmatrix}0\\1\\0\\4\end{pmatrix}$； （2）$\boldsymbol{\xi}_1=\begin{pmatrix}0\\0\\1\\2\end{pmatrix},\boldsymbol{\xi}_2=\begin{pmatrix}1\\7\\0\\19\end{pmatrix}$.

26. $\begin{pmatrix}1&0\\0&1\\\dfrac{11}{2}&\dfrac{1}{2}\\-\dfrac{5}{2}&\dfrac{1}{2}\end{pmatrix}$.

27. （1）$\begin{cases}2x_1-3x_2+x_4=0\\x_1-3x_3+2x_4=0\end{cases}$； （2）$\begin{cases}5x_1+x_2-x_3-x_4=0\\x_1+x_2-x_3-x_5=0\end{cases}$.

28. （1）$\boldsymbol{\eta}=\begin{pmatrix}-8\\13\\0\\2\end{pmatrix},\boldsymbol{\xi}=\begin{pmatrix}-1\\1\\1\\0\end{pmatrix}$； （2）$\boldsymbol{\eta}=\begin{pmatrix}1\\-2\\0\\0\end{pmatrix},\boldsymbol{\xi}_1=\begin{pmatrix}-9\\1\\7\\0\end{pmatrix},\boldsymbol{\xi}_2=\begin{pmatrix}1\\-1\\0\\2\end{pmatrix}$.

29. $k\begin{pmatrix}3\\4\\5\\6\end{pmatrix}+\begin{pmatrix}2\\3\\4\\5\end{pmatrix},k\in\mathbf{R}$.

30. $\boldsymbol{x}=\boldsymbol{\eta}_1+c_1(\boldsymbol{\eta}_3-\boldsymbol{\eta}_1)+c_2(\boldsymbol{\eta}_2-\boldsymbol{\eta}_1)$.

31. $c\begin{pmatrix}1\\-2\\1\\0\end{pmatrix}+\begin{pmatrix}1\\1\\1\\1\end{pmatrix},c\in\mathbf{R}$.

32. $c_1\begin{pmatrix}1\\-1\\1\\0\end{pmatrix}+c_2\begin{pmatrix}0\\-1\\0\\1\end{pmatrix},c_1,c_2\in\mathbf{R}$.

36. （1）$\boldsymbol{e}_1=\dfrac{1}{\sqrt{3}}\begin{pmatrix}1\\1\\1\end{pmatrix},\boldsymbol{e}_2=\dfrac{1}{\sqrt{6}}\begin{pmatrix}-2\\1\\1\end{pmatrix},\boldsymbol{e}_3=\dfrac{1}{\sqrt{2}}\begin{pmatrix}0\\-1\\1\end{pmatrix}$；

(2) $\boldsymbol{e}_1=\frac{1}{\sqrt{2}}\begin{pmatrix}1\\1\\0\\0\end{pmatrix},\boldsymbol{e}_2=\frac{1}{\sqrt{6}}\begin{pmatrix}-1\\1\\2\\0\end{pmatrix},\boldsymbol{e}_3=\frac{1}{\sqrt{21}}\begin{pmatrix}2\\-2\\2\\3\end{pmatrix}$.

38. (1) 不是; (2) 是.

习 题 四

1. $\boldsymbol{\alpha}_1$ 是 $\boldsymbol{A}$ 的特征向量,对应的特征值是 1;$\boldsymbol{\alpha}_3$ 是 $\boldsymbol{A}$ 的特征向量,对应的特征值是 3.

2. (1) $\lambda_1=2,k_1\begin{pmatrix}1\\-1\end{pmatrix},k_1\neq0$; $\lambda_2=3,k_2\begin{pmatrix}1\\-2\end{pmatrix},k_2\neq0$.

(2) $\lambda_1=2,k_1\begin{pmatrix}1\\3\end{pmatrix},k_1\neq0$; $\lambda_2=9,k_2\begin{pmatrix}2\\-1\end{pmatrix},k_2\neq0$.

(3) $\lambda_1=-3,k_1\begin{pmatrix}3\\-1\end{pmatrix},k_1\neq0$; $\lambda_2=7,k_2\begin{pmatrix}1\\3\end{pmatrix},k_2\neq0$.

(4) $\lambda_1=-6,k_1\begin{pmatrix}4\\-1\end{pmatrix},k_1\neq0$; $\lambda_2=11,k_2\begin{pmatrix}1\\4\end{pmatrix},k_2\neq0$.

3. (1) $\lambda_1=-1,k_1\begin{pmatrix}4\\3\\-4\end{pmatrix},k_1\neq0$; $\lambda_2=1,k_2\begin{pmatrix}1\\0\\0\end{pmatrix},k_2\neq0$; $\lambda_3=2,k_3\begin{pmatrix}2\\0\\1\end{pmatrix},k_3\neq0$.

(2) $\lambda_1=\lambda_2=\lambda_3=2,k_1\begin{pmatrix}-2\\1\\0\end{pmatrix}+k_2\begin{pmatrix}1\\0\\1\end{pmatrix},k_1,k_2$ 不同时为零.

(3) $\lambda_1=2,k_1\begin{pmatrix}1\\-1\\0\end{pmatrix},k_1\neq0$; $\lambda_2=3,k_2\begin{pmatrix}1\\1\\1\end{pmatrix},k_2\neq0$; $\lambda_3=0,k_3\begin{pmatrix}1\\1\\-2\end{pmatrix},k_3\neq0$.

(4) $\lambda_1=9,k_1\begin{pmatrix}2\\-1\\2\end{pmatrix},k_1\neq0$; $\lambda_2=-5,k_2\begin{pmatrix}1\\2\\0\end{pmatrix},k_2\neq0$; $\lambda_3=0,k_3\begin{pmatrix}4\\-2\\-5\end{pmatrix},k_3\neq0$.

4. 1 是 $\boldsymbol{A}$ 的特征值,$k_1\begin{pmatrix}0\\1\\1\end{pmatrix},k_1\neq0$;2 是 $\boldsymbol{A}$ 的特征值,$k_2\begin{pmatrix}0\\1\\0\end{pmatrix}+k_3\begin{pmatrix}1\\0\\1\end{pmatrix},k_2,k_3$ 不同时为零.

5. $\boldsymbol{A}=\begin{pmatrix}6&-15\\2&-5\end{pmatrix}$.

6. $\boldsymbol{A}=\begin{pmatrix}1&10&6\\0&4&1\\0&-2&1\end{pmatrix}$.

7. $\boldsymbol{A}$ 的特征值为 1(二重)和-5;$\boldsymbol{A}^{-1}+\boldsymbol{E}$ 的特征值为 2(二重)和$\frac{4}{5}$.

8. -288.

9. $a=-3, b=0, \lambda=-1$.

13. $\boldsymbol{A}+2\boldsymbol{E}$ 的特征值是 $2,3,\cdots,n+1$；$|\boldsymbol{A}+2\boldsymbol{E}|=(n+1)!$.

14. （1）$\boldsymbol{A}$ 不能相似于 $\boldsymbol{B}$；

（2）$\boldsymbol{A}$ 能相似于 $\boldsymbol{B}$，$\boldsymbol{P}=\begin{pmatrix} 1 & -1 & \dfrac{1}{2} \\ 0 & 0 & \dfrac{1}{2} \\ 0 & 1 & -1 \end{pmatrix}$.

15. $x=0, y=-3$.

16. （1）$a=5, b=6$；　（2）$\boldsymbol{P}=\begin{pmatrix} 1 & 1 & 1 \\ -1 & 0 & -2 \\ 0 & 1 & 3 \end{pmatrix}$.

17. 不能.

18. （1）$\boldsymbol{A}^{20}=\begin{pmatrix} 5^{19} & 2\times 5^{19} \\ 2\times 5^{19} & 4\times 5^{19} \end{pmatrix}$；　（2）$\boldsymbol{A}^{n}=\begin{pmatrix} -2 & 1 & 3^{n-1} \\ -6 & 3 & 2\times 3^{n-1} \\ 0 & 0 & 3^{n} \end{pmatrix}$.

19. （1）$\boldsymbol{A}$ 的相似对角矩阵

$$\boldsymbol{\Lambda}=\begin{pmatrix} 1 & & & & & & \\ & \ddots & & & & & \\ & & 1 & & & & \\ & & & -1 & & & \\ & & & & \ddots & & \\ & & & & & -1 \end{pmatrix} \begin{matrix} r个 \\ \\ \\ (n-r)个 \\ \\ \\ \end{matrix}$$

（2）$|3\boldsymbol{E}-\boldsymbol{A}|=2^{2n-r}$.

20. （1）$\boldsymbol{P}=\begin{pmatrix} \dfrac{1}{\sqrt{5}} & \dfrac{2}{\sqrt{5}} \\ -\dfrac{2}{\sqrt{5}} & \dfrac{1}{\sqrt{5}} \end{pmatrix}$，$\boldsymbol{\Lambda}=\begin{pmatrix} -4 & \\ & 6 \end{pmatrix}$；

（2）$\boldsymbol{P}=\begin{pmatrix} \dfrac{2}{\sqrt{5}} & \dfrac{1}{\sqrt{5}} \\ \dfrac{1}{\sqrt{5}} & -\dfrac{2}{\sqrt{5}} \end{pmatrix}$，$\boldsymbol{\Lambda}=\begin{pmatrix} 0 & \\ & 5 \end{pmatrix}$；

（3）$\boldsymbol{P}=\begin{pmatrix} 0 & 1 & 1 \\ -\dfrac{1}{\sqrt{2}} & 0 & \dfrac{1}{\sqrt{2}} \\ \dfrac{1}{\sqrt{2}} & 0 & \dfrac{1}{\sqrt{2}} \end{pmatrix}$，$\boldsymbol{\Lambda}=\begin{pmatrix} 1 & & \\ & 2 & \\ & & 5 \end{pmatrix}$；

(4) $\boldsymbol{P}=\begin{pmatrix} \frac{2}{\sqrt{5}} & -\frac{2}{3\sqrt{5}} & -\frac{1}{3} \\ 0 & \frac{\sqrt{5}}{3} & -\frac{2}{3} \\ \frac{1}{\sqrt{5}} & \frac{4}{3\sqrt{5}} & \frac{2}{3} \end{pmatrix}, \boldsymbol{\Lambda}=\begin{pmatrix} 1 & & \\ & 1 & \\ & & 10 \end{pmatrix}$;

(5) $\boldsymbol{P}=\begin{pmatrix} \frac{1}{3} & -\frac{2}{3} & \frac{2}{3} \\ \frac{2}{3} & -\frac{1}{3} & -\frac{2}{3} \\ \frac{2}{3} & \frac{2}{3} & \frac{1}{3} \end{pmatrix}, \boldsymbol{\Lambda}=\begin{pmatrix} -1 & & \\ & 2 & \\ & & 5 \end{pmatrix}$;

(6) $\boldsymbol{P}=\begin{pmatrix} \frac{1}{2} & 0 & \frac{1}{\sqrt{2}} & -\frac{1}{2} \\ -\frac{1}{2} & \frac{1}{\sqrt{2}} & 0 & -\frac{1}{2} \\ -\frac{1}{2} & 0 & \frac{1}{\sqrt{2}} & \frac{1}{2} \\ \frac{1}{2} & \frac{1}{\sqrt{2}} & 0 & \frac{1}{2} \end{pmatrix}, \boldsymbol{\Lambda}=\begin{pmatrix} 1 & & & \\ & 3 & & \\ & & 3 & \\ & & & 5 \end{pmatrix}$.

22. $\boldsymbol{A}=\begin{pmatrix} 1 & 0 & 0 \\ 0 & 0 & -1 \\ 0 & -1 & 0 \end{pmatrix}$.

23. $\boldsymbol{A}$ 的另外两个特征值为 2 和−7.

习　题　五

1. (1) 矩阵 $\boldsymbol{A}=\begin{pmatrix} 0 & \frac{3}{2} & -3 \\ \frac{3}{2} & 0 & -\frac{1}{2} \\ -3 & -\frac{1}{2} & -3 \end{pmatrix}$，秩为 3;

(2) 矩阵 $\boldsymbol{A}=\begin{pmatrix} -5 & 0 & 0 & 0 \\ 0 & 0 & \frac{1}{2} & -\frac{5}{2} \\ 0 & \frac{1}{2} & 2 & -5 \\ 0 & -\frac{5}{2} & -5 & 0 \end{pmatrix}$，秩为 3.

2. (1) $f=2x_1^2-6x_3^2+2x_1x_2-6x_1x_3+8x_2x_3$;

(2) $f=-x_1^2+3x_2^2+2x_3^2+2\sqrt{5}x_1x_2-4x_2x_3$.

4. (1) $\begin{pmatrix} x_1 \\ x_2 \end{pmatrix} = \begin{pmatrix} \frac{2}{\sqrt{13}} & \frac{3}{\sqrt{13}} \\ \frac{3}{\sqrt{13}} & -\frac{2}{\sqrt{13}} \end{pmatrix} \begin{pmatrix} y_1 \\ y_2 \end{pmatrix}$, $f=-6y_1^2+7y_2^2$;

(2) $\begin{pmatrix} x_1 \\ x_2 \end{pmatrix} = \begin{pmatrix} \frac{2}{\sqrt{5}} & \frac{1}{\sqrt{5}} \\ -\frac{1}{\sqrt{5}} & \frac{2}{\sqrt{5}} \end{pmatrix} \begin{pmatrix} y_1 \\ y_2 \end{pmatrix}$, $f=5y_1^2+10y_2^2$;

(3) $\begin{pmatrix} x_1 \\ x_2 \\ x_3 \end{pmatrix} = \begin{pmatrix} 1 & 0 & 0 \\ 0 & \frac{1}{\sqrt{2}} & \frac{1}{\sqrt{2}} \\ 0 & \frac{1}{\sqrt{2}} & -\frac{1}{\sqrt{2}} \end{pmatrix} \begin{pmatrix} y_1 \\ y_2 \\ y_3 \end{pmatrix}$, $f=2y_1^2+5y_2^2+y_3^2$;

(4) $\begin{pmatrix} x_1 \\ x_2 \\ x_3 \end{pmatrix} = \begin{pmatrix} \frac{1}{\sqrt{3}} & -\frac{1}{\sqrt{2}} & -\frac{1}{\sqrt{6}} \\ \frac{1}{\sqrt{3}} & \frac{1}{\sqrt{2}} & -\frac{1}{\sqrt{6}} \\ \frac{1}{\sqrt{3}} & 0 & \frac{2}{\sqrt{6}} \end{pmatrix} \begin{pmatrix} y_1 \\ y_2 \\ y_3 \end{pmatrix}$, $f=5y_1^2-y_2^2-y_3^2$.

5. (1) $f=z_1^2+z_2^2-5z_3^2$, $\begin{pmatrix} x_1 \\ x_2 \\ x_3 \end{pmatrix} = \begin{pmatrix} 1 & -1 & 3 \\ 0 & 1 & -2 \\ 0 & 0 & 1 \end{pmatrix} \begin{pmatrix} z_1 \\ z_2 \\ z_3 \end{pmatrix}$;

(2) $f=z_1^2-z_2^2-z_3^2$, $\begin{pmatrix} x_1 \\ x_2 \\ x_3 \end{pmatrix} = \begin{pmatrix} 1 & 1 & -1 \\ 1 & -1 & -1 \\ 0 & 0 & 1 \end{pmatrix} \begin{pmatrix} z_1 \\ z_2 \\ z_3 \end{pmatrix}$;

(3) $f=2z_1^2-2z_2^2+\frac{3}{2}z_3^2$, $\begin{pmatrix} x_1 \\ x_2 \\ x_3 \end{pmatrix} = \begin{pmatrix} 1 & 1 & \frac{1}{2} \\ 1 & -1 & -\frac{3}{2} \\ 0 & 0 & 1 \end{pmatrix} \begin{pmatrix} z_1 \\ z_2 \\ z_3 \end{pmatrix}$.

6. (1) $f=y_1^2-9y_2^2+y_3^2$, $\begin{pmatrix} x_1 \\ x_2 \\ x_3 \end{pmatrix} = \begin{pmatrix} 1 & -2 & 0 \\ 0 & 1 & 0 \\ 0 & -2 & 1 \end{pmatrix} \begin{pmatrix} y_1 \\ y_2 \\ y_3 \end{pmatrix}$;

(2) $f=3y_1^2-y_2^2-9y_3^2$, $\begin{pmatrix} x_1 \\ x_2 \\ x_3 \end{pmatrix} = \begin{pmatrix} 1 & -1 & 0 \\ 0 & 1 & 2 \\ 0 & 0 & 1 \end{pmatrix} \begin{pmatrix} y_1 \\ y_2 \\ y_3 \end{pmatrix}$;

(3) $f=2y_1^2-\frac{1}{2}y_2^2+y_3^2$, $\begin{pmatrix} x_1 \\ x_2 \\ x_3 \end{pmatrix} = \begin{pmatrix} 1 & -\frac{1}{2} & -\frac{1}{2} \\ 1 & \frac{1}{2} & 1 \\ 0 & 0 & 1 \end{pmatrix} \begin{pmatrix} y_1 \\ y_2 \\ y_3 \end{pmatrix}$.

7. 秩为 n.

8. $c=3$,特征值为 0,4,9.

9. $\alpha=\beta=0$.

10. $a=2,\begin{pmatrix}x_1\\x_2\\x_3\end{pmatrix}=\begin{pmatrix}0&1&0\\\frac{\sqrt{2}}{2}&0&\frac{\sqrt{2}}{2}\\-\frac{\sqrt{2}}{2}&0&\frac{\sqrt{2}}{2}\end{pmatrix}\begin{pmatrix}y_1\\y_2\\y_3\end{pmatrix}$; $a=-2,\begin{pmatrix}x_1\\x_2\\x_3\end{pmatrix}=\begin{pmatrix}0&1&0\\\frac{\sqrt{2}}{2}&0&\frac{\sqrt{2}}{2}\\\frac{\sqrt{2}}{2}&0&-\frac{\sqrt{2}}{2}\end{pmatrix}\begin{pmatrix}y_1\\y_2\\y_3\end{pmatrix}$.

11. (1) $f=z_1^2-z_2^2, r=2, p=1, q=1$;

(2) $f=z_1^2+z_2^2, r=2, p=2, q=0$;

(3) $f=z_1^2+z_2^2+z_3^2, r=3, p=3, q=0$;

(4) $f=z_1^2-z_2^2-z_3^2, r=3, p=1, q=2$.

12. (1) 正定; (2) 负定; (3) 正定.

13. $-2<\lambda<1$.

15. (1) $\boldsymbol{\Lambda}=\begin{pmatrix}k^2&0&0\\0&(k+2)^2&0\\0&0&(k+2)^2\end{pmatrix}$;

(2) k 是实数,且 $k\neq0$ 和 -2.

18. (1) 半正定; (2) 负定.

19. 半正定.

习　题　六

1. (1) 是; (2) 是; (3) 是; (4) 不是; (5) 是.

3. $(1,1,1)^{\mathrm{T}}$.

4. $\boldsymbol{\alpha}_1=(3,3,2,0)^{\mathrm{T}}, \boldsymbol{\alpha}_2=(-3,7,0,4)^{\mathrm{T}}$ 是一个基; 维数是 2.

5. 坐标为$\left(\frac{7}{3},\frac{4}{3},\frac{1}{3},-\frac{2}{3}\right)^{\mathrm{T}}$.

6. 坐标为$\left(\frac{4}{3},\frac{8}{5},\frac{2}{3},\frac{2}{5}\right)^{\mathrm{T}}$.

7. $\begin{pmatrix}y_1\\y_2\\y_3\end{pmatrix}=\begin{pmatrix}13&19&\frac{181}{4}\\-9&-13&-\frac{63}{2}\\7&10&\frac{99}{4}\end{pmatrix}\begin{pmatrix}x_1\\x_2\\x_3\end{pmatrix}$.

8. (1) $\boldsymbol{P}_1=\begin{pmatrix}1&1&1&0\\0&0&0&1\\0&0&1&1\\0&1&0&1\end{pmatrix}$; (2) $\boldsymbol{P}_2=\begin{pmatrix}0&0&0&1\\0&1&1&1\\0&1&0&1\\1&0&1&0\end{pmatrix}$;

(3) $\boldsymbol{P}_3=\begin{pmatrix}-1&1&1&2\\1&-1&0&-1\\0&0&-1&0\\0&1&1&1\end{pmatrix}$; (4) $\boldsymbol{P}_4=\begin{pmatrix}0&1&1&1\\-1&-1&0&1\\0&0&-1&0\\1&1&1&0\end{pmatrix}$.

9. (1) $(2,4,-1,-1)^T,(2,-7,1,5)^T$; (2) $(7,0,1,4)^T$; (3) $(2,-1,5,0)^T$.

10. (1) $\boldsymbol{P}_1=\begin{pmatrix}1&1&1&1\\0&1&0&0\\0&0&1&0\\0&0&0&1\end{pmatrix}$; (2) $\boldsymbol{P}_2=\begin{pmatrix}1&-2&0&0\\0&1&-3&0\\0&0&1&-4\\0&0&0&1\end{pmatrix}$;

(3) $\boldsymbol{P}_3=\begin{pmatrix}1&-3&2&3\\0&1&-3&0\\0&0&1&-4\\0&0&0&1\end{pmatrix}$; (4) $\boldsymbol{P}_4=\begin{pmatrix}1&3&7&25\\0&1&3&12\\0&0&1&4\\0&0&0&1\end{pmatrix}$.

11. (1) $(6,4,-7,-1)^T,(-56,-29,-11,-1)^T$; (2) $(3,1,1,1)^T$; (3) $(8,-5,-17,5)^T$.

12. (1) 是; (2) 是; (3) 是; (4) 不是.

13. (1) 不是; (2) 是; (3) 是; (4) 是.

14. (1) $\boldsymbol{\alpha}_2,\boldsymbol{\alpha}_3,\boldsymbol{\alpha}_4$ 是一个基,维数是 3; (2) $\boldsymbol{\alpha}_1,\boldsymbol{\alpha}_2,\boldsymbol{\alpha}_4$ 是一个基,维数是 3.

17. $\boldsymbol{\beta}_1,\boldsymbol{\beta}_2$ 是 $L(\boldsymbol{\beta}_1,\boldsymbol{\beta}_2,\boldsymbol{\beta}_3)$ 的一个基.

20. (1) 当 $\boldsymbol{\alpha}_0=\boldsymbol{\theta}$ 时是,当 $\boldsymbol{\alpha}_0\neq\boldsymbol{\theta}$ 时不是; (2) 是; (3) 是.

21. (2) $\boldsymbol{A}=\begin{pmatrix}1&-1&0\\0&1&-1\\-1&0&1\end{pmatrix}$.

22. (2) $\boldsymbol{A}=\begin{pmatrix}0&0&0&1\\0&-1&0&0\\0&0&-1&0\\1&0&0&0\end{pmatrix}$; (3) $\boldsymbol{B}=\begin{pmatrix}0&1&1&2\\0&-1&0&0\\-1&-1&-2&-2\\1&1&1&1\end{pmatrix}$.

23. $(-14,19,-6,1)^T$.

24. $\boldsymbol{B}=\begin{pmatrix}1&-2&8\\0&5&12\\1&1&-1\end{pmatrix}$.

25. $\boldsymbol{B}=\begin{pmatrix}-1&1&-2\\2&2&0\\3&0&2\end{pmatrix}$.

读者意见反馈

为收集对教材的意见建议，进一步完善教材编写并做好服务工作，读者可将对本教材的意见建议通过如下渠道反馈至我社。

咨询电话　400-810-0598

反馈邮箱　hepsci@pub.hep.cn

通信地址　北京市朝阳区惠新东街4号富盛大厦1座
　　　　　高等教育出版社理科事业部

邮政编码　100029

防伪查询说明

用户购书后刮开封底防伪涂层，使用手机微信等软件扫描二维码，会跳转至防伪查询网页，获得所购图书详细信息。

防伪客服电话　(010) 58582300